现代城市绿地系统规划

Modern Urban Green Space System Planning

李敏 著

Dr. Limin

中国建筑工业出版社

CHINA ARCHITECTURE & BUILDING PRESS

北京百万庄建设部办公区庭院绿化

目 录

北京百万庄建设部生活区道路绿化

下篇　实践与案例 119

PART TWO　Practice & Case Studies

案例 A：佛山市城市绿地系统规划 (1997-2010 年) ... 120

清华大学校园绿化

插页及封面、封底：美国纽约、波士顿的城市绿地系统景观（李敏摄影）

流光溢彩珠江夜

序

邹德慈教授，中国城市规划学会副理事长，
原中国城市规划设计研究院院长

城市绿化建设是改善城市生态环境，提高城市生活质量的重要措施和保证。它不仅可以净化空气，保持水土，滋养生物，还能为居民提供休闲、娱乐、体育锻炼等场所，并起到美化城市、陶冶身心的作用。

在城市规划设计中，绿地系统规划从来就占有重要的地位。但是，人们对绿地系统的重要性和科学性的认识仍然偏于肤浅。例如，虽然重视了对绿地面积的数量和绿化覆盖率的追求，但忽视了绿地类别、分布与城市人口分布、布局结构以及构成完整城市生态系统的关系；或仅仅满足于形式上的所谓"点、线、面"结合，有时甚至在土地利用规划中，把"边角废料"划成绿地。特别在片面追求经济利益的情况下，把规划的绿地改作他用，或侵占已有的绿地等错误行为时有发生。

城市的绿地系统规划，贵在"系统"。虽然一百多年前美国园林景观大师奥姆斯特德已为波士顿作过公园绿地系统规划，但是今天由于科学技术的进步和多学科的交叉参与，绿地系统规划的科学性已经大为加强。李敏博士所著的《现代城市绿地系统规划》是论述这方面内容的一本好书。它既有理论方法上的阐述，又有规划实例的介绍，对于学习、研究和从事城市绿地系统规划的专业技术人员和从事城市规划、建筑和市政工程等设计的广大人员，都有宝贵的参考价值。

邹德慈

2002年4月于北京

2000年8月，建设部在上海召开了全国城市绿化市长座谈会，布署加强城市绿地系统规划等有关工作。

前 言

城市绿化是一项关系到城市生态环境建设的系统工程，涉及城市用地布局等诸多方面。城市绿地系统，是城市景观的自然要素和社会经济可持续发展的生态基础，是城市建设中重要的基础设施之一。因此，城市绿地系统规划是影响城市发展的重要专业规划之一，直接与城市总体规划和土地利用总体规划相衔接，是指导城市开敞空间中各类绿地进行规划、建设与管理工作的基本依据。

记得大约20年前我还在大学读书的时候，曾写过一篇文章"The Dream of Green"(绿色之梦)参加首届北京大学生英语演讲比赛。文章的大意是希望城市里的人们能生活在绿意葱笼、鲜花盛开的环境中，呼吸到清新自然的空气，创造与时代发展同步前进的社会文明。后来，我在1987年出版的《中国现代公园－发展与评价》(北京科技出版社)专著中，初步涉及城市绿地系统的规划概念。再后来，我考入清华大学师从吴良镛院士学习城市规划与设计，对城市绿地系统才有了更深入的认识。1996年后，我作为政府公务员实际参与了不同规模的城市规划与绿化建设实践。特别是直接投身于佛山市创建国家园林城市、'99昆明世界园艺博览会、广州城市环境综合整治、第四届中国国际园林花卉博览会、广州申报国际花园城市等重大项目的工作，使我受益匪浅，对城市绿地系统规划的认识也不断深化。在学习和研究的基础上，我在1999年出版的《城市绿地系统与人居环境规划》(中国建筑工业出版社)专著中做了些规划原理方面的探讨。本书的写作，重在实用规划方法的研究，是我近年来从事城市绿地系统规划相关实践的理论总结，力求体现"务实求真"、"与时俱进"的学术精神。

现代城市规划的本质，是要从维护城市公共利益、促进社会经济可持续发展的目标出发，通过对城市土地使用及其空间变化的控制，解决城市发展中的特定问题。因此，现代城市规划的特点是研究先行，技术服从思想。规划师对于城市发展的门槛和限制因素，必须有所远见，有所平衡。要做到高瞻远瞩，整体思维，审时度势，科学决策，依法管理。的确，面对中国大地纷繁复杂的城市规划背景条件，想要寻找一种普遍适用的绿地系统规划模式和编制方法是极其困难的。然而，从丰富的实践中总结探索一定的规律、实事求是地搞好每个城市的绿地系统规划还是有可能的。所以，我们提倡的规划前提应当是：

● 从条件出发，用规划来改变发展的条件；

● 从问题出发，用规划来解决遇到的问题；

● 从需求出发，用规划来引导需求的发展；

这种理论联系实际的思想方法和技术路线，贯穿本书研究与写作的始终。

当今世界，城市化已成为迅猛发展的历史潮流。其中，中国的城市化有着特别重要的意义。从1990－2000年间，中国的城市化水平从18.96%提高到36.1%；预计到2010年及21世纪中叶将分别达到45%和65%。近几年来，全国每年房屋建筑的竣工面积都在两亿平方米以上。难怪诺贝尔经济学奖获得者Stiglize 2000年7月在世界银行中国代表处说："21世纪初期影响最大的世界性事件，除了高科技以外就是中国的城市化。"如何在快速城市化的进程中实现人居环境的生态平衡，是我们必须面对的紧迫课题。

本书定名为《现代城市绿地系统规划》，是希望能顺应时代发展的需要，寻求对传统城市绿地规划模式的一点突破。传统的规划模式主要是根据城市建设用地供应的可能性来设置绿地，现代城市发展则要求按照社会生活的综合需求和环境资源合理配置城乡绿地，将"以人为本"的规划理念真正落到实处。中国现代城市的绿地系统，绝非传统意义上的"填空"或"美化"之物，而是城市赖以生存与发展的生命系统。因此，在绿地系统规划工作中应当做到：

● 拥有现代生态科学的规划指导思想；

● 运用现代化信息化的规划技术手段；

● 满足现代社会与时俱进的生活需求；

● 符合现代城市规划可持续发展规律。

为进一步加强我国城市绿化建设，国务院于2001年5月发出通知，要求全国城市均应在2002年底前完成绿地系统规划的编制工作。希望本书的有关研究，能够对提高各地城市的绿地系统规划水平、推动我国城市绿化建设事业发展，起到一点积极的作用。

谨此本书出版之际，我要衷心地感谢敬爱的导师吴良镛院士、汪菊渊院士和孟兆祯院士，感谢中国风景园林学会理事长周干峙院士、中国城市规划设计研究院老院长邹德慈教授和国家建设部城建司、规划司、科技委及中国风景园林学会的有关领导，他们在规划思想上给予我的关怀指导，是本书写作的重要动力。正是由于大师们的辛勤教诲与培养，才使我在科学研究与社会实践相结合的道路上不断探索前行。同时，我也衷心地感谢多年来所有关心和帮助我成长的各级领导、师长、家人和朋友们！

李敏 2002.4.30

浦江绿晖

上 篇
PART ONE
理论与方法
Theory & Method Research

新西兰皇后城中心公园

第一章
城市开敞空间规划的生态机理

研究城市绿地系统，就必然要涉及Open Space的概念。Open Space是从国外输入的一个名词，中文通常有两种译法："开敞空间"或"开放空间"。不过，严格来讲这两个词所定义的绿地(或空地)概念有所不同。"开敞空间"指的是The Space Open to the Air (其主要形态如各类生态绿地和自然保护区，强调用地空间的自然生态属性)；"开放空间"指的是The Space Open to the Public (其主要形态如各类公共绿地，强调用地空间的人为功能属性)。因此，一般说来，前者的概念范畴要更广泛些，基本包容了后者所指的各类用地空间，因而成为绿地系统规划研究的主要对象。

第一节 开敞空间规划对于城市发展的意义

世纪之交，中国现代城市建设正处于一个非常重要的转折点。其主要表现，是国家把城市化列入了国民经济与社会发展的战略目标。新城市不断出现，老城市日渐更新。不少城市，特别是在沿海地区经济比较发达的城市，从政府、开发商到市民，不约而同地越来越重视环境保护和生态建设。纵观历史，城市化进程将成为中华民族在经济发展、社会进步历程中具有决定性意义的时代。越是在这样的时刻，决策越要谨慎。因为在高速发展时期的早期决策失误，必将累积成后期建设和经营的巨大损失。

城市开敞空间，是指城市边界范围内的非建设用地空间，主体是绿地系统。2001年2月，国务院在北京召开了全国城市绿化工作会议，就加快城市绿化建设作出部署；同年5月31日，又发布了《国务院关于加强城市绿化建设的通知》。《通知》指出："城市绿化是城市重要的基础设施，是城市现代化建设的重要内容，是改善生态环境和提高广大人民群众生活质量的公益事业。各级人民政府要充分认识城市绿化的这一重要意义，并看到改革开放以来，我国的城市绿化工作虽取得了显著成绩，但总的看来，绿化面积总量还不足，发展还不平衡，绿化水平还比较低。因此，要增强对搞好城市绿化工作的紧迫感和使命感。""城市绿化工作的指导思想，是以加强城市生态环境建设，创造良好的人居环境，促进城市可持续发展为中心；坚持政府组织、群众参与、统一规划、因地制宜、讲求实效的原则，以种植树木为主，努力建成总量适宜，分布合理，植物多样，景观优美的城市绿地系统。"对于今后一个时期城市绿化的工作目标和主要任务，《通知》提出："到2005年，全国城市规划建成区绿地率达到30%以上，绿化覆盖率达到35%以上，人均公共绿地达到8m²以上，城市中心区人均公共绿地达到4m²以上。到2010年，上述4项指标分别达到35%、40%、10m²和6m²以上。要大力推进城郊绿化，特别是要在特大城市和风沙侵害严重的城市周围形成较大的绿化隔离林带和城郊一体的城市绿化体系。"《通知》要求"各地要采取有力措施，加快城市绿化建设步伐。首先要加强和改进城市绿化规划编制工作。要建立并严格实行城市绿化"绿线"管制制度，明确划定各类绿地范围控制线。近期内，城市人民政府要对城市绿化规划进行一次检查，向上一级政府做出报告。尚未编制规划的，要在2002年底前完成并依法报批。已经编制，但不符合要求以及没有划定绿线范围的，要在2001年底前补充、完善。批准后的《城市绿地系统规划》要向社会公布，接受公众的监督。"国务院的这一决策，对于推进我国城市环境建设，优化城市品质，促进社会、经济可持续发展，具有非常重大的意义。

然而，从现实情况来看，对于如何做好我国的城市绿地

生态功能与装饰美化相结合的植被景观(泰国)

昆明黑龙潭植物园

系统规划，我们的理论研究和技术准备还有许多不足。我国目前实施的城市规划规范和方法，看起来已经发展到相当严谨和精致的程度，但究其实质则带有浓重的工业时代色彩。它主要是在学术上受前苏联城市规划模式和现代主义建筑思潮影响，在行政上受急功近利式长官意志控制的后果。前些年，有一本影响较大的专业著作——《市域规划编制方法与理论》(中国建筑工业出版社，1992.)，从杜能的《孤立国》，韦伯的"工业区位论"，廖什的《经济空间分布》，讲到佩鲁的"增长极理论"，艾萨德的《区域分析方法》等，基本是围绕资本效益、土地价值等经济问题为核心延伸的，就是没有提到绿地和生态的保护与建设问题。即使在我们现行的大学教材中，也很难得见到非常重视城市生态系统和开敞空间规划的内容。例如，《城市建设与规划基础理论》全书提到城市绿地系统仅有两句话。目前使用量最大的大学教材《城市规划原理》，绿地系统规划也只占全书约1%的分量，属于一个比较次要的专业规划。作为城市规划专业系列教材之一的《城市生态与城市环境》，论述重点是放在污染治理上，生态环境规划依然只是城市总体规划的附属物，而不是整个规划的基础。

从实践上看，我们目前所执行的城市规划的理念和工作方法，在城市生态系统建设方面亦存在着不少问题，主要表现有：

1、建筑优先，绿地填空。

当社会经济发展到一定阶段后，特别是进入后工业时代后，城市建设的目标必然向追求更高质量生态环境转变。为达此目的，理论上最佳的规划程序应当是"开敞空间优先"（Open Space First）。已故我国著名城市规划学者程世抚先生曾经说过，西方在经历了古典主义的城市规划之后，近代城市规划本来是由一些富有浪漫理想的人（如空想社会主义者）开创的；作为世界首创的城市规划专业——哈佛大学的城市规划专业，原本也具有浓厚的浪漫主义色彩。她是1911年由哈佛大学1901年创立的风景营造专业(Landscape Architecture)分出去的。这种思潮的影响结果，是20世纪初叶西方许多城市规划都表现出浪漫理想的情调，比较典型的如堪培拉的规划。但是，以后城市规划的发展，却是以经济利益驱动为主流。这当然是社会多数人或主导者意志的反映，有其必然性的一面。而我国目前的城市规划，大体仍停留在工业时代的模式上，特别表现在"建筑优先"的思维与工作方式上：绿化用地指标十分紧张，绿地经常被规划师用作填充"不宜建筑用地"和建筑物之间距，很难形成科学合理的城市绿地系统。

2、抽象的绿地规划布局模式

从19世纪中叶美国建设城市公园系统开始，西方人在理论上探求了若干城市绿地系统的规划模式。其中的很多模式需要有较大的用地规模，或依存于一定的气象和社会环境，本不适于四处套用。但是，在我国，却常常见到套用固定模式解释城市绿地规划的现象。例如：在城市周边规划窄窄的一圈绿地，就称之为"绿环式系统"[1]；有一两块山地插入城市（即使是在城市的下风向），就称之为"楔型系统"[2]等。最为常见的，是所谓"点、线、面相结合"的"系统"。这种"点、线、面相结合"的提法，看起来面面俱到，在实际操作上只不过是将一些缺乏统筹性的绿地用行道树连接起来，没有明确的系统性，往往成为某些不良的城市绿地系统规划的护身符。

3、不顾实际的"效益分析"

我国曾经多年执行过限制城市发展的政策，后果之一是许多城市的绿地面积严重不足，城市生态环境很差。然而，近年来规划工作又出现了一些不顾实际的"绿地效益分析"情况，较为常见的方法是片面夸大单位面积绿地的效能，或将从自然规律上本不属于城市系统的大量绿地也纳入计算范围，造成似乎我国的城市绿地建设已经很不错了的假象，给政府决策造成严重的误导。

4、学科分离，互不通气

城市的生态问题，涉及环保、气象、生物和城市规划等多个学科，横跨范围较大。而它们在我国行业管理上又分属若干部门，条块分割。尽管各自的学术研究和实践有很多成果，但理论与实践之间、学科与学科之间的交流较

香港公园

少，造成在城市规划和管理实践中综合应用科研成果匮乏的落后局面。

上述情况的后果，是深层次的城市可持续发展能力隐含了严重损失。其中，开敞空间不足，可能是最大的问题。按照目前我国执行的城市规划建设指标，城市的绿地率最高只能达到30～35%左右，与维持城市生态平衡所需的必要值(40～45%)大约相差10%，人均约10m²。假设我国在城市化程度达50%时，城市的人均绿地面积(主要用于建设城市组团隔离带和新鲜空气通道)和道路用地指标需各增加10m²，这些土地中的2/3需由拆迁来解决，拆迁地区的平均楼高为10层，容积率为3；又设此时我国的总人口为14亿，则总拆迁量约为280亿m²，仅这些建筑的基本造价就在30万亿元左右。其中还没有计算因搬迁补偿、城市交通效率下降、油耗和车辆磨损增加、居民健康恶化而导致工作效率下降和医疗费用增加等"次生性"损失[3]。据上海、广州等城市的经验，旧城区每扩建一平方米的绿地，造价高达10000多元，其中建造绿地的直接费仅占1/10。所以，我们现在节省人均10m²的城市绿地建设指标，给将来的城市发展隐含着如此巨大的损失，实在是得不偿失。这个问题，应该引起各级政府的密切关注。

当然，由于我国人多地少，从总的方向上说严格控制城市建设用地的方针是十分正确的。但是，在具体执行上，却有着严重的问题：过分紧迫的建设用地指标，大大影响了我国城市规划建设和国家总体的经济发展，严重地恶化了城市生态环境。我国尚存有数千年小农经济思想习惯的束缚，曾经历过严重的饥荒，曾经有过对城市化的恐惧，它们和"左"的思想配合起来，在我国的城市建设历史上一度造成了"城市人口越少越好，城市用地越少越好"的政策倾向；加上一些传媒的误导，使这种倾向很容易获得社会认同。例如：20世纪80年代中期，有人就提出我国城市人口的人均用地可压缩到60m²以下，人均生活居住用地可以低到15m²。[4]要知道，这15m²中除了住房外，还包括着居住区道路、广场、绿地和许多居住区级的公共服务设施(如幼托、小学、商店等)，而它竟被写进了国家的《科技政策蓝皮书》！有不少大城市的中心区域(如广州越秀区)，人口密度高达每平方公里5万人以上。长期执行此类政策的结果，造成了我国多数经济比较发达的城市(经济特区例外)大都交通拥塞，绿地稀少，体育场地奇缺，环境质量低劣，市民的健康素质和城市系统功能与规模效益受到严重影响。由于城市集中了我国主要的生产力要素，而且一般来讲城市越大其土地利用的经济效益越高，最后的结果是大大影响了整个国家的发展。

近年来，结合主持编制广东一些大、中城市绿地系统规划工作，笔者针对上述问题从生态机理上定性和半定量地进行研究，探索城市必要的绿地率与合理的绿地布局模式。因此，本书中讨论的许多规划条件，如风向、风速、地形、城市规模等，许多是以广东的城市为例。对于有些结论（模式、数据等），国内其他城市要依据各自的条件进行适当的调整。笔者深知，要想真正弄清楚城市的空气污染机制和制定正确的对策，特别是深入到定量研究阶段，是个十分庞大的科研项目，有待更多的有识之士不断探索。而我们目前拥有的技术手段的不足，大大限制了本书研究所能为的领域和深度。但在现阶段，为了跟上国家重视城市园林绿化的形势发展，特别是城市化进程的实际需要，即使仅仅对主要问题半定量地作一些比较深入的了解，也是一件善莫大焉的事情。

目前，我国在世界上还属于发展中国家，许多事是百废俱兴，尚不可能像发达国家一样将生态建设提到第一的位置。因此，在这种情况下对现有城市都大动干戈地进行改造是不现实的。但是，我们现在至少可以把能减少将来要浪费的事做起来。例如：从国家来讲，可以调整一下城市建设用地的控制指标以增加绿地率；从地方来讲，要编制一套真正重视生态的城市总体规划和绿地系统规划，并制订切实可行的城市绿线管理措施等。

由于城市发展中的许多因素难以预见，使我们的城市远期规划也只做到15～20年。但是，城市生态问题的规律却是相对稳定的，我们完全可以据此作一个为期30～50年的城市

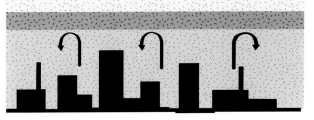

（A)接地逆温层凝聚污染　　　　　　　　　　　(B)离地逆温层反射污染

图 1－1 接地逆温层和离地逆温层

生态建设规划。这样的规划。必然是"开敞空间优先"（Open Spaces First)的城市规划。它并不要求立即全面执行，但可以指导以后多年的城市总体规划和详细规划工作，促进城市生态环境的可持续发展。如果全国的城市规划和建设工作都能走上这条道路，其综合效益将是难以计算的。

第二节　空气污染降解机制与城市规划布局

一、有关的基本概念

1、边界层

整个大气从上到下大致分为电离层、平流层和对流层。对流层厚度约10km，是主要天气过程发生的地带。对流层与地面进行物质和能量交换的部分特称为边界层，是与城市空气污染直接相关的大气层。边界层的厚度一般是几百米，有时可高达上千米，有时仅有几十米。边界层越厚，空气质量越好。影响边界层厚度的主要因子是阳光的强度和风力的大小，一般前者作用更为显著。

2、逆温层

空气是靠地面加热的，正常情况应该是越近地面空气温度越高，而热空气比重比冷空气轻，下层的热空气会自然上升，形成上下对流。在某些条件下，会出现下层空气温度低于上层的状态，叫做逆温层，有时会在不同高度上出现几个逆温层。逆温是一种大气运动的稳定状态，对于污染散发极为不利，是严重污染天气的直接气象因子。

直接接触地面的逆温层称为接地逆温层，它的出现会造成近地面空气的静止和比重较大的污染物的沉积。离地（半空的）逆温层则会阻止其下面的空气的继续抬升，并将上升的空气连同其携带的污染物"反射"回去。这些都大大加重了空气污染的程度（图1-1)。

然而，如果有办法将清凉洁净的空气凝聚在一起并保护起来，则逆温也是可以被利用的一种自然现象，广州传统的西关大屋就是成功的例子之一。

3、热岛效应

一块地面的温度比周围地面高，它就是一个"热岛"。人们对热岛现象予以特别的关注，是在城市工业化以后。工业化使城市的热岛现象大大加强，其原因主要有三：一是城市的"混凝土森林"现象，由于混凝土的导热系数大大高于土壤和植被，造成城市白天吸收的热量比郊区大很多；二是城市扩展造成的热量累加；三是工业化的城市生活方式使人均热量消耗大大高于农业时代。

热岛是相对的，城市与郊区的温差即为热岛强度。实测表明，城市热岛效应最显著的时间不是太阳最毒的正午，大约从中午1点到下午5点是热岛最弱的时段；而日落之后到午夜以前，却是城市热岛的高峰。出现这种与人们依据常识想象判断相反的现象，机制相当复杂，不拟在此详述。但是，必须指出：大气逆温层的生成和由气溶胶形成的污染盖是其中的重要因素。

北方的城市，冬天由于早晨生火取暖的原因，会出现热岛的每日双峰现象。通过卫星拍摄的远红外遥感照片可以看出，城市中的热场分布是不均匀的，热岛中还有若干热点。而热岛中较冷的区域，则称之为"冷湖"。热岛效应最突出表现是"热岛环流"。热岛部位的热空气会上升，四周的冷空气就呈辐凑状地从下面来补充，从而形成环流（图1-2)。

多少年来，人们一直都认为热岛是令城市污染加重的罪魁祸首[5，6，7]。其直接原因，首先是热岛效应加剧了夏天给人们带来的高温不适；其次，热岛环流会把经流出城市的大气污染物重新带回城市，造成循环污染；第三，如果城市功能分区布局不合理，城市四郊尽是些制造污染的工厂，则热岛环流会把污染物统统送进城市[8]；第四，由于热岛环流在低空是辐凑的，城市各处的污染都向市中心的集中，严重时市中心的污染浓度可达城市边缘的3倍以上[9]，加重了市中心环境恶化。所以，热岛给人的感觉总是和空气的污浊伴随在一起。

但是，我们认为必须强调指出：热岛和污染的伴生，又可能是大自然给人类的恩赐！可以设想一下，如果反过来，

水面及水生植物能大大降低城市热岛效应（泰国东巴花园）

宅旁绿地能有效改善居住环境（瑞士）

（A）热岛环流

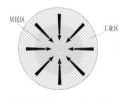

（B）不正确的城市布局造成的工业污染

图1-2 热岛环流及其辐凑效应

污染总是和冷湖相伴随，那么污染空气就只能沉积聚集在污染源的附近，城市环境就会更加恶劣不堪。如果城市周围是产生清洁空气的森林绿地而不是制造污染的工厂，如果输入城市的空气不是被人类自己将其与污染物混合后再送至各家各户，适度的热岛效应本来是可以改善城市环境的。所以，热岛环流具有两面性，关键是我们处理得好不好。

4、大气污染与人类生存条件

所谓"大气污染"是指有害物质进入大气，对人类和生物造成危害的现象。如果对它不加以控制和防治，将严重的破坏生态系统和人类生存条件。

大气污染有的是由于森林火灾、火山爆发等自然因素造成的；有的则是由汽车尾气、工业废气、烟尘、爆炸等人为因素造成的，其中人为因素对大气的污染是主要的，尤其是现代交通运输和工业生产对城市大气造成的污染更为严重。因此人们对大气污染问题越来越关切。

造成大气污染的物质有：一氧化碳CO、二氧化硫SO_2、一氧化氮NO、臭氧O_3以及烟尘、盐粒、花粉、细菌、苞子等。

距地面几十米的近地面层大气，是人类和生物的生存空间。这一层空气质量的好坏直接影响着人类的生产和生活。近年来，由于交通运输业的发展，排放出的大量汽车尾气与空气中的一些物质成分发生化学反应，生成对人体十分有害的一氧化氮、臭氧、乙醛等新物质。

悬浮在大气中的各种气溶胶粒子，按其大小可分为降尘和飘尘。其中降尘的粒子较大，直径大于10微米，它的自然沉降率较快。它与人类支气管炎的死亡率和农业减产有很大关系；飘尘粒子较小，直径一般在0.1～1.0微米。其自然沉降率很小，故悬浮在大气中的生命史较长。随着粒子的减小有毒元素的浓度将增加。通常小于0.3微米的飘尘能直接吸入肺泡，如长期积累，会损害呼吸机能，引起哮喘、肺气肿、矽肺和肺癌等不治之症。由于飘尘的污染期长和毒性强，因此它的危害性大。当大气中气溶胶粒子增加到一定程度以后，就会出现烟雾弥漫，能见度降低，太阳辐射减弱等现象。

近地面层大气污染程度与气象条件密切相关，存在着明显的季节变化和日变化。一般冬季的早晨和傍晚在无风的天气条件下空气污染最为严重。夏季由于空气层结不稳定，污染物易向高空扩散，因此一般污染不会太严重。

5、污染源的形态特征

一个排污单位，就是一个污染点源。它可以是一个工厂，一个车间或一个烟囱，其中烟囱又称为高位点源。对于点源污染扩散规律的研究比较深入，常用的已有十多种方程来描述。许多污染源排成一条线，称为线源，典型的就是干道上的汽车流。成片分布的污染源称为面源，典型如城市居民的炉灶和取暖火炉。显然，面源的面积越大，污染越重，有文献指出，污染浓度与城市的面积的平方根（即城市半径）成正比[10]。

二、微风天气的空气污染机制

下雨，太阳和刮风，是影响城市空气质量的主要气象因子。

空气流动形成了风，风的主要作用是把污染物搬走。监测表明，当风速高于6 m/s时，空气的污染浓度会大大降低，风速低于2 m/s的污染程度会急剧增加[11][12]。另有文章指出，城市空气污染的程度大致与风速的1.5到2次方成反比[13]。我们把2－6 m/s的风速划作微风天气。对于我国多数地区来讲，微风天气占很大比例。所以，研究微风状态时的污染机制相当重要（图1-3）。

1、平均屋顶界面

当微风从城外吹进城市后，会发生什么情形呢？研究表明，其情况与微风吹过森林的情形十分类似。城市的平均屋顶界面，就类似于森林的林冠界面。也就是说，可以把界面两边看作差异很大的两个系统分别研究。界面以上，可以简化为具有一定粗糙度的地面；界面以下，可以简化为不封口的箱形模型。两个系统在界面上存在有能量和物质的交换（图1-4）。

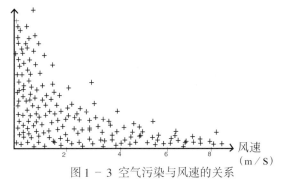

图 1 - 3 空气污染与风速的关系

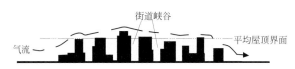

城市与森林气流研究方法的比较

图 1 - 4 研究城市与森林气流方法的比较

如果城市的建筑密度很高，更加严重的问题会出现。因为大部分阳光能量是被屋顶接受的，阳光已经很少能照到城市的地面，许多揭示大地与大气之间关系的空气动力学理论只能运用在屋顶以上的空间，城市就真正分为上下两个世界了[14]。

这个理论揭示：城市的平均屋顶面，就相当于把地面抬高。以广州为例，19世纪这个界面的相对高度约为6m，20世纪中叶高约10m，70-80年代上升到约15m，90年代又上升到约20至25m。

现代高层建筑密集的城市，相当于是建在这样一个"地面"之下。这是所谓"现代化"城市污染严重的主要原因之一。当许多规划师、建筑师、市民和官员们为大城市里高楼大厦林立而自豪的时候，不知他们想过这个问题没有。

2、街道峡谷与污染累加

现代城市干道上大量的汽车，已经成为城市的主要污染源。对于街道，从污染分析的角度，可以看作一个峡谷，称之为街道峡谷。街道两边建筑的高度和街道的宽度之比，可称为峡谷系数。显然，峡谷系数越大，街道的污染就会越严重。

对于峡谷内的气流模型，一般以上面开口的箱形来处理。研究表明，微风状态下，当风的入射角（风向与街道的夹角）小于30°时，涡流现象较弱，箱内污染物的分布相对比较均衡。当入射角为垂直方向时，涡流将造成背风面墙角污染的浓度大大增高。有报告指出，根据风洞实验，当峡谷系数为1，入射角为90°时，街道两侧的污染浓度会相差3倍左右。此外，街道两侧建筑高度不同时，建筑的分布方式对街道峡谷气流的影响非常突出。当迎风面建筑高于背风面建筑时，街道上的空气污染可以大大减轻[15]（图1-5）。

美国波士顿街头绿地

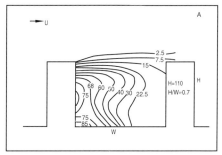

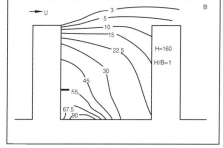

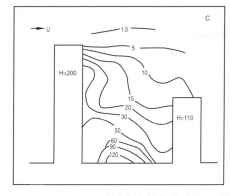

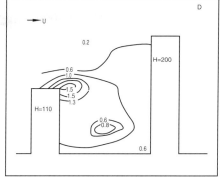

图 1 - 5 风洞实验的街道峡谷涡流与污染分布（资料来源：周洪昌）

从香港的污染预报来看，街道监测站的数值一般比普通监测站增高25%～100%左右。我们的城市污染预报大体相当于普通监测，还没有作街道监测的污染预报。例如，广州的街道峡谷系数与香港近似，但广州现状的城市形态呈"摊大饼"式扩张，进深比香港大，平均风速又低，所以从理论上

波士顿的街头小游园

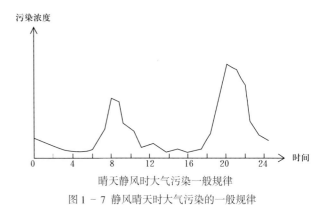

图1-7 静风晴天时大气污染的一般规律

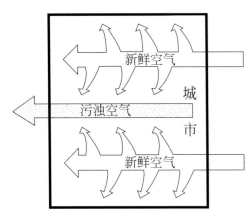

图1-6 城市空气清污分流原理

讲，广州的空气污染情况会比香港更严重。

在街道峡谷中种植行道树有利有弊。如果街道中没有污染源，行道树可以美化、隔噪和遮荫。但是，当街道中有大量汽车行驶时，遮盖天空的树冠容易造成污染物的聚集。此时，宜在快车道两侧种植灌木和直立树种以隔离噪声，并把街道上空敞开以利于污染物随风排出。

街道上的汽车不断地排放着废气，而街道峡谷中的废气浓度并不随着时间成正比例增加，说明此时有相当数量的废气进入了屋顶界面以上的边界层大气。当大气环流在城市运动时，会不断吸收由街道峡谷和其他污染源排出的废气和废热，使整个城市的空气污染逐渐累加。由于各种因素的干扰，污染累加的表现不一定是线性的，但总是与空气的移动距离成正相关联系。

受污染累加影响，我国季风地区的城市大都有这种情况：冬季城市的南部，夏季城市的西部，空气平均质量较差。在制定城市总体规划(特别是城市居住区规划)时，应该考虑这个问题。

3、城市空气的置换次数

有人用城市空气的置换次数来解释城市的大气污染问题。其基本思想是：在有风的时候，城市的大气会被新鲜空气所置换。用城市建成区的直径除以风速，可以得到置换一次的时间，从而进一步得出每天置换的次数。这个理论，经常会把一些问题解释得过于乐观。举例来说，即使2 m/s的微风，也可以把北京的城市空气一天换上十来次。实际上，微风运动经常是变换和振荡的，效果远没有计算的那么好，更重要的是街道峡谷效应没有被考虑进去。但是，这个理论提醒我们：城市（或其组团）建成区的直径越小，在有风的天气时空气置换的次数就越多，环境质量就越好。

4、城市进气通道和排气通道

既然屋顶界面和峡谷效应使城市上空换气的效率大减，就应该考虑让新鲜空气直接从地面附近进城，和让污浊空气直接从街道末端排出(图1-6)。

过去的城市规划，总想把城市交通干道通过种植行道树使其成为城市的新鲜空气通道。在19世纪以前，这是个不错的想法。但是，到了20世纪中叶以后，它就可能是错误的做法了。因为城市干道上大量拥挤的汽车，已经成为城市主要的污染源：如果再靠城市干道把新鲜空气送到各家各户，无异于主动把污染物配送每一居民家中。

因此，现代城市规划决不应该把交通干道(及其附属绿化带)作为城市新鲜空气的输送通道。相反，应当尽量顺畅地将污浊空气排出城市，并成为现代城市交通干道规划的重要原则。这就要求我们在进行城市用地总体规划时，必须注意预留或开辟出适当的开敞空间(以绿地为主)，作为城市新鲜空气的进气通道和污浊空气的排气通道。

5、晴天静风天气的城市空气污染机制

静风天气时，可以将城市看作一个封闭系统，这时空气的污染会急剧增加，污染只能靠系统内的循环适当减轻。晴天时，由于白天有大量的太阳能输入系统，使情况会有所变化，如果能够利用好这一能量，应当有助于减轻污染。

晴天静风天气大气的污染一般规律是：早晨7、8点和晚上8、9点是两个高峰，下午2点左右和半夜2点以后是低谷（光化学污染除外）。早晚的污染高峰除与此时的城市交通流量和炊烟高峰有关外，还与大气污染机制有关(图1-7)。

A、白天

正午，特别是下午一、两点钟的时候，由于太阳的强烈照射，大气扰动得非常剧烈，边界层很高，除了光化学污染由于阳光的关系出现高峰外，其他污染（如SO_2、CO、NO_x）被分散到高空和郊区，并通过绿地的净化作用，使污染反呈低谷状态。

图1-8 静风晴天条件下傍晚城市屋顶层形成的

金山温泉旅游度假区（广东恩平市）

空气中的气溶胶和降尘，会降低阳光的辐射作用，减小大气的扰动，严重时会在城市上空形成一个污染罩。污染罩削弱了大气边界层的抬升和城市与郊区之间的气流交换，使污染更加严重，形成一种很恶劣的正反馈。这说明了城市管理上，进行减尘、街道清扫（但最好不在白天进行）和洒水（如能设法高空洒水则更好）对于维护城市环境的重要意义。

B、傍晚

日落以后，城市的热岛效应逐渐强化，出现热岛环流。如果城市规划得好，城市周围一定距离之内没有污染源，热岛环流应该具有正效应，冲淡城市污染。可以设想，这时如果连微风也没有，城市内部的污染只能聚集在地面附近，问题会更加严重。

但是，屋顶界面使问题复杂化了。傍晚以后，特别到了20点左右，当郊区的冷空气沿着屋顶界面爬进城市后，就在屋顶高度形成一个逆温层（屋顶层的气温比其上层的气温低），严重阻滞了其下面街道峡谷中的空气与高层空气相交换，并将已随地面热空气抬升而上升的污染反射回去，在街道峡谷形成一个污染高峰。屋顶界面越高，屋顶逆温层就越不容易被下面的空气搅动所破坏，严重污染持续时间就越长(图1-8)。这是个值得严重关切的现象：一面是疯狂的城市夜生活，另一面是相对严重的空气污染，二者同时存在。它们对人类健康的影响，值得专门研究。

D、午夜

午夜以后，市区内汽车的活动大大减少，热量和污染的排放达到全天最低水平，大大减少了对地面空气的搅动。由于混凝土在夜晚晴空中的辐射散热很快，加之郊区冷空气不断补充，市区接地空气层逆温现象不断加强，空气非常稳定。虽然前半夜堆积在城市空气中的大量污染物质在静风的条件下能有多少机会跑出城市还是个问题，但由于空气中比重比较大的污染物（SO_2、NO_x、降尘等）可以下沉积聚在地表附近，在离地面1.5m高（所谓呼吸带高度）的大气监测点测出的污染数据反而会降低。

这个现象提醒我们：午夜后若利用城市的喷灌设备（包括洒水车）进行一次低空喷洒，可以较大地降低第二天清晨的空气污染强度。

E、清晨

天亮后，人类的各种活动（如汽车和炊烟）开始了污染，加之太阳升起以后，地面被加热，接地层的空气上升，该过程称为熏烟。此时，高层的离地逆温层依然存在，所以在8时左右会出现另一个污染数值高峰，尤以街道上最为明显。这个现象说明，在街道旁进行晨练是不好的，但在大型绿地中间或四周有低矮围墙、灌木维护的空旷草坪上进行锻炼，则可能是例外。

6、阴、雨、雾天气的城市空气污染机制

观测表明，阴雨天气时的空气污染程度会降低。阴天减少了逆温层的形成和维持条件[16]，而雨天主要与雨水对污染的清洗作用有关。需要指出的是，植物的蒸腾和降温作用有助于阴雨的形成，雨水冲洗了叶片吸附的污垢，又有助于植物重新投入与污染的斗争，形成良性循环。

雾天的污染会加重。其基本原理是，雾层内的不稳定混合层从地面向上发展，而向上的扩散受到雾顶逆温层的限制，此时的情况，非常类似于晴天日出后地面逆温层被逐渐破坏，混合层向上发展时近地面出现的熏烟过程[17]。关于绿色植物对雾天污染的影响，还有待深入研究。

第三节 城市开敞空间用地规划的生态机理

1、氧源及氧平衡机理

城市氧平衡理论，是期望城市绿地自身产生的氧气能够相等于市区人群活动所需的氧气量。许多研究报告都指出：单从人呼吸的氧平衡来讲，在温带地区一个人有$10m^2$左右的林地或$25m^2$的草地就够了。这个结论，正好与从前苏联引进的平均每人需要$10m^2$城市游憩绿地的概念相吻合，曾经长期主导了我国城市园林绿地规划的理论。

疏密相间的城市绿地布局(波士顿)

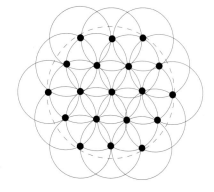
图1－9 全方位按10倍直径布局城市的区域规划模式

然而，这是一种基于自我平衡和封闭系统的理论。其立论依据的思维方式不仅表现在城市供氧的问题上，也表现在污染物的净化等方面[18]。应该说，它是一种基于希望城市的问题由自己来解决，不要危及或麻烦其他人的善良思想。

但是，深究起来，氧平衡理论也存在着许多问题。众所周知，城市的本身就是一个开放系统。城市一旦封闭，失去了与周围地区的产品、材料、能源和信息的交换，也就失去了城市存在的意义和发展条件。城市是为了整个社会而存在的，因此在道义上也没有理由要求城市的问题完全要由自己解决。而且，自然规律并不以人们行为的善良与否而改变。对城市提出过分地要求，只能引导人们在误解的道路上越走越远。如果说古代城市还能够做到氧气和污染净化的自我平衡，现代城市已经完全不同了。现代社会，特别在静风的条件下，由于工业交通大量消耗化学燃料，城市地区人均的耗氧量是单纯呼吸耗氧的数十倍。显然，单纯从城市本身来解决氧平衡问题是非常困难的[19][20]。

面临着这个难题，有学者提出从城市的行政大区来计算氧平衡问题。然而，这样想显得比较牵强。即使做到了氧平衡，其他污染的平衡能做到吗？仅以植物处理SO_2的能力为例，已见的报道相差达数百倍之多，依据低的数据，城市绿地比现在扩大数百倍才够需要[21][22]。即使我们真的做到了这点，城市实际已经退回到乡村状态，城市的系统效益、规模效应等皆荡然无存。可以肯定的是，如果人们希望保持乡村型分散居住而又同时拥有现代化、城市化生活方式的话，所制造的污染一定会比集约型城市大的多。

现代城市需要多少绿地才能维持氧平衡呢？以每人需$10m^2$林地的20倍估计，为$200m^2$。假设城市中可以解决$30m^2$，则城外需要另有$170m^2$的林地。设我国大城市的人均用地为$85m^2$（现在还没有达到这个水平），正好是其2倍。总之，按照氧平衡理论，每人的城市用地标准应该是$250m^2$左右，而且其中的70%应是森林型绿地。世界上可以做到这个城市用地标准的国家不是没有，但也不多。

显然，依照我国的国情，总体上不可能为城市在近郊提供这么多的林地。据有关研究，城市郊区农田种植的绿色植物，可以补偿一部分的森林作用。然而，考虑到农田的休耕以及作物黄熟耗氧等因素，农作物的制氧功能宜采用较低的折算率。以农作物(主要为草本)的有效光合作用叶面积约为乔木的五分之一来估算[23]，则需要$170×5=850m^2$林地。再加上必须的城市人均$100m^2$建设用地，大约每个城市人口应该占地$950m^2$左右。

于是，我们就得到了一个概念上的结论：当一个城市居民用地约$100m^2$时，大约需要10倍于其城市用地面积的农田来维持大环境的氧平衡。这可称之为10倍面积论。如果其中有一部分是林地，则折换率可以减低，若全是森林，可减低为2倍面积论。这种绿地，我们暂且称之为氧源绿地。不过，必须强调指出，这个数值是一个具有临界性质的低标准，位于一个临近危险状态的不稳定平衡点。

具体到一个城市，问题显然要复杂得多。城市周围的绿地产生的氧气不可能都供给城市，只有上风向的氧气才能进入城市。设城市的直径为10 km，则城市上风向宽10 km、长100 km的区域大约是城市面积的十倍，这个距离内应该全是农田或草地。在城内实测风速不低于1m/s的条件下，可以保证城市一天换气10次以上以抵消城内的耗氧。因此，上述概念可概括为城市间隔的上风向10倍直径论。当然，如果用森林代替农田草地，则不需要这么多的绿地，全是森林时，可减低为2倍直径论。但在我国条件下，大城市附近能够用作培育森林的土地数量有限，必须的森林用地也要精打细算。

如果在区域国土规划进行城市布局时，全方位都采取10倍直径论，城市的占地面积只有绿色国土的1%，按此得到的国土绿化面积应为人均$10000m^2$左右，比10倍用地论大10倍，可见这是一个保险系数很大的概念(图1－9)。

所以，实际上我们有许多理由将城市布局得更密一些而不致于对生态环境产生很大影响。例如，在有固定主导风向的地区，与风向成垂直的方向上就可把城市间距作较大压缩。在最为不利的风向互为垂直的季风地区，也可在大城市之间的空心处插入许多中小城市。

关于城市郊区的氧源绿地，具体的布局方法可以这样：将城市的风向玫瑰图叠加在城市平面图上，将风向玫瑰图按

以绿地形式布局的城市停车场能明显缓解局部热岛效应(波士顿)

某种倍数(X)放大，即可得到城市氧源绿地的布局。X值可以这样确定：当氧源绿地全为森林时，X=2；氧源绿地全为农田时，X=6。

具体算式为：设城市半径为R，风玫瑰瓣长为L，则L=XR

休疗养城市：取风玫瑰最短瓣的长度为Ld，可令Ld = XR，(X=2~6)，保证全年有充分的氧气供应；

重要城市：取风玫瑰瓣长的平均值为Lp，可令Lp = XR，(X=2~6)，保证全年大多数风向时有充分的氧气供应；

一般城市：取风玫瑰最长瓣的长度为Lc，可令Lc = XR，(X=2~6)，保证全年主导风向时有充分的氧气供应；（注：人少地多的地区可以取消这一级）(图1－10)。

也许有人会问，上述计算可能忘记了城市化还要继续占用土地搞建设，因而会有些问题。我们的回答是：城市化可以提高建设用地利用率，因而节约土地资源。原因很简单，占用土地的是人，不管他是住在城市还是在农村。上述调查，显然没有包括农村的非耕作用地。实际上，我国农村人均占用的非耕作用地比城市要多许多。例如，据人口高密度地区的江苏省无锡市统计：自然村人均占用的建设用地达170m² [24]，浙江海宁的调查结果也差不多。又据全国政协副主席李贵鲜率领的专题调查组报告，我国农村居民点人均占地192m² [25]。更加严重的是：农村人口的出生率比城市高得多。所以，我国应该优先通过推进城市化来节约土地资源。

综上所述，可知在现代化的城市生活方式下，如果一个地区（例如数万km²）的平均人口密度达到1000人/km²的话，从氧平衡角度来看就该处于生态危机的边缘了。当然，由于这种计算的依据目前尚不很精确，只是一个比较笼统的数量级概念[26]。随着人类对于生活环境的要求不断提高，城市生活的化学污染、热污染和氧平衡问题将日益严重，必须大力发展科技和采用先进的节能技术，才能使城市空气的污染危机有所缓解。

2、降温及制造城市环流

在静风条件下，污染物一旦排到大气，减轻其浓度的方法主要是靠扩散稀释降解和绿地过滤净化。对此，过去的理论基本主张是尽量在城市中平均地普遍多种绿色植物[27]，有人还专门为此提出考虑城市景观均一度的数学方法[28]。

在城市内部平均分布绿地的主要理论基础，是减轻热岛效应。然而，公众常识对于热岛效应的误解，上文已作了纠正。简单地说，如果我们真的能利用平均绿化的方法把城市热岛效应降低到零，其结果只会是促进静风天气里污染源附近的大气污染物堆积。所以，在静风条件下有必要利用城市热岛和城郊森林的共同作用来制造城市环流，尽量稀释污染空气。有关研究文献指出：较大面积成片的绿地，足可以制造与相邻建筑密集区之间风速达1m/s以上的林源风[29]。何况森林还同时具有过滤、清洁空气的作用(图1－11)。

当然，过度的热岛效应也是人们不喜欢的。比如，强热岛地区与郊区的温差可高达4~6℃，甚至7~8℃，令市民夏天难以忍受。所以，应该适当控制热岛强度。其方法：一是在城市中进行得当的绿化；二是控制城市的高层建筑；三是控制城市及其组团的规模；四是控制城市的建筑耗能，大力推广生态型建筑。

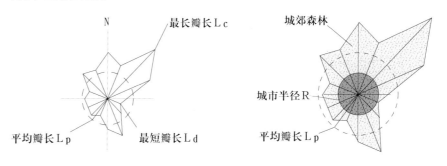

风玫瑰的瓣长

按平均瓣长为城市半径的2倍布置城郊森林

图1－10 根据风玫瑰图布置城郊氧源绿地的办法

3、空气降尘与过滤

气溶胶是加重城市空气污染的重要因子。气溶胶的自然清除有干、湿两个途径，湿途径就是雨水，它是清除飘尘的主力。干途径是自然沉降和过滤，与植物的关系很大，是我们研究的重点。

作为新鲜空气通道的城市"绿廊"(波士顿)

(A)仅有周边绿带由于污染累加造成的城市中心的污染集中

(B)绿心分散了城市中心的高污染

图1－12 城市中心污染的分散

城市的气溶胶在有风的时候会被刮走,所以它对城市的危害以静风天气为主。据研究,静风时气溶胶的自然沉降速度为1cm/s～0.5cm/s,而在草地上可达3cm/s,森林树冠处更可比开阔地大2～16倍[30]。这就是城市中的绿地能使我们感觉空气比较清新的重要原因。

有关文献还提供了一个计算林带过滤作用的公式[31]:在林带疏密得当,2m/s的微风,粒子大小为平均值,大气中性(即没有垂直对流也没有逆温层)的条件下,当污染源靠近地面并距离林带仅10m时,50m宽的林带可过滤掉80%的气溶月在若污染源距林带100m远,则吸尘效率下降到38%;若150m远,则仅有30%的吸尘效率。此外,树林越高,层次搭配越合理,过滤效果越好。因此,静风天气依靠城市环流来减轻污染时,森林越是紧靠城市就越有效,远郊的森林此时几乎没有什么作用,城市近郊的草皮和农作物作用也很小。

紧靠城市的森林,必然与城市建设用地的规划有密切的关系,涉及城市的发展规模、发展方向、街道布局、对外交通、工业、仓储及特殊用地等,应该与城市统一规划和建设,划入城市规划区范畴,不可仅视为一般的林业用地。

4、城市组团的生态化规划布局模式

由热岛环流在低空辐凑造成的污染向市中心的集中现象,给予我们以下启示:

(1)将城市或城市组团的面积划小,可以减小市区空气污染的集中程度;

城市组团的大小应该如何确定?单纯从生态学角度来说,当然是越小越好。但是,城市规划除了考虑自然规律外,还要顾及经济规律和社会发展条件。1985年国家科委蓝皮书第6号《城乡建设卷》的统计及其援引的国外专家理论,认为50万人左右的城市规模比较恰当,经济效益和城市环境都较好。据此,设城市居住区的人口密度为每平方公里2万人,则50万人需要25km²的面积,大体折合正方形的边长为5km,或圆形的直径5.6km。概要而言,是城市组团直径

的5～6km论。

那么,城市组团间的绿化分隔带宽度该如何确定?这是个难题。理论上,绿化分隔带面积应该与城市组团面积相当,才能使上升气流与下降气流的横截面积相近,有利于大气环流的运动。但是,由于林带的过滤效能并不与林带的宽度成正比,所以林宽是可以适当压缩的。根据上文所提到的公式,在最好的条件下,50m宽的林带可以减少50%左右的气溶胶,则100m宽林带可减少75%,200m宽林带可减少85%以上,500m宽林带可减少95%左右。由于实际的综合条件常常很难都达到理想状态,所以一般情况下的效果不会那么好。

如果城市是组团式布局结构,则绿带要分两边共同利用。因此,我们认为城市组团之间的分隔带至少需要300～400m宽,最好达到500～1000m以上。当气流的下降通道比上升通道狭窄时,下降速度会加快,反而比较有利于充分发挥绿带的过滤效能。因此,若城市组团按正方形模式布局,边长为5km,建筑区面积为25km²,在其外围加一圈500m宽的绿带,面积应为5.25km²,约占城市组团用地总面积(30.25km²)的17.4%為

(2)城市组团中心布局大型"绿心",可以分散市区空气污染的沉积范围;

由于大气环流与城市热岛的共同作用,城市组团中心地区的大面积绿地能有效地改善空气污染的强度。这一原理,即所谓"绿心理论"(图1－12)。

对于一个建筑区25 km²的城市组团而言,决定城市绿心的规模有两种方法:

其一,绿心的面积等于半宽城市组团绿化分隔带的面积(262.5hm²),则绿心的半径应该是914m,约为组团绿化分隔带宽度(500m)的1.8倍左右。当然,这是一种理想状态。

其二,绿心的半径等于组团绿化分隔带的宽度,即500m,占地面积为78.5hm²,可在标准不高的城市采用。

需要强调指出,这里所说的"绿心",是指直径5～6km大小的城市组团中的绿心,而不是指在直径十几公里甚至几十公里的"城市大饼"中挖一个绿心。许多人将后者誉为

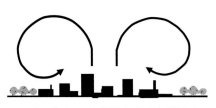

(A)利用热岛环流为城市输送新鲜空气

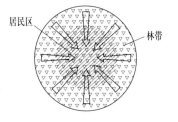

居民区

林带

(B)正确的布局应该用林带紧靠城市

图1－11 利用热岛环流为城市制造气流

"市肺"，但从城市无风天气的微气候原理来看，这种"市肺"的作用范围仅局限于其边缘的一圈，对于整个城市环境的生态改善意义不大。

在静风条件下，一个城市需要多少公共生态绿地才合适呢？设每个城市组团居住50万人，人口密度为2万人/km²，组团间分隔绿带宽度为500m（绿地面积为5.5km × 4 × 0.5km=11 km²），组团"绿心"宽度为1000m（绿地面积1 km²），则该城市组团所需的生态绿地总面积为12 km²。如果一个大城市由数个这样的组团组成，每个组团分隔带的面积只分摊到一半（组团中的绿心面积1km²不分摊），则公共生态绿地面积应为6.5 km²，约为组团面积（25+5.5+1=31.5 km²）的20%，人均13m²。此外，生掌握化學"雙基"知識，又要结合教材。通风、排气的生态廊道，提供美化街景、遮荫避暑等服务功能，满足居民进行文化休憩活动的需求，并适当调节城市热岛效应强度。

关于需要多少绿地来减低城市的热岛效应，不少文章企图通过计算植物的蒸腾效应来说明绿地在这方面的作用，但仍然给不出对气温影响方面的数据[32]。

据有关研究资料[33]，城市绿化覆盖率低于37%时，对气温的改善不很明显；理想的城市绿化覆盖面积应达40%以上。在植物生长季节，城市热岛的平面分布呈多中心型，但不分布在绿化覆盖率较高的地方。夏季气温最高的14时，绿化覆盖率超过20%的地区与热岛中心之间的气温相差2℃以上。在绿化覆盖率不足10%的地方，夏季热岛强度最高相差4～5℃。如果市区的绿化覆盖率普遍达到50%时，夏季的酷热现象可根本改变。我国地矿部于1991～1992年进行了"武汉城市热环境遥感方法及应用研究"。据测定，绿化覆盖率在20%以下的地段，植被蒸腾所消耗的能量低于所得到的太阳辐射能量；当绿化覆盖率达到37.38%时，植物蒸腾所耗热能高于本身所获的太阳辐射能，其不足部分是来自周围的热能。植被能减少或消除太阳对地面的直接辐射，改变大气下垫面的性质和状况，减少下垫面的二次辐射，缓解热岛效应。

从城市绿地率与居民健康的实证研究情况来看，大城市地区的城市绿化覆盖率也应大于35%。北京市曾在基本相等的条件下调查大栅栏地区和陶然亭地区的居民健康状况，结果表明：大栅栏地区的建筑总面积比陶然亭地区高1.28倍，人口密度大66%，绿化覆盖率为13%；而陶然亭地区的绿化覆盖率为35%。大栅栏为商业区，人流量大，环境质量较差，污染较严重，该地区居民的肺癌死亡率比陶然亭地区高聞其味而觀色，又看金屬和氩氣分别气污染的监测，分析和京市仅由于尘污染每年损失3000－4000万个劳动日[34]。

所以，若将上述37%～50%的绿化覆盖率折算成绿地率指标的话，约为35%～45%。这表明在风速小于1m/s的静风条件下，城市的绿地总量应为城市总用地面积的35%～45%较为合适。其布局模式，最好能呈"绿网＋绿心"格局(图1-13)。从理论上讲，这样可以维持城市热岛强度为2℃左右，并产生1m/s的风速，造成每天30次以上的气流循环，足可维持城市绿地中林带的过滤功能。又由于城市组团绿心的存在，将原来集中在组团中心的高浓度污染物分散到大约半径为2km的圆周上，把城市局部污染的最高浓度降低数倍，从而保护全体市民健康地生活在合乎标准的空气环境下。

5、城市空气通道与绿地集中布局原则

适合于作城市进气通道的开敞空间有水面、体育场、非交通广场、游乐场、高压走廊和绿地。其中，真正能够通过规划进行建设控制的，主要还是各类城市绿地。

城市进气通道的布置不宜完全顺从城市的主导风向，要有一定偏角，以利于气流向侧旁分流一部分，即所谓"平行四边形原理"（图1-14）。作为进气通道的绿地，应以不太阻挡气流的草坪和低矮植物为主，不宜只追求自身的绿量。

城市排气通道，则要尽量顺从城市的主导风向，宜通直布置。

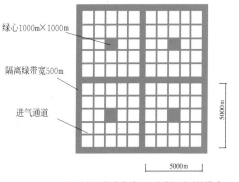

绿心1000m×1000m

隔离绿带宽500m

进气通道

5000m

5000m

由四个组团组成的城市之生态绿地系统模式

图1－13 静风条件下城市组团生态绿地布局的理想模式

简洁高效的楼间绿地布局形式(波士顿)

城市进气通道的宽度应与常年平均风速成反比,与通风面积成正比。其设计的通风量,应保证一天内的区域氧平衡。因此,设城市边长为L(km),风速为V(km/小时),城市的每天换气次数为T,进气通道的总宽度W占城市边长的比例应是T的倒数。即:

W/L = 1/T ,

W=L/T;

其中, T=24V / L 。

例如, 设某特大城市人口为400万,城市面积为400km²,城市边长为20km,年均风速7.2km/小时(2m/s)代入上式,得到T=8.64, W=2.3km。设每隔1000m设置一条进气通道,总共20条进气通道,则平均每条宽约为100m,而进气通道绿地总面积为46km²,约占城市总面积的11.5%。将此11.5%加到上述20%的静风条件下的生态绿地指标中,则得到该特大城市公共生态绿地的总指标应为32%左右为好。考虑到隔离绿带也具有进气通道作用,因此该指标可以降低到30%以下。若城市总绿地率为45%,单位附属绿地控制指标只需15%左右就够了,这样,在保证足够的楼间距的条件下,体育运动和停车场的土地面积也就有了着落。

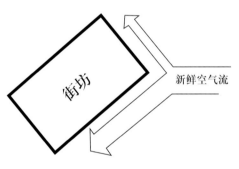

图 1-14 利用平行四边形原理分配新鲜空气流

通过类似的计算可知:在城市的平均风速为2m/s左右时,20万人以下的中小城市面积小、边长短,公共生态绿地总指标可减少到25%左右。反之,人口上千万的大都市生态问题严重,公共生态绿地最好增加到30%以上,考虑到大城市的用地指标紧而经济效益远高于小城市,这点土地指标还是值得的。如果当地的年均风速大,此指标还可以适当减小。

将上述城市生态绿地指标(25~30%),再加上单位附属绿地指标(15%),得到城市建成区合理的总绿地率控制指标宜为:中小城市40%,大城市45%左右。这个指标,兼顾了微风和无风的天气,也照顾了我国人多地少的国情。由于小城市的用地指标比大城市要宽松,所以实际上人均绿地的面积几乎相等。这个绿地率规划指标,虽然与我们目前执

行的国家园林城市的评选标准相差约10%,但对城市环境改善的生态效果却差别很大(图1-15)。

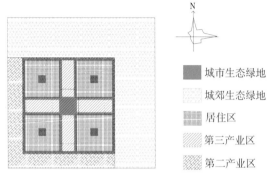

城市生态绿地
城郊生态绿地
居住区
第三产业区
第二产业区

理想的大城市组团结构与生态绿地系统布局模式
(假设季风的主导风向为东风和北风)

图 1-15 季风地区城市生态绿地系统布局的一种理想模式

也许有人会问:上述想法可能很好,但是这么大量的土地从哪里来?其实,在目前的国情条件下,真正大量浪费土地和使国土沙漠化的现象是发生在农村地区。所以,就算是仅仅为了节约城乡建设用地和资金,也应该积极推进城市化,并适当给城市用地指标松绑。当然,人多地少确实是我国国情,能节约的土地最好还是节约。为此,城市绿地布局应尽量贯彻"大疏大密、集中布局"的规划模式。

绿地集中布局规划模式的要点是:

(1)在城市总体规划阶段,同步进行绿地系统规划,并执行"开敞空间优先"的原则,用规划绿地承担起改善城市生态环境质量的主要任务。

(2)不要将城市绿地的主要用地量分给城市中各个机关与企事业单位去使用,即应将目前占城市建成区绿地总量2/3左右的"单位附属绿地"的分量减少。实际上,许多巴掌大又不让人们进入的小块绿地,其生态与休憩功能作用都很小,反而给交通、采光与通风带来了不便。对于多数机关与企事业单位来讲,内部绿地的主要作用应是休憩、美化和遮荫。

(3)将腾出的城市用地指标交给公共绿地、防护绿地、生态景观绿地等城市绿地类型集中使用,主要用以建设城市的

人行道　进气通道和休闲带　隔离林带　公交专用道　汽车干道

图1－16 一种比较理想的城市干道断面模式

海口市椰林大道

微风通道、城市公园、城市组团间的隔离绿带以及各种必要的防护林带，构成城市生态绿地系统的基本骨架。

6、影响绿地布局的其他因素：

城市绿地还有许多其他生态功能，都会对绿地系统的布局提出一定的要求，并影响城市的规划。其中，有些可以和生态绿地系统规划结合起来。例如：

1) 要求绿地按需求分布的：

● 防护作用(防灾、防风、防沙、水土保持、水源防护等)；

● 社会功能作用（生产苗木、花卉、水果，蔬菜，组织交通等）；

● 卫生作用（杀菌、隔噪、降尘、养眼等）。

2) 要求绿地按服务半径均匀分布的：

● 社会生活作用（休闲、社交、游玩、体育、美化、教育、旅游、陶冶性情等）。

关于这两方面的绿地布局需求，基本原理是分级服务半径理论。大致来讲，居民至居住区公园或小区公园的步行时间，应控制在5分钟以内，即小型公园的间距应在500~800m左右。如果城市的进气通道间距为1000m的话，其网格的中心正好该布置一个小区级公园。此外，还可以灵活布置密度更高的微型休憩绿地。至于中、大型公园，除利用城市的自然山水资源外，宜与生态绿地相结合为好。

3) 绿地保护文物原理：

在进行旧城改造时，建设进气通道和隔离绿带都可能遇到文物保护单位的建筑物(或构筑物)，可以通过合理地组织绿地，将文物保护单位建筑更好地保护和利用起来。

第四节　城市绿地系统与基础设施协同规划

城市绿地系统在规划建设过程中，必然涉及与城市其他用地类型相关的功能系统规划与建设，特别是城市的交通与建筑等基础设施，需要妥善地运用生态原理加以协调和统筹。

一、城市绿地系统与交通设施建设的关系

1、城市干道两侧适宜种植紧密的林带，以将干道交通空间与两侧的生活隔离。由于此林带主要不是用作空气过滤的，所以可用密林，宽度宜20~30m为好。如将干道同时用作进气通道，密林后边的绿地宜种植稀疏、低矮的植物以利于空气流通。干道上方不宜采用树冠开张的乔木覆盖，以利于污浊空气的便捷排出（图1－16）。

2、改造城市旧干道时，因受建设用地限制两侧不可能形成宽大的绿化带时，可以采用物理方法（如隔离罩）进行隔离，仅用一两排植物作美化。

3、高架路有利于上层汽车的排污，但其下层却是污染的重灾区。由于在桥下的阴性区域进行种植技术困难、成本高、因此，在有条件的地方可将高架路下方作为停车场，而在两侧有阳光的区域种植隔离绿带，提高绿地的生态效益。

4、干道与商业街分离模式：干道等于城市的废气通道，在干道不能与两侧相隔离的情况下，干道不宜与商业街混合，二者宜相互分离。干道可做成步行商业街的后街，使商店成为前店后库（厂）模式。而步行商业街则可以和城市进气通道相结合布局。

可作为城市避灾据点的街心花园(波士顿)

在滨水地区设置较宽阔的绿带，
能有效改善城市环境(波士顿)

5、居住小区间的城市干道不宜作为进气通道，应在干道之间另行开辟。居住小区内部道路车流量不高时，可以考虑与新鲜空气通道相结合布局。

二、建筑空间布局与城市生态的关系

除了上面涉及过的一些城市建筑空间问题，如平均屋顶界面高度，街道峡谷系数，街道两侧建筑高度的差异对峡谷涡流的影响等以外，城市建筑空间规划时还应注意以下问题：

1、如果将高层建筑布置在城市的上风向，就相当于为城市建造了一道防风墙，将会严重影响城市内的空气交换频度。

2、如果在城市周边布置一圈高层建筑，就等于把城市建设成一个"大盆"，在无风天气里也将影响城市内的空气交换频度。城市道路的走向，对城市的进气和排气作用亦产生很大影响。

所以，比较理想的城市建筑空间布局模式应该是：在市中心可以布置一些摩天大楼，越靠近城市边缘就越应该布置低矮的建筑，低层高密度可能是较好的选择。反之，若城市周边是一圈高楼而中心是古老的矮小房屋时，城市内会形成一个容纳污浊空气的人工盆地，生态环境必然恶化（图1－17）。

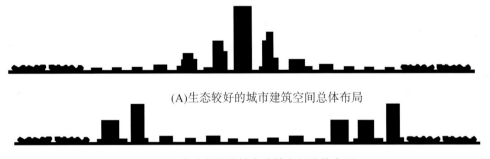

(A)生态较好的城市建筑空间总体布局

(B)生态很差的城市建筑空间总体布局

图1－17　生态效果不同的城市建筑总体空间布局

第五节　基本研究结论与实用规划案例分析

一、基本研究结论

1、由于人多地少的特殊国情，我国城市用地的紧张程度是世界罕见的。所以，城市规划工作更加应该强调系统性和科学性，避免给国家和人民造成重大的决策失误。从保护生态、促进城市可持续发展的角度来看，"开敞空间优先"和"绿地优先"是值得推荐的规划路线。

2、从生态学的研究得知，微风天气条件下的城市功能布局，要注意城市的氧源基地和微风通道的设置及其与常年风向的关系。特别要注意不能简单地将城市交通干道的附属绿地规划作为城市气流交换的微风通道。

3、在静风天气条件下，城市规划要注意保持合理的建成区组团规模、隔离绿带宽度和中心绿地的大小。从长远看，今后必须将现在普遍流行的平面铺展"摊大饼"式建筑密集的大城市，逐步采用生态绿带加以分隔。

4、按照生态维护与城市建设用地功能的综合平衡需求，我国城市的绿地率规划指标应逐步提高到40%～45%，提倡城市用地布局采用"大疏大密"、"集中使用绿地"的规划原则，并将现有公共绿地约占1/3、单位附属绿地约占2/3的规划布局比例颠倒过来，进一步强化城市生态绿地的系统性。

二、实用规划案例分析

本章内容的理论研究成果，部分已用于指导有关的城市绿地系统规划实践，示例说明如下：

(一) 项目名称：广州市区生态绿地系统规划布局模式研究；

(二) 项目背景：详见本书下篇案例C；

(三) 研究要点与结论：

1、常年风向与城市规划区内的林地布局

从广州市中心城区的常年风向图可以看到，广州市的主导风向为夏季东南，冬季正北，很少东北风，基本没有西风（图1－18）。

广州市近年来在北部和东北部的山区搞了不少森林公园的建设，应该是有成效的。但是结合风玫瑰图来看，大部分

森林分布于城市的东北部，偏偏广州的东北风很少，这就大大影响了冬季广州中心城区新鲜空气的供给量。严重的问题在于：由于历史的原因，在最需要新鲜空气的夏季，城市需要从东南方输入新鲜空气，而广州中心城区东郊的大片绿地却正在慢慢地被侵蚀；工业区一个接一个(员村、广氮、黄埔、珠江电厂、开发区)，广州氮肥厂、石油化工厂、乙烯厂等，都被放在了最不恰当的地方。原来规划的广州大道两侧大片绿地还没形成，就已经被高楼群覆盖。尚存较成片的绿地(龙洞至华南植物园和华南农业大学一带)，却又位于相对缺风的东北方向。如果城市建成区从白云机场再向北过度地发展，对荔湾、越秀等老城区冬季的鲜风供应无疑是大为不利。

所幸的是，广州市区的东南方向(赤岗以东和以南地区)目前还处于工业化影响较小、基本农田保护区较大的状况，而且已建立了100多公顷的瀛洲生态公园。如果将来该地区能保留数十平方公里以上的大片树林或面积更大的农田，实则广州市民的大幸。然而，随着广州中心城区东南部基础设施建设的迅速扩展，如华南快速干线和环城高速公路的开通，广州国际会展中心的建设，以及与之相配套的地铁二号线等项目的实施，正在加速该地区的城市化进程。因此，我们要采取必要的规划控制手段，确保海珠区万亩果园及其周边区域的生态安全，避免赤岗地区的发展仍然走天河地区的老路－高楼林立、道路狭窄、空地无多，使之成为广州市区新鲜空气的氧源供应基地。番禺区的市桥镇在广州中心城区的南面略偏西，目前对中心城区的影响不大。但如果再向东发展，就不好了。

根据规划组的有关研究，得到广州市中心城区理想的氧源森林基地的分布模式如图1－19所示。

2、"石屎森林"与新鲜空气的输送通道

过去，当城市由低矮建筑组成时，城外的新鲜空气基本上还可以从城市的上空达到居民家中，相对来讲，城市绿地的管道作用还较小。但当城市高楼林立成为"石屎森林"后，情况就发生了根本的变化，必须有意识地设置城市空气通道系统，才可能保护城市居民呼吸新鲜空气的权利。

珠江是广州市(特别是夏季)的天然空气管道，但这么大

的中心城区不能只有一条干管，还需要有多条干管以及与之配套的支管。然而，就目前现状而言，后者尚不成系统。结果是绝大部分城市居民仍然呼吸着由街道输送来的污浊空气。

城市建筑的高密度、高容积率是和高地价是相联系的。从高地价政策中获取城市财政收入的办法，大大促进了现代城市高层建筑的发展。据有关统计资料，到1998年底，广州市中心城区10层以上的楼房有3366座，密度已相当之高。如果不加控制任其发展，城市居住环境的前景可能会比过去上海的弄堂区还糟。因为弄堂的楼房不过两、三层高，而广州的这种新"弄堂"楼高在10层甚至20层以上。密集的高层"弄堂"区，将大大不利于通过绿地等开敞空间向城市居民供应新鲜空气。

3、城市周边的高层建筑群与城市空气质量

广州正在飞速地向"现代化"迈进。特别在城市的东部(区庄、天河一带)，数以百计的摩天大楼拔地而起，蔚为壮观，令一些领导和不少市民非常自豪。但是，从广州的情况来看，当夏天新鲜空气从外边吹来时，东南风首先遇到的是天河一带的高楼群，冬天的北风则遇到环市路一带的大厦。由于城市边缘大厦群所形成的"挡风墙"的作用，城区中心就成为一个容纳炎热而又污浊空气的大盆地，这是广州市旧城中心区多年来空气质量恶化的主要原因之一。

因此，在编制广州未来的城市总体规划时，应该十分注意城市绿地系统科学、合理布局的问题。首先，在市区里不必急于消灭高压走廊与河涌；其次，可以划出一些生态绿地控制区，其中不要再建设高大的重要建筑，保留旧的矮小建筑，以便有朝一日将其改造为绿地型空气通道(例如东山区的新河浦一带)。当然，处理这个问题的难度很大，但

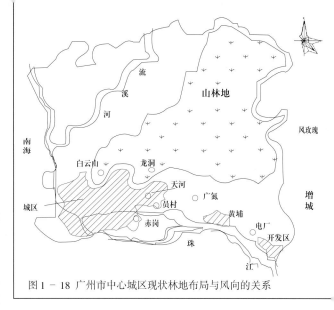

图1－18 广州市中心城区现状林地布局与风向的关系

图1－19 广州市中心城区理想氧源林地的布局模式

高绿地率的污水处理厂也是重要的城市氧源基地（苏黎士）

广州英雄广场绿地

表1-1 广州市中心城区城市建设用地规划指标

年份	全市总人口（万人）	其中城市人口（万人）	建成区城市人口（万人）	建成区流动人口（万人）	建成区控制面积(km²)	人均城市用地指标
2000	685.4	439.8	346.5	120.0	303.0	75.0
2010	757.0	599.0	414.3	150.0	385.0	79.0

注：本表据《广州市土地利用总体规划》(1997-2010年)。

是最好从现在就做起，以减小将来的工作难度，从长远看会有利于城市的可持续发展。

4、人均城市用地指标与城市绿地率

据国家人口变动情况抽样调查结果显示，1999年底中国总人口达到了12.5909亿。其中，乡村人口占69.1%，城镇人口占30.9%，与上年相比，城镇人口比重上升了0.5%。由于一系列历史与现实的原因，我国的城市建设用地指标长期过紧，由此所造成的后果已很严重，特别是影响了城市绿地和交通系统的质量与效率。对广州市而言，还有些特殊问题：大量的外地人口到城市寻求发展和生机，造成了市区实际人口远远大于统计的常住户籍人口。若干年来，仅就官方的统计数字，广州市区的外来和流动人口就一直占总人口的30%以上，这个比例大大高于国内一般城市外来和流动人口占10-20%的水平。根据广州市第五次人口普查公报，2000年11月1日进行的全国人口普查登记结果表明：全市总人口为994.30万人（含10个区和2个县级市，不含现役军人）。其中：本市户籍人口702.66万人，中心城区城镇人口612.71万人。又据广州市统计局资料，2000年末中心城区非农业常住户籍人口为343.88万人。因此，2000年广州市中心城区的外来与流动人口为612.71-343.88＝268.83万人，占43.88%!

按照现行的国家规范，城市绿地的规划标准基本上是按城市非农业常住人口制订的。这就是说，即使国家标准是合理的，但对于大体每两个享有城市建设指标的人就要负担一个"外来人口"的广州也是很不够用的。想要解决这个问题，首先碰到的困难就是城市用地指标。因为按照国务院批准的《广州市土地利用总体规划》(1997-2010年)，2000年和2010年中心城区的人均建设用地指标仅为75和79m²(表1-1)

根据1991年颁布实施的国标《城市用地分类与规划建设用地标准》(GBJ137-90) 第4.3.1条的规定，编制和修订城市总体规划时，居住、工业、道路广场和绿地四大类主要用地占建设用地的比例应符合表1-2的规定。

2001年5月31日《国务院关于加强城市绿化建设的通知》(国发[2001]20号)中明确要求："今后一个时期城市绿化的工作目标和主要任务是：到2005年，全国城市规划建成区绿地率达到30%以上，绿化覆盖率达到35%以上，人均公共绿地面积达到8m²以上，城市中心区人均公共绿地达到4m²以上；到2010年，城市规划建成区绿地率达到35%以上，绿化覆盖率达到40%以上，人均公共绿地面积达到10m²以上，城市中心区人均公共绿地达到6m²以上。"

表1-2 城市主要规划建设用地标准(GBJ137-90)

规划建设用地结构	
类别名称	占建设用地的比例(%)
居住用地	20~32
工业用地	15~25
道路广场用地	8~15
绿地	8~15

2001年12月，广东省政府出台了户籍改革制度：从2002年1月1日起，全省实施按照实际居住地登记户口的原则，取消农业户口、非农业户口、自理口粮户口及其他类型的户口性质，实行城乡户口登记管理一体化，统一称为"居民户口"。因此，就按比较保守的方法估算，到2010年广州市中

广州白鹅潭音乐广场

心城区的居民户口人数也将突破800万。按照国务院要求达到的人均公共绿地指标10m²计，就需要80 km²的城市用地，已占建成区控制面积(385km²)的21.3%，大大超过了国家标准(表1－2)所规定的8%～15%的比例。

显然，若按现有国标和土地利用总体规划制定的用地指标，实在难以达到国务院2001年5月《通知》中城市绿地规划建设的指标要求。解决问题的出路只有两条：要么增大城市的人均规划建设用地指标，使之达到国务院规定的城市绿地指标；要么只能将大部分的新增绿地不计入城市建设用地平衡表中，仅作为农田产业结构调整的成果，仍然记在农业用地的账上。即贯彻执行国务院上述《通知》精神："在城市规划区周围根据城市总体规划和土地利用规划建设绿化隔离林带，其用地涉及的耕地，可以视作农业生产结构调整用地，不作为耕地减少进行考核。为加快城郊绿化，应鼓励和支持农民调整农业结构，也可采取地方政府补助的办法建设苗圃、公园、运动绿地、经济林和生态林等。"

我们还以广州市中心城区2010年有800万人口计，按平均每人80m²的规划建设用地指标，城市规划建设控制区应达到640 km²。若其中要有35%的绿地率，就是224km²。扣去2000年城市建成区已有园林绿地约88km²，需要新增136km²的园林绿地才能达到国务院的《通知》要求。根据2000年国土资源部批复的《广州市土地利用总体规划》(1997～2010)，2010年城市建设用地规模要控制在536.12 km²(表1－3)，与实际需要的640 km²之间差额约104 km²。从现实操作的可能性来看，这些缺额的土地面积，只能通过园林绿地的用地指标来调节。即：将前述规划新增的136km²的园林绿地中的绝大部分都作为农田产业结构调整用地，采取不改变农用地属性、维持绿色空间形态和生态效能而转变其服务对象的途径来增加城市绿地。只有这样，才能在现有国家政策法规的框架空间内满足城市生态可持续发展的需求，使广州市中心城区保持一个比较合适的城市绿地率。当然，由于现阶段有关的配套政策措施尚未到位，要在城市规划建设中实施这一规划绿地率指标还有许多困难，但随着时代的进步和全社会对城市绿化事业重视程度的提高，这个问题终究会得到逐步解决。

5、广州市区生态绿地系统概念规划

过去，人们多是从使用功能上来看待城市道路、停车场、体育活动场地和园林绿地等城市开敞空间，认为它所涉及的不过是城市景观是否美好，生活是否方便，生活内容是否丰富等非根本性的问题，所以，总是有人想方设法地克扣城市开敞空间的规划建设指标。到了现代，人们才逐渐发现城市开敞空间实在是涉及城市生命线的大问题。近20年来，随着世界范围内环境保护运动的深入发展，一些发达国家在城市规划中，开始研究运用"开敞空间优先"的用地布局方法以确保城市生态安全。即：在进行城市规划时，首先考虑哪些土地要留作各种类型的开敞空间，而不是优先考虑安排建设用地。

根据本章所论证的理论为基础，以"开敞空间优先"规划思想为指导，兼顾国情和广州城市环境及城市形态的特点，考虑到20年以后的广州市建设目标，我们提出了广州市中心城区生态绿地系统概念规划方案（图1－20）。

该规划方案的要点是：

1、在中心城区组团的北方和东南方保留、建设大片林地(含海珠区万亩果园)，以楔形状插入城市中心，并将林地与周边更广阔的农田相连接，作为城市上风向的氧源绿地。每块林地的总面积，应当不小于100km²。在城区主组团与黄埔区之间(天河区珠村一带)建设宽度1000m以上的隔离林带。

表1－3 广州市区土地利用现状与规划表

年代	农用地	建设用地				未利用地	合计
		小计	城乡居民点及独立工矿	交通用地	水利水工用地		
1996年	91818.5	42078.5	37079	3776	1223.5	1311	135208
2000年	87872	46224	40455	4429	1340	1112	135208
2010年	81142	53612	46570	5426	1616	454	135208

注：表中资料据《广州市土地利用总体规划》(1997－2010)表一，"市区"即今称的"中心城区"，

面积单位：hm²。

现代城市街道绿地的布局方法(波士顿)

从长远看,黄埔区的污染工业应当逐步搬迁或取消。

2、利用珠江和流溪河作为城市的进气主通道,建设沿江绿带。珠江的北岸和流溪河的东岸,应该每隔1000m左右留出一个进气支通道入口,即在沿江绿带上设置若干较大的节点绿地,用以打断沿江建筑所形成的"挡风墙"。作为进气口的城市绿地,其空间形态应该规划得比较开阔,并使其最好能与其它的城市绿地等开敞空间(干道除外)相连接。

3、在中心城区的城市规划建设控制区用地内,根据城市生态建设的需求尽量开辟绿廊,将面积较大的现状城市绿地连接起来,形成宽度200~500m、间距5km左右的绿廊地区。其用地,在近期规划时可作为城市规划建设控制区,不再审批建设新的建筑。远期规划时结合旧城改造,逐渐拆迁形成绿带。其中若有文物,可以将文物建筑保留在绿地之中。此类绿廊状高绿地率地区,南北纵向的规划有:①从越秀山到海珠广场(旧城发展轴),并向南一直延江南大道延伸到珠江南航道;②从动物园经二沙岛、中山大学到洛溪大桥;③从瘦狗岭南下经珠江新城、海心沙、琶洲岛的新城市发展轴沿线,④从天河公园向北、向南伸延。东西横向的规划有:北横轴-以麓湖公园为中心,向东基本沿广深铁路和广源东路两侧延伸;向西或沿铁路两侧,或设法连通越秀公园、流花湖公园,一直打通到西场地区;中横轴-沿珠江北航道两侧设置;南横轴-在石榴港到鹤洞大桥一线。在上述各条绿廊的交点处,应发展大中型公共绿地,成为城市景观的重要节点。

4、火车站以北地区的发展不宜连成一片。可在黄婆洞至石井一线、沙梨园至大朗一线预留二条绿化隔离带。而太和至江高一线以北,应规划为农田保留区。此外,南北方向沿105和107国道还应建设两条绿化隔离带。

5、番禺区的大石至南村一带,可规划为新居住区,但该居住区与市桥组团之间,应保留宽5km左右的绿化隔离带。

6、在每个组团中,规划出若干条南北和东西向的进气通道,通道的间距在1000m左右,宽度50~100m左右。城市的进气通道不宜利用干道的绿化带兼顾,而应在干道之间重新开辟。

7、在每个城市组团的中心地带,规划一个较大的公园作为"绿心"。特别要强调的是周围已经发展并包围成片住宅的长寿路、天河北路、荔福路和赤岗路附近,非常需要布置大型公园。而各个进气通道的交点,则可以考虑做成小区级的公园,使之成为城市景观线上的小型节点。

8、对与城市生态规划有关的其他问题,建议如下:

(1)如确有必要在市区保留一些对大气有污染的工业,宜布置在无论冬夏都处于下风方位的芳村一带,从风向看,这里对佛山市区的影响也不大。不宜再在芳村区发展住宅区,也不宜向西将广州和佛山发展到连成一片。芳村区的花卉生产可以作为一种生态产业优先鼓励发展。

(2)从远期看,广州市中心城区要想达到国际优良标准的城市环境质量,处于上风向的黄埔区一带污染大气的工业要逐步加以控制和取缔。同理,对市内过密过高的建筑群,特别是妨碍通清风散废气的高楼,将来也要作适当清理。

(3)对珠江水质有影响的工厂,应严格控制布局在长洲岛以东的地区。

(4)城市的高速过境干线,南北向的宜在城市西侧穿过,东西向的宜在珠江外航道以南穿过,它们与开发区至新机场的干线构成城市外围的三角形过境干线骨架。为此,需要及早在开发区一带规划跨江大桥和大型立交系统,如此,必将促使市区东部庙头至新塘一带发展成为花都、番禺之外的第三个大型外围城市组团。此外,应在芳村区培育形成的另一个城市交通枢纽,便于工业产品的集散运输。

(5)铁路交通的货运枢纽,可以考虑南迁到芳村区一带,此举可以减少珠江三角洲的货运汽车大量穿越广州市区。

(6)目前酝酿之中的广州新城,规划选址宜尽量偏南、偏西,不要处在中心城区的上风向。酝酿之中的广州大学城,

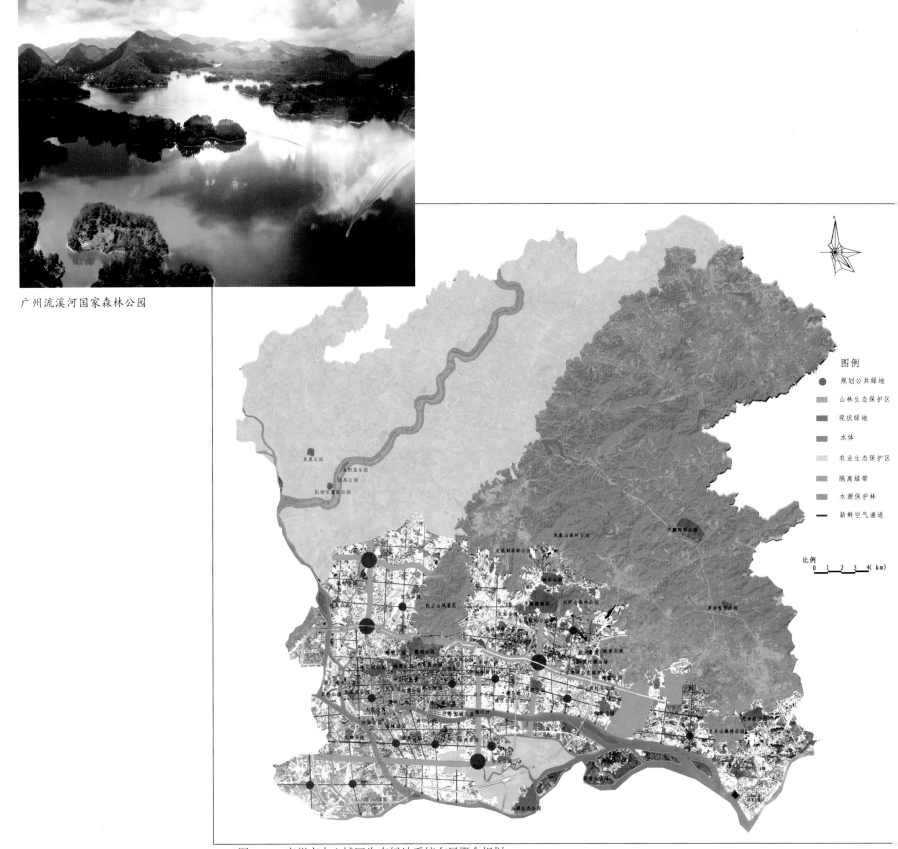

广州流溪河国家森林公园

图例

- 规划公共绿地
- 山林生态保护区
- 现状绿地
- 水体
- 农业生态保护区
- 隔离绿带
- 水源保护林
- 新鲜空气通道

比例

0　1　2　3　4(km)

图1-20　广州市中心城区生态绿地系统布局概念规划

发达国家中的自然化居住环境(瑞士)

最好不要占用中心城区东南部的万亩果园和基本农田保护区绿地。如确实必须实施开发，就要用立法等强有力的方式控制土地开发强度，保证大学园区的绿地率能高达60％以上，从而维持广州中心城区上风向氧源绿地的生态安全。

具体的绿地布局模式，可详见本书下篇案例C。需要特别一提的是：这项理论研究成果，虽说带有相当的理想成分，但对于形成广州市中心城区绿地系统的总体空间规划结构的框架思路，确实起到了积极的指导作用。

由于笔者学习的国内外资料有限，本章中所援引的一些基本数据（如植物的吸收CO_2和污染物能力，城市中气流的运动规律等）都是属于耗资巨大的大型科研内容，远非现阶段所能完成或验证，今后有关科学研究的成果发生变化时，其所涉及的研究结论也可能会有所修正。

（注：本章研究内容系与华南农业大学林学院王绍增教授合作完成。）

参考文献：

1 曹骥：城市近郊绿地在城市生态与城市景观中的作用，《中国园林》，1989(1)，P.21-24；

2 陶青、唐荣南等：城郊森林区对城区环境生态影响，《城市环境与城市生态》，1995，8(2)，P.13-16；

3 王绍增：我国城市规划必须走"旷地优先"的道路，《中国园林》，1999，15(3)，P.54-56；

4 《中国技术政策·城乡建设》，国家科委蓝皮书第六号，1985年，北京，P.143-147；

5 李宗恺，潘云仙等：《空气污染气象学原理及应用》，北京：气象出版社，1985；

6 毛恒青，朱蓉：城市的低空气温分布特征及其对大气污染物扩散的影响，《城市环境与城市生态》，1997，10(2)，P.31-35；

7 沈清基：城市生态与城市环境.上海::同济大学出版社，1998，P.251；

8 陈二平，武永利等：太原城市热岛效应的分析研究，《山西气象》，1999，(1)，(总46期)，P.22-24；

9 沈清基：《城市生态与城市环境》，上海：同济大学出版社，1998，P.251-252；

10 徐大海：改善城市空气质量的研究，《城市环境与城市生态》，1994，7(3)，P.11-15；

11 傅立新、郝吉明等.城市街道汽车污染扩散规律模拟研究.环境科学，1999，20(6)，P.22-25；

12 于志熙：《城市生态学》，北京：中国林业出版社，1992；

13 徐大海：改善城市空气质量的研究，《城市环境与城市生态》，1994,7(3)，P.11-15；

14 张一平、彭贵芬等：城市区域屋顶上与地上的风速和温度特征分析，《地理科学》，1998,18(2)，P.46-52；

15 周洪昌、高延令等：街道峡谷地面源污染物扩散规律的风洞实验研究，《环境科学学报》，1994,14(4)，P.389-396；

16 尚可政、王式功等：兰州冬季空气污染与地面气象要素的关系，《甘肃科学学报》，1999，11(1)，P.1-4；

17 周斌斌：烟羽在夜间雾天状况下的扩散数值研究，《环境科学学报》，1995，15(1)，P.1-7；

18 管东生、刘秋海等：广州城市建成区绿地对大气SO_2的净化作用，《中山大学学报》，1999,38(2)，P.109-113；

19 董雅文：城市生态的氧平衡研究（以南京市为例），《城市环境与城市生态》，1995，8(1)，P.15-18；

20 郑芷青、董慧涵：广州飞鹅岭与睡狮头岭园林绿地的环境效益，《广州师范学报》（自然科学版），1996(1)，

P.17-23;

21 严梅芳、杨静：园林绿化与城市生态，《环境保护科学》，1999，25(1)(总第91期)，P.24-26;

22 管东生、刘秋海等：广州城市建成区绿地对大气SO_2的净化作用，《中山大学学报》，1999，38(2)，P.109-113;

23 李敏：《城市绿地系统与人居环境规划》，北京，中国建筑工业出版社，1999，P.103;

24 杨仁浩：城市化发展中的耕地保护——以江苏省无锡市为例，《地域开发与研究》，1998，17(增)，P.52-58;

25 新闻：中国土地资源家底揭晓，www.ycwb.com.cn，2000.7.5;

26 "全球的碳氧平衡至今仍是一个迷"，参见吴艾笙："大气中一半的二氧化碳消失到哪里去了"？《高原气象》1999，18(3)，P.462-463;

27 俞慧珍、叶年山：江苏省城市绿化航空遥感调查评价研究报告，《中国园林》，1993，9(2)，P.23-34;

28 魏斌：城市绿地生态效果评价方法的改进，《城市环境与城市生态》，1997，10(4)，P.54-56;

29 柳孝图、陈恩水：城市热环境及其微热环境的改善，《环境科学》，18(1)，P.54-58;

30 徐大海：改善城市空气质量的研究，《城市环境与城市生态》，1994，7(3)，P.11-15;

31 徐大海：改善城市空气质量的研究，《城市环境与城市生态》，1994，7(3)，P.11-15;

32 李辉、赵卫智：北京5种草坪地被植物生态效益的研究，《中国园林》，1998，14(4)，P.38;

33 黄晓鸾、王书耕：城市生存环境绿色量值群的研究(3).《中国园林》，1998，14(3)，P.58;

34 黄晓鸾、王书耕：城市生存环境绿色量值群的研究(3).《中国园林》，1998，14(3)，P.58。

"大疏大密"的生态人居环境规划布局(广州新型住宅小区景观)

第二章
城市景观与绿地系统规划导论

国家园林城市 - 南宁

花满邕城

第一节 景观的概念及其系统研究

"景观"的概念及其内涵的拓展，反映了人与自然关系的不断深化。

从文字上考证，景观（Landscape）的最初含义是"风景"，属于美学范畴的概念。它最早出现于希伯来文本的《圣经》旧约全书中，用来描写梭罗门皇城（耶路撒冷）的瑰丽景色；其原意等同于英语中的"景色"(scenery)，同汉语中的"风景"或"景致"相一致。与之关系密切的"Landscape Architecture"一词，按英文的原意是"景观营造"；在中国，学术界按照同类行业历史上约定俗成的名称，将其通用译名定为"风景园林"。

总的来看，国内外大多数学者所理解的景观，主要是视觉美学意义上的风景，并一直努力尝试用各种方法对其进行科学评价。景观评价即是对风景视觉质量的美学评价，是指导人类对自然风景资源进行规划、建设和管理的基本依据。目前，国际上在景观评价研究方面主要有四大学派：

1. 专家学派（Expert paradigm），强调形体、线条、色彩和质地等基本元素在决定风景质量时的重要性，以丰富性，奇特性等形式美原则作为风景质量评价的指标，兼顾生态学原则为评价依据。由于工作参与者都是在资源、生态及艺术方面训练有素的专家，因此，其分析结论一般具有较高的权威性。

2. 心理-物理学派（Psychophysical paradigm），把"风景与审美"的关系看作是"刺激与反应"的关系，主张以群体的普遍审美趣味作为衡量风景质量的标准，通过心理-物理学方法制定一个反映"风景美景度"关系的量表，然后将其同风景要素之间建立定量化的关系模型，进行风景质量估测。这种方法，在小尺度的风景评价研究中应用较广。

3. 认知学派（Cognitive paradigm），把风景作为人的认识空间和生活空间来理解，主张以进化论的思想为依据，从人的生存需要和功能需要出发来评价景观与生活环境。如美国环境心理学者Kaplan夫妇提出"风景审美模型"和美国地理学者Ulrich提出的"情感／唤起"理论。

4. 经验学派（Experiential paradigm），把景观作为人类文化不可分割的一部分，用历史的观点，以人及其活动为主体来分析景观的价值及其产生的背景，而对客观景色本身并不注重，如美国地理学者Lowental的一些研究。

19世纪中叶，著名自然地理学家洪堡（Humboldt）将"景观"作为科学术语引用到地理学中，并将其定义为"某个地球区域内的总体特征"，使"景观"成为一个地理学概念。后来，"景观"又被看作是地形（Landform）的同义语，主要用来描述地壳的地质、地理和地貌属性。以后，俄国地理学家又把生物和非生物的现象都作为"景观"的组成部分，并把研究生物和非生物这一景观整体的科学称为"景观地理学"（Landscape geography）。

20世纪30年代以来，随着生态学的迅速发展，"景观作为生态系统载体"的景观生态思想得以崛起，使景观的概念发生了重大变化。1939年，德国著名生物地理学家Troll就提出了"景观生态学"（Landscape ecology）的概念，把景观看作是人类生活环境中"空间的总体和视觉所触及的一切整体"。德国著名学者Buchwald进一步发展了系统景观的思想。他认为：所谓"景观"可以理解为"地表某一空间的综合特征"；"景观是一个多层次的生活空间，是一个由陆圈和生物圈组成的、相互作用的系统"。80年代后，面对全球的资源、环境问题，景观生态学有了很大的发展。科学家们提出要重新认识人与自然相互作用的反馈机制，将现代生态学作为解

南宁市南湖地区的绿化景观

决人与生物圈生物背景问题的依据；其研究对象，是不同尺度人地系统的生态系统结构、功能联系以及系统稳定的对策。

所以，从科学的角度来看，"景观"作为自然界多层次的、复杂的系统结构，具有多种功能。一方面，景观是自然生态系统的能流和物质循环载体，与自然演进过程紧密相关，是生态科学的主要研究领域；另一方面，景观又是社会文化系统的重要信息源，人类不断地从中获得美感与科学信息，经过智力加工后形成丰富的精神文化产品。具体到应用领域，特别是从城市规划研究和应用的角度来考察，我们通常所说的"景观"，主要包括自然景观和人文景观。

第二节　城市景观规划的理论方法

一、城市景观要素及构成特色

城市景观是由不同的要素构成的，且各有特性，主要包括三个方面：

1. 自然景观要素：即山水、林木、花草、动物、天象、时令等自然因素。在中国的传统文化里，城市的自然景观要素被赋予了丰富的象征意义。如山象征着崇高与稳定，水寓意着运动与包容，木代表着生命与成长，苍天预示着神秘与永恒，大地显示出质朴与纯美。自然要素是构成城市景观特色的基础。这就是为何古往今来的城市建设都十分注重选址的原因所在。

2. 人文景观要素：即建筑、道路、广场、园林、雕塑、艺术装饰、大型构筑物等人文因素。它们是人类活动在城市地区的文化积淀，表现了人类改造自然的智慧与能力。

3. 心理感知要素：形、色、声、光、味等能影响人类审美心理感知的物理因素。尤其"形"，是人类感知世间万物的主要视觉要素。城市景观在很大程度上即为城市"形"象。城市的地标(Landmark)和天际轮廓线(Skyline)，就是靠"以形制胜"而给人以深刻的感染力。城市景观中的色彩构成，也是创造民族性、地方性和时代性的重要前提。如金碧辉煌的北京皇家建筑、纯净明快的古希腊雅典卫城、艳丽多彩的西亚伊斯兰柱廊、色差强烈的拉萨布达拉宫等。

二、城市景观规划的空间尺度

城市景观的承载主体，是有人为活动高度参与的城市开敞空间(Urban Open space)。因此，人类户外活动需求及其行为规律，是城市景观规划设计的基本依据之一。人类生存于地球之上，所表现出的各种行为可归纳为三种基本需求，即：安全、刺激与认同。这三种需求是融合在一起的，并无先后次序之分。与之相对应，人类的活动也有三种类型：生存活动、休闲活动和社交活动。它们对场所空间和景观环境的质量要求也依次递增。人类在景观空间中的活动，就构成了景观行为，并形成一定的空间格局。

景观空间构成与建筑空间构成有所不同，定义为空间(Space)、场所(Place)和领域(Domain)。空间是由三维尺度数据限定出来的实体；场所的三维尺度限定比空间要模糊一些，通常没有顶面或底面；领域的空间界定更为松散，是指某个生物体的活动影响范围。对应于人类的景观感觉而言，空间是通过生理感受界定的，场所是通过心理感受界定的，领域则是基于精神影响方面的量度。所以，建筑设计的工作边界多以空间为基准，而景观规划设计的边界限定要以场所和领域为基准。行为科学的进一步研究表明：有三个基本尺度将景观空间场所划分为三种基本类型，分别与空间、场所和领域相对应，即：

1. $20 \sim 25m$ 的视距，是创造景观"空间感"的尺度。在此空间内，人们可以比较亲切地交流，清楚地辨认出对方的脸部表情和细微声音。其中的 $0.45 \sim 1.3m$，是一种比较亲昵的个人距离空间。$3 \sim 3.75m$ 为社交距离，是朋友、同事之间一般性谈话的距离。$3.75 \sim 8m$ 为公共距离，大于 $30m$ 为隔绝距离。

2. 通过对欧洲中世纪广场的尺度调查和视觉测试得知，超出 $110m$ 视距，肉眼就只能辨认大略的人形和动作。这就是所谓的"广场尺度"，即超过 $110m$ 之后的视距空间才能产生广阔的感觉，构成景观的"场所感"。

南宁市滨水公共绿地

3. 视力为1.5的肉眼，辨识物体的最大视距大约为390m左右。因此，如果要创造一种深远、宏伟的感觉，就可以运用这一尺寸。这是形成景观"领域感"的尺度。

城市景观规划，要考察、分析和理解城市居民日常活动的现象、行为、空间分布格局及其成因，根据人类行为的构成规律，分析人的行为动机，进行人的行为策划，并赋予其以一定空间范围的布局。广义的"景观"，由于尺度的扩大化和材料的自然化，其空间性往往趋于淡化而难以明确限定。与此类景观环境中人类行为相对应的空间，主要是"场所"和"领域"，是一个从明确实体的有形限定到非实体无形化的转换过程。所以，城市景观规划设计，既要考虑有物质实体的"空间构成"，也要注重有尺度感的"大众行为策划"。

三、景观生态原则与城市设计

城市是由自然生态系统与人工生态系统相互交融组成的复合系统。城市景观，是城市人居环境赖以维持生态与发展的资源综合体。因此，城市景观规划必须贯彻生态原则，运用生态学和生态系统原理，研究城市能流、物流的输入、输出关系，并在系统运行中寻求平衡。城市景观规划中所确立的基本原则，要在进一步的城市分区规划和城市设计中落实体现。

20世纪70年代以来，世界各国的城市改造、城市规划、城市环境管理和城市设计等工作领域，已经普遍开始注意遵循城市地区自然规律的重要性，寻求城市规划的生态学基础，即：城市生态系统的特征、人类活动对城市生存环境和生物群落的影响、土地管理的生态准则等。专家们普遍认为：城市

第4届中国国际园林花卉博览会场景(广州)

地区应该通过发展政策、机制的调控，使区域生态系统和生物群落具有最大的生产力，并使系统内的生物组分和非生物组分维持平衡状态。对于城市景观生态系统而言，需要注重的工作领域主要有：

1. 景观组成要素(地质、地貌、气候、大气环境、水文过程、土壤、植物、动物等)的人为改变及其适应特征；

2. 城市地区城乡协调发展的生态学机制；

3. 城市景观要素的生态调控。

因此，城市景观规划要充分运用景观生态学的研究成果，贯彻生态优先的思想，提供使城市人居环境舒适优美、生态健全的空间发展规则。在实际工作中，一套完整的城市景观规划通常应包括下列内容：

1. 宏观尺度——景观评估与环境规划。景观评估是环境规划的依据，主要是在收集、调查和分析城市景观资源的基础上，对其社会、经济和文化价值进行评价，找出区域发展的潜力及限制因子。环境规划则要对区域性的自然与社会经济要素，按照区域规划的流程制定环保策略和发展蓝图。

2. 中观尺度——城市与社区设计。这是将城市地区的土地利用、资源保护和景观改善过程融为一体、落到实处的具体环节。其主要工作对象，是城市及其社区形态的建造和环境质量的改善，如荒地、农田、林地和水域开发、开畅空间布置、绿地系统建立、城市景观轴线、历史文化街区、商业步行街及文化旅游景观建设等内容。

3. 微观尺度——景观设计和敷地计划。目的在于景观要素的保存、维护和资源开发，确保水域、土地、生物等资源永续利用，促进景观形成平衡的物质体系，把人工构建物的功能要求与自然因素的影响有机地结合起来，发挥人文景观与自然景观相平衡的最佳使用效益。

第三节　城市绿地系统与人居环境

影响生物的外界条件总和，生态学上统称为"环境"，包括生物存在的空间以及维持其生命活动的物质与能量。科学家把覆盖地球表面薄薄的生命层，称之为"生物圈"(biosphere)。它是地球上有生命活动的领域及其居住环境的整体。生命自然分布的极限，大约是上至15～20km的高空，下至海平面以下10km左右的水域。不过，绝大部分生物是

南宁狮山公园

生存于地球陆地上和海平面之下各约100m厚的空间范围内。

　　生物圈是地球上最大的功能系统,进行着能量固定、转化与物质迁移、循环的过程。其中,绿色植物具有核心的作用。因为地球上所有的能量输入均来源于太阳,太阳能的吸收、固定和转化,都要由植物体内叶绿体的光合作用来进行。人类生存所需的全部食物、矿石燃料、植物纤维,所有空气中的氧、稳定的地表土和地表水系统,大气候的生成和小气候的改善,都依赖于植物的作用。生命由低级到高级发展的金字塔,全依赖叶绿体捕获太阳光,通过光合作用而贮存和转化能量。所以,地球上所有的动物及其由高等动物进化所产生的人类,都是依赖于植物而生存的。生态适应和协同进化,是人类生存活动与环境绿地功能之间的本质联系。

　　城市绿地,是指以自然和人工植被为地表主要存在形态的城市用地。它包括城市建设用地范围内用于绿化的土地和城市建设用地之外对城市生态、景观和居民休闲生活具有积极作用、绿化环境较好的特定区域。城市绿地以自然要素为主体,为城市化地区的人类生存提供新鲜的氧气、清洁的水、必要的粮食、副食品供应和户外游憩场地,并对人类的科学文化发展和历史景观保护等方面起到承载、支持和美化的重要作用。

　　在我国,城市绿地按其用地性质和主要功能进行系统分类(表2-1)。各类城市绿地按照城市生态与城市总体规划的基本要求进行合理的空间组合配置,就构成了城市绿地系统。城市绿地系统,是城市地区人居环境中维系生态平衡的自然空间和满足居民休闲生活需要的游憩地体系,也是有较多人工活动参与培育经营的、有社会、经济和环境效益产出的各类城市绿地的集合(包含绿地范围里的水域)。城市绿地系统与人居环境的建设与发展之间,有着密切的互动关系。

　　城市绿化建设是国土绿化的重要组成部分,也是城市现代化建设的重要内容。搞好城市绿化,对于改善城市生态环境和景观环境,提高人民群众的生活质量,促进城市经济、社会的可持续发展,都具有直接的重要作用。我国城市绿化工作的指导思想是:以加强城市生态环境建设、创造良好人居

表2-1 城市绿地分类标准

绿地类别代码			绿地类别名称	绿地类别内容	备 注
大类	中类	小类			
G1			公共绿地（公园）	向公众开放,以游憩为主要功能,兼具生态、美化、防灾等作用的绿地	此类绿地参与城市建设用地平衡
	G11		综合公园	规模较大,内容丰富,有相应设施,适合于公众开展各类户外游憩活动的绿地	
		G111	市级公园	为全市居民服务,活动内容丰富,设施完善的绿地	服务半径:2.0~3.0km
		G112	区级公园	为行政区内的居民服务,具有较丰富的活动内容和设施的绿地	服务半径:1.5km
		G113	居住区级公园	为居住区内的居民服务,具有一定活动内容和设施的绿地	服务半径:1.0km
	G12		专类公园	具有特定的园林内容或形式,有一定游憩设施的绿地	
		G121	儿童公园	单独设置,供少年儿童游戏及开展科普、文体活动,有安全、完善的设施的绿地	
		G122	动物园	人工饲养条件下,异地保护野生动物供观赏,普及科学知识,进行科学研究和动物繁育的场地	
		G123	植物园	进行植物科学研究和引种驯化,并供观赏、游憩及开展科普活动的绿地	
		G124	历史名园	历史悠久、知名度高、体现传统造园艺术特色并被核定为文物保护单位的园林	
		G125	风景名胜公园	位于城市建设用地范围内,以文物古迹、风景名胜景点为主形成的、具有城市公园功能的绿地	
		G126	游乐公园	具有大型游乐设施,单独设置,生态环境较好的绿地	绿化占地比例应大于等于总用地的65%
		G127	主题公园	除上述专类公园以外的,具有特定文体活动主题内容的绿地。如雕塑园、盆景园、体育公园、纪念性公园等	绿化占地比例应大于等于总用地的65%
	G13		带状公园	沿城市交通干道、河流、旧城墙基等建设的狭长形绿地	绿地宽度应大于等于8m
	G14		街旁游园	位于城市道路用地之外,相对独立成片的绿地,如沿街小型绿地、广场绿地等	广场绿地的绿化占地比例应不小于50%,其它街旁游园的面积应不小于400m²,绿化占地比例应不小于65%

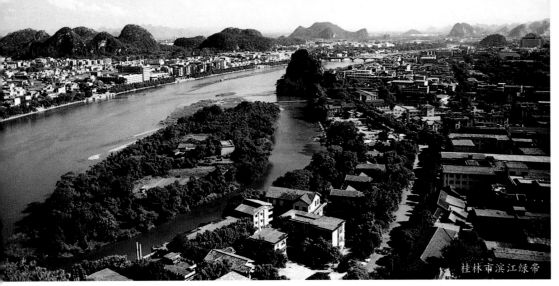

桂林市滨江绿带

绿地类别代码			绿地类别名称	绿地类别内容	备　注
大类	中类	小类			
G2			生产绿地	为城市绿化提供苗木、花草、种子的苗圃、花圃、草圃等生产园地	位于城市建设用地范围内的生产绿地，参与城市建设用地平衡
G3			防护绿地	出于卫生、隔离、安全要求，有一定防护功能的绿地。如卫生隔离带、道路防护绿地、城市高压走廊绿带、防风林、城市组团隔离带等	此类绿地参与城市建设用地平衡
G4			居住区绿地	位于城市居住用地内的绿地，如居住小区游园、组团绿地、宅旁绿地、配套公建绿地等	此类绿地不含居住区级公园，不参与城市建设用地平衡
G5			附属绿地	城市公共设施用地、工业用地、仓储用地、对外交通用地、道路广场用地、市政设施用地、特殊用地中的绿地	此类绿地不参与城市建设用地平衡
	G51		公共设施用地绿地	城市公共设施用地内的绿地	
	G52		工业用地绿地	城市工业用地内的绿地	
	G53		仓储用地绿地	城市仓储用地内的绿地	
	G54		对外交通用地绿地	城市对外交通用地内的绿地	
	G55		道路绿地	城市道路广场用地内的绿地，如行道树绿带、分车绿带、交通岛绿地、交通广场和停车场绿地等	
	G56		市政设施用地绿地	城市市政设施用地内的绿地	
	G57		特殊用地绿地	城市特殊用地内的绿地	
G6			生态景观绿地（风景林地）	位于城市建设用地以外，对城市生态环境质量、居民休闲生活、城市景观和生物多样性保护有直接影响的特定绿色空间。如风景名胜区、水源保护区、森林公园、自然保护区、城市绿化隔离带、野生动植物园、湿地、山体、林地等	此类绿地不参与城市建设用地平衡

环境、促进城市可持续发展为中心，坚持政府组织、群众参与、统一规划、因地制宜、讲求实效的原则，努力建成总量适宜、分布合理、植物多样、景观优美的城市绿地系统。

改革开放20多年来，我国城市绿化水平有了较大提高。据统计，1986年到1999年，全国城市绿化覆盖率由16.86%提高到27.44%，绿地率由15%提高到23%，人均公共绿地面积由3.45m²提高到6.52m²；这对于改善城市的生态功能与景观容貌，促进城市经济和社会协调发展，起到了积极的作用。同时，涌现出一批园林绿化建设的先进城市。成都、珠海、中山等城市还先后荣获了联合国人居环境奖。

第四节　生态居住与生态城市规划

当今世界，人类的居住健康越来越受到关注，重视绿色生活已成为国际化的历史潮流。生态居住不仅是一个媒体热衷宣传的时尚话题，而且已成为广大市民和许多开发商的现实追求。在我国的各大中城市，城镇居民的居住水平已从"居者有其屋"向"居者优其屋"迈进；绿色住宅、生态住区，正在成为城市住宅建设的追求目标和房地产业逐鹿市场的必打品牌。城市住房消费市场对于生态居住概念的热衷，说明中国城市的人居环境建设已开始逐步与国际接轨。因此，在城市建设与房地产开发的前期规划中引入生态居住的概念，对于保护环境、培育市场有很好的促进意义。如近年来沿着广州城市南拓发展轴新兴的房地产业"华南板块"，其基址条件有起伏的丘陵、充足的水源，又毗邻香江野生动物园等大型休闲绿地，从生态居住的角度来看，就是个非常优美、理想的地方，正在建设成为国内实践生态居住方式的示范区之一。

1975年，美国生态学家 Richard Register 对生态城市的理想概括为一句话：追求人类与自然的健康和活力。所谓生态居住，就是要最大限度地实现人居环境的生态化，达到"天人合一"的理想境界。中国古代哲学中所推崇的"天人合一"理念，就是"与天地合法，与日月合明，与四时合序"。它与西方哲学所提倡的"以自然为本、人与自然和谐共生"本质上是一致的。因此，生态居住概念对于城乡建设的主要含义，一是推广生态化的居住模式和生活方式，二是提倡建设符合

生态原理、能可持续发展的人居环境，即所谓"绿色生态住宅"。具体而论，"绿色生态住宅"除了住区环境绿化美化之外，还要求做到住区内人车分流、日照－通风－采光无污染、建筑节能、太阳能利用、分质供水、中水回用、有机垃圾生物处理、应用绿色环保装修材料等诸多方面。

"生态居住"模式及其生活方式，一般需满足三方面的基本要求：①保护资源，②创造健康舒适的居住环境，③与周边生态环境相融合。所以，绿色生态住宅的技术标准，要包括住区的能源系统、水环境系统、气环境系统、声环境系统、光环境系统、热环境系统、绿地系统、废弃物管理与处置系统、绿色建筑材料系统等。对于新建住区而言，这九个方面应达到的技术指标主要有：

1、能源系统：对进入住宅小区的电、燃气、煤等常规能源要进行优化，避免多条动力管道入户。对住宅的围护结构和供热、空调系统要进行节能设计，建筑节能至少要达到50%以上。在有条件的地方，鼓励采用新能源和绿色能源（太阳能、风能、地热或其他可再生能源）。

2、水环境系统：要重点考虑水质和水量两个问题。在室外水环境系统中，要设立能将杂排水、雨水等处理后重复利用的中水系统、雨水收集利用系统、水景工程的景观用水系统等；小区的供水设施宜采用节水节能型，强制淘汰耗水型室内用水器具，推行节水型器具。在有条件的地方，要规划建设优质直饮水管道系统。

3、气环境系统：室外空气质量要求达到二级标准；居室内要达到自然通风，卫生间具备通风换气设施，厨房设有烟气集中排放系统，达到居室内的空气质量标准，保证居民的卫生和健康。

4、声环境系统：住区内室外声环境应满足日间噪声小于50dB、夜间小于40dB。建筑要采用隔音降噪措施使室内声环境系统满足日间噪音小于35dB、夜间小于30dB。对住区周边产生的噪音，应采取降噪措施隔阻。

5、光环境系统：一般着重强调满足日照要求，室内要尽量采用自然光。此外，还应注意住区内防止光污染，如强光广告、玻璃幕墙等。在室外公共场地采用节能灯具，提倡由新能源提供的绿色照明。

6、热环境系统：住宅围护结构的热工性能，要满足居民的热舒适度、建筑节能和环境保护等方面的要求。

美国洛杉矶某生态住区景观之2

7、绿地系统：住区内应配套建设完善的生态景观绿地系统，并使之具备生态保护、休闲活动和景观文化功能。

8、废弃物管理与处置系统：生活垃圾的收集要全部袋装，密闭容器存放，收集率应达到100%。垃圾应实行分类收集，分类率应达到50%。

9、绿色建筑材料系统：要提倡使用可重复、可循环、可再生使用的3R材料，尽量选用无毒、无害、不污染环境和取得国家环境标志的材料和产品。

概言之，生态住区的规划建设理念就是强调"以人为本，与自然和谐"，追求节水节能，改善生态环境，减少环境污染，延长建筑生命等，形成社会、经济、自然三者可持续发展的人类理想的居住地。这就要求开发商能保证项目的合理选址、充分的住区绿化和采用科学的污染防治措施。所以，生态住宅、绿色住宅也叫"可持续发展住宅"，是一个多种技术集成的结果。象住区节能就有两个途径，一是优化建筑设计，二是优化能源系统，特别是要合理地利用好常规能源。

由于生态居住方式已成为广大市民的热切追求，因此，生态住宅将成为城市房地产业发展的最终目标，是未来房地产保值与增值过程中最后的价值提升空间。生态住区建设首先要维护生态平衡，强调人与环境的和谐，保护生物多样化，使人、建筑与自然环境之间形成一个良性的生态循环系统。当然，作为绿色住宅，首先必须是合格的住宅，达到建筑行业本身要求的标准。其次，绿色住宅还要兼顾其在设计、施工、使用个阶段中的生命周期评价，力求能达到最优的性价比。

回顾历史，最初的城市不过是人和建筑物的简单集合，随机而无序。伴随着城市的发展，各种建筑物因为其功能的不同进行相应的分化、组合，形成不同的组团和片区。从现阶段的城市空间结构理论来看，较为理想的城市结构为：城市的中心地带是商贸、零售行业；中心地带的外层一般是批发业、服务业及部分工业（以轻工业为主）；第三层主要是集中式住宅（一般是密度、容积率较高的多层与高层住宅楼宇）；再远一些距离为密度较低的住宅（如别墅等）；低密度住宅之外就是城市的外沿，即农业区，作为城市生活配套产品基地。因此，城市的空间结构一般是按功能不同形成由市中心向郊外扩散的圈层，城市中心地带为政务与商务区域，郊外圈层则为生态居住区域。不同的圈层由内向外合理分布，并经由各种交通线路、交通工具网连贯为一个整体。象广州这样一个上千万人口的特大城市，就需要按照这种前瞻性、引导性的城市功能圈层，划分和营造若干新城居住中心，满足市民的生态居住理想。

生态住宅既然是未来城市房地产业发展的终极目标，那就必然要涉及到整个城市生态环境的优化。一个住宅小区建设得再好，也不能脱离整个城市的大环境。例如，广州作为一个山水城市，具有营造生态住区的自然条件。尤其是番禺、花都撤市设区后，为许多绿色生态住区的规划建设提供了更广阔的用地空间。而广州市区庞大的中等收入人群，又支撑着巨大的房地产消费潜力，为生态住宅市场目标的实现提供了可能。所以，对于居住区生态环境质量的注重，将是未来广州房地产开发商不可放弃的原则。从2001年初开始，"华南板块"成为广州楼市最热门的话题。在8km长的华南干线边缘上，突然聚集了广州及全国最具实力的房地产开发商，强手如林，大盘云集。除有广地花园、华南碧桂园及"中国第一村"祈福新村之外，还有南国奥林匹克花园、星河湾、华南新城、锦绣香江及雅居乐等大规模、高标准的房地产项目，更是以大型社区、优质建筑、雄厚实力及成功开发的经验展开激烈竞争。"华南板块"已成为中国房地产最高水平的较量之地。然而，我们只要稍加留意就不难看到，这些楼盘打的都是"生态牌"。

放眼世界，欧美等国的高级居住社区，是目前世界上最具代表性的国际化居住社区，无论在自然资源利用、整体规划水平、建筑材料使用、高水平物业管理以及和谐融洽的人文环境，都体现出浓厚的"以人为本"生态居住理念。这种社区通常具有如下特点：尊重自然，生态环境优美；郊区化居住，污染少；低密度建筑，住宅空间分隔更合理。因此，它是一种相当成熟的高品质的住区形式，承载着一种创新和充满活力的生活方式。在我国生态住宅开始蓬勃发展并建设国际化居住社区时，借鉴欧美的经验将会是十分有益的。

如何才能为业主提供生态居住的生活方式？它要求生态住区建设既能做到规模庞大、配套齐全、风格明快、户型多样，建筑风格呈现国际化、多样化的特征，最完美地体现个性化风格；又能做到崇尚生活化、注重健康、休闲与人文环境的营造；住区内绿树成荫，花果飘香，溪流潺潺，湖光山色，青翠怡人，并有先进的医疗中心、保健中心、运动中心、超市等先进完善的生活设施。住区内还应拥有高效智能化设施、一流的物业管理，实行人车分流，每户都拥有舒展的自由居住空间和方便接触自然的开敞空间。在此基础上，住区内还要逐步培育富有特色、健康的社区文化。

生态居住是营造生态城市(Eco-city)的基础。20世纪90年代后，国际生态组织提出，生态城市建设应包括：重构城市，停止无序蔓延；改造传统的村庄、小城镇和农村地区；修复被破坏的自然环境；高效利用资源；形成节省能源的交通系统；实施经济鼓励政策；强化政府管理。欧盟也提出了可持续发展人类住区10项原则，包括：保护能源，提高能效，推广可长期使用的建筑结构，发展高效的公共交通系统，减少垃圾产生量并回收利用等。

生态城市是由自然、经济、社会构成的复合生态系统，是全面体现可持续发展战略的城市形态，内容包括生态环境、生态产业和生态文明。生态城市规划，关键是要处理好城市发展过程中的六大关系平衡，即：人与自然的平衡、环境与发展的平衡、保护(继承)与开发(创新)的平衡、全球化与区域性的平衡、物质生产与文化富足的平衡、外在形象与内涵精神的平衡；规划目标是：生态赤字为零，环境胁迫为零，生态价值与生产价值的比率变化为零 实现资源利用代际公平，

"自然－社会－经济"发展相协调，需求欲望与物质财富相适应，经济效率与社会公平相兼顾，自由竞争与有序规范相配套。在规划方法上，要进行城市"生态足迹"(Ecological Footprint)评估，即城市的自然资本需求与自然资本能力的数量比较(资产负债分析)。具体包括四类成本评估：基础成本(城市生态临界需求)、运行成本(城市生态发展需求)、损失成本(城市生态超限需求)和借用成本(城市生态赤字需求)。

人类社会已经迈进了21世纪。科学家们认为：21世纪不仅是电子信息时代、知识经济时代，更是生态文明时代。因为人类要设法走出目前所面临的严重生态危机，就必须重建地球上已被破坏的生态系统，由征服、掠夺自然转为保护、建设自然，谋求人与自然和谐统一的共生关系。"生态城市"将是21世纪世界各国城市建设所共同追求的理想目标。

第五节　城市景观与生态绿地系统

一、城市景观与绿地系统规划的互补关系

综上所述，城市景观规划主要关注的问题是城市形象的美化与塑造，而城市绿地系统规划主要解决的问题是城市地区土地资源的生态化合理利用。二者的工作对象基本一致，都是城市规划区内的的开敞空间。所以，这两项专业规划在实际操作中有很强的互补性。主要表现在：

1. 从宏观层次上看，城市形象的美化是以城市环境的绿化为基础的，城市人居环境的优化，更是以城市环境的生态化为前提条件的。

美国洛杉矶某生态住区景观之4

2. 从中观层次上看，城市的公园、风景游览区等大型公共绿地和生产、防护绿地布局，本身就是城市总体规划、分区规划的重要内容，对城市的区域景观生成能起很大的影响作用。

3. 从微观层次上看，绿地与建筑相映成趣、和谐统一，是创造动人城市景观的基本方法。特别是在较小尺度的城市设计工作中，这种配合尤其重要。

因此，建设生态健全、功能完善的城市绿地系统，对于每一个追求景观优美、环境舒适的现代城市都至关重要。城市景观规划所归纳、提炼出的规划理念和建设目标，要具体落实到城市的土地利用和城市设计层次，才能得以实现。城市绿地系统规划，总体上要按照功能为主、生态优先的原则进行空间布局，并要充分考虑满足城市景观审美的需要进行相应的规划设计。

二、城市景观与绿地系统需要协同规划与建设

搞好城市景观与绿地系统规划，是营造生态城市的必要环节。从国内外的发展趋势来看，城市景观与绿地系统的规划建设，越来越密切合作，趋于一体化。随着对于视觉景观形象、生态环境绿化和大众行为心理这三方面的研究日益深入，以及电子计算机等高科技手段的应用，为学科间的协同发展创造了条件。正如中国古典园林中"物境"、"情境"、"意境"可以达到"三境一体"的规划设计原理一样，通过以视觉形象为主的景观感受通道，借助于绿化美化城市环境形态，对居民的行为心理产生积极反应，是现代城市景观环境规划设计的理论基础。城市建筑形象、园林绿化空间、大众活动场地和生态环境质量，已成为衡量城市现代文明水平的重要指标。

南宁市人民公园鸟瞰

1992年后，我国开展了以创建国家园林城市为目标的城市环境整治活动，取得了明显成效，带动了全国城市建设向生态优化的方向发展。创建园林城市的活动，不仅提高了城市的整体素质和品位，改善了投资和生活环境，也使城市政府对园林绿化的重要性有了更深刻的认识，激励广大市民群众更加爱护、关心自己城市的环境质量和景观面貌，使城市的精神文明建设水平得以升华和提高，大大促进了当地社会、经济、文化的全面发展。至1999年，共有19个城市先后5批被评为"国家园林城市"。它们是：北京、合肥、珠海、杭州、深圳、马鞍山、威海、中山、大连、南京、厦门、南宁、青岛、佛山、濮阳、十堰、三明、烟台、秦皇岛；同时，上海市浦东区被评为"国家园林城区"。

在相关学科的发展方面，从传统的建筑与造园艺术，到现代的城市与大地景观营造，经历了漫长的历程。然而，殊途同归，在现代人居环境科学的理论框架里，它们又走到了一起。近百年来，国内外城市建设的实践显示：公共性的景观环境艺术与城市绿化美化技术，已作为社会大众的普遍需求而得到了迅速发展。城市景观与绿地系统规划的工作内容，已包括提供诸如咨询、调查、实地勘测、专题研究、规划、设计、各类图纸绘制、建造施工说明文件和详图、以及承担工程施工监理等特定服务。其主要目的，是按照生态规律和美学原则来保护、开发和强化城市地区的自然与人工环境。具体表现在三大方面：

1、宏观环境规划：包括对城市地区土地的生态化合理使用、自然景观资源保护及城市环境在美学和功能上的改善强化等。

2、场地规划与各类环境详细规划：对象是所有除了建筑、城市构筑物等实体以外的开敞空间(Open Space)，如广场、田野等；通过美学感受和功能分析的途径，对各类建构筑物和道路交通进行选址、营造及布局，并对城市及风景区内自然游步道和城市人行道系统、植物配植、绿地灌溉、照明、地形平整改造以及排水系统等进行规划设计；

3、各类景观与绿地建设工程的设计施工文件制作、工程施工监理及绿地运营管理。

城市景观具有自然生态和文化内涵两重性。自然景观是城市的基础，文化内涵则是城市的灵魂。生态绿地系统作为城市景观的重要部分，既是人居环境中具有生态平衡功能的生存维持、支撑系统，也是反映城市形象的重要窗口。所以，现代城市的景观与绿地系统规划都越来越注重引入文化内涵，使景观构成的大场面与小环境之间，有限制的近景、中景与无限制的远景之间，人工景物与自然景观之间，空间物质化的表现与诗情画意的联想之间得以沟通。绿地和建筑借助与文化寓意所呈现出的"信息载体"，使城市景观显得更加丰富精彩。

三、我国城市景观与绿地系统规划的发展趋势

自1949年建国50多年来，由于各种因素的影响，我国的城市景观与绿地系统规划理论和实践一直发展比较缓慢，直到最近十多年才有较大进步。许多地方的城市规划工作中存在着偏重经济、建筑等规划、在各种用地基本定局后再"见缝插绿"的习惯，往往造成规划绿地不足、规划绿线控制随意性大等问题。还有的片面强调城市绿地布局搞"点线面结合"的行政指导方针，使城市绿地系统的景观特色损失不少，"千城一面"的现象比比皆是。

近年来，各地城市吸取现代城市科学的新理论、新成果，拓展多学科、多专业的融贯研究，重点探索城市绿地系统设置如何与城市结构布局有机结合，城市绿地与市郊农村绿地如何协调发展，不同类型、规模的城市如何构筑生态绿地系统框

能有效改善城市景观的街道绿化（南宁）

架等问题，取得了显著突破和许多有益的经验。即：城市地区在宏观层次上要构筑城市生态大环境绿化圈，强调区域性城乡一体、大框架结构的生态绿化；中观层次上要在中心城区及郊区城镇形成"环、楔、廊、园"有机结合的绿化体系；微观层次上要搞好庭院、阳台、屋顶、墙面绿化及家庭室内绿化，营造健康舒适的生活小环境。通过保护和营造上述三个系列的生态绿地，建立纵横有致的物种生存环境结构和生物种群结构，疏通城乡自然系统的物流、能流、信息流、基因流，改善生态要素间的功能耦合网络关系，从而扩大生物多样性的保存能力和承载容量。这些基于生态学原理的城市景观与绿地系统规划方法，正在实践中逐渐得到认同和应用。

在高科技的运用方面，城市景观与绿地系统规划也有许多共通之处。由于景观生态的研究对象和应用规划都是多变量的复杂系统，规模庞大且目标多样，随机变化率高。只有依靠现代电子计算机技术的帮助，才能运用泛系理论语言来描述和分析区划与规划问题，分析各种多元关系的互相转化，并进行各种专业运算，以便在一定的条件下优化设计与选择方案。还有CAD辅助设计、遥感、地理信息系统、全球卫星定位技术的应用等，解决了大量基础资料的实时图形化、格网化、等级化和数量化难题。目前，上海、江苏、浙江、广州等地已采用航空摄影和卫星遥感技术的动态资料来进行城市绿地现状调查。通过航片和遥感数据的计算机处理，可以精确地计算出各类城市绿地的分布均衡度和城市热

岛效应强度。有些城市在绿地系统规划研究中，还采用了多样性指数、优势度指数、均匀度指数、最小距离指数、联接度指数和绿地廊道密度等评价指标，分类处理城市绿地遥感信息资料，使规划的立论基础更加科学化。例如，近年广东中山市的城市景观生态规划研究，就尝试运用了计算机技术将城市景观与生态绿地的规划融为一体。

我国地域辽阔，各地自然条件和经济发展水平不同，各个城市进行城市景观和园林绿化建设的有利条件和制约因素也不一样。应当提倡尊重客观规律，因地制宜地搞好城市环境绿化和景观美化。城市绿地系统的规划与建设，要在优先考虑生态效益的前提下，尽可能贯彻"绿地优先"的城市用地布局原则，在继续实施"见缝插绿"的基础上，积极推进"规划建绿"战略，兼顾城市景观效益，充分发挥绿地对美化城市的作用。根据2001年5月《国务院关于加强城市绿化建设的通知》，今后一个时期我国城市绿化的工作目标和主要任务是：到2005年，全国城市规划建成区绿地率达到30%以上，绿化覆盖率达到35%以上，人均公共绿地面积达到8m² 以上，城市中心区人均公共绿地达到4m² 以上；到2010年，上述指标要分别达到35%、40%、10m² 和6m² 以上；从根本上改变我国城市绿化总体水平较低的现状，使我们伟大祖国的城市水碧天蓝、花红草绿、绿荫婆娑、欣欣向荣。

参考文献

1.《中国大百科全书》(建筑/园林/城市规划卷),中国大百科全书出版社,1988.5

2.全国自然科学名词审定委员会:《建筑－园林－城市规划名词》,科学出版社,1997.2

3.刘滨谊:《现代景观规划设计》,东南大学出版社,1999.7

4.李敏:《城市绿地系统与人居环境规划》,中国建筑工业出版社,1999.8

5.俞孔坚:《景观:文化、生态与感知》,科学出版社,1998.7

6.杨赉丽主编:《城市园林绿地规划》,中国林业出版社,1995.12

7.艾定增、金笠铭、王安民主编:《景观园林新论》,中国建筑工业出版社,1995.3

8.柳尚华编著:《中国风景园林当代50年》,中国建筑工业出版社,1999.9

9.于志熙:《城市生态学》,中国林业出版社,1992.2

10.肖笃宁等:景观生态学的发展和应用,《生态学》杂志,1988(6)

11.《中华人民共和国建设部部令集》,中国环境科学出版社,1996.5

12.[日]高原荣重:《城市绿地规划》,杨增志等译,中国建筑工业出版社,1983.6

13.[日]岸根卓郎:《迈向21世纪的国土规划－城乡融合系统设计》,科学出版社,1990.10

14. Ian L. McHarg:《Design with Nature》, Doubleday/Natural Hastory Press, Doubleday & Company, Inc. 1969.

15. Simonds, John Ormsbee:《Earthscape: a manual of environmental planning》,McGraw-Hill Book Company, 1978.

16. Geoffrey and Susan jellicoe: 《The Landscape of Man》, Thames and Hudson Inc. New York, 1995.

获得联合国人居环境奖的国家园林城市－中山

作为市民呼吸空间的纽约中央公园

第三章
城市公园系统与花园城市建设

公园是城市绿地系统中的主要组成部分，对保护环境、丰富市民生活和美化城市都有积极的作用。从历史上看，城市绿地系统的规划概念最早是起源于19世纪中叶欧美国家的城市公园系统建设。直到今天，城市公园作为公共绿地的主体，仍然是城市绿地系统中最重要的部分，是城市居民必需的呼吸与游憩空间。从世界城市发展的历程来看，公园作为公益性的城市基础设施，是广大市民文化娱乐的主要场所，也是建设城市精神文明的重要阵地和展示城市形象风貌的主要窗口。

按照国际惯例，公园可分为城市公园和自然公园两大类。其中，城市公园依其规模和功能不同又可分为综合公园和专类公园(如动物园、植物园、儿童公园、主题公园等)；自然公园通常指的是大规模的森林公园和国家公园。

第一节　城市公园系统的概念及其应用

城市公园是从西方工业革命以后，在欧美国家中产生并推广到全世界的。大约在1634－1640年间，当时正处于英国殖民地时期，美国波士顿市政当局曾作出决议，在市区保留某些公共绿地。其目的，一方面是为了防止公共用地被侵占，另一方面是为市民提供娱乐场地。这些公共绿地，后来成了公园的雏形。

美国第一个近代造园家唐宁（Andrew Jackson Downing，1815～1852年），学习过英国自然风景园的造园理论，受布朗（L.Brown）及其门徒雷普顿（H.Repton）的影响较大。

他从美国的水土气候等自然条件出发，结合绘画造型和色彩学的原理、提出了一些园林构图法则。1841年，他出版了《风景园艺理论与实践概要》一书（A Treatise on the Theory and Practice of Landseape Gardening），以阐明雷普顿的浪漫主义造园艺术。1849年他访问英国，游览自然风景园。亲自体会其风格。1850年后他致力于首都华盛顿各大公共建筑物环境的绿化，对美国园林界产生了很大的影响。

唐宁的继承者奥姆斯特德（Frederick Law Olmsted，1822～1895年），也是雷普顿的信徒。他出身于农家，受过工程教育，青年时代作为水手曾到过中国，1850年又步游英伦和欧洲大陆，回国后被委任为纽约市中央公园管理处处长。1857年，他和助手沃克斯（Calvert Vaux）接受了纽约中央公园（Central Park New York）的设计任务，并提交了以"绿草地"（Greensward）为题的规划方案。1858年4月28日，该方案经设计竞赛评委会的仔细评审后，入选并获得头奖。

纽约中央公园规模很大，约344hm²，位于市中心区由按规则数字排列的街道所划定的范围内。奥姆斯特德在设计中注意保留了原有优美的自然景观，避免采取规则式布局，用树木和草坪组成了多种自由变化的空间。公园内有开阔的草地、曲折的湖面和自然式的丛林，选择乡土树种在园界边缘作稠密的栽植，并采用了回游式环路与波状小径相结合的园路系统，有些园路还与城市街道呈立体交叉相连。公园内还首次设置了儿童游戏场。

奥姆斯特德既改变了英国自然风景园中那种过分自然主义和浪漫主义的气氛，又为人们逃避喧闹、混杂的都市生活

奥姆斯特德（Frederick Law Olmsted）

纽约中央公园大草坪

而安排了一块享受自然的天地。这种公园设计手法，在传统的英国风景式的园林布局与美国网格型的城市道路系统之间，找到了一种恰当的结合方式，后来被称之为"奥姆斯特德原则"（the Olmstedian principles），对美国的大型城市公园设计曾产生了巨大的影响。1860年，他首创了"风景园林"一词（Landscape Architecture），以取代雷普顿所习用的"风景园艺"概念（Landscape Gardening）。

继纽约中央公园建成之后，北美各地掀起了一场"城市公园运动"（An Urban Parks Movement），在旧金山、芝加哥、布法罗、底特律、蒙特利尔等大城市，建了100多处大型的城市公园。如旧金山（San Francisco）的金门公园（Golden Gate Park），总面积411hm²，共有树木5000余种。公园内有亚洲文化艺术中心、博物馆、日本茶庭、观赏温室、露天音乐广场、运动场、高尔夫球场、跑马场、儿童游戏场及加利福尼亚科学院（California Academy of Science）等。

后来，奥姆斯特德在波士顿的城市规划中首次提出了"公园系统"（Park System)的概念，并将其付诸实践。这些由多个公园(Parks)和园林路(Park Way)组成的绿地系统，为波士顿营造了良好的城市生态环境。公园内有平缓起伏的地形和自然式的水体，有大面积的草坪和稀树草地、树丛、树林，并有花丛、花台、花坛；有供人散步的园路和少量建筑（如风雨亭）、雕塑和喷泉等。最基本的设施是野餐区、儿童游戏场、运动场和大草坪。面积较大的公园设有游人服务中心。位于市区的大公园内还设有游艺场等设施。处在远郊区的公园设有宿营地，供游人度周末。

前苏联在1917年十月革命后，创建了一种新型的城市公园形式——文化休息公园。它将文化教育、娱乐、体育、儿童游戏活动场地和安静的休息环境，有机地组织在一个优美的园林之中。第一个这样的公园在1929年始建于莫斯科，面积810hm²，被命名为高尔基文化休息公园。莫斯科市民们常在公园中欢度节假日，进行散步、游戏、观赏文艺表演、演讲、竞赛、阅读等文化休息活动，日游人量多在10万以上。文化休息公园的总体规划一般是在功能分区的基础上进行的，各分区之间有一定的占地比例关系。例如：娱乐区占总用地比例通常是5%～7%；文化教育区占4%～6%；体育运动区占16%～18%；安静休息区占60%～85%；管理区占2%～4%；

昆明世界园艺博览园

儿童活动区占7%~9%等。这种按功能分区规划的文化休息公园形式，后来在很大程度上影响了中国的现代公园建设。第二次世界大战后，在列宁格勒等城市新建了一些纪念性的胜利公园。它们除了具有文化休息公园的综合功能外，往往以各种英雄人物的雕塑形象来强调公园的主题，具有教育和鼓舞人民的作用，体现了社会主义公园的政治功能。

与欧美国家相似的是，前苏联也在城市文化休息公园的基础上大力发展城市绿地系统，很多城市在郊区都辟有大片的森林公园，每个公园占地多在300~500hm²等。森林公园是设施完善的森林，是直接靠近城市、供人们在自然环境中休息的场所。在森林公园里规定有为休息者服务的各种形式的公用设施和建筑物，有四通八达的道路和小路，还有足够大的林中草地，以保证进行集体郊游活动的需要。前苏联政府规定，每一居民占有的郊区森林面积为：小城市50m²，中等城市100m²，大城市200m²。例如，莫斯科郊区就有半径为10km的森林和森林公园环。

第二节　中国现代城市公园的发展特点

中国的现代园林建设，宏观上讲应当包括城市公园、城市绿化和风景名胜区三个方面。其中，公园作为城市的基础设施之一，在园林建设中占有最重要的地位，无论在国内或国外，城市公园的数量与质量，一般可以体现当地园林建设的水平，成为展示当地社会生活与精神文明风貌的窗口。

中国现代公园在群体结构上是以1949年以来营建的大量新型公园为主，也包括历史上遗留下来经过整理改造的园林，如北京的北海公园（原为皇家宫苑）、八大处公园（原为寺庙园林）和苏州拙政园（原为私家宅园）。建国50多年来，中国现代公园的发展大致经历了五个阶段：

（1）1949~1952年，国民经济处于恢复时期，全国各城市以恢复、整理旧有公园和改造、开放私园为主，很少新建公园；

（2）1953~1957年第一个五年计划期间，由于国民经济的发展，全国各城市结合旧城改造、新城开发和市政工程建设，大量建造新公园；

（3）1958~1965年期间，公园建设速度减慢，强调普遍绿化和园林结合生产，出现了公园农场化和林场化的倾向；

（4）1966~1976年"文化大革命"期间，全国城市的公园建设不仅陷于停顿，而且惨遭破坏；

（5）1977年后（特别是1979年）至2000年，全国城市公园建设在改革开放的历史潮流推动下重新起步，建设速度普遍加快，大量精品不断涌现，管理水平明显提高，成为城市建设中的重要内容。

在城市公园艺术形式创作的理论方面，中国现代公园的发展大致经历了一个"借鉴——探索——创造"的过程。20世纪50年代引入的苏联城市文化休息公园规划理论，对中国现代公园的建设影响很大。当时规划建设的公园，在设计上一般都讲究功能分区，注重安排集体性、政治性的群众活动和文体娱乐内容，如北京的陶然亭公园和哈尔滨的文化公园。

从20世纪60年代起，中国园林学者在总结经验的基础上，开始探索适合中国国情的现代公园规划理论。20世纪70年代后，中国公园建设的理论研究有较大进展，从过去仅注意公园内部功能分区的合理性而逐步转向注重发扬中国园林的传统特色，强调公园艺术形式的主体是山水创作、植物造景和园林

为城市居民提供生物多样性景观(大连劳动公园)

建筑三者的有机统一。在实践中，中国的造园家结合功能要求，运用形式美规律处理景点、景线、景区间的布局结构和相互关系，创作出一批具有中国特色的优秀作品。例如，在园景创作手法上，中国现代公园在继承传统的基础上又逐步有所创新，努力实现社会主义的现代游憩生活内容与民族化的园林艺术形式相统一。

就山水创作而言，中国自然山水园的艺术传统得到了发扬。绝大多数新建公园都采取自然山水园的形式，构景主体是山水，因山就水布置亭榭堂屋、花草树木，使之相互协调地构成切合自然的游憩生活境域。例如西安兴庆公园和上海长风公园。

就植物造景而言，对植物题材的运用，如同对山水的处理一样，首先通过对植物形态和生态习性的认识所激发的审美情感来表现植物的个性特征，其次是注意种植时位置有方。西方园林中的一些植物造景手法（如大面积缓坡草坪、专类花园、几何图案式植篱等），也得到运用。例如杭州花港观鱼公园、南京园林药物园和广州云台花园。

就园林建筑而言，力求把建筑与自然融为一体，注意建筑类型与山水环境之间的有机统一，并主要采取了民族形式的造型。在空间构图、比例尺度和结构工艺上，也引用了现代建筑的艺术手法、材料和施工技术，出现了大批神似于传统形式的现代园林建筑。例如杭州曲院风荷公园和桂林芦笛岩公园。

此外，中国园林中注重文学情趣和哲理意义的传统，也在现代公园建设中有所体现。多数公园景点、景区，都要根据设计构思和观赏效果的统一来命名，主要园林建筑也常配有诗词楹联或匾额题字，例如芜湖翠明园和广州兰圃。

中国各地的现代公园在长期的发展中逐步形成了一些独特的地方风格。例如：广州公园的地方风格主要表现在：植物造景上情调热烈，形成四季花海；园林建筑上布局自由曲折，造型畅朗轻盈；山水结构上注重水景的自然式布局；擅长运用塑石工艺和"园中园"形式等。哈尔滨公园的地方风格主要表现在：多采取有轴线的规整形式平面布局；园林建筑受俄罗斯建筑风格的影响，大量运用雕塑和五色草花坛作

昆明世博园

为公园绿地的点景；以夏季野游为主的游憩生活内容和冬季利用冰雕雪塑造景等。

中国现代公园的这些地方风格，既是由于地域性自然条件和社会条件的不同而诱发形成的，也是造园家的主观创作意识与公园游憩活动内容和园林艺术相互交融的结晶。

在公园类型方面，通过改革开放近20多年来的实践，又出现了一些新的公园形式。例如主题公园、郊野公园、村镇公园、生态公园等等。其中多数是因为建设主体的改变而产生，使城市公园的营造活动从政府包办向社会化转变，逐渐适应国家建立市场经济机制的发展需求。

和世界各国一样，中国现代公园的建设也正在逐步纳入法制的轨道，这是历史的一大进步。《中华人民共和国宪法》第22条规定：“国家保护名胜古迹、珍贵文物和其它重要历史文化遗产”。第26条规定：“国家保护和改善生活环境和生态环境，防治污染和其他公害。国家组织和鼓励植树造林、保护林木。”第43条规定：“中华人民共和国劳动者有休息的权利。国家发展劳动者休息和休养的设施。”这些法律规定，已成为政府部门制定城市园林绿化建设政策的依据。一些大城市已专门制定了有关公园管理的地方性法规，如北京、上海、广州、杭州等(具体内容可参见附录)。

第三节　花园城市与生态城市规划理想

人类在不同历史时期对城市的发展建设有着不同的规划理想。15世纪欧洲文艺复兴时期出现了关于“理想国”、“理想城市”的规划思想，是当时人们对城市设防以及市民生活等功能要求的反映。17～18世纪，由于资本主义工业城市存在的大量问题和丑陋现象，出现了空想社会主义思想。它主张城市规模不要过大，重视城市的公共生活，认为城乡应该结合，最终达到消灭城乡差别。

19世纪中叶，在美国近代造园家唐宁(A.j.Downing)的积极倡导下，纽约市规划了第一个中央公园。1858年，政府通过了由奥姆斯特德(F.L.Olmsted)主持的公园设计方案，并根据法律在市中心划定了一块大约3.4km²的土地用于造园，取得了巨大成功，继而在全美掀起了一场“城市公园运动”。1870年，奥姆斯特德写了《公园与城市扩建》一书，提出“城市要有足够的呼吸空间，要为后人考虑；城市要不断更新和为全体居民服务”。这一思想，对美国及欧洲近现代城市规划建设产生了很大的影响。

1898年，英国社会活动家霍华德(E.Howard)提出了“田园城市”(Garden city)理论，认为应该建设一种兼有城市和乡村优点的理想城市，“把积极的城市生活的一切优点同乡村的美丽和一切福利结合在一起”。他认为城乡结合首先是城市本身为农业土地所包围，农田的面积要比城市大5倍，并确定田园城市的直径不超过2km，人口规模在3.2万人左右。城市外围有森林公园带，中心公园的面积多达60hm²；市内有宽阔的林荫环道、住宅庭园、菜园和沿放射形街道布置的林间小径等；人均公共绿地面积超过35m²，每栋房屋至少有20m²绿地。“田园城市”的规划理想，曾在英国的莱奇沃斯等地进行了试验，对现代城市规划理论的形成和发展起到十分深远的影响。

20世纪初，与现代建筑运动同步兴起了现代主义思潮。这种否定传统、追求现代工业文明形式与内容的潮流，同样影响着现代城市规划。比较有代表性的如法国建筑师勒·柯布西耶的“现代城市”设想（1922年）。1930年，柯布西耶在布鲁塞尔展出的“光明城”规划里设计了一个有高层建筑的“绿色城市”：房屋底层透空，屋顶设花园，地下通地铁，距地面5m高的空间布置汽车运输干道和停车场。柯布西耶主张“城市应该修建成垂直的花园城市，能在房屋之间看到树木、天空和太阳"。他的规划思想，在二战后"马赛公寓"的设计和建造中部分地得到体现。这种以巨大的尺度（包括高度）、现代的工程技术、多层次的空间结构、现代风格的艺术形式等为主要特征的现代主义城市规划理论，在20世纪风靡了全球很多国家。

总体而言，现代主义在国家工业化和处在工业社会时期的城市，有其相当的合理性。但是随着社会经济的发展，也日益显出其局限性。主要表现为重功能、重技术，忽视人文与历史与传统。工业化时期城市单调、枯燥、形式趋同、缺乏特色、过度依赖汽车交通所造成的资源浪费和土地不合理使用等，都是现代主义所造成的直接或间接的后果。

前苏联与东欧等国家在二战之后的城市重建中，以营造大规模城市绿地系统为特色，将"绿色城市"的理想付诸实践。比较著名的实例，如莫斯科和华沙。在实行市场经济体制的国家，如华盛顿、伦敦、巴黎、堪培拉、新加坡和巴西利亚等，绿色城市的建设也有相当成就。堪培拉和新加坡均为世界著名的花园城市，景观十分动人。城市内随处可见连片的草地、森林和人工湖，空气清新，鸟语花香，环境质量可列世界名城之先。

花园大道（中山）

20世纪60年代后，西方工业化国家发生新的社会经济变化，进入所谓"后工业"社会。一些学者开始对工业化时期的现代城市进行反思，出现了"后现代主义"思潮。主张在城市规划中要重视人的心理、行为特点，重视人的需要和交往，强调大城市的多样性与多功能的混合，重新唤起人们对传统城市、街道、街坊邻里的怀念，包括城市设计中对人的尺度和人情味的注意；重视对城市的历史保护和旧城区原貌

后现代风格的"绿色建筑：树穴旅馆（左），水中别墅（右）

中山市街头小游园

恢复，反对大规模旧城改建计划，限制旧城中心区的汽车交通以及实施"步行化"等。这种人文主义的"后现代"思潮，正越来越广泛地影响到世界各国的城市规划。

20世纪70年代以来，全球环境保护运动的日益扩大和深入，追求人与自然和谐共处的"绿色革命"在世界范围内蓬勃展开。1971年，联合国教科文组织在第16届会议上提出了"关于人类聚居地的生态综合研究"(MBA第11项计划)。随后，世界上有几十个国家参加了这项"人与生物圈"(MBA)计划的研究。MBA计划提出了五项原则：①生态保护战略，②生态基础设施，③居民生活标准，④文化历史的保护，⑤将自然融于城市；集中反映了城镇建设要遵循人与自然共生的基本生态原则。"生态城市"的概念，就是在这个研究过程中提出来的，并与城市生态学的发展密切相关。

1972年联合国斯德哥尔摩人类环境会议以后，欧美等西方发达国家内掀起了"绿色城市"运动，把保护城市公园和绿地的活动扩大到保全自然生态环境的区域范围，并将生态学、社会学原理与城市规划、园林绿化工作相结合。1992年6月在巴西首都里约热内卢召开的联合国环境与发展大会，是这场"绿色革命"的重要事件。大会通过的《21世纪议程》，阐明了人类在环境保护与社会经济发展之间应作出的明智抉择和行动方案，反映了有关环境与发展领域全球合作的共识和最高级别的政治承诺。

1990年，第一届国际生态城市会议在美国加利福尼亚州伯克莱城召开。与会12个国家的代表介绍了生态城市建设的

中山市居住区绿化

理论与实践。其中包括伯克莱生态城计划、旧金山绿色城计划、丹麦生态村计划等。同年，加拿大出版了《绿色城市》(Green Cities)一书[1]，汇集世界各国20多位专家从不同角度对"绿色城市"的研究成果，探讨城市空间的生态化途径。专家们认为，绿色城市需要具备下列要素：

(1)绿色城市是生物材料与文化资源和谐相联的凝聚体，生机勃勃，自养自立，生态平衡。

(2)绿色城市在自然界里具有完全的生存能力，能量的输出与输入平衡；甚至更好些——输出的能量产生剩余价值。

(3)绿色城市保护自然资源，它依据最小需求原则来消除或减少废物。对于不可避免产生的废弃物，则将其循环再生利用。

(4)绿色城市拥有广阔的自然空间——花园、公园、农场、河流或小溪、海岸线、郊野等，以及和人类同居共存的其它物种，如鸟类、鱼类及其它动物。

(5)绿色城市以维护人类健康为首要任务，鼓励人类在自然环境中生活、工作、运动、娱乐以及摄取有机的、新鲜的、非化学化的和不过分烹制的食物。

(6)绿色城市中的各种组成要素(人、自然、物质产品、技术等)，要按照美学原理加以规划布局，给人提供优美的、有韵律感的聚居地。各种人造景观的设计，要基于想象力、创造性以及人与自然的关系来考虑。

(7)绿色城市要提供全面的文化发展；剧院、水上运动场、海滩、公共音乐厅、友谊花园、科学和历史博物馆、公共广场等，将为人与人之间的相互交流提供机会，即：爱情、友谊、慈善、合作与快乐。换言之，绿色城市应是个充满欢乐与进步的地方。

(8)绿色城市是城市与人类社区科学规划的最终成果。它对于现存庞大、丑陋、病态、腐败以及糟踏性开发的城市中心是个挑战，它提供面向未来文明进程的人类生存新空间。

后来，有些学者就把按照上述标准建设的绿色城市又进一步称之为"生态城市"(Eco-city)，其基本含义是一个"生态健全的城市"，是布局紧凑、充满活力、节能并与自然和谐

1: David Gordon: Green Cities: ecologically sound approaches to urban space ,BLACK ROSE BOOKS,1990. Canada.

共存的人类聚居地。"生态城
市"概念的提出，表明现代城
市建设的奋斗目标，已从追求
单纯静止的优美自然环境取
向，转变为争取城市功能与面
貌的全面生态化。

生态城市的基本特征是：
人与自然和谐共处、互惠共
生、共存共荣，物质、能量、
信息高效利用，技术与自然高
度融合，居民的身心健康和环
境质量得到最大限度的保护，
人的生产力和创造力得到最大
限度的发挥，社会、经济与自然
可持续发展。在生态城市中，技
术与自然充分融合，物质、能量、信息高效利用，生态良性
循环。生态城市是充分优化的"社会－经济－自然"复合系
统，是应用现代科技手段建设的生态良性循环的人类住区。

在地理上，"生态城市"也大大突破了传统的城市建成
区概念，追求城乡融合发展的空间形态。在走向未来生态文
明的进程中，生态城市是人类运用现代高科技寻求与自然和
谐共存、可持续发展的城市模式。21世纪理想的生态城市应
该是：经济、社会、环境可持续发展的城市；以高新技术为
基础的高效能、高效率的现代化城市；具有宜人居住环境的
绿色城市和高度文化素质的文明城市。

1996年，第三届国际生态城市会议在西非的赛内加尔举
行，进一步探讨了"国际生态重建计划"。同年，在伊斯坦布
尔召开的联合国第二次人居大会，主题之一是"城市化进程
中人居环境的可持续发展"。大会提出要"在世界上建设健
康、安全、公正和可持续的城镇与乡村"。

在联合国环境署(UNEP)的认可和支持下，国际公园与康
乐设施协会(IFPRA)从1997年起组织了名为"Nations in
Bloom"的城市环境管理大赛，评选"最适宜居住的社区"
(Most Liveable Communities)，亦称"国际花园城市"(Garden

中山市兴中路绿化

City of the World)。参赛城市按人口规模不同分为4－5个
级别，竞赛内容包括五个方面：①景观改善(Enhancement of
the landscape)，②遗产管理(Heritage management)，③环境
保护措施(Use of environmentally sensitive practices)，④公众
参与(Community involvement)，⑤未来规划(Planning for the
future)。"Nations in Bloom"国际竞赛每年举办一次，评比
结果分为金、银、铜奖和单项特别奖。五年来，全世界共有
50多个城市在该竞赛中获奖。

在我国，20世纪前半期就引入了西方"田园城市"、
"有机疏散"、"卫星城镇"等城市规划理论。50年代以
来，根据国情一贯提倡严格控制大城市规模，积极发展中小
城市；60－70年代倡导过"工农结合、城乡结合、有利生
产、方便生活"的城市建设指导方针；80年代初期提出"农
村城市化"、"离土不离乡"，继而探讨"城乡一体化"。
90年代后，开始在部分城市提出建设"园林城市"和"生态
城市"。江西省宜春市是国家第一个规划、建设"生态城
市"的试点。其规划目标，是应用复合生态系统理论和生态
工程方法，在市域行政范围内调控、设计一个复合生态系

花园城市－中山

统，使其结构、功能优化，能流、物流通畅，调节与控制自如，城乡环境清洁、优美、舒适。此外，珠海、大连、厦门、张家港、中山、上海、青岛、广州等城市，相继提出了建设"生态城市"的奋斗目标，迈出了卓有成效的步伐，带动了全国城市建设向生态优化的方向发展。其显著标志，就是许多城市已将创建"生态城市"的初级阶段目标——"园林城市"，纳入了政府的重要议事日程并付诸实践。

建设花园城市和生态城市，首先要规划建设生态绿地系统，使城乡绿地与城市结构布局有机结合。要因地制宜地开展集空间、大气、水体、土地、生物于一体的综合建设，形成"城市——绿地——乡野风光"相结合、富有生命韵律变化的景观。通过构筑多层次的城市生态绿地，建立横向和纵向的生境结构及生物种群结构，疏通城乡自然系统的能流、物流、信息流、基因流，改善生态要素间的功能耦合网络关

系，从而扩大城市地区生物多样性的保存能力和承载容量。

在我国，自从1992年8月国务院颁布实施《城市绿化条例》和1992年12月建设部命名首批"园林城市"以来，创建园林城市活动对全国城市建设起到了重要的促进作用。它不仅提高了城市的整体素质和品位，改善了投资环境和生活环境，也使城市政府对园林绿化工作的重要性有了更加深刻的认识，激励广大市民群众更加爱护、关心自己城市的环境质量和景观面貌，从而使城市的精神文明水平得到大大升华和提高。

从1992－1999年，全国共有19个城市和1个直辖市城区先后5批荣获了国家园林城市(或城区)的荣誉，大大促进了当地社会、经济、文化的全面发展。各地创建园林城市的主要经验，可以简要地概括为以下几条：

(1)领导重视，党政一把手亲自抓

政府行为在我国城市规划、建设中具有重要的作用。城

花园城市－苏黎士(瑞士)

市主要党政领导的高度重视，是改善城市生态环境面貌的关键。中国有句俗话说得好："老大难、老大难，老大一抓就不难"。城市绿地作为全社会关注的公共利益载体之一，是一种很特殊的土地利用对象。在市场经济条件下，除了绿地以外的其它城市用地，都有相应的社会利益集团为之打算；唯独城市绿地必须主要靠政府的力量来经营和管理。因此，必须努力强化城市政府部门的宏观调控职能，提高政府对城市生态建设的政策与财政支持力度，进而辅之以积极的公众参与和技术保障，才能使这项事业不断得以推进。

(2)搞好规划、城乡建设统筹布局

要建设舒适宜人、可持续发展的"生态城市"，必须把握好城市规划这个"龙头"。只有在城市总体规划阶段就贯彻"开敞空间优先"(Open space first)的用地布局原则，才有可能为城市绿地系统的规划与建设打好基础。针对我国的具体情况，我们应当在城市规划中提倡工业与生活用地相对集中、绿色空间相对集中、"大疏大密"的布局模式，以求在人均建设用地指标较低的现实条件下，尽可能有效地改善城市的环境质量。

(3)全民参与，各行各业关心绿化

城市绿化和公园建设关系到全体市民的公共利益，必须发动群众共同参与才能规划好、建设好、管理好。特别是居住区绿化和单位附属绿地的建设，一般要占城市总绿地面积的一半以上；必须靠各行各业的关心、支持和努力才能搞好。在这方面，加大宣传力度并适当地搞些"群众运动"是有必要的。

(4)创作精品，突出特色提高水平

长期以来，我国的城市园林绿化建设一直坚持贯彻"普

波士顿的街头游园

遍绿化、重点提高"的工作方针，这是正确的。所谓重点提高，就是要创作出一批能表现地方文化特色和园林艺术水平的"精品"(多数为公园景区)，并使之成为城市景观的"闪光点"。榜样的力量是无穷的。通过实施精品战略，能对整个城市的园林建设上档次、上水平起到示范和指导作用。

(5)培养人才，尊重科学持续发展

与其他行业一样，城市园林绿化事业的发展基础也是人

才。目前，我国的园林规划设计人员只有美国的1/10左右。而且就这些有限的人才，或多或少还存在着使用不当的情况。所以，只有政府部门重视培养人才、因才施用，才能按科学规律办事，实现城市的可持续发展。在这方面，许多园林城市已创造出一些有益的经验。

应当指出，在国内目前有关城市的各种荣誉称号中，国家园林城市的评选标准可能是最高的；因为它是物质文明与精神文明的结合体，也是国际上容易理解和普遍接轨的城市素质评价指标。创建国家园林城市必须经过长期踏实、艰苦的努力，需要从市长到市民各行各业的齐心协力、共同参与才能实现。

21世纪的生态文明正在向我们走来，发展是当今世界的主旋律。建设绿色文化，是人类面对生态危机困境的自省与超越。工业文明所带来的世界人口急剧增长、区域经济不平衡发展、资源枯竭、环境衰退、生态恶化的严峻事实警告人们：必须进行观念更新，走社会、经济与生态环境相协调的可持续发展道路。具体到城乡人居环境的规划建设领域，那就是生态绿地系统与人工建筑系统有机融合、协调发展的绿色道路。生态城市的规划，也要按照"生态环境规划→经济产业规划→城市建设规划"的顺序进行，实施开敞空间优先(Open Space First)的城市空间布局。

中国正处在一个社会经济体制转型的伟大时期，面临着一个如何优化战略选择的问题：是继续走完工业文明的全程再向生态文明过渡，还是取工业文明所长而避其所短、直接瞄准生态文明的目标前进？明智的选择应当只能是后者。尤其是在经济比较发达的城镇密集地区，要想让其社会经济发展再上一个台阶，比较有效的途径之一，就是大搞园林绿化，优化生态环境。新加坡前总理李光耀曾有一句名言："栽花植树，铺就强国路"。这说明城市环境也是重要的国有资产；环境质量改善，可直接带动城市的土地和生产力增值。许多历史经验已经证明：城市的含绿量就是含金量。

2000年6月，来自全球100多个国家和地区、1000个城市

纽约中央公园

的政府和社会组织的代表，在柏林召开了"世界城市大会"。大会通过的《21世纪的城市－关于城市未来的"柏林宣言"》指出："城市正进入跨千年之际；城市始终带动经济发展并孕育文化。今天，城市被巨大的挑战所困扰，千千万万的成人与儿童正为了生存而挣扎。我们能够扭转这种状况吗？我们能够带给人民更灿烂的未来吗？我们相信，如果能积极发挥教育、可持续发展、全球化和信息技术、民主和有效管理、妇女和社会认同的作用，我们将能够真正建成景观优美、符合生态、经济平等和社会公正的城市。"伴随着以信息网络化、经济全球化、生活智能化为特征的信息社会的来临和生态城市的崛起，面对城市居住与生产功能的生态化趋势，我们每个园林工作者都应该从思想上做好准备。

第四节 建设"以人为本"的园林城市

一、"以人为本"是21世纪城市建设的主旋律

改革开放20多年来，我国的城市园林建设取得了巨大的成就。下一步发展的关键，贵在园林规划、设计、施工与管理等各个方面都要突出"以人为本"的理念。所谓"以人为本"，就是要充分考虑人类的基本需求与行为特征，尊重人格，善解人性，园林建设要努力为人民服务。

从历史上看，人类是在寻求理想和美好的城市环境过程中，不断加深对园林绿化和城市发展的认识。我国古代"天人合一"、"阴阳五行"，西方"乌托邦"、"田园城市"都体现了人与自然共存共荣的哲学思想。二战以后英国的大伦敦"绿圈规划"、意大利未来派圣·艾利亚提出"基于运动的大城市"、日本新陈代谢派建筑师菊竹清训"海上浮动城市"和丹下健三提出的东京都规划设想、法国大师勒·柯布西耶提出的巴黎规划设想，均与当今"为了让人们生活得更好"的出发点一致。希腊学者、城市规划学家道萨迪亚斯等人倡导的"人居环境学"，为1992年联合国环境与发展大会通过的"21世纪议程"奠定了理论基础。走可持续发展的道路，建设生态城市，受到世界各国的广泛重视。1991年7月举行的世界建筑师大会呼吁："每个生态城市必须规划和建设成在气候、文化、技术、工业和其所在地方条件等诸方面的整合"；"健康的、生态活泼的城市必须是人性的生态良好的新技术城市"。1999年6月在北京举行的世界建筑师大会宣言，又进一步阐述了这一思想。

园林绿化建设的"以人为本"，就是要随着现代环境运动的发展，不断注入新的景观环境内容。其要点，是要从人类的生理感受要求出发，根据自然界生物学原理、利用阳光、气候、动植物、土壤、水体等自然和人工材料，创造令人舒适的良好的物理环境。特别要研究在绿色环境中的大众行为心理如何随着人口增长、多元文化交流以及社会科学的发展所产生的变化。在园林的营造活动中，要从人类的心理精神感受需求出发，根据人类在环境中的行为心理乃至精神活动的规律，利用"心理－文化"的引导，综合运用各种园林艺术手法，创造令人赏心悦目、浮想联翩、积极上进的人居环境。

城市景观具有自然生态和文化内涵两重性。自然景观是城市的基础，文化内涵则是城市的灵魂。城市公园系统是城市景观的重要部分，是城市人居环境中具有生态平衡功能的生存维持、支撑系统，也是反映城市形象的重要窗口。现

中山市街区绿化

墙面垂直绿化(南宁)

量不足，已成为发展城市绿化的普遍制约因素。例如，据粗略统计，1998～2000三年间广州市的园林绿化建设投资总额，大约仅相当于上海市同期绿化建设投资的十分之一。经济比较发达的广州尚且如此，全国其它城市的困难更是可想而知。

4、受近年来亚太经济危机的影响，一些城市有部分企业经济不景气，导致市民义务植树尽责率偏低，单位附属绿地的绿化建设发展不平衡，城市绿化和公园管理的总体水平有待提高，有关法规及其实施细则急待完善，全民"爱绿、护绿"的社会风气尚未形成。

5、城市园林绿化建设与管理的科技含量有待提高，园林行业的优秀科技成果尚较少。

6、随着国际社会对城市环境质量的追求普遍提高，使国外财团巨商对来华投资环境要求越来越苛刻；同时，城市园林绿化建设的发展门槛也在增高，如城市建设用地供应日趋紧张、园林绿化的工作成本上升、市民要求城市公园免费开放的呼声越来越高等。这使得我国城市园林绿化行业的建设与管理面临资金短缺与需求剧增的两难境地。

三、迎接新机遇、新挑战的对策与思路

当然，冷静地观察现状，我们不难发现在面临一系列问题挑战的同时，也存在着新的发展机遇：

(1) 改革开放的巨大成就已为我国城市园林的发展提供了较好的经济基础；

(2) 大规模的城乡建设需求为园林绿化行业创造了大量的实践机会；

(3) 城乡居民对改善生活环境质量的需求日益提高，增加了园林绿化发展的社会认同；

(4) 相对频繁的国际交往，为园林艺术作品的营造争取了较大的拓展空间。

所以，为进一步提高我国的城市绿化和公园建设水平，针对近年来出现的一些新情况、新问题，我们必须开动脑筋，勇于探索，在体制、机制、法治等方面配套改革，努力

在，人们对城市环境质量的追求，已从偏重个别封闭、内向的园林转为开敞外向的城市绿色空间，并力求形成网络系统。城市园林绿化的理念，已从"城中有花园"发展到"城在花园中"、"城在森林中"。"文化、绿野、传统建筑"，已成为国际社会评价城市先进水平的标准，工业城市的规划观念正在被淘汰。人们正日益注重生活环境质量、城市文明、历史与文化。园林绿化，不仅有助于创造美好的城市环境，更改善了人民的生活素质。作为园林工作者，我们要学会主动地适应这些变化，努力做到"以民为本，与民同心，聚民伟力，成民所愿"。

二、进一步拓展我国城市绿色空间所面临的主要问题

1、目前在全国许多城市，建设用地中能用于绿化的后备土地资源缺乏，地价高昂，城市绿地的扩展受到很大局限。特别是大城市的"城中村"问题和城市建设规划用地受用地指标、征地预审等限制，使近郊农用土地转化为城市绿地困难重重。

2、由于长期以来受较传统的城市建设指导思想的影响，集中在老城区建设，见缝插楼，使城区居住人口越来越密集，绿化建设欠帐增多。大部分城市的园林绿地布局，未能形成有机的生态绿地系统。

3、随着城市绿化的建设需求量逐年增大，绿化建设的资金缺口也日益突出，城市维护费中能用于园林绿化的资金

走出一条适合本地特点的园林城市建设之路。谨此提出一些政策建议和对策思路供大家参考。

1、要紧紧抓住城市规划这个"龙头"，在指导思想上从"见缝插绿"转变到"规划建绿"，下大力气编制好城市绿地系统规划，用以指导城市园林绿化建设。在规划编制过程中，建议政府适当提高城市人均建设用地的控制指标，以利于提高城市绿地率。特别是在考虑城市绿化用地增量时，不要等同于城市建设用地。国家有关部门(建设部、国土资源部等)应将城市建成区的面积统计方法适当调整，分为城市建设用地和城市绿地两大部分进行计算，并在此基础上落实城市建成区绿地率不小于30%的控制性规划建设指标。

2、政府在土地管理政策上，要对以维护城市生态平衡为主要功能的绿化用地予以优惠，按农田耕地的同等待遇进行管理；建议引入"国有农用地"的概念，在国家现行土地法规的框架下，将城市周边的农田按规划以较低的成本逐步转化为城市生态绿地。要制定允许城市规划区内土地可以由政府部门预征、统筹使用的政策，鼓励在城市建设用地的控制指标以外尽量扩展城市绿地面积，保护和改善城市生态环境。对于近年来城市郊区出现的农村土地向城市公园或绿化休闲地带转化的现象，要制定配套政策予以支持和引导，促进形成"全民兴绿"的良好社会风气。

3、要加大政府对园林绿化的建设与管理投资，应在城市建设维护费中规定一个比例(如15～20%)进行指令性计划安排。国家银行对城市生态建设的资金支持方面应在抵押金方面给予适当优惠，降低贷款门槛。在有条件的城市，也可以象体育彩票一样发行绿化彩票，多渠道筹集资金支持城市绿化。在税收政策上，政府应对以社会公益性服务为主的公园、园林科研单位等有所扶持。

纽约曼哈顿岛上的街区绿化

4、要加强城市园林绿化行政主管部门在城市规划、建设、管理工作中的地位和行业管理的权威性，学习上海市"一件事一家管"的政府体制改革经验，理顺园林绿化管理体制；城市建设项目中与人居环境有关的工程报建和验收环节，应规定必须让园林绿化行政主管部门参与把关。

5、要进一步加强"科技兴绿"工作，注意引进先进的技术、品种与信息化管理方法，大力培养和引进园林科技人才，创造比较宽松的政策与经济环境让科技人员充分发挥才干。

面向21世纪，中国城市园林的发展是机遇与挑战同在。一方面，我们要在城市化加速的进程中努力发展园林绿化事业，改善城市生态要素，构筑可持续发展的人居环境载体；另一方面，我们也要进一步发扬祖国优秀的造园艺术传统，加强园林科学研究，创作出更多、更好的园林精品，让中国园林艺术走向世界。只要我们认真以改革创新的精神去解决好体制、机制和法治等方面存在的问题，调动各种积极因素，中国的城市园林绿化建设事业将大有希望！

珠江滨水绿带

第四章
城市绿地系统规划的编制方法

城市绿化建设是一项关系城市建设全局的系统工程，涉及城市建设用地布局、道路交通、建筑、园林景观设计、防震减灾等多个方面。为了充分发挥城市绿地对于保护自然生态、改善人居环境、美化城市景观、为市民提供休闲游憩、临时避灾场所等功能，必须全面规划、合理布局城市行政区范围内的绿色空间，综合运用多种植物材料进行科学配置，形成"乔、灌、花、草相结合，点、线、面、环相衔接"的绿地系统。因此，在城市规划建设中，要高度重视城市绿地系统规划工作，切实做到"规划先行"。

与城市景观规划相比较，城市绿地系统规划涉及的范围更广，也更实用，因为它直接与城市总体规划和土地利用规划相衔接，是影响城市发展的重要专业规划之一，是城市总体规划体系中不可缺少的组成内容，也是指导城市开敞空间(Urban Open space)中各类绿地进行规划、建设与管理工作的基本依据。

第一节　城市绿地系统规划的编制要求

一、　规划编制的基本要求

根据我国城市规划建设的具体情况，编制城市绿地系统规划的一般要求如下：

1、根据城市总体规划对城市的性质、规模、发展条件等的基本规定，在国家有关政策法规的指导下，确定城市绿地系统建设的基本目标与布局原则。

2、根据城市的经济发展水平、环境质量和人口、用地规模，研究城市绿地建设的发展速度与水平，拟定城市园林绿地的各项规划指标，并对城市绿地系统所预期的生态效益进行评估。

3、在城市总体规划的原则指导下，研究城市地区自然生态空间的可持续发展容量，结合城市现状及气候、地形、地貌、植被、水系等条件，合理安排整个城市的绿地系统，合理选择与布局各类城市园林绿地。经与城市规划等各有关行政主管部门协商后，确定绿地的建设位置、性质、范围、面积和基本绿化树种等规划要素，划定在城市总体规划中必须保留或补充的、不可进行建设的生态景观绿地区域。

4、提出对现状城市绿地的整改、提高意见，提出规划绿地的分期建设计划和重要项目的实施安排，论证实施规划的主要工程、技术措施。

5、编制城市绿地系统的规划图纸与文件。对于近期要重点建设的城市园林绿地，还需提出设计任务书或规划方案，明确其性质、规模、建设时间、投资规模等，以作为进一步详细设计的规划依据。

二、　规划层次及工作重点

根据我国现行的城市规划法规要求，城市绿地系统规划作为城市的一个专项规划，其工作层次应与城市规划的相应阶段保持同步，即可分为总体规划、分区规划和详细规划三个阶段。对于大部分的城市来讲，这三个阶段可以是递进式展开，分期顺序编制；也可以是综合在一起统筹，各阶段的工作内容有机地组合编制，同时反映在规划成果之中，从而大大提高规划编制的工作效率和规划实施的可操作性。

城市绿地系统各规划层次的重点内容是：

1、总体规划：主要内容包括整个城市绿地系统(含市域与市区两个层次)的规划原则、规划目标、规划绿地类型、定额指标体系、绿地布局结构、各类绿地规划、绿化应用植物(树种等)规划、实施措施规划等重大问题，规划成果要与城

绿带如诗(中山)

市总体规划、城市风景旅游规划、城市土地利用总体规划等相关规划协调，并对城市发展战略规划、城市总体规划等宏观规划提出用地与空间发展方面的调整建议。

2、分区规划：对于大城市和特大城市，一般需要按市属行政区或城市规划用地管理分区编制城市绿地系统的分区规划，重点对各区绿地规划的原则、目标、绿地类型、指标与分区布局结构、各区绿地之间的系统联系作出进一步的安排，便于城市绿地规划建设的分区管理。该层次绿地规划是与城市分区规划相协调，并提出相应的调整建议。

3、详细规划：在全市和分区绿地系统规划的指导下，重点确定规划范围内各建设地块的绿地类型、指标、性质和位置、规模等控制性要求，并与相应地块的控制性详细规划相协调；对于比较重要的绿地建设项目，还可进一步作出详细规划，确定用地内绿地总体布局、用地类型和指标、主要景点建筑构思、游览组织方案、植物配置原则和竖向规划等，并与相应地块的修建性详细规划相协调。详细规划可作为绿地建设项目的立项依据和设计要求，直接指导建设。

此外，对于一些近期计划实施的项目，规划师可能还需要作些重点绿地建设的设计方案来进一步体现规划意图和控制要求。

三、规划编制的组织形式

按照1992年国务院颁布的《城市绿化条例》规定，城市绿地系统规划由城市人民政府组织城市规划和城市绿化行政主管部门共同编制，依法纳入城市总体规划。目前，我国各地城市绿地系统规划的编制组织形式大致有三种：

1、由城市绿化行政主管部门与城市规划行政主管部门合作编制；

纽约中央公园

2、由城市规划行政主管部门主持编制，规划方案需征求城市绿化行政主管部门的意见后，再进行调整、论证和审批；

3、由城市绿化行政主管部门主持编制，城市规划行政主管部门配合，规划成果经专家和领导部门审定后，交由城市规划部门纳入城市总体规划。

这三种规划编制的组织形式都切实可行，可以根据各城市的具体情况选择应用。

四、规划编制的主要内容

城市绿地系统规划一般应包括以下主要内容：

1、城市概况与城市绿地现状分析；

2、规划依据、期限、范围与规模、规划原则。指导思想、规划目标与指标、绿地系统总体布局与结构规划；

3、各类绿地规划，包括公共绿地(公园)、生产与防护绿地、居住区与单位附属绿地、道路绿地、生态景观绿地等。

4、城市生态环境与景观规划要求；

5、城市绿化植物多样性规划(以往称城市绿化树种规划，含规划应用植物名录)；

6、城市古树名木保护规划；

中山市道路绿化景观

7、城市绿地分期建设规划；

8、绿地建设实施措施规划；

9、必要的附录说明材料。

第二节　城市绿地系统规划的编制程序

根据多年来全国各城市的实践，编制城市绿地系统规划的工作程序及其相关内容大致如下：

一、基础资料收集

城市园林绿地系统规划要在大量搜集资料的基础上，经分析、综合、研究后编制规划文件。除了常规城市规划的基础资料外(如地形图、航片、遥感影象图、电子地图等)，一般需要收集以下资料：

1、自然条件资料，主要包括：

- 地形图资料(图纸比例为1:5000或1:10000，通常与城市总体规划图的比例一致)；
- 气象资料(历年及逐月的气温、湿度、降水量、风向、风速、风力、霜冻期、冰冻期等)；
- 土壤资料(土壤类型、土层厚度、土壤物理及化学性质、不同土壤分布情况、地下水深度、冰冻线高度等)。

2、社会条件资料，主要包括：

- 城市历史、典故、传说、文物保护对象、名胜古迹、革命旧址、历史名人故址、各种纪念地的位置、范围、面积、性质、环境情况及用地可利用程度；
- 城市社会经济发展战略、国内生产总值、财政收入及产

业产值状况、城市特色资料等；

- 城市建设现状与规划资料、用地与人口规模、道路交通系统现状与规划、城市用地评价、城市土地利用总体规划、风景名胜区规划、旅游规划、农业区划、农田保护规划、林业规划及其他相关规划。

3、园林绿地资料，主要包括：

- 城市中现有园林绿地的位置、范围、面积、性质、质量、植被状况及绿地可利用的程度；
- 城市中卫生防护林、工业防护林、农田防护林、
- 市域范围内城市生态景观绿地、风景名胜区、自然保护区、森林公园的位置、范围、面积与现状开发状况；
- 城市中现有河湖水系的位置、流量、流向、面积、深度、水质、库容、卫生、岸线情况及可利用程度；
- 城市规划区内适于绿化而又不宜修建建筑的用地位置与面积；
- 原有绿地系统规划及其实施情况。

4、技术经济资料，主要包括：

- 城市规划区内现有城市绿地率与绿化覆盖率现状；
- 现有各类城市公共绿地的位置、范围、性质、面积、建设年代、用地比例、主要设施、经营与养护情况、平时及节假日游人量，每人平均公共绿地面积指标(m²/人)，每一游人（按城市居民的1/10计）所拥有的公共绿地面积；
- 城市规划区内现有苗圃、花圃、草圃、药圃的数量、面积与位置，生产苗木的种类、规格、生长情况，绿化苗木出圃量、自给率情况。
- 城市的环境质量情况，主要污染源的分布及影响范围，环保基础设施的建设现状与规划，环境污染治理情况，生态功能分区及其他环保资料；

5、植物物种资料，主要包括：

- 当地自然植被物种调查资料；
- 城市古树名木的数量、位置、名称、树龄、生长状况等资料；
- 现有园林绿化植物的应用种类及其对生长环境的适应程度（含乔木，灌木、露地花卉、草类、水生植物等）；
- 附近地区城市绿化植物种类及其对生长环境的适应情况；
- 主要植物病虫害情况；
- 当地有关园林绿化植物的引种驯化及科研进展情况等。

青岛市滨海绿廊

6、绿化管理资料，主要包括：

- 城市园林绿化建设管理机构的名称、性质、归属、编制、规章制度建设情况；
- 城市园林绿化行业从业人员概况：职工基本人数、专业人员配备、科研与生产机构设置等；
- 城市园林绿化维护与管理情况：最近5年内投入的资金数额、专用设备、绿地管理水平等。

二、规划文件编制

城市绿地系统规划的文件编制工作，包括绘制规划方案图、编写规划文本和说明书，经专家论证修改后定案，汇编成册，报送政府有关部门审批。规划的成果文件一般应包括规划文本、规划图件、规划说明书和规划附件四个部分。其中，经依法批准的规划文本与规划图件具有同等法律效力。

1、规划文本：阐述规划成果的主要内容，应按法规条文格式编写，行文力求简洁准确。

2、规划图件：表述绿地系统结构、布局等空间要素，主要内容包括：

- 城市区位关系图；
- 城市概况与资源条件分析图；
- 城市区位与自然条件综合评价图
  （1:10000－1:50000）；
- 城市绿地分布现状分析图（1:5000－1:25000）；
- 市域绿地系统结构分析图（1:5000－1:25000）；
- 城市绿地系统规划布局总图（1:5000－1:25000）；
- 城市绿地系统分类规划图（1:2000－1:10000）；
- 近期绿地建设规划图（1:5000－1:10000）；
- 其他需要表达的规划意向图（如城市绿线管理规划图、城市重点地区绿地建设规划方案等）。

城市绿地系统规划图件的比例尺应与城市总体规划相应图件基本一致，并标明风玫瑰；城市绿地分类现状图和规划布局图，大城市和特大城市可分区表达。为实现绿地系统规划与城市总体规划的"无缝衔接"，方便实施信息化规划管理，规划图件还应制成AUTOCAD或GIS格式的数据文件。

3、规划说明书：对规划文本与图件所表述的内容进行说明，主要包括以下方面：

- 城市概况、绿地现状（包括各类绿地面积、人均占有量、绿地分布、质量及植被状况等）；

- 绿地系统的规划原则、布局结构、规划指标、人均定额、各类绿地规划要点等；
- 绿地系统分期建设规划、总投资估算和投资解决途径，分析绿地系统的环境与经济效益；
- 城市绿化应用植物规划、古树名木保护规划、绿化育苗规划和绿地建设管理措施。

4、规划附件：包括相关的基础资料调查报告、规划研究报告、分区绿化规划纲要、城市绿线规划管理控制导则、重点绿地建设项目规划方案等。

三、规划成果审批

按照国务院《城市绿化条例》的规定，由城市规划和城市绿化行政主管部门等共同编制的城市绿地系统规划，经城市人民政府依法审批后颁布实施，并纳入城市总体规划。国家建设部所颁布的有关行政规章、技术规范、行业标准以及各省、市、自治区和城市人民政府所制定的相关地方性法规，可以作为城市绿地系统规划审批的依据。

居住区绿化（中山）

城市绿地系统规划成果文件的技术评审，一般须考虑以下原则：

1.城市绿地空间布局与城市发展战略相协调，与城市生态景观优化相结合；

2.城市绿地规划指标体系合理，绿地建设项目恰当，绿地规划布局科学，绿地养护管理方便；

3.在城市功能分区与建设用地总体布局中，要贯彻"生态优先"的规划思想，把维护居民身心健康和区域自然生态环境质量作为绿地系统的主要功能；

4.注意绿化建设的经济与高效，力求以较少的资金投入和利用有限的土地资源改善城市生态环境；

5.强调在保护和发展地方生物资源的前提下，开辟绿色廊道，保护城市地区的生物多样性；

青岛市东海路绿化

表4-1 城市绿地现状调查表示例

填报单位：_____　　　　地形图编号：_____

编号	绿地名称或地址	绿地类别	绿地面积（m²）	调查区域内应用植物种类		
				乔木名称	灌木名称	地被及草地名称

填表人：　　　　　　　联系电话：　　　　　　　填表日期：

表4-2 城市绿地调查汇总表示例

填报单位：_____

统计内容　城市绿地分类	公园 G1	生产绿地 G2	防护绿地 G3	居住绿地 G4	附属绿地 G5	生态景观绿地 G6
面积（m²）						
区域内植物种类　乔木名称						
灌木名称						
地被及草地名称						

填表人：　　　　　　　联系电话：　　　　　　　填表日期：

表4-3 城市绿化应用植物品种调查卡片示例

区名_____　地名_____　绿地类型_____　调查综述_____

种名	科名	植物形态			生长状况			株数	丛数	面积	病虫害	
		乔木	灌木	草本	优良	一般	较差				有	无

调查日期：　年　月　日　　　　　　调查人：_____

6.依法规划与方法创新相结合，规划观念与措施要"与时俱进"，符合时代发展要求；

7.发扬地方历史文化特色，促进城市在自然与文化发展中形成个性和风貌；

8.城乡结合，远近期结合，充分利用生态绿地系统的循环、再生功能，构建平衡的城市生态系统，实现城市环境可持续发展。

在实际操作中，一般的审批程序是：

● 建制市(市域与中心城区)的城市绿地系统规划，由该市城市总体规划审批主管部门(通常为上一级人民政府的建设行政主管部门)主持技术评审并备案，报城市人民政府审批。

● 建制镇的城市绿地系统规划，由上一级人民政府城市绿化行政主管部门主持技术评审并备案，报县级人民政府审批。

● 大城市或特大城市所辖行政区的绿地系统规划，经同级人民政府审查同意后，报上一级城市绿化行政主管部门会同城市规划行政主管部门审批。

第三节　城市园林绿地现状调研

城市园林绿地现状调研，是编制城市绿地系统规划过程中十分重要的基础工作。调研所收集的资料要求准确、全面、科学，通过现场踏勘和资料分析，了解掌握城市绿地空间分布的属性、绿地建设与管理信息、绿化树种构成与生长质量、古树名木保护等情况，找出城市绿地系统的建设条件、规划重点和发展方向，明确城市发展的基本需要和工作范围。只有在认真调研的基础上，才能全面掌握城市园林绿化现状，并对相关影响因素进行综合分析，作出实事求是的现状评价。

一、城市绿地空间分布属性调研

1、组织专业队伍，依据最新的城市规划区地形图、航测照片或遥感影象数据进行外业现场踏勘，在地形图上复核、标注出现有各类城市绿地的性质、范围、植被状况与权属关系等绿地要素。

2、对于有条件的城市(尤其是大城市和特大城市)，要尽量采用卫星遥感等先进技术进行现状绿地分布的空间属性调查分析，同时进行城市热岛效应研究，以辅助绿地系统空间布局的科学决策。

3、将外业调查所得的现状资料和信息汇总整理，进行内业计算，分析各类绿地的汇总面积、空间分布及树种应用状况，找出存在的问题，研究解决的办法。

4、城市绿地空间分布属性现状调查的工作目标，是完成"城市绿地现状图"和绿地现状分析报告。

二、 城市绿化应用植物品种调查

城市绿化应用植物品种调查主要包含两方面的工作内容：

1、外业：城市规划区范围内全部园林绿地的现状植被踏查和应用植物识别、登记；

2、内业：将外业工作成果汇总整理并输入计算机，查阅国内外有关文献资料，进行市区园林绿化植物应用现状分析；

具体的操作可以广州市中心城区绿地系统规划为例：

由中国林业科学研究院热带林业研究所10名专家组成规划小组，组织华南农业大学和仲凯农业技术学院园林专业的90余名学生，在市园林局和各区园林办、绿委办的参与配合下，开展了市区园林绿化树种的现状调研。规划组依据历年资料和工作积累，编制了广州市区园林绿化常用树种名录和园林绿化应用树种调查卡片（见表4-3），并以此作为培训教材对参与外业调查的工作人员进行了业务培训。通过课堂讲解、模拟调查和实地操作，强化了树种规划参与人员在植物分类方面的基本技能，熟悉了工作程序、调查方法和技术规程，提高了采集数据的工作能力。

广州市中心城区园林绿地植被野外调查工作，从2000年7月21日开始至8月底结束。参加外业调查的150余名人员分成9个小组，每组由1名专家带队，分别承担一个行政区的数据采集工作。野外采集的数据，按照调查单元和绿地类型及时分类整理，专家组每晚检查调查表的填写内容是否规范和准确。对于现场不能识别或难以确定的树种，则由调查人员

采集标本，附上标签，交给指导老师辨认。必要时，专家组还要集中讨论，或送有关植物分类学家鉴定，力求保证原始数据的准确性。

为使外业调查所得的数据真实、标准和规范化，我们参照国内外有关工作的成功经验，先确定主要调查因子，制定统一的调查卡片和调查方法，力求客观地描述广州市区园林绿化树种的应用现状。整个现状调查历时一个多月，实地踏查了白云区、天河区、海珠区、黄埔区、芳村区、东山区、荔湾区、越秀区和开发区城市规划区红线范围以内的各类城市绿地。其中，具有明确边界的绿地单元共7329个，采集原始数据12万条。所有调查数据经专家组检查、核实后录入电脑，共采集有效数据100多万条，建成了信息量极为丰富的广州城市园林绿化应用树种现状数据库。

通过现状分析，规划组进一步了解了广州市区目前园林绿化树种应用的数量、频率、健康状况、群众喜欢程度以及传统树种的消长、新树种推广应用等基本情况，筛选出市区绿化常用树种和不适宜发展应用树种。在此基础上，又以生态学、园林学、树木学等理论为指导，按照适地适树的原则，对今后市区园林绿地宜采用的基调树种和骨干树种等内容进行了详细规划。

中山市东明小区绿化

三、 城市古树名木保护情况评估

城市古树名木保护现状评估，是编制古树名木保护规划的前期工作，主要内容包括：

● 实地调查市区中有关市政府颁令保护的古树名木生长现状，了解符合条件的保护对象情况；

● 对未入册的保护对象开展树龄鉴定等科学研究工作；

● 整理调查结果，提出现状存在的主要问题。

具体工作步骤为：

道路分车带绿化(中山)

1、制定调查方案，进行调查地分区，并对参加工作的调查员进行技术培训和现场指导，以使其掌握正确的调查方法。工作要求如下：

● 根据古树名木调查名单进行现场测量调查，拍照，并填写调查表的内容。

● 拍摄树木全貌和树干近景特写照片至少各一张。

● 调查树木的生势、立地状况、病虫害的危害情况，测量树高、胸径、冠幅等数据。方法为：

1) 生势：以叶色、枝叶的繁茂程度等进行评估。

2) 立地状况：调查古树30m半径范围内是否有危害古树的建筑或装置、地面覆盖水泥板的情况。

3) 已采取的保护措施：是否挂保护牌、是否建围栏、是否牵引气根等。

4) 病虫害危害：按病虫害危害程度的分级标准进行评估。

5) 树高：用测高仪测定。

6) 胸径：在距地面1.3m处进行测量。

7) 冠幅：分别测量树冠在地面投影东西、南北长度。

2、根据上述工作要求，由专家和调查员对各调查区内的古树名木进行现场踏查。

3、收集整理调查结果，进行必要的信息化技术处理，分析城市古树名木保护的现状，撰写有关报告。

4、组织有关专家对调查结果进行论证。

城市古树名木现状调查的核心技术是树龄鉴定，具体工作内容包括：

1. 文史考证：

对于古建筑或古建筑遗址上的古树，以查阅地方志等史料和走访知情人等方法进行考证，并结合树的生长形态进行分析，证据充分者则予以确定。

2. 取样计算：

● 年轮解剖特征的研究：对待测树种，分别制作圆盘年轮标本和早晚材切片标本，深入分析其管孔类型、早晚材的颜色结构、年轮宽度等解剖学特征。

● 树木30年生长规律的研究：对近30年来定植、确知种植期的壮龄树，用树木测量生长钻，钻取十株（不同地点）以上的树干半径标本，测量每年的年轮宽度，绘出增粗生长曲线。

● 样本处理与数据采集：将树木年轮样本嵌在适宜的木槽中，削平后用放大镜观察剖面，统计剖面上的年轮数目，然后计算出样本年轮的均宽。

3. 综合分析

综合史料、树木的生长环境、生势、外观形态、树皮状

表4-4 城市古树名木保护调查表示例

区属：		详细地址：				电脑图号：	
编号：	树种：		树龄：	颁布保护时间：		批次：	
树高： 米	胸径： 米		冠幅： 米（东西） 米（南北）				
生势： 好 中 差			病虫害情况：				
立地状况	古树周围30m半径范围是否有危害古树的建筑或装置（烟道）等：						
	树头周围的绿地面积：						
	其他：						
已采取的保护措施		保护铭牌：		围栏：		牵引气根：	
其他情况：							
照片胶卷编号：				拍摄人：			
树木全貌照片				树干与立地环境			
（照片粘贴处）				（照片粘贴处）			

记录人： 年 月 日

绿色人居（中山）

况、样本硬度、颜色等分析年轮读数和计算结果的合理性，如有疑问，则需要重新进行各环节计算和检讨，确保结果的可靠性。当然，由于古树名木的生长年代久远，受环境因素的干扰影响大，因而给树龄鉴定工作造成了许多困难和不确定因素，如树木的生长规律和计算方法、适宜的取样部位、伪轮、断轮的判别及其影响、榕树气生根的断代问题、误差与方法改进等，需要由专家针对具体情况作出分析。

四、 城市园林绿化现状综合分析

城市园林绿化现状综合分析的基本内容和要求是：

- 在全面了解城市绿化现状和生态环境情况的基础上，对所取得的资料进行去粗取精、去伪存真的分析整理，真实反映城市绿地率、绿化覆盖率、人均公共绿地面积等主要绿化建设指标和绿地空间的分布状况。
- 研究城市各类建设用地布局情况、绿地规划建设有利与不利的条件，分析城市绿地系统布局应当采取的发展结构；
- 研究城市公共绿地与城市绿化建设对城市人口的饱和容量，反馈城市建设用地的规划用地指标和比例是否合理，并提出调整的意见。
- 结合城市环境质量调查、热岛效应研究等相关专业的工作成果，了解城市中主要污染源的位置、影响范围、各种污染物的分布浓度及自然灾害发生的频度与烈度，按照对城市居民生活和工作适宜度的标准，对现状城市环境的质量作出单项或综合优劣程度的评价。
- 对照国家有关法规文件的绿化指标规定和国内外同等级绿化先进城市的建设、管理情况，检查本地城市绿化的现状，找出存在的差距，分析其产生的原因。
- 分析城市风貌特色与园林绿化艺术风格的形成因素，思考城市景观规划的目标概念。

现状综合分析工作的基本原则是科学精神与实事求是相结合，评价意见务求准确到位。既要充分肯定多年来已经取得的绿化建设成绩，也要冷静地分析现存的问题和不足之处。特别是在绿地调查所得汇总数据与以往上报的绿化建设统计指标有出入的时候，规划师更要保持头脑清醒，认真分析相差的原因，作出科学合理的结论。必要时，可以通过规划论证与审批的法定程序，对以往误差较大的统计数据进行更正。

恰如医生给病人看病把脉一样，现状综合分析对于下一环节的绿地系统规划工作至关重要。只有摸清了家底，找准了问题，深究清楚其原因，才有可能为从规划上统筹解决问题、改进现状理出思路。

第四节　城市绿地系统总体布局

城市绿地系统的布局方式，一般要求结合各个城市的自然地形特点，按照一定的指标体系和服务半径在城市规划区中均匀设置。在具体实践中，多采取"点"（城区中均匀分布的小块绿地）、"线"（道路绿地，城市组团之间、城市之间、城乡之间的隔离绿带等）、"面"（大中型公园、风景区、生态景观绿地等）相结合的方式布局设置，形成整体。具体的规划工作内容与程序如下：

一、规划依据、原则与指标

1、城市绿地系统规划的依据，由四部分内容组成：①相关法律、法规，②技术标准规范，③相关的各类城市规划；④当地现状基础条件。其中，国家和地方各级人民政府颁布的法规文件与技术规范是规划的法定依据；已获得上级批准的城市总体规划及其相关规划，是规划的基本依据；当地的现状条件，是规划的基础依据，作为规划用地与指标计算等规划过程的起点条件。绿地系统规划的期限，应与城市总体规划保持一致；规划范围原则上要与城市总体规划及其它专业规划相衔接。

2、现代城市绿地系统规划的基本原则，一般可以概

绿色生活(广州)

楼间绿化

括为:

● **依法治绿原则:** 应以国家和地方政府的各项有关法规、条例和行政规章为依据,根据城市发展、景观建设、改善生态环境、避灾防灾等方面的功能需要,综合考虑城市现状建设的基础条件、经济发展水平等因素,合理确定各类城市绿地类型的发展布局与规模。在绿地系统的规划过程中,要特别注意与城市总体规划和土地利用总体规划的有关内容相协调。

● **生态优先原则:** 要高度重视城市环境保护和生态的可持续发展,坚持生态优先,合理布局各类城市绿地,保障城市发展过程中经济效益、社会效益、环境效益平衡发展;城市公共绿地要尽量做到到均衡布置,满足市民的日常游憩生活需要;带状绿地要在城市中合理穿插,形成网络分布;城乡各类绿地要有机组合,形成生态绿地系统。

● **因地制宜原则:** 要从实际出发,重视利用城市内外的自然山水地貌特征,发挥自然环境条件的优势,并深入挖掘城市的历史文化内涵,结合城市总体规划布局统筹安排绿色空间;各类绿地规划布局应采用"集中与分散相结合"、"地面绿化与空间绿化相结合"的方针,重点发展各类公共绿地,加强居住小区、城市组团间隔离绿地和生态景观绿地的建设,构筑多层次、多功能的城市绿地系统。

● **系统整合原则:** 要以系统观念和网络化思维为基础,改变"单因单果"的传统链式思维模式,使绿地系统规划能符合城市社会、经济、自然系统各因素所形成的错综复杂的时空变化规律,兼顾社会、经济和自然的整体效益,尽可能公平地满足不同地区和不同代际人群间的发展需求;同时,要通过规划手段加强与邻近城市间的区域合作,共同建构区域性生态绿地系统。

● **远近结合原则:** 根据自然环境本底状况,合理引导城市与自然系统的协调发展;统一规划,分步实施,着重研究近中期规划,寻求切实可行的绿地建设与绿线管理模式;做到既有远景目标,又有近期安排,远近结合,首尾相顾。

● **地方特色原则:** 要重视培育当地的城市绿化和园林艺术风格,努力体现地方文化特色;绿地建设应坚持选用地带性植物为主,制定合理的乔、灌、花、草种植比例,以木本植物为主;

● **与时俱进原则:** 要结合市场经济给城市绿化事业带来的新机遇,规划上要体现时代性;规划指标应尽量先进、优化,确保在城市发展过程的各阶段中都能够维持一定水平的绿地规模,并在发展速度上取得相对平衡,同时也要注意留有适当余地。

3、合理制定各类城市绿地的规划建设指标和定额,是绿地系统规划主要的工作环节。有关研究表明,科学地衡量城市绿地系统规划建设水平的高低,须有多项综合指标体现其可持续发展能力。20世纪50年代衡量城市绿化水平的指标,仅有树木株数、公园个数和面积、年游人量;70年代后期,提出了以人均公共绿地面积和绿化覆盖率作为衡量指标;目前,我国的城市绿地系统规划指标体系,主要由人均公共绿地面积(m^2)、建成区绿地率(%)、建成区绿化覆盖率(%)、人均绿地面积(m^2)、城市中心区绿地率(%)、城市中心区人均公共绿地面积(m^2)等构成。1993年11月,国家建设部颁发了《城市绿化规划建设指标的规定》(建城[1993]784号),提出了按人均城市用地面积的不同标准确定城市绿化规划指标(表4-5),并规定了具体的计算方法和规划要求。为保证城市绿地率指标的实现,各类城市绿地的单项指标应符合下列要求:

(1)新建居住区绿地占居住区总用地比率不低于30%。

(2)城市道路均应根据实际情况搞好绿化。其中主干道绿带面积占道路总用地比率不于20%,次干道绿带面积所占比率不低于15%。

(3)城市内河、海、湖等水体及铁路旁的防护林带宽度应不少于30m。

(4)单位附属绿地面积占单位总用地面积的比率不低于

翠湖山庄中庭绿化(广州)

30%，其中工业企业、交通枢纽、仓储、商业中心等绿地率不低于20%；产生有害气体及污染工厂的绿地率不低于30%，并根据国家标准设立不少于50m的防护林带；学校、医院、休疗养院所、机关团体、公共文化设施、部队等单位的绿地率不低于35%。因特殊情况不能按上述标准进行建设的单位，必须经城市园林绿化行政主管部门批准，并根据《城市绿化条例》第十七条规定，将所缺面积的建设资金交给城市园林绿化行政主管部门统一安排绿化建设作为补偿，补偿标准应根据所处地段绿地的综合价值由所在城市具体规定。

(5)生产绿地面积占城市建成区总面积比率不低于2%。

(6)公共绿地中绿化用地所占比率，应参照GJ48-92《公园设计规范》执行。属于旧城改造区的，可对上述(1)、(2)、(4)项规定的指标降低5个百分点。

长期以来，我国城市的绿地指标一直偏低。确定先进的城市绿地建设指标，使城市居民所需的绿色生存空间得以保障，是城市绿化事业向高标准发展的引导标志。1992年以来，随着创建园林城市的活动在全国普遍开展，出现了参照国家园林城市评选标准进行城市绿地系统规划指标定位的趋势。即：

● 城市绿化覆盖率达到33%以上，建成区绿地率达到28%以上，人均公共绿地面积达到6m²以上；(表4-6)

● 城市街道绿化普及率达95%以上，市区干道绿化带不少于道路总用地面积的25%；

● 新建居住小区绿化面积占总用地面积的30%以上，辟有休息活动的园林绿地；

● 改造旧居住区绿化面积也不应少于总用地面积的25%；

● 全市生产绿地总面积不低于城市建成区面积的2%，城市各项绿化美化工程所用苗木自给率达到80%以上；

● 全民义务植树成活率和保存率均不低于85%。

城市道路绿地率的规划指标，还应符合以下国家标准(CJJ75-97)：

● 园林景观路绿地率不得小于40%；

● 红线宽度大于50m的道路绿地率不得小于30%；

● 红线宽度在40~50m的道路绿地率不得小于25%；

● 红线宽度小于40m的道路绿地率不得小于20%。

我国幅员辽阔，各个城市所处的自然地理与历史人文条件不同，绿地系统的规划指标要求也会有所差异。其影响因素主要包括：城市性质、城市规模、自然条件、历史文化、经济发展水平、城市用地分布现状、园林绿地基础及生态环境质量等。一般来讲，风景游览、休疗养城市对公共绿地的规划指标要高一些，工业城市对生产防护绿地的规划指标要高一些，中小城市比大城市的绿地率规划指标要高一些。所以，在实际工作中，城市各类绿地的具体规划建设指标，要参照国家建设部所制定的标准，结合各城市的实际情况研究

表4-5 城市绿化规划建设指标

人均建设用地(m²/人)	人均公共绿地(m²/人)		城市绿化覆盖率(%)		城市绿地率(%)	
	2000年	2010年	2000年	2010年	2000年	2010年
<75	>5	>6	>30	>35	>25	>30
75-105	>5	>7	>30	>35	>25	>30
>105	>7	>8	>30	>35	>25	>30

表4-6 国家园林城市基本绿化指标

指标类别	城市位置	大城市	中等城市	小城市
人均公共绿地(m²/人)	秦岭淮河以南	6.5	7	8
	秦岭淮河以北	6	6.5	7.5
绿地率（%）	秦岭淮河以南	30	32	34
	秦岭淮河以北	28	30	32
绿化覆盖率%	秦岭淮河以南	35	37	39
	秦岭淮河以北	33	35	37

(注：本表指标为建设部2000年5月颁布。)

确定，从而寻求更为科学合理地配置城市绿地的方式，满足城市在生态环境、居民生活、产业发展等方面的需要。

根据《城市用地分类与规划建设用地标准》(GBJ137-90)的规定，专用(附属)绿地不列入城市用地分类中的绿地类，而从属于各类用地之中；(如工厂内的绿地从属于工业用地，大学校园内的绿地从属于高等院校用地、道路绿地从属于道路交通用地等)。对此，规划上要通过研究和制定恰当的专用(附属)绿地规划指标来引导和控制相关的建设行为。

二、城市绿地系统空间布局

城市绿地系统规划，要按照生态优化、因地制宜、均衡分布与就近服务等原则，对各类城市绿地进行空间布局，并结合城市其它部分的专业规划综合考虑，全面安排。

首先，保证必要的绿化用地，是提高城市绿化水平的前提条件。要严格按照国家标准确定的绿化用地指标划定绿化用地面积，明确划定城市建设的各类绿地范围和保护控制线（又称"绿线"），科学地安排绿化建设的用地布局。

其次，城区范围内的公共绿地应当相对均匀分布，城市建成区和郊区的各类绿地，如公共绿地、居住区绿地、近郊生态林区、环城绿化带、楔形绿地、道路绿地和滨水地区绿色廊道等，应当合理布局，并在城市周围和各功能组团间安排适当面积的绿化隔离带。

楼间绿地(广州)

表4-7 城市公园的合理服务半径

公园类型	面积规模	规划服务半径(m)	居民步行来园所耗时间标准(分钟)
市级综合公园	≥20hm²	2000-3000	25-35
区级综合公园	≥10hm²	1000-2000	15-20
专类公园	≥5hm²	800-1500	12-18
儿童公园	≥2hm²	700-1000	10-15
居住小区公园	≥1hm²	500-800	8-12
小游园	≥0.5hm²	400-600	5-10

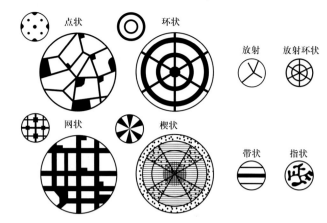

点状　环状　放射　放射环状　网状　楔状　带状　指状

图4-1 城市绿地布局的基本模式

第三，在工业区和居住区布局时，要考虑设置卫生防护林带；在河湖水系整治时，要考虑安排水源涵养林带和城市通风林带；在公共建筑与生活居住用地内，要优先布局公共绿地；在城市街道规划时，要尽可能将沿街建筑红线后退，预留出道路绿化用地。

此外，以城市公园为主要形式的公共绿地布局，要考虑合理的服务半径，就近为居民提供服务。

完善的城市绿地系统，应当做到布局合理、指标先进、质量良好、环境改善，有利于城市生态系统的平衡运行。从世界各国城市绿地布局形式的发展情况来看，有8种基本模式；即：点状、环状、网状、楔状、放射状、放射环状、带状、指状 (图4-1)。

在我国，常用的绿地空间布局形式有4种：

1. 块状绿地布局——将绿地呈块状均匀地分布在城市中，方便居民使用，多应用于旧城改建中，如上海、天津、武汉、大连和青岛等城市。块状布局形式，对改善城市小气候条件的生态效益不太显著，对改善城市整体艺术面貌的作用也不大。

2. 带状绿地布局——多利用河湖水系、道路城墙等线性因素，形成纵横向绿带、放射环状绿带网，如哈尔滨、苏州、西安、南京等城市。带状绿地布局有利于改善和表现城市的环境艺术风貌。

3. 楔形绿地布局——利用从郊区伸入市中心由宽到窄的楔形绿地组合布局，将新鲜空气源源不断地引入市区，能较好地改善城市的通风条件，也有利于城市艺术面貌的体现。

4. 混合式绿地布局——是前三种形式的综合运用，可以做到城市绿地布局的点、线、面结合，组成较完整的体系。其优点是能使生活居住区获得最大的绿地接触面，方便居民游憩，有利于就近地区小气候与城市环境卫生条件的改善，有利于丰富城市景观的艺术面貌。

高楼群中有绿洲(广州)

三、城市绿地系统分区规划

分区规划，是城市绿地系统规划的第二个层次。对于中小城市而言，一般不需要编制绿地系统分区规划；但对于大城市和特大城市，或者某些地形复杂、布局分散的中等城市，则需要编制分区规划。

绿地系统分区规划应在上一级城市绿地系统规划和城市总体规划的指导下进行，并与同级的城市分区规划相协调。在具体实践中，分区规划多按市属行政区分别编制，以便于实施规划建设管理。

城市绿地系统分区规划的内容，原则上是对上一层次绿地规划的深化和细化，作为本区园林绿地规划建设制定计划的依据。通常应包括以下方面内容：

● 城区内各类园林绿地的现状分析；
● 城区内园林绿化的建设条件与发展战略；
● 城区内园林绿地的基本布局与规划指标；
● 城区内园林绿地分期建设规划；
● 有关的实施措施规划。

分区规划的工作成果，应及时纳入上一层次的城市绿地系统规划。

第五节　城市园林绿地分类规划

为使城市绿地系统规划能够适应城市发展的内在需求，同时验证绿地系统空间布局的合理性，一般都需要进行城市园林绿地的分类规划，使概念上的规划绿地真正落到实处。根据国内城市多年来的实践，各类城市园林绿地的规划内容与编制要点大致如下：

一、常规园林绿地规划

常规园林绿地，主要指按照国家有关的城市绿地分类标准所划分的绿地，通常有六大类。各类园林绿地应根据其功能和与城市发展的关系进行规划。

G1－公共绿地 (公园)

公共绿地是指向公众开放的、经过专业规划设计、具有一定的活动设施与园林艺术布局、供市民进行游憩娱乐及文化体育活动的城市绿地。它主要包括各类城市公园、街头游园等绿地形式，其数量和质量，是衡量城市绿化水平的重要标志。

城市公共绿地规划的要点有：

● 测算城市公共绿地的合理发展规模，并纳入城市规划建设用地平衡；

● 确定公共绿地的选址；

A、必要性原则：依据城市性质、城市结构和用地布局，在下列用地范围应布置一定面积的公共绿地：城市主要出入口、自然与人文景观聚集地、公共设施附近和居住区附近用地。

B、可能性原则：具有下列特征和条件的用地，宜优先选作公共绿地：现有山川河湖、名胜古迹所在地及周围地区，原有林地及大片树丛地带，城市不宜建筑地带(山坡、低洼地等)。

C、整体性原则：公共绿地布局应与改善城市街景和景观优化相结合。

● 公共绿地分类规划：市级综合性公园、区级公园及居住区级公园，专类公园，大型带状公共绿地、街头小游园等。

● 公共绿地详规导则：公共绿地选址、确定性质与规模及出入口方位、绿化指标控制、艺术风格与景观特色、近期确定建设的重点公共绿地规划设计意向等。

近20多年来，在我国城市的公共绿地建设中，越来越注重发挥城市本身的自然与文化条件为市民开辟绿色游憩空间，作为城市景观体系的"精品"与"亮点"。其中，结合历史遗迹与滨水地区建设公共绿地和游览空间，就是重要的内容之一。

历史文化古迹是城市宝贵的文化遗产，而靠近江河湖海的滨水城区往往又是城市中景观最优美的敏感地区。因此，在有条件的城市里，绿地系统规划要充分运用绿化手段认真保护和利用这两类地区的自然与文化资源，使之成为城市景观体系中的精华。

宅旁绿化（广州）

历史是凝固的现实，现实是流动的历史。中国城市起源的历史约有五千年之久，历史文化名城如繁星点点闪烁在九州版图之上。自1982年以来，国务院共批准了99座国家级历史文化名城。这些珍贵的历史遗存不仅构成了一部最直观的中国历史画卷，也是全人类共同的丰厚遗产。

世界通行的古城保护模式有两种：一是新旧分制，比如巴黎和罗马，在旧城外建新区，既分隔又有联系，保护与发展各不相扰；二是新旧混合，比如伦敦和北京，旧城被新城包围，旧城之中插入新建筑。在实践中，第二种模式处理起来难度较大。历史文化名城保护，不仅要保护标志性古建筑和文物古迹、古城的自然地理环境和传统城市格局、历史地段（包括历史上的寺庙区、商业区、居住区、风景区），还要保护乡风民俗、传统工艺特产、地方风味，以及诗书、戏剧、音乐、绘画等丰富多彩的文化艺术遗存。保护历史名城和历史遗迹与发展现代经济并非对立，罗马、巴黎、京都、奈良等城市都是相当成功的典范；我国的丽江、平遥作为整体保护的历史名城被联合国公布为世界文化遗产后，经济发展也迅速增长。

结合历史遗迹的城市绿地建设可以有助于历史街区、文物古迹和古城风貌的保护。以西安为例，多年前沿护城河开辟了路、城、林、河四位一体的环城公园，使古城墙和众多的文物古迹在绿地中得到了有效的保护。2001年，上海市黄浦区在

环绕老城厢的中华路和人民路上规划建设一条长约5.1km、宽15～20m的绿化带，总面积约80000m²，使已有700余年历史的老城厢地区得到更好的保护。戴上"绿项链"后，老城厢独特的老上海风情将得到强化；在景观区域上也相对独立，减少了与周边现代建筑所产生的不和谐感，大大提升了这一区域的城市形象，拉动旅游、房地产和商贸等行业的发展。

滨水地区作为城市开敞空间体系中的重要组成内容，其绿地规划建设的目标是多元化的。它不仅关系到城市功能定位、城市形象塑造，还涉及城市水陆交通、经济社会发展、旅游休闲、环保生态、历史遗产保护等方面。城市大规模的快速建设，往往在发展与保护、经济效益与环境效益、社会效益、现代化与传统文脉之间会产生碰撞，需要具前瞻性、战略性的发展概念和高水准的城市设计来进行统筹和导控。滨水地区的科学规划，对于增强城市滨水地区的活力，合理保护和利用滨水地区的自然与人文资源；对于提高城市环境品质和生活质量，塑造兼具时代精神和地方文化内涵的城市形象，寻求滨水空间的生态合理性和可持续发展模式，实现城市与自然的共生，创造高效、繁荣、舒适、生态的滨水地区人居环境，具有积极而深远的意义。

滨水地区的绿地规划，贵在确立"蓝""绿"重于"金"的规划理念，将其落实到具体的地块与项目中。以日本东京湾开发为例，20世纪80年代，为缓解东京的人口、交通压力，解决经济社会发展集中于东京一极的问题，在首都圈内，围绕东京湾规划了临海副都心、幕张新都心、横滨MM21三大滨水开发区。这三大滨水开发区的规划建设都充分结合滨水地区的空间特征，以"水"与"绿"为中心做文章，引进了展示、博览、娱乐、休憩等大型项目，强化文化、信息、商业、教育、居住等功能。像位于千叶的幕张新都心，由著名建筑师桢文彦设计的幕张会展中心，已成为每年吸引700万参观者的重要文化交流场所。以东京信息港城为建设目标的临海副都心，集中规划有世界一流的信息化设施，磁悬浮列车等公交系统，集中布置有上水管、下水管、电力、电讯、通信线路、煤气、集中供暖、垃圾输送管道的地下共同沟。在横滨MM21开发区中，对原有的工业厂房、

小区庭园（广州）

船坞码头进行了充分的再开发与利用，形成了充分体现人性的特色城市景观。日本三大滨水地区开发建设的经验表明：城市开发就是可持续发展战略的具体行动，必须注重提升包含经济、环境、社会三方面在内的生活质量，追求城市基础设施的现代化与绿色社区的人性化。可持续发展的理念要求开发建设并不是给周边地区带来不可逆转的变化，而是要与环境协调并保持持续的稳定性，创造环境负荷最小的优美城市环境。滨水地区开敞空间的规划设计，应当充分尊重自然，传承历史与文化，培育富有魅力的绿色空间。

G2－生产绿地

- 确定城市生产绿地的发展指标；
- 进行生产绿地的用地布局；
- 提出城市绿化专业苗圃的发展计划。

G3－防护绿地

- 建立市域生态空间的保护体系；
- 确定城市防护绿地的发展指标；
- 进行城市防护绿地的分类布局；
- 提出城市防护绿地的设计导则与控制指标；
- 提出城市组团隔离绿地的布局要求与规划控制措施。

G4－居住区绿地

在城市绿地中，量大面广且最接近市民生活的是居住区绿地。其规划原则一般为：

- 以宅旁楼间绿地为基础，小区集中式公园(或游园)为核心，道路绿化为网络，使每个居住小区的绿地相对自成体系，并与城区的绿地系统相联系；
- 居住区绿地建设应以植物造景为主，尽量减少人造硬质景观的堆砌，园林绿化风格应亲切、平和、开朗，并注意与住宅建筑艺术风格相协调，创造各自居住空间的特色；
- 居住区的绿化种植品种要尽量做到多样化，在统一中追求变化，不用或少用带刺、飞毛多、有毒、易造成皮肤过敏的植物。

- 要充分运用垂直绿化与天台绿化等手法，绿化墙面、屋顶、阳台、居室等一切可能绿化的空间，提高居住区内的绿视率。(注：居住区内的绿视率通常要求达到25%以上。)

G5－附属绿地

- 研究确定城市中各类附属绿地的发展、控制指标；
- 提出各类附属绿地的规划设计导则。

城市道路绿地是附属绿地中的一个特定类型，在城市绿化覆盖率中占较大比例。随着城市机动车辆的增加，交通污染日趋严重，利用道路绿化改善道路环境，已成当务之急。同时，道路绿化也是城市景观风貌的重要体现。

绿色运动伴人居（广州）

城市道路绿化的主要功能是庇荫、滤尘、减弱噪声、改善道路沿线的环境质量和美化城市。以乔木为主，乔木、灌木、地被植物相结合的道路绿化，防护效果最佳，地面覆盖最好，景观层次丰富，能更好地发挥其功能作用。为保证道路行车安全，道路绿化规划设计需满足以下两方面的要求：

1、行车视线要求

- 在道路交叉口视距三角形范围内和弯道内侧的规定范围内种植的树木不影响驾驶员的视线通透，保证行车视距；
- 在弯道外侧的树木沿边缘整齐连续栽植，预告道路线形变化，诱导驾驶员行车视线。

深圳海上田园旅游区湿地生态景观

2、行车净空要求

● 道路设计规定在各种道路的一定宽度和高度范围内为车辆运行的空间，树木不得进入该空间。具体范围应根据道路交通设计部门提供的数据确定。

城市道路用地范围空间有限，在其范围内除安排机动车道、非机动车道和人行道等必不可少的交通用地外，还需安排许多市政公用设施，如地上架空线和地下各种管道、电缆等。道路绿化也需安排在这个空间里。由于绿化树木生长需要有一定的地上、地下生存空间，如得不到满足，树木就不能正常生长发育，直接影响其形态和树龄，影响道路绿化所起的作用。因此，应统一规划，合理安排道路绿化与交通、市政等设施的空间位置，使其各得其所，减少矛盾。

道路绿化的植物种植应做到适地适树，并符合植物间伴生的生态习性。对于不适合种植的土壤，应设法改良后进行绿化。适地适树是指绿化要根据本地区气候、栽植地的小气候和地下环境条件选择适于在该地生长的树木，以利于树木的正常生长发育，抗御自然灾害，保持较稳定的绿化成果。植物伴生是自然界中乔木、灌木、地被等多种植物相伴生长在一起的现象，形成植物群落景观。伴生植物生长分布的相互位置与各自的生态习性相适应。地上部分，植物树冠、茎叶分布的空间与光照、空气温度、湿度要求相一致，各得其所；地下部分，植物根系分布对土壤中营养物质的吸收互不影响。道路绿化为了使有限的绿地发挥最大的生态效益，可以进行人工植物群落配置，形成多层次植物景观，但要符合植物伴生的生态习性要求。

城市道路沿线的古树名木，应依据《城市绿化条例》和地方法规或规定进行保护。

城市道路绿化从建设开始到形成较好的绿化效果需要几年或更长的时间。因此道路绿化规划设计要有长远观点，注意远近期结合，绿化树木不应经常更换、移植。同时，道路绿化建设的近期效果也应重视，使其尽快发挥功能作用。

生态化的景观小品

城市道路绿化规划应按重点道路、主干道和次干道等类型提出相应的绿地率控制指标，具体内容可按国家《城市道路绿化规划与设计规范》(CJJ75－97)的标准执行。

G6－生态景观绿地

生态景观绿地的概念含义较广，以前也通称"风景林地"。按照建设部城建司组织拟订的《城市绿地分类标准》(1999年)，生态景观绿地(G6)定义为："位于城市建设用地以外，对城市生态环境质量、居民休闲生活、城市景观和生物多样性保护有直接影响的区域；如风景名胜区、水源保护区、森林公园、自然保护区、城市绿化隔离带、野生动植物园、湿地、山体、林地等"。生态景观绿地对于改善城市的大环境生态条件具有非常重要的作用。

由于在城市总体规划中，生态景观绿地不参与城市建设用地平衡，所以这一类绿地的规划可不受城市规划建设用地定额指标的限制，其规划要点是：

● 切实贯彻"生态优先"的规划原则，着眼于城市可持续发展的长远利益，划定、留足不得开发建设的生态保护区域，如现有的风景名胜区、水源保护区、森林公园、自然保护区等；对于用于城市建设的区域，要明确控制开发强度的范围和边界。

● 充分利用基本农田保护区和自然水域、林地等绿地资源，规划布置城市组团之间或相邻城市之间较宽阔的隔离绿带(300～500m以上)，用以控制城市发展规模，防止建成区"摊大饼"式无序蔓延扩展。同时，要制定相应的措施，使这些绿带成为适于野生动植物繁衍的栖息地和生态廊道。

● 在现状城乡交接的部位，要注意规划建设一批高绿地率控制区，即绿地率指标达到50%以上的建设用地区域，如花园式工厂区、行政区、居住区、高尚别墅区、休疗养区、高校区等。

● 生态景观绿地应结合郊区农村的产业结构调整布局，有利于生态农业和林业的发展。

生态化的景观建筑(深圳)

二、城市避灾绿地规划

城市避灾绿地，是指当地震、火灾、洪水等灾害发生时，城市中能用于紧急疏散和临时安置市民短期生活的绿地空间。它一般由城市的防护绿地和公共绿地的某些地块组合构成，是城市防灾减灾体系的重要组成部分。

1、城市避灾绿地的作用

相对与城市建筑与基础设施等"硬件"环境而言，城市绿地是具有防震减灾功能的隐性"韧"环境。它在灾害发生的非常时期，是城市中具有避灾功能的重要"柔性"空间。

我国是一个地震区分布很广且灾害较多的国家，随着城市开发强度的增加，城市的抗灾能力日趋下降。工业的发展，机动车的增加，也使城市公害加剧，导致城市环境质量的恶化。近几年内美国洛杉矶、日本阪神等地区发生的大地震，都说明城市绿化的减灾作用是其它类型的城市空间所无法替代的。

一定面积规模的城市公园等绿地，能够切断火灾的蔓延，防止飞火延烧，在熄灭火灾、控制火势、减少火灾损失方面有显著效果。公园内的园林、游戏设施、树木等，为居民的避难生活提供了方便。如：水景设施的水成为供水中断状况下的用水补充；亭、廊、秋千等成为临时帐篷的搭设处等。1976年唐山大地震后，北京市区的各公园绿地立即成为避灾、救灾的中心基地。1995年初日本阪神地区地震后，有关部门针对城市绿地所进行的调查表明：震后产生了30万人以上的庞大的避难人群，城市公园及小学、体育馆等，是主要的避难场所，而且直至灾害2个月后，仍有相当数量的居民生活在公园中。灾后规模较大的公园绿地均成为避灾、救灾、物资保管发放、医疗急救的中心或基地；而规模较小的公园绿地，也为附近居民提供了临时避难场所，使用率很高。因此，根据国家《防震减灾法》，充分发挥城市绿地的防灾、减灾功能，并纳入城市防灾、减灾规划，是绿地系统规划应当考虑的内容之一。

2、避灾据点与避灾通道

城市防震减灾绿地规划，应当着重规划好城市滨水地区的减灾绿带和市区中的一、二级避灾据点与避灾通道，建立起城市的避灾体系。其中：

一级避灾据点，是灾害发生时居民紧急避难的场所。规划中应按照城区的人口密度和避难场所的合理服务范围，均匀地分布于市区内；多数是利用与居民关系最密切的散点式小型绿地和小区的公共设施组成(如小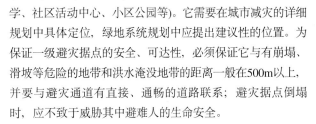学、社区活动中心、小区公园等)。它需要在城市减灾的详细规划中具体定位，绿地系统规划中应提出建议性的位置。为保证一级避灾据点的安全、可达性，必须保证它与有崩塌、滑坡等危险的地带和洪水淹没地带的距离一般在500m以上，并要与避灾通道有直接、通畅的道路联系；避灾据点倒塌时，应不致于威胁其中避难人的生命安全。

二级避灾据点，是震灾后发生的避难、救援、恢复建设等活动的基地，往往是灾后相当时期内避难居民的生活场所，可利用规模较大的城市公园、体育场馆和文化教育设施组成。

避灾通道，是利用城市次干道及支路将一级、二级避灾据点连成网络，形成避灾体系。同时，为保证城市居民的避灾地与城市自身救灾和对外联系等不发生冲突，避灾通道应尽量不占用城市主干道。为保证灾害发生后避灾道路的通畅和避灾据点的可达性，沿路的建筑应后退道路红线5～10m，高层建筑后退红线的距离还要加大。

救灾通道，是灾害发生时城市与外界的交通联系，也是城市自身救灾的主要线路。城市救灾通道的规划布置，是城市防灾规划与城市道路交通规划的内容之一。主要救灾通道的红线两侧，应规划有宽度为10～30m不等的绿化带，对保证发生灾害时道路的通畅具有重要意义。

3、避灾绿地的规划要点

● 进行避灾据点(可分一、二级)与避灾通道的选址布置。避灾绿地要设置在多数人居住或停留的地方，以及很可能发生灾害的地方；参考日本的标准，避灾绿地的规模，应当以去该地避难者每人1～2m²为宜，每处避灾绿地的平均面积以5～10hm²为宜。

滨水公共绿地可构成城市救灾通道

● 设置城市救灾通道，以便在灾害发生时能方便组织疏散和紧急救援。

● 与相关的城市防灾减灾规划相协调。

第六节 城市绿化植物多样性规划

一、生物多样性概念与城市绿化植物规划

城市绿化植物多样性，是大自然生物多样性在城市地区的具体反映。广义而论，生物多样性是指所有来源的活的生物体中的变异性。这些来源，包括陆地、海洋和其他水生生态系统及其所构成的生态综合体，包含物种内、物种之间和生态系统的多样性。概言之，生物多样性就是生物及其组成系统的总体多样性和变异性。

中国具有丰富和独特的生物多样性，其特点如下：

（1）物种丰富。中国有高等植物3万余种，其中在全世界裸子植物15科850种中，中国就有10科，约250种，是世界上裸子植物最多的国家。中国有脊椎动物6347种，占世界种数近14%。

（2）特有属、种繁多。高等植物中特有种最多，约17300种，占中国高等植物总种数的57%以上。6347种脊椎动物中，特有种667种，占10.5%。

（3）区系起源古老。由于中生代末中国大部分地区已上升为陆地，第四纪冰期又未遭受大陆冰川的影响，许多地区都不同程度保留了白垩纪、第三纪的古老残遗部分。如松杉类世界现存7个科中，中国有6个科。动物中大熊猫、白鳍豚、扬子鳄等都是古老孑遗物种。

（4）栽培植物、家养动物及其野生亲缘的种质资源非常丰富。中国是水稻和大豆的原产地，品种分别达5万个和2万个。中国有药用植物11000多种，牧草4215种，原产中国的重要观赏花卉超过30属2238种。中国是世界上家养动物品种和类群最丰富的国家，共有1938个品种和类群。

（5）生态系统丰富多彩。中国具有地球陆生生态系统，如森林、灌丛、草原和稀树草原、草甸、荒漠、高山冻原等各种类型，由于不同的气候和土壤条件，又分各种亚类型599种。海洋和淡水生态系统类型也很齐全，其种类目前尚无确切统计数据。

生物多样性的生态功能价值是巨大的，它在自然界中维系能量的流动、净化环境、改良土壤、涵养水源及调节小气候等多方面发挥着重要的作用。丰富多彩的生物与它们的物理环境共同构成了人类所赖以生存的生物支撑系统。千姿百态的生物给人以美的享受，是艺术创造和科学发明的源泉。人类文化的多样性很大程度上起源于生物及其环境的多样性。根据国家环保总局《中国生物多样性国情研究报告》(中国环境科学出版社，1998.)的研究成果，中国生物多样性的价值为39.33万亿元人民币。

生物多样性包括三个层次：基因多样性、物种多样性和生态系统多样性，是个相当宏观的生态概念。对于人口集聚、产业发达的城市地区，除了在市域(行政边界)范围内一些特殊的自然生态保护区(如较大规模的森林公园等)里还能保持较为原始的生物多样性以外，大部分的城镇建成区是以人工生态环境为主的。城市化的结果往往造成生态系统均质化、遗传基因的单纯化，生物多样性就主要表现为物种的丰富性。又由于大多数野生动物和微生物对城市的环境污染难以承受，基本逃离，因此城市绿化植物多样性的保护和培育就显得尤其重要。

二、城市绿化植物多样性规划的基本要求

实现生物多样性可促进城市绿地自然化，提高城市绿地系统的生态功能。其规划的基本要求是：

● 合理进行城市绿地系统的规划布局，建立城市开敞空间的绿色生态网络，将生物多样性的保护列入城市绿地系统规划和建设的基本内容，突破传统的城市绿化与郊区林业分而治之的局限性，将城区内外的各种绿地视为城市绿地系统的有机组成部分，建立城乡一体化的大环境绿化格局。

● 大力开发利用地带性的物种资源，尤其是乡土植物，有节制地引进域外特色物种，构筑具有地域区系和植被特征的城市生物多样性格局。

● 提高单位绿地面积的生物多样性指数。城市地区可用于绿地建设的土地极其有限，因此，只能依靠单位面积物种数量的增加来提高城市绿地系统的生物多样性。

● 增大城市绿地建设规模，促进公园等生态绿地的自然化，在强调"规划建绿"与"见缝插绿"并重的同时，重视城市中植物群落的构筑；在公园设计上，突破花园的观念；选择适应当地气候、抗逆性强的乡土植物，尤其是优势种，进行人工直接育苗和培育。

● 改善以土壤为核心的立地条件，提高栽培技术和养护水平，促进绿化植物与城市环境的适应性。

城市绿化植物多样性规划，是城市绿地系统规划的一个重要内容，核心是城市园林绿化应用植物品种规划，一般是由园林、园艺、林业、生态及植物科学工作者共同承担。多年以前，这项工作主要局限与园林绿化应用树种规划，偏重于乔灌木品种的选择，而对于大量运用的地被植物和花卉、草本植物重视不够。由于城市绿化工作的主要应用材料是花草树木，需要经过多年的培育生长才能达到预期的效果。因此，若城市绿化应用植物品种选择恰当，就能保证植物生长健壮，使绿地发挥较好的生态效益。反之，园林绿化植物生长不良，就需要多次变更，城市园林绿化面貌会长时间得不到有效改善，苗圃的育苗生产和经营也要受到损失。

三、城市绿化植物多样性规划的工作原则

城市绿化植物多样性规划工作的关键，在于实事求是地正确选择应用植物品种，其基本原则如下：

1、充分尊重自然规律；

城市绿化的应用植物品种选择，要基本切合本地区森林植被地理区中所展示的植物品种分布规律。例如，昆明市地处云贵高原区，自然植被是北亚热带常绿阔叶树与针叶树混交林为主，其中落叶阔叶树种又占较大比例。因此，城市绿化主要应用植物品种应符合这一地带性植被分布规律。

2、以地带植物品种为主；

一般来说，植物的地带物种对当地土壤、气候条件适应性强，有地方特色，应作为城市绿化应用的主要物种。同时，对已在本地适应多年的外来树种也可选用，并有计划地

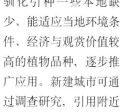

驯化引种一些本地缺少、能适应当地环境条件、经济与观赏价值较高的植物品种，逐步推广应用。新建城市可通过调查研究，引用附近地区或参照自然条件接近的城市绿化树种。

植物多样性是园林景观的基本要素（贵阳黔灵公园）

3、选择抗性强的植物物种；

所谓抗性强，即对城市环境中工业、交通等设施排出的"三废"和土壤、气候、病虫害等不利因素适应性强的植物品种。

4、速生树种与慢长树种相结合；

速生树种(如悬铃木、泡桐等)早期绿化效果好，容易成荫，但寿命较短，通常20～30年后就进入衰老期，影响城市绿地的质量与景观。慢长树(如银杏、香樟等)早期生长较慢，绿化成荫较迟，但树龄寿命长，多在几百年以上，树木价值也高。所以，城市绿化的主要树种选择必须十分注意速生树种和慢长树种的更替衔接问题。在一般情况下，新建城市初期应以采用速生树种为主，搭配部分慢长珍贵树种，分期分批逐步过渡。

四、城市绿化植物多样性规划的编制内容

开展城市绿化植物多样性规划工作的一般程序如下：

1、对城市本底植被物种进行调查研究；

要调查当地原有植被物种和外地引种驯化的物种，了解它们的生态习性、抗污染性和生长情况等。除本地区外，相邻近地区、不同的小气候条件、各种小地形（洼地、山坡、阴阳坡等）的同类树种生长情况也要了解，作为制定植物物种应用可行性方案的基础资料。

2、确定城市绿化的基调物种和骨干物种；

要在广泛调查研究及查阅历史资料的基础上，针对本地的自然条件选择主要应用的绿化植物品种。例如：城市干道的行道树，由于其生长环境恶劣，日照、土壤等条件差，又易受各种机械损伤、空气污染和地上地下管网交叉限制等影响，对绿化应用树种的选择要求就比其他类型的绿地更严

贵阳市黔灵公园

昆明世博园内的植物多样性景观

格。从生长条件来看，能适合作行道树的树种，通常对城市中其他类型的园林绿地也能较好地适应。除行道树外，其他针、阔叶乔木、灌木和湿生、沼生、水生及地被植物类型中，也要选择一批适应性强、观赏价值或经济价值高的品种作为骨干树种来推广。对于尚未评选市树、市花的城市，还应提出候选品种的建议名单。

3、确定主要应用植物品种的种植比例；

合理规划城市绿化主要应用植物品种的种植比例，既有利于提高城市绿地的生物量和生态效益，使绿地景观显得整齐、丰满；也便于指导安排苗木生产，使绿化苗木供应的品种及数量能符合城市绿化建设的需要。要根据本地的自然条件等特点，规划好不同类型绿地中乔木与灌木、落叶树与常绿树、木本与草本的适宜种植比例。

城市绿化建设应提倡以乔木为主，通常的乔灌比以7:3左右较好。落叶树生长较快，抗性较强，易见效；常绿树则景观效果好，寿命长，但生长较慢，投资也较大。因此，一般在城市绿地系统的建设初期，落叶树种的应用比重宜大些，3~5年后再逐步提高常绿树种的应用比重。此外，城市中还应适当发展应用草坪、花卉和地被植物，提高城市景观质量和绿化覆盖率。

4、编制城市绿化应用植物物种名录

通常应包括在城市绿化中应用的乔木、灌木、花卉和地被植物品种。

5、配套制定苗圃建设、育苗生产和科研规划。

城市苗圃建设规划，通常以市、区两级园林绿化部门主管的生产绿地为主。近年来，我国大部分城市出现了郊区农业纷纷转向搞绿化苗木与花卉生产的情况，改变了传统的以国有企业为主的绿化苗木生产格局。对此，我们应从深化体制改革、促进城市化发展的角度来加以认识，对加强城市绿化育苗生产的行业管理提出相应的规划措施。

第七节　城市古树名木保护规划

一、古树名木保护规划的意义

古树名木是一个国家或地区悠久历史文化的象征，是一笔文化遗产，具有重要的人文与科学价值。历史的沧海桑田，岁月风云变幻，时代的吉光片羽，都深深地烙印在古树名木的年轮中。古树名木不但对研究本地区的历史文化、环境变迁、植物分布等非常重要，而且是一种独特的、不可替代的风景资源，常被称誉为"活文物"和"绿色古董"。因此，保护好古树名木，对于城市的历史、文化、科学研究和发展旅游事业都有重要的意义。

1982年3月30日，国家城市建设总局印发全国城市绿化工作会议通过的《关于加强城市和风景名胜区古树名木保护管理意见》中明确规定了古树名木的范围：古树一般指树龄在100年以上的大树；名木是指树种稀有、名贵或具有历史价值和纪念意义的树木；还规定了树龄在300年以上和特别珍贵稀有或具有历史价值和纪念意义的古树名木定为一级，其余古树名木定为二级；城市绿化主管部门要对古树名木逐一进行登记建档、挂牌、制定出养护措施。

城市古树名木保护规划，属于城市地区生物多样性保护的重要内容。由于在我国城市绿化管理的实际工作中，古树名木保护从法规到经费都是一个专项，因此在规划上也可以相对独立形成并实施。规划编制要充分体现市区现存古树名木的历史价值、文化价值、科学价值和生态价值；结合城市实际，通过加强宣传教育，提高全社会保护古树名木的群体意识。要通过规划，完善相关的法规条例，促进形成依法保护的工作局面；同时，指导有关部门开展古树名木保护基础工作与养护管理技术等方面的研究，制定相应的技术规程规范，建立科学、系统的古树名木保护管理体系，使之与城市的生态建设目标相适应。

二、古树名木保护规划的内容

城市古树名木保护规划涉及的内容主要有：

1.制定法规：通过充分的调查研究，以制定地方法规的形式对古树名木的所属权、保护方法、管理单位、经费来源等作出相应规定，明确古树名木管理的部门及其职责，明确古树名木保护的经费来源及基本保证金额，制订可操作性强的奖励与处罚条款，制定科学、合理的技术管理规程规范。

2.宣传教育：通过政府文件和媒体、网络，加大对城市古树名木保护的宣传教育力度，利用各种手段提高全社会的保护意识。

3.科学研究：包括古树名木的种群生态研究、生理与生态环境适应性研究、树龄鉴定、综合复壮技术研究、病虫害防治技术研究等方面的项目。

4.养护管理：要在科学研究的基础上，总结经验，制定出城市古树名木养护管理工作的技术规范，使相关工作逐渐走上规范化、科学化的轨道。

第八节 城市绿线管理规划

一、绿线管理的基本要求

城市绿线，是指依法规划、建设的城市绿地边界控制线。城市绿线管理的对象，是城市规划区内已经规划和建成的公共绿地、防护绿地、生产绿地、附属绿地、生态景观绿地等各类城市绿地。

根据国家有关法规和行政文件，城市绿线应由城市政府有关行政主管部门根据城市总体规划、城市绿地系统规划和土地利用规划予以界定；主要包括以下用地类型：

● 规划和建成的城市公园、小游园等各类公共绿地；

● 规划和建成的苗圃、花圃、草圃等生产绿地；

● 规划和建成的(或现存的)城市绿化隔离带、防护绿地、风景林地；

● 城市规划区内现有的林地、果园、茶园等生态景观绿地。

● 城市行政辖区范围内的古树名木及其依法规定的保护范围、风景名胜区等；

● 城市道路绿化、绿化广场、居住区绿地、单位附属绿地；

城市绿线管理应依照国家有关法规和建设部的要求，结合本地的实际情况进行基本要求如下：

● 城市绿线内所有树木、绿地、林地、果园、茶园、绿

广州宏城公园

化设施等，任何单位、任何个人不得移植、砍伐、侵占和损坏，不得改变其绿化用地性质。

● 城市绿线内现有的建筑、构筑物及其设施应逐步迁出。临时建筑及其构筑物应在二至三年内予以拆除。

● 城市绿线内不得新建与绿化维护管理无关的各类建筑。在绿地中建设绿化维护管理配套设施及用房的，要经城市绿化行政主管部门和城市规划行政主管部门批准。

● 各类改造、改建、扩建、新建建设项目，不得占用绿地，不得损坏绿化及其设施，不得改变绿化用地性质。否则，规划部门不得办理规划许可手续，建设部门不得办理施工手续，工程不得交付使用，国土部门不得办理土地手续。

● 城市绿线管理在实际工作中，除城市绿地系统规划要求控制的地块以外，还须根据局部地区城市规划建设指标的要求实施城市绿地建设。

● 城市人民政府应对每年城市绿线执行情况组织城市园林绿化行政主管部门、城市规划行政主管部门和国土行政主管部门进行一次检查，检查结果应向上一级城市行政机关和同级人大常务委员会做出报告。

● 在城市绿线管理范围内，禁止下列行为：

1. 违章侵占城市园林绿地或擅自改变绿地性质；

2. 乱扔乱倒废物；

广州猎德污水处理厂厂区绿化

3. 钉拴刻划树木，攀折花草；

4. 擅自盖房、建构筑物或搭建临时设施；

5. 倾倒、排放污水、污物、垃圾，堆放杂物；

6. 挖山钻井取水，拦河截溪，取土采石；

7. 进行有损园林绿化和生态景观的其它活动。

● 在城市绿线内的尚未迁出的房屋，不得参加房改或出售，房产、房改部门不得办理房产、房改等有关手续。绿线管理范围内各类改造、改建、扩建、新建的建设事项，必须经城市园林绿化行政主管部门审查后方可开工。

● 因特殊需要，确需占用城市绿线内的绿地、损坏绿化及其设施、移植和砍伐树木花草、或改变其用地性质的，城市人民政府应会同省、自治区城市园林绿化行政主管部门审查，并充分征求当地居民、人民团体的意见，组织专家进行论证，并向同级人民代表大会常务委员会做出说明。

● 因规划调整等原因，需要在城市绿线范围内进行树木抚育更新、绿地改造扩建等项目的，应报经市园林绿化行政主管部门审查，报市人民政府批准。

二、绿线管理的地块规划

城市绿线管理，是建设部根据2001年5月《国务院关于加强城市绿化工作的通知》提出的一项新举措。如何实施，目前全国各地城市均在探索之中。由于时间较短，尚无成熟的经验可供借鉴和总结。因此，笔者认为可以参照城市详细规划中常用的用地细分和属性管理方法，提出相应的城市绿线管理地块，作为规划绿线的控制对象。

在具体规划的编制过程中，应根据城市空间发展和生态环境建设等多方面的需求要素，对规划期内市区拟规划建设的城市绿地进行合理的空间布局；并参照以往多年来城市规划管理部门所控制的绿地地块(含城市分区规划所确定的规划绿地)，对各类规划绿地逐一进行编码，核对计算面积，从规划管理角度提出处理与该用地相关的有关问题的途径，并赋予其特定的绿地属性(具体地块信息的表述，可参见本书案例C)。通过这种方法，能够较好地解决规划绿地如何落到实处和实施绿线管理的依据等问题，大大提高绿地系统规划的可操作性。

在我国现代城市规划实践中，城市绿地系统规划是属于城市总体规划层次的专项规划；而绿线管理地块的规划已深入到城市规划编制体系中详细规划的层次，一般要做到1:2000－1:1000以上的地图精度。由于城市绿地系统规划实质上是一种城市土地利用和空间发展规划，牵扯到方方面面的实际利益，因此绿线管理要涉及的现实矛盾和问题较多，通常需要与分区规划和控制性详细规划一样单独项编制，从而保证城市规划依法审批和实施动态管理中合理的层次性。如果确因实践需要，必须在城市绿地系统规划编制过程中同时考虑满足多层次的规划需求，则应当对规划成果文件作适当的编辑处理，使各层次的规划内容既相互联系，又相对独立，并注意突出重点，方便操作。例如，可在规划文本和说明书中主要阐述总体规划层次的有关原则和宏观要求，而将分区规划和详细规划的具体内容纳入规划附件。这样处理，既使规划成果文件突出了绿地总规部分的内容，从而与城市总体规划顺利衔接配套；也能使绿地详规部分的内容得到适当表达并留有余地。

第九节 城市绿地建设规划

一、绿地建设效益评估

城市是人类社会文明进步的结晶，是人类利用和改造自然环境的产物。城市作为政治、经济、科技、文化和社会信息中心，作为现代工业和人口集中的地区，在经济建设、增强综合国力方面发挥着重要作用。城市环境的优劣直接关系到现代化建设和经济的发展，关系到人民物质文化生活水平的提高。城市的环境条件和经济形态，既是城市发展的基础，又是城市发展的制约因素。城市环境质量是城市经济社会发展的综合体现，是城市文明程度、开放意识和管理水平的窗口。

园林绿化是影响城市环境的重要因素，是人类进步和社会发展的重要标志。它一方面发挥着优化社会生产和人类生活质量的作用；另一方面也为社会提供物质产品。两者都为人类创造价值和使用价值。所以，城市绿化是一项服务当代、造福子孙的公益性事业，其最终成果表现为环境、社会和经济相统一的综合效益。它包括直接经济效益(如园林产品的货币收入)、间接经济效益(如转移到社会产品中的价值、市民生理和心理上对绿地的"消费"以及改善社会经济发展环境的价值等)，可以通过数学方法进行定量核算。

1992年联合国环境与发展大会通过的《21世纪议程》，将环境资源核算问题列为一项重要议题。联合国环境规划署1992年环境报告也要求：到2000年，世界各国都要实行环境资源核算，并将其纳入国民经济核算体系。我国政府为贯彻联合国环发大会的精神而制订的十项环境政策中，也规定了要研究和实施环境资源核算的任务。进行环境资源核算，作为可持续发展的一条重要手段已为国际社会所公认。环境资源的生态价值正随着社会经济发展和人们生活水平的不断提高而日益显现出来。

目前，国内外还没有关于城市绿化环境效益比较成熟的定价测算方法。就绿地生态价值的定价方法而言，20世纪70年代以来世界各国均有所研究，提出了一些计算方法。例如，1970年前后，日本学者用替代法对全国的树木计算出其生态价值为12兆8亿日元，相当于1992年日本全国的国民经济预算额。印度的一位教授用类似方法计算了一棵生长50年的杉树，其生态价值为20万美元。1984年吉林省参照日本的方法计算了长白山森林七项生态价值中的四项，结果为人民币92亿元，是当年所生产的450万立方米木材价6.67亿元的13.7倍。1994年，美国专家曾对植树的经济效益进行分析，其结果显示：种植95000株白蜡树，再加上对这些树进行30年维护保养，总费用是2100万美元，而95000株白蜡树所提供的生态产品的经济效益，则是5900万美元，纯效益为3800万美元。换言之，种植每一株白蜡树的纯收益是400美元。

城市绿地可以为改善环境发挥调节气候、净化空气、阻隔噪声、保土蓄水、防风减灾、美化城市、生物多样性保护

和为市民提供游憩空间等多种功能，为社会提供间接的经济效益。其中的果园、林带、苗圃、花场等生产绿地，除了创造环境效益外，还能为社会提供园林产品，创造直接经济效益。因此，科学地进行绿地效益计量，将城市绿地系统的潜在环境效益用比较直观的货币形式表现出来，是现代城市园林绿化事业的一大发展。城市绿地巨大的生态价值能为人们理解和接受，对于推动园林事业的发展，增加建设资金投入的决心，具有重要意义。

城市绿地的环境效益的评估测算，是受多种因素影响的复杂过程，各国有多种评估方式和测算公式。近10年来，中国风景园林学会经济与管理学术委员会曾组织有关专家，对城市园林绿化环境效益的评估和计量问题进行了专题研究，取得了一定成果。天津市园林局贺振、徐金祥等先生研究了瑞典、前苏联、日本以及国内的多种测算方法，汇总提出了我国城市的"园林效益测算公式"。利用这项成果，1994年上海宝山钢铁总厂对厂区绿化所产生的环境经济效益进行测算，折合人民币6000多万元。1995年上海浦东新区的绿地系统规划，估算城区绿地系统可产生的生态效益为121.84亿元/年。1996年重庆市城市绿地系统规划，估算出的生态环境价值是28.86亿元/年。

以下即为1994年《上海市城市绿地系统规划》运用上述研究成果，对主城区范围内的绿地系统评估其环境效益的计算方法：

1、产氧量

按规划绿地16559hm²、行道树35.56万株(以500株相当于1hm²绿地计)，共有城市绿地总量为17270hm²。

17270hm² × 12吨／hm² ＝ 20.72万吨

广州东山湖滨水地区绿化

园林绿地中流动的水体周围是负氧离子浓度较高的区域

20.72 万吨 $\times$ 3000 元 / 吨 $=6.22$ 亿元

2、吸收二氧化硫量

按每株树可吸收二氧化硫 0.06 kg，每株树可减少污染损失费 0.033 元 /株计，则有

$(16659 \text{hm}^2 \times 2000 \text{株/hm}^2 + 35.56 \text{万株}) \times 0.06 \text{kg} = 2008.4$ 吨。

$(16559 \text{hm}^2 \times 2000 \text{株/hm}^2 + 35.56 \text{万株}) \times 0.033 \text{元/株} = 110.46$ 万元。

3、滞尘量

按每公顷绿地可滞尘 10.9 吨，每吨除尘费按 80.69 元计，

17270 公顷 $\times 10.9$ 吨 / 公顷 $\times 80.69$ 元 / 吨 $=1518.58$ 万元。

4、蓄水量

按每公顷树木相当于 1500m^3 蓄水池，每立方米水 0.30 元计，$17270 \text{hm}^2 \times 1500 \text{m}^3/\text{hm}^2 \times 0.30 \text{元/m}^3 = 777.15$ 万元。

5、调温

每公顷 100 株大树计算，一株大树蒸发一昼夜的调温效果等于 25 万大卡，相当于 10 台空调机工作 20 小时；按室内空调机耗电 0.86 度 / 台·小时，电费按 0.40 元 / 度计，成本为 0.344 元/小时。再按每年 60 天使用空调器计，则有：

$16559 \text{hm}^2 \times 100 \text{株/hm}^2 + 35.56$ 万株 $=201.15$ 万株

201.15 万株 $\times 10$ 台 $\times 20$ 小时 $\times 60$ 天 $\times 0.344$ 元/小时 $=83.034$ 亿元

因此，上海市主城区规划绿地每年所产生的环境效益，合计评估为 89.5 亿元。

由于城市绿地系统规划的实施有一个较长的过程，因此在规划期内绿地系统的环境效益评估就更加复杂。有关的计算方法，可参见本书案例A中佛山市绿地系统规划的内容。

历史文化街区绿化(广州沙面)

二、绿地分期建设规划

为使城市绿地系统规划在实施过程中便于政府相关部门操作，在人力、物力、财力及技术力量的调集、筹措方面能有序运行，一般要按城市发展的需要，分近、中、远期三个阶段作出分期建设规划。分期规划中应包括近期建设项目与分年度建设计划、建设投资概算及分年度计划等内容。

编制分期规划的原则是：

1.与城市总体规划和土地利用规划相协调，合理确定规划的实施期限。

2.与城市总体规划提出的各阶段建设目标相配套，使城市绿地建设在城市发展的各阶段都具有相对的合理性，满足市民游憩生活的需要。

3.结合城市现状、经济水平、开发顺序和发展目标，切合实际地确定近期绿地建设项目。

4.根据城市远景发展要求，合理安排园林绿地的建设时序，注重近、中、远期项目的有机结合，促进城市环境的可持续发展。

在实际工作中，绿地系统的分期建设规划一般宜按下列时序来统筹安排项目：

1.对城市近期面貌影响较大的项目先上；如市区主要道路的绿化，河道水系、高压走廊、过境高速公路的防护绿带等。这些项目的建设征地费用较少，易于实现。

2.在完善城市建成区绿地的同时，先行控制城市发展区内的生态绿地空间不被随意侵蚀。

3.优先发展与城市居民生活、城市景观风貌关系密切的项目，如市、区级公园、居住区小游园等。这些项目的建设，能使市民感到环境的变化和政府的关怀，对美化城市面貌也起到很大作用。

4.在项目选择时宜先易后难，近期建设能为后续发展打好基础的项目(如苗圃)应先上。

5.对提高城市环境质量和城市绿地率影响较大的项目（如生态保护区、城市中心区的大型绿地等），对减少城区的热岛效应能起到很大作用，规划上应予优先安排，尽早着手建设。

此外，绿地分期建设规划还要及时适应国家政策的变化，把握时机引导发展，并注意留有余地。例如，2001年国务院发布的《关于加强城市绿化建设的通知》中，对如何保证城市绿化用地等关键问题作出了新的政策规定："在城市规划区周围根据城市总体规划和土地利用规划建设绿化隔离林带，其用地涉及的耕地，可以视作农业生产结构调整用地，不作为耕地减少进行考核。为加快城郊绿化，应鼓励和

瑞士苏黎士的街头绿化景观

支持农民调整农业结构，也可采取地方政府补助的办法建设苗圃、公园、运动绿地、经济林和生态林等。""切实搞好城市建成区的绿化。对城市规划建成区内绿地未达到规定标准的，要优化城市用地结构，提高绿化用地在城市用地中的比例。要结合产业结构调整和城市环境综合整治，迁出有污染的企业，增加绿化用地。建成区内闲置的土地要限期绿化，对依法收回的土地要优先用于城市绿化。地方各级人民政府要对城市内的违章建筑进行集中清理整顿，限期拆除，拆除建筑物后腾出的土地尽可能用于绿化。城市的各类房屋建设，应在该建筑所在区位，在规划确定的地点、规定的期限内，按其建筑面积的一定比例建设绿地。各类建设工程要与其配套的绿化工程同步设计、同步施工、同步验收。达不到规定绿化标准的不得投入使用，对确有困难的，可进行异地绿化。要充分利用建筑墙体、屋顶和桥体等绿化条件，大力发展立体绿化。"因此，在今后几年的绿化建设规划中，就应当优先安排城郊大面积的生产、防护绿地建设及生态景观绿地的保护，同时在建成区中通过产业调整、土地置换和拆违复绿等措施积极增加绿地，为城市环境的可持续发展及早预留出足够的绿色空间。

三、绿化建设措施规划

城市绿地建设和绿化养护管理，是城市绿地系统规划工作的后续环节，需要制定得力有效的措施以保证规划目标的实现。俗话说："三分种、七分管"，表明了园林绿地与建筑、道路等工程建设的不同特点。因此，在绿地系统规划中，要提出有关规划目标实施措施和完善管理体制的决策建议。一般可包括法规性措施、政策性措施、行政性措施、技术性措施、经济性措施等方面。

对大多数城市而言，绿化建设措施规划的主要内容有：

1、要明确划定各类绿地范围控制线，切实保证城市绿化用地。绿地规划所确定的绿化用地，必须逐步建设成为城市绿地，不得改作它用，更不能进行经营性开发建设。城市范围内的江、河、湖、海岸线和山体、坡地等地段，是营造城市景观最重要的区位，也是居民最适宜的游憩活动场所，应当作为城市绿化管理的重点地段严加整治。特别要严格保护城市古典园林、古树名木、风景名胜区和重点公园，在城市开发建设中绝不能破坏。对于用地紧张的大城市和特大城市，要提倡发挥"一地多用"的城市用地叠加效应设法增加城市绿地。

例如，散布于城市外围的垃圾填埋场，远期就可规划作大型绿地。像美国华盛顿的亚基萨县、德国汉诺威、日本大阪都有成功实例。还可以结合殡葬改革和义务植树活动，规划开辟"骨灰入土"的植树基地，远期形成近郊森林。城市中心区改造拆房建绿时，应将地面规划为绿化广场、地下为停车库，一地多用。

2、要通过规划引导，建立稳定的、多元化的绿化投资渠道。从国内外城市绿化发展的经验来看，城市绿化建设资金应当是城市公共财政支出的重要组成部分，因而必须坚持以政府投入为主的原则。通过合理规划和计划的调控，使城市各级财政安排必要的资金保证城市绿化工作的需要，尤其要加大城市绿化隔离林带和大型公园绿地建设的投入，增加城市绿地维护管理的资金。例如，从国际比较来看，城市绿地建设投资在国民生产总值(GNP)中所占的比例，日本为0.02～0.08%，美国为0.06～0.12%；加拿大为0.01～0.05%；我国上海市的绿化建设费约占市政基础设施投资的5%左右。同时，也要拓宽资金来源渠道，积极引导社会资金用于城市园林绿化建设。具体措施如：可将居住区内的绿地建设经费纳入住宅建设成本，居住区内日常绿化养护费用可从房屋租金或物业管理费中提取一定比例。道路绿化经费，应列入道路建设总投资，由市政建设部门按规划与道路同步实施。地区综合

广州白云山风景区

开发或批租时，应将绿地建设纳入开发范围，政府从批租收入中按比例提取投入绿化设施的建设。城市大型绿地的开发，还可以采取综合开发的方式筹集建设资金。城市干道两侧绿带、城市组团间大型绿地的开发建设应列为重点项目，享受一定的政策优惠。除政府拨款投入外，在征地、建设、经营中可反馈市属各项税费，作为国有资产的投入份额，保证绿地建成后的稳定性。

3、依法治绿，是搞好城市绿化养护工作的基本原则。加强绿化宣传，提高全体市民的绿化意识，尤其要提高各级领导的生态意识。要通过多种形式开展全民绿化教育，了解绿化与保护自然环境的深远意义，促进形成人人爱护绿化、参与绿化的社会风气；并要将城市绿地的规划建设任务分解后，列入各地区领导任期目标，作为其业绩考核的内容之一。

4、随着城市的扩展与生产力进步，人口增加及市民素质的提高，人们对城市环境质量的需求也会越来越高。因此，城市规划区内单位附属绿地的配套建设、城市绿化工程建设的监督管理、绿地养护管理制度的完善、园林绿化技术人材的培养、城市绿化建设队伍的优化、加强城市园林绿化科研设计工作、园林绿化行业市场的规范化运行等内容，也都要在城市绿地系统规划中有所考虑。特别是要通过制定和完善地方性城市绿化技术标准和规范，逐步完善城市绿化建设管理的法规体系。

四、重点绿地详细规划

作为与城市总体规划接轨的绿地系统规划，主要任务是解决城市发展过程中有关城市生态和绿色空间可持续发展等宏观问题。但是，在具体的工作实践中，为了便于规划的实施操作，城市政府部门的领导往往会要求规划师结合总体规划，对近期计划建设的一些重点绿地作出详细规划方案。在

中国的现实国情下，这种状况是普遍存在的。对此，规划师要恰当地加以理解和平衡，将政府官员"为官一任、造福一方"的雄心壮志通过正确的规划引导落到实处，促进城市环境面貌的迅速优化。

城市重点绿地详细规划的编制在技术上可分为两类：一类是针对某些长期控制的地块作出具体的建设规划(如公园规划等)，或者是对以往该地块所作过的规划成果进行分析总结、充实修订，提出更好的实施规划方案直接用于指导建设。另一类是针对具体问题展开研究，如城市绿心、绿轴地区的绿地规划布局、滨水地区的绿地设计、旧城区的规划绿地控制等，提出若干规划方案或建设项目、投资强度等具体建议。前者可以佛山市中山公园改建规划为例，后者可以广州市中心城区旧城中心区绿线控制规划(案例C)和《上海市城市绿地系统规划》(1994－2010)中的"重大建设项目规划"为例。

实例1：
《佛山市中山公园改建规划》工作情况
佛山市中山公园位于市区东北角，汾江由西南向东北绕园而过，是佛山市区最大的市级综合性公园。该公园是1928年为纪念孙中山先生而建，当初仅$0.5hm^2$；1958年公园扩建，挖湖堆山形成现在有规模(约$28hm^2$)。整个用地水陆兼半，水面$12.5hm^2$，约占公园面积的45%。但由于水质不佳，利用率较低。公园在城市中的区位条件较好，年均游人量为250万人次，节假日游人量可高达6～7万人次。但临街地段大多被外单位占用，部分为自建铺面房，未能有效地起到丰富街景的功能，公园入口处的交通组织也难臻合理。园内景物的组织不甚合理，相互之间缺少有机联系。此外，公园的道路系统已具规模，但道路主次不明确，导向性不强。公园中现有栽培的植物不少，长势也好，但种植类型较单一，园林植物的景观美未能充分展示。近年来，随着人民生活水平的提高，对休闲娱乐的需求日增，要求现有公园在环境质量、景观建设、活动内容和设施数量等方面有所提高。同时，城市现代化建设的发展，也要求其配套设施更新。对此，佛山市政府和城建部门都十分重视，多次组织专业人员

佛山市中山公园南门景区改造示例

研究、编制中山公园的改建规划。因此，在1997年编制的《佛山市城市绿地系统规划》中，就对历年来有关的规划成果作了一个小结，提出了该公园改造的实施规划 (详见案例A)。此后，经过几年的建设，公园面积扩大到35.12hm²，功能和景观均得到较大改善，面貌一新。

实例2：

《上海市城市绿地系统规划》(1994－2010)中的"重大建设项目规划"内容为：

一、重大建设项目

1、外环线环城绿带：

(1)主题公园4处，面积867hm²；

(2)环城公园4处，面积273hm²；

(3)育苗基地4处，面积496hm²；

(4)纪念林园2处，面积222hm²；

(5)观光型生产绿带9段，面积2214hm²；

(6)防护林4段，面积436hm²。其中：包括100m宽基干林带943.6hm²。

2、浦西大型绿地及公园

(1)黄兴路绿地86.7hm²；

(2)三角花园15.9hm²；

(3)江湾乐园12hm²；

(4)八卦园13.3hm²；

(5)曲阳公园6.67hm²、番禺公园4.93hm²、四平公园6.67hm²。

3、浦东大型绿地

(1)中央公园140.3hm²；

(2)滨海绿带25hm²、明珠公园10hm²；

(3)野生动物放养园153hm²。

4、嘉定环球游乐园70hm²；

5、闵行浦江水上乐园、森林公园10hm²。

二、建设投资匡算：

主要项目	至1995年底预计完成投资额（万元）	规划投资额(万元)		
		1996-2010年总投资	其中	
			"九五"期间	2000-2010年
1、中央公园	15000	84000	84000	
2、洋泾公园	300	2300	2300	
3、文化博览园	500	10200	9000	1200
4、世纪公园	1000	33000	27000	6000
5、海洋公园	2000	98000	98000	
6、山林公园	2000	50000	50000	
7、真趣公园	1000	15000	15000	
8、黄兴绿地	8000	31200	31200	
9、大宁绿地	1000	16950	16950	
10、江湾游乐园	500	14950	4950	10000
11、八卦园	500	1950	1950	
12、野生动物园	8000	23000	23000	
13、万竹园	1000	2100	2100	
14、吴中、虹桥绿地	100	22250	2250	20000
15、环城绿带	100000	892000	523000	369000
16、儿童、老年公园	4000	2000	2000	
17、街道、广场、滨河绿地	1000	120000	30000	90000
18、防护绿地、育苗基地	55500	2000	53500	
19、居住区绿地	1000	97500	30000	67500
20、市、区级公园更新改造	2000	39000	21000	18000
21、科研、教育等单位更新改造	5000	5000	1000	4000
22、风景旅游区建设	/	1230000	30000	1200000
合　计	149900	2847900	1000670	1841200

阿尔卑斯山麓的人居环境

第五章
信息技术在绿地规划中的应用

近二十年来，我国的城市化进程不断加快。不仅大中城市的发展迅速，小城镇的建设更呈现蓬蓬勃勃的局面。与此同时，我国现有的城市规划体系也暴露出多方面不适应发展的问题。例如，一些城市的功能定位不准确、规划编制周期过长，城市结构布局不合理，影响和制约了城市的快速健康发展。其中的重要特征之一，就是许多城市缺乏系统的绿色空间规划。在我国的一些大中城市里，城市绿地占城市规划区总面积的比重较小，人均园林绿地面积远低于国际标准，且分布结构不合理，不利于城市功能的正常发挥和景观形象的营造，给城市发展带来了一系列不良的影响；如城市热岛效应加剧、城市空气质量得不到有效改善、城市街道景观、居住环境、生态面貌滞后于社会经济发展水平和大众生活需求等。

实事求是地全面了解城市园林绿地的现状属性，是科学地编制城市绿地系统规划的基础。我国原有的城市绿地现状调查与数据采集、分析手段劳动密集程度高、周期长，已经不能适应城市迅速发展的需要。因此，利用新技术、新方法，迅速获取及时准确、高质量的城市绿地规划信息，也已成为当务之急。

地理信息系统（Geographic Information System，GIS），是在计算机硬、软件系统支持下，对整个或部分地表层（包括大气层）空间中的有关地理分布数据进行采集、存储、管理、运算、分析、显示和描述的技术系统。自从20世纪60年代GIS技术这一术语被提出来后发展迅速，目前已经进入全面的实用推广阶段。GIS作为一种综合、优秀的数据采集、分析处理技术，现已广泛地运用在测绘、国土、环保、交通及城市规划等许多领域。

遥感（Remote Sensing，RS），是指使用某种遥感器，不直接接触被研究的目标，感测目标的特征信息（一般是电磁波的反射辐射或发射辐射），经过传输、处理，从中提取人们所需的研究信息的过程。遥感可分为航空遥感和航天遥感等。遥感技术具有探测范围大、资料新颖、成图迅速、收集资料不受地形限制等特点，是获取批量数据快速、高效的现代技术手段。

RS、GIS的结合，在数据获取、分析处理方面具有突出的优势，已被广泛地运用到国土资源调查、农作物监测、矿产资源管理、城市规划等诸多领域，产生了良好的效益与效率。经过多次的论证研究和实践，采用遥感分析与地面普查相结合的方法，运用计算机和GIS技术对城市的各类绿地进行全面调查研究，能大大提高成果精度和工作效率，同时节约大量的人力、物力和时间。

第一节 GIS技术与绿地空间调查

一、 运用航空遥感方法进行绿地空间调查（以广东省佛山市为例，1997年）

在城市绿地系统规划工作中，传统的现状绿地普查方法是采用"人海战术"，由城市园林绿化部门组织大量人力（多为相关专业的大中专院校实习生），根据现状地形图的索引，逐街逐路地进行园林绿地普查登记和面积量算。由于大量使用手工绘制的图形和现场估算的数据资料，配以表格来逐块表示绿地率和绿化覆盖率，很难准确地描述整个城市的绿化建设状况。

为了使规划师能够随时提取并显示所需了解的城市绿地空间属性，真正地实现图文结合，并实现报表生成、统计和查询。在佛山市绿地系统规划中，我们大胆尝试应用了航空

梨花报春（漓江）

遥感、GIS等新技术，为制定科学的规划提供了现代化的技术手段。

该项目相关工作的技术路线和方法为：

A、计算机软硬件配置

硬件：SGI Challenge服务器一台；

　　　SGI Indy工作站组四台；

　　　586微机两台；

　　　Colcomp 3480 A1幅面数字化仪两台；

软件：PC-ArcView 2.1版本；

　　　网络版Arc/Info 7.0.3版本；

　　　Foxpro for Windows；

　　　中文版AutoCAD 12.0；

人员：IT工程师两名，电脑程序员一名，数据录入员五名。

B、计算城市绿化覆盖面积

采用最新拍摄的航空照片，通过外业调绘、转标、数字化方式，在正射影像图上对农田绿地、公共绿地、房屋建筑区及水域等专项内容进行量算统计。基本工作步骤为：

1、市区1:8000数字正射影像图制作

为了获得市区现状绿地的正射投影面积，采用佛山市区1996年4月的航摄照片及国家测绘局第二测绘院施测的航外像控成果和内业加密成果，在全数字化摄影测量工作站上，制作数字正射影像图。使用的软件为武汉测绘科技大学研制的VIRTUOZO系统软件。具体方法是：

- 对航摄照片进行高精度扫描，获取相关影像数据，根据精度要求，扫描仪分辨率设置为58μ。

- 依据像控资料进行航片影像的相对定向和绝对定向，即在摄影测量工作站上进行影像相关，获取DEM数据，绝对定向平面精度0.5 m，高程精度为0.3 m，形成单模型正射数字影像图。

- 在SGI工作站上对单模型的数字影像进行镶嵌拼接，形成完整的佛山市区拼图。

- 按照1:8000比例尺，以图上50cm×40cm尺寸进行分幅裁切，分成16幅正射数字影像图输出。在影像图中，居民

地、道路等重要地物的影像与相应比例尺地形图中同名地物点的点位中误差不得大于1.0mm。

2、专项要素的调绘

利用航空摄影照片，请专业测绘队伍分别对实地的绿地、水域、房屋建筑区和市区界线进行全野外调绘。将调绘所得的信息用相应的符号标绘在调绘片上，供内业转标使用。

高精度卫星遥感照片示例一（Cairo）

为获得现状城市绿地的详细资料，绿地空间调查工作共使用佛山市区1:500地形图1687幅。方法是：由外业调查人员在地形图上标注出现状绿地范围或位置，填写调查表(内容包括：绿地所属单位、所在地点、绿地类型、主要植物、生长情况、种植类型等)，每张图对应一张调查表，对整个市区分区分批进行普查。由于普查所得的资料既有图形，又有文字，而且图形和文字紧密相连，进而可以采用GIS技术对外业普查数据进行整理、输入和汇总分析，为绿地系统规划的编制提供技术支持。

3、转标工作

在制作好的市区1:8000比例尺的正射影像图上，将外业调绘的专项内容从控制片上转标过来，并用相应的符号区分。专项内容包括：

A－农田，B－公共绿地，C－居住区绿地，D－道路绿地，E－风景林地，F－单位附属绿地，

高精度卫星遥感照片示例二（Taipei）

G－水域，H－房屋和建筑区，I－市区界线。

转标工作依照外业调绘片配以立体镜进行，尽量做到准确无误。

4、各专项数据的获取和统计

利用转标完成的市区正射影像图，使用Arc/Info软件进

城市绿地调查适用航片示例一（广州）

行数字化采集。为了保证精度，对所采集的数据用理论坐标进行纠正。在图形数据编辑中，要对每个多边形追加属性，并对数据进行拓扑处理，自动计算面积。然后，用程序将每幅图中专项要素的面积及市区面积自动提取并打印，再汇总统计出市区总面积和市区内各专项绿地的面积。

项目工作中使用的GIS软件为Arc/Info和AUTOCAD。由于ARC/INFO在图形编辑方面的功能不如AutoCAD方便、灵活，因此要先将现场调查所得的图形数据用AUTOCAD软件进行数字化输入，再把dwg文件转成dxf文件，通过dxfarc命令生成Arc/Info的coverage。

5、将ARC/INFO的矢量数据与正射影像数据叠加

利用ARC/INFO和PHOTOSHOP软件将专项要素的矢量数据与佛山市正射影像图数据叠加，形成现状的城市绿地空间分布图。叠加时，要对专项要素进行分层建库，以便将来随时间的变迁而对现状绿地属性进行跟踪和实时修改，使数据不断更新，长期使用。

运用上述GIS方法，不仅可以对绿地空间属性数据进行有效的处理，更重要的是让数据可以重复有效地使用，为动态规划的实施打下了基础，大大提高了绿地系统规划的科学性和实用性。

二、运用卫星遥感方法进行绿地空间调查（以广州市中心城区为例，2000年）

与航空遥感相比，卫星遥感有获取信息快、费用低等优点。但是，由于长期以来卫星遥感图像的分辨率相对较低，如美国地球资源卫星的分辨率为15m(全色)，法国SPOT卫星的分辨率为10m(全色)，印度卫星的分辨率为5.8m(全色)，可以生成影像图的比例尺分别为：1/10万、1/5万、1/2.5万。因此，对于城市规划工作而言，它作为宏观区域调查或背景分析比较实用；而作为城市内部工程性调查研究，如生成1/2000至1/10000的影像图，还是得依靠航空遥感技术。1999年9月，美国一米分辨率的IKONOS卫星发射成功，使上述情况发生了很大变化，利用它可以生成1/10000的黑白影像图。从此，城市总体规划的编制完全可以依靠卫星遥感技术来获取信息，也可以将其用于分区规划或专项规划的现状调查。不过，由于一米精度的卫片费用成本比较高，目前在国内还应用得很少。2002年1月，我国自行研制发射的"东方红"卫星遥感资料对国内政府机关和科研单位开放，它具有3m的地面分辨率（全色），而且成本适中，将成为城市规划中重要的资料来源。

在我国，对于规划区在100km²以下中小城市来说，航空遥感技术比较适用，成图工作周期可控制在一年左右，成本价格也不太高。但对于大城市和特大城市而言，规划区域从数百至上千平方公里不等，航空遥感的成图工作周期一般都要在2年以上，花费亦相当昂贵。因此，采用卫星遥感方法就比较合适。

2000～2001年，我们在广州市城市绿地系统规划工作过程中，尝试运用卫星遥感技术进行城市绿地现状调查，其基本工作流程为：

1、应用卫片制作城市绿地现状数字影像图

● 通过卫星遥感的方法，对采集的卫星照片资料进行数据处理。在PCI遥感图象处理软件中，以数字地图或普通纸图为基础，对卫星影像进行纠正，形成数字正射影像图；

● 利用Landsat/TM丰富的光谱信息和SPOT/HRV的高空间分辨率进行数据融合，制作广州市绿地现状数字影像地图。

2、城市绿地现状调查及数据处理

● 应用1995～97年版的市区1:10000地形图资料，以屏幕矢量化方法，提取现状城市绿地信息；

● 通过各区园林办和中国林科院热林所组织华南农业大学、仲恺农学院园林专业的学生，按图进行城市园林绿地现状踏查，填写调查表；

● 根据市规划局现有的城市绿地信息资料和各区的现状踏查结果，对遥感方法所得的绿地数据进行分析纠错，并将数据加工成地理信息数据；

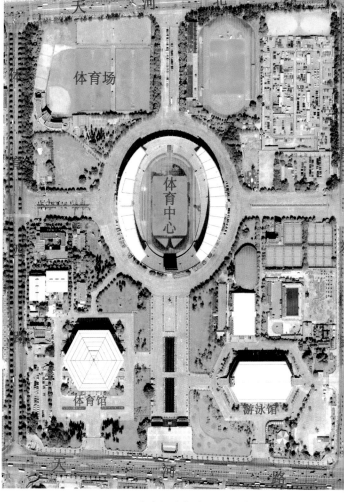

城市绿地调查适用航片示例二（广州）

- 运用地理信息系统专用软件对数据成果进行分类，分区计算各类绿地的面积，并将有关调查数据进行处理，制成专题图供规划人员使用。

具体工作的技术路线如下：

A、用卫星遥感照片制作市区绿地分布数字影像图

1、软硬件环境：

硬件：PIII 733 CPU、512M内存、30G硬盘的PC机，HP Design Jet 2500CP A0彩色打印机等；

软件：PCI遥感图像处理软件等。

数据资料：中国科学院遥感卫星地面站接收的1999年12月9日陆地卫星Landsat的TM数据和1999年11月5日SPOT卫星的HRV数据。

2、制作过程：

先对图像进行包括格式转换等在内的预处理，完成格式转换后，进行两方面的工作：

1) 对TM图像进行几何纠正

几何纠正首先要对图像进行图像增强处理，然后从1:1万的矢量地图选取地面控制点，对图像的7个通道数据进行几何精纠正。纠正时采用以114°E为中央经线、Krassovsky椭球为参考椭圆的高斯-克吕格投影，建立三次多项式的几何纠正模型，采用近邻元方法进行象素的重采样。几何纠正RMS误差小于0.2个像元（6m）。

2) 对SPOT/HRV图像进行几何纠正和配准

已经过几何纠正的TM图像为源图像，对SPOT/HRV图像进行几何纠正和配准。首先，分别在两幅图上选择对应的控制点，建立三次多项式的几何纠正方程，再通过重采样完成几何纠正和配准。其几何纠正RMS误差小于0.8个像元（8m）。

3) 数据融合

利用Landsat/TM的4、3、2波段的光谱信息和SPOT/HRV的高空间分辨率进行数据融合，融合过程中采用Brovey模型。该模型采用综合多层信息，进行RGB与HIS之间的转换，特别是用于Landsat/TM和SPOT/HRV的数据融合时具有较高的效率和较好的图像效果。融合过程中，以经过几何纠正的TM4、3、2波段作为红、绿、蓝通道经过色彩变换生成图像色彩的强度、饱和度和色度图像，再将SPOT/HRV代替

强度图像，景物图像色彩反变换生成图像的红、绿、蓝通道完成数据融合。

4) 矢量图形叠加

图像经过几何纠正，与矢量图形具有相同的坐标系统，在常规图像处理软件中直接叠加失量文件和地名注记等，完成数字影像图的制作。

5) 图像输出

经过编辑的城市绿地现状彩色影像通过A0幅面的HP Design Jet 2500CP彩色打印机输出。输出影像图的成图精度为1:50000，最大输出精度能够达到约1:25000。

（注：成果图"广州市中心城区现状绿地信息正射影象图"请参见案例C）

B、城市绿地现状调查数据处理

1、计算机软硬件环境

硬件：PIII 650 CPU、256M内存、20G硬盘PC机15台、10M计算机网络设备，Contex 800dpi工程扫描仪、HP Design Jet 2500CP A0彩色打印机一台。

软件：ArcInfo7、ArcExplorer2.0、Arcview3.0、AutoCAD R14等。

数据资料：中国科学院遥感卫星地面站接收的1999年12月9日陆地卫星Landsat的TM数据和1999年11月5日SPOT卫星的HRV数据。1995-1997年版广州市区1:10000地形图、市规划局有关的城市分区规划资料、城市绿地野外调查资料等。

2、制作过程

1) 绿地信息数字化

对1:10000地形图进行扫描，将TIF格式的图象数据调入AutoCAD R14软件中，用二次开发的定向程序对影像图进行坐标定向，采用广州市独立坐标系。在软件中，对现状绿地信息进行屏幕数字化，并将所有图幅中的绿地要素做接边处理，按行政分区形成数据文件。在数字化时，要对输入数据进行分层、分色处理。

对于遥感盲区的绿地要进行人工修正统计

2）现状绿地信息人工纠错

由于现有1:10000地形图资料成图年代不同，最近的部分地图数据也是1997年更新的，而且绿地现状变化较大，所以，必须对上一步骤数字化所获取的绿地数据进行人工纠错。纠错所使用的基础资料，有市规划局提供的分区规划中的绿地规划文件、各区园林办野外实地调查资料、历年来市园林局的绿地统计报表等。运用人工方法对调查数据进行修改，工作量大，任务艰巨。该项工作持续了近3个月。

3）运用卫星照片对绿地信息再次纠错

在人工纠错工作完成之后，为进一步核实调查成果，我们又将10m精度的市区卫星影像图纳入广州市独立坐标系，并叠加现状调查所得的绿地矢量数据。依据卫星影像图，对叠加后的绿地数据进行二次纠错，调整人工纠错工作中的部分盲区和缺误。所用软件有AutoCAD、Arcview以及ArcExplorer等。

4）现状绿地信息分类与编码

将核实后的绿地现状数据进行整理，分类录入绿地信息，按面特征对数据进行处理。全部调查数据共分为公园(公共绿地)、附属绿地、生产绿地、生态绿地、防护绿地、居住绿地、道路绿地、农田以及绿地中的房屋等。为了保证统计数据的精确度，大部分城市绿地中的建筑都按岛状多边形处

理，在统计绿地面积时予以剔除。

为了使现状绿地数据能够与市规划局的城市规划数据库接轨，我们对绿地数据赋予了6位编码。这样，就可以通过计算，在数据转换时将编码替换后进入市规划局的数据库，为今后的城市绿地规划建设信息化管理打好基础。

5）现状绿地面积量算结果

在全部绿地调查数据整理完毕之后，应用GIS软件进行分区、分类统计，将计算结果填入表5-1。

6）现状绿地空间分布图的制作

- 绿地信息分类：按照绿地属性的分类，对绿地信息进行提取，并按面填充不同的颜色，每类绿地赋一种颜色。
- 制作分区绿地现状图：依据地图制图原理，根据绿地规划工作的需要，制作分区绿地现状图；并将分区的绿地与矢量地图叠加，用GIS软件进行编辑，在图上加注记、整饰图廓等。

三、用高精度卫片进行城市绿地遥感调查 (以广州市花都区为例，2002年)

在广州市中心城区10m精度常规卫片成功应用的基础上，我们进一步探索应用1m精度的全色卫片数据与4m精度多光谱数据融合，通过大比例尺地形图(1:2000或1:5000)的纠正，采用计算机技术进行花都区绿地空间信息调查，可以把大规模现场人工普查的工作量减少到最低限度。

基本的技术路线如下：

1、数据源：

- 2001年IKONOS卫片数据，分辨率1m（全色），经多光谱数据融合，制成1:10000的数字正射影像图；
- 测区1:2000或1：5000比例尺地形图；
- 测区1:10000行政区划图等；
- 花都区现有的各类城市规划图件和相关资料。

2、信息规范化及标准化依据：

- 《中华人民共和国行政区划代码》；
- 《1:5000, 1:10000地形图图式》(GB5791—86)；
- 《城市用地分类与规划建设用地标准》(GBT137—90)；
- 《县以下行政区划代码编制规则》（GB12409—88）；

表5－1 城市绿地现状遥感调查统计表示例（单位：hm²）

区别＼绿地类别	公共绿地	防护绿地	生产绿地	居住绿地	道路绿地	附属绿地	生态景观绿地	绿地合计
合　计								

绿色天堂（广州麓湖）

- 《城市绿化规划建设指标的规定》，(建设部建城1993·784号)；
- 《城市绿化条例》，国务院，1992.

3、技术指标：

根据1:10000专题图的精度要求执行，最小制图单元的面积确定需考虑下列要求：

- 输出到图纸上时是清晰可辨认的，或从手工判读中易于数字化；
- 能够表达出地形的基本特征；
- 在项目费用和提供的土地覆盖信息间取得平衡。

综合考虑这三方面要求，项目设置为：

- 最小制图单元：项目设置最小制图单元为1m²；
- 成果精度：单元界线的最大误差不能超过图上0.5mm；
- 投影体系：广州市独立坐标系；

4、计算机软硬件配置：

硬件：绿地遥感调查工作以数字栅格图像作为主要信息源，以计算机自动的数字作业方式为主，人工参与为辅，对系统配置的要求较高。为满足运作需要，主要依靠高性能的奔腾III微机组成图像判读系统，其基本配置为：

- 主　频：300MHz以上
- 内　存：>256MB
- 硬　盘：80GMB以上
- 驱动器：40X光驱
- 显示器：19"
- 显示分辨率：1024×768
- 颜色分辨率：32位真彩色

软件：采用ERDAS为正射影像图栅格数据处理软件、ARC/INFO、Arcview为矢量数据处理软件。该项绿地遥感调查的创新点，是采用多尺度分割、面向对象的分类技术进行绿地覆盖信息提取。其主要特点为：

- 多尺度的图像分割技术：可以在任何选定的尺度下进行影像对象提取，并且可以在任意数目通道的情况下同时工作，特别适合于高分辨率影像和影像差异小的数据。
- 建立层次分明、结构清晰、独特的层次网络分类体系；
- 建立以对象为信息提取单元的多边形样本的因子成员函数库。

5、作业流程：

应用高精度卫片进行城市绿地遥感调查工作过程十分复杂，包括了从正射影像数据的准备、信息提取、数据处理分析、数据库建设以及全流程的质量管理等的各个方面，流程如图5-1：

- 正射影像数据的准备：数据的预处理、数字地形模型获取、影像的几何纠正、正射纠正等。
- 在1:10000地形图上做行政区界的数字化，并参照行政区划图接边后拼成分区界线文件；
- 野外实地考察和量测；
- 采用基于多尺度分割技术为基础的面向对象的绿地覆盖信息提取；
- 市区六大类园林绿地边界范围的确定；
- 各类城市绿地面积量算、汇总统计。

人机交互信息提取分两方面进行，技术流程图见图5-2。信息提取的技术方法是基于花都区城市绿地调查的要求而制定的，主要考虑采用正射影像数据作为主要数据源，结合实地野外调查人员的专业经验。

测区植被信息提取以数字正射影像图作为主要信息源，参照地形图、土地利用图等有关资料进行人机交互全数字化信息提取。测区城市用地信息提取，是通过人机交互对话，确定植被覆盖地区的城市规划用地性质、位置等属性。

6、绿地空间信息遥感调查成果：

- 测区用地遥感调查分布图；
- 测区绿地遥感调查分布图；
- 测区绿地遥感调查结果统计表；
- 测区绿地遥感调查技术报告。

第二节　城市热场与热岛效应研究

一、研究城市热场与热岛的目的和意义

由于城市工业、交通及居民生活不断地向周围环境释放人为热量和大气污染物质，使得城区气候不同于郊区气候。其特点，一般可概括为：气温高、湿度低、风速小、能见度差、雾多、雨多、太阳辐射量减少、空气污染、大气环境恶化等。

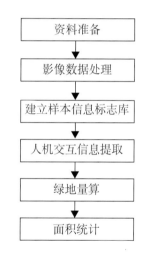

图5-1 城市绿地遥感调查技术流程图

表5-2 卫星遥感调查植被信息提取规范表

植被类型	ID	影像特征及分布	自然特征描述	备 注
乔木	1	颜色暗绿，有层次感，且有明显阴影。整片分布，勾绘线从中间穿越阴影区；多为道路边林带、街边林荫道、田间防护林、池塘边林带	高度在2m以上的乔木林地，包括天然林和人工林，如用材林、经济林、防护林等成片林地和带状林地	乔木分三种情况：①郁闭度为100%，树冠连片，绿化覆盖面积为多边形面积；②疏散乔木，且树根底部没有草，每个多边形赋予百分比，绿化覆盖面积为多边形面积乘以百分比；③单个乔木，用圈画树冠的面积即为绿化覆盖面积
灌木	2	颜色与乔木相似，分布于非主干公路、街道边、单位庭院和公园内，阴影稍次于乔木	高度在2m以下的矮林地和灌丛林地	灌木分两种情况：①郁闭度为100%，树冠连片，覆盖面积即绿化面积；②疏散灌木，且树根底部没有草，每个多边形赋予百分比，绿化覆盖面积为多边形面积乘以百分比
草地	3	直接勾绘：连片分布，颜色多为浅绿色，纹理较一致。零星裸土出露，中间夹杂深色小块水面。主要为城区外天然草地和城区内人工草坪	以草本植物为主、覆盖度在30%以上的各类草地，包括以牧草为主的灌丛草地和郁闭度在10%以下的疏林草地。	注意区分天然草地和人工草坪：天然草地块状面积大，多分布于郊区，其中的作业土路和零星小树可划入草地面积；人工草坪面积较小，多位于城区内，面积勾绘要精确，绿化面积即覆盖面积
疏林地	4	直接勾绘：乔木颜色暗绿，阴影出现明显，乔木个体区分明显，中间出现草地，或裸土，多分布于城区外	郁闭度为10%~30%的稀疏林地	对每个多边形绿色块赋予百分比，绿化覆盖面积为多边形面积乘以百分比

夏日闲庭(广州)

城市的大气环境，还受到城市地区特殊下垫面条件的制约。城市下垫面是复杂多样的，它与原有自然环境相比已发生了根本性的变化：屋顶材质多样（琉璃瓦、金属、水泥、沥青等），路面既不透水也不生长植被且质地多样，是一个不均质的、变化频率很快的、以人工建筑群为主的地区。

随着工业化的发展，城市环境日趋人工化和污染日益严重，城市与乡村的大气环境差异越来越大。另一方面，城市居民又对居住环境提出了更高的要求，要求有新鲜的空气、清洁的用水、舒适的居住环境、便捷的交通、优美的环境和健全的生态。通过对城市热岛现象的研究，可以更深入地了解城市环境质量，及时掌握城市环境变化的趋势，制定合理的城市发展规划和绿地系统布局方案。因此，研究城市热岛现象越来越受到国内外许多城市政府的重视。

城市热场，是在一定气候条件下（晴空无云、风力微弱）城市本身的产物。它在不同季节、不同日期，白天黑夜都不尽相同。另外，在一定风力条件下有时会出现"热岛消失"、"热岛飘移"，因此必须把城市热场视为动态现象来研究。超前和同步研究城市热力分布特征和变化规律，可以为环境监测、城市规划等有关部门提供科学依据，对于城市规划、城市环境保护、城市环境质量评价、城市大气污染的研究，既有理论意义，更有现实意义。它可以影响到有关的城市规划与市政管理措施，如城市绿地布局规划、城市防暑降温措施的制订和实施、夏季路面洒水范围、空调电力分配等。

对于大城市和特大城市地区，由于其热岛效应比较显著，因而在进行绿地系统规划时，应当尽可能地对历年的城市热岛效应变化情况进行分析，研究城市建成区的热场分布与热岛强度状况，为城市绿地系统的合理布局提供充分的科学依据。

二、城市热场分布与热岛效应研究内容

研究城市热场和热岛效应，主要从两个方面进行：

①在同一时间内对城区和郊区气温作对比（称为"城郊对比法"），该法要求城市与郊区气温资料的同步性。此外，还可分别对其年变化、季节变化和日变化进行对比。

②就同一城市在其城市发展历史过程中的气温资料进行前后对比（称为"历史对比法"）。

随着城市化的进展，城市人口快速集中，工业化加剧，城市大气环境和城市热场也在不断地发生变化。过去研究城市大气环境和城市热场，多采用定点观察和线路流动观察相结合的方法，由于观察点位的密度不可能太大、流动观察的线路也是有限的几条，所得数据不仅同步性差，经常不能代表城市热场的总貌。所以，对城市大气环境与热场的平面分布、内部结构等不可能作深入细致的研究。遥感技术的运用，恰好地弥补了上述不足。它可以在同一时间内获得覆盖全城的下垫面温度数据，具有较好的现实性和同步性。

城市是土地利用类型多样、社会经济结构复杂、景观环境变化很大的地区。城市下垫面复杂多样，各自具有不同的光谱特性，在遥感图像上很容易加以区分。因此，城市下垫面类型具有易读性。地面热力分布特征主要和下垫面介质、城市格局变化有关，而和气候变化、季节不同关系较小；但

居住小区公园(广州)

图 5 - 2 城市绿地遥感调查信息提取流程图

```
                        正射影像数据
           ↙                              ↘
Cognition 信息提取过程，存为 ASCII 文件      Arcview 解译过程，存为 shape 文件
           ↓                                      ↓
        植被类别                              城市园林用地类别
    ↙  ↓  ↓  ↓  ↘                    ↙   ↓   ↓   ↓   ↓   ↘
  乔  灌  人  疏  其              公   居   单   道   防   生
  木  木  工  林  他              共   住   位   路   护   产
      草  地  绿              绿   区   附   绿   绿   绿
      地      地              地   绿   属   地   地   地
                                   地   绿
                                        地
```

ARCIFO 中，把 ASCII 文件转换为 coverage

ARCINFO 中，对 coverage 文件作光滑处理

Arcview 中对植被分类层进行编辑
(乔木、灌木、房屋等)

拼接和接边处理

ArcInfo 中植被分类层与园林用地层叠加(intersect)

叠加行政界线

区域内各类植被的面积   区域内各类园林绿地中包含乔冠草的面积   区域内各类园林绿地的面积

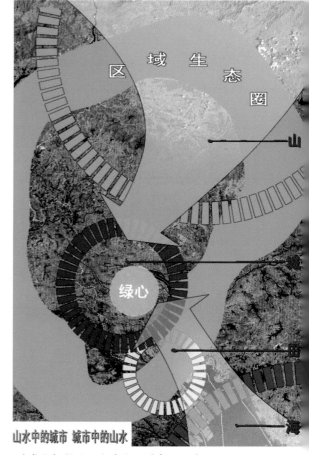

山水中的城市 城市中的山水

遥感分析辅助绿地系统规划宏观决策(广州)

能有效减弱热岛效应的优良地被植物
"满地黄金"(深圳)

其热力强度却和气象、气候条件、季节变化有着很大关系。

城市按功能可分为工业区、居住区、交通用地、公园绿地等，不同功能区的下垫面各有其特点。由于城市用地单位面积内拥有较多的下垫面类别，所以要求遥感影像必须具有较高的分辨率才能有效地区分其变化细节。对于城市规划管理和环境保护等专业部门而言，更需要有大面积的遥感动态监测以及时掌握城市下垫面温度变化的趋势。

目前国际上对城市热场和热岛效应的分析研究，主要是通过卫星遥感手段进行的。用陆地卫星的TM图像能取得7个波段的信息，其中TM6（10.4～12.51）波段主要反映地面温度场的信息。一幅TM图像可覆盖185×185km范围。通常一座大城市及其附近的一些中小城镇可以同时包容在一幅图像内，不仅成本低廉，而且具有较好的同步性。TM6的空间分辨率为120m，对城市热场分布研究而言，这个精度已相当高了。因为每隔120m有一个辐射温度值，即差不多等于大街小巷都遍布了观测点，这是常规的实地观测方法所办不到的。

城市热场与热岛效应研究项目主要包括三方面的工作内容：

①遥感图像处理与纠正：包括卫星遥感数据预处理、不同时相遥感影像与专题图件的匹配处理等；

②城市热场分布特征提取和处理：利用不同时期Landsat/TM数据，采取地面温度反演技术提取城市地表热场分布图象；

③时间系列热环境变化分析：利用时间系列的遥感图像及提取的城市热岛分布信息，分析不同时期热岛效应的变化，提出热环境变迁相关因子。

三、城市热场分布变化资料获取与分析 (以广州市中心城区为例)

首先要对卫星遥感数据预处理，将不同时相的遥感影像及专题图件的进行匹配。然后，利用1992、1997和1999年不同的时期的Landsat/TM数据，采取地面温度反演技术提取市区地表热场分布特征信息。再利用时间系列的遥感图像及提取城市热岛分布信息，分析不同时期的热岛效应变化，提出影响城市热环境变化的相关因素。

1、软硬件配置

硬件：PIII 733 CPU，512M内存，30G硬盘PC机等；

软件：PCI遥感图像处理软件等；

数据资料：中国科学院遥感卫星地面站接收的1992年1月20日、1997年11月1日和1999年12月9日陆地卫星Landsat的TM数据。

2、工作流程 (图5-3)

3、研究步骤

先对1992、1997和1999年的Landsat卫星三景TM数据进行包括格式转换等在内的预处理，然后进行以下两方面的工作：

A、对遥感图像进行几何纠正。

几何纠正是先对图像进行图像增强处理，然后从1:1万的矢量地图选取地面控制点，对图像的7个通道数据进行几何精纠正，将市界失量文件进行数据格式转换，生成市界栅格文件。经过几何纠正的遥感图像已具有相同的坐标系统，可直接按市界截取研究区范围内的图像(图5-4)。

B、反演城市地表温度场。地球上的所有物质，只要其温度高于绝对零度（-273℃），无论白天和夜晚都会向外辐射能量。这种辐射称作热辐射。它是地物自身内部

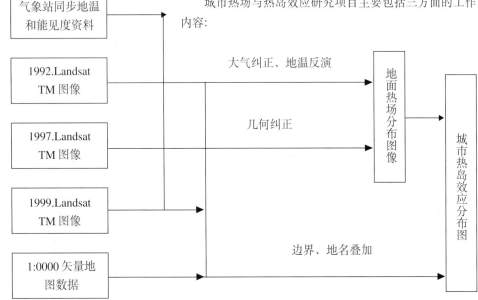

图 5－3 城市热岛效应分析工作流程图

分子热运动和吸收外来辐射能所产生的辐射能量。

地物辐射能量绝大部分来自吸收太阳辐射和大气的逆辐射后的再发射。太阳辐射为短波辐射，因为它的大部分能量集中在可见光波段，而地面辐射为长波辐射，它的能量集中在热红外波段。地表的热平衡一方面是太阳辐射引起地表增温，这种热能一部分从地表向地壳深部传导，另一部分以长波辐射传给大气；另一方面，地球内部的热能也通过地壳传到地表。除此之外，地温还来自人及动物新陈代谢所放出或制造的人为热。

利用陆地卫星的TM第6波段接受的地表热红外信息，结合同步地面观测资料，通过探测大气参数和定标系数进行大气纠正，计算地表温度主要包括三个步骤：

（1）将灰度值转换为辐射值：$L=C_0+C_1 \times GL$

（2）将辐射值转换为等值黑体温度；

（3）利用线性内插的方法，通过黑体温度差值和已知温度，计算1992年1月20日、1997年11月1日和1999年12月9日各点的地温。计算生成地表温度图后，通过中值滤波生成城市热岛分布图，并将专题矢量信息(如地名注记等)叠加。

（该项目的热场分布与热岛效应图请参见案例C）

4、成果分析

通过对陆地卫星TM反演的广州中心城区地表温度场进行分析，结果表明：

1）广州城市中心区呈高温状况，是城市热岛的主要组成部分，尤其是荔湾区和越秀区等老城区，由水泥、瓦片等构建的城市建筑物、构筑物(道路、广场、大桥)等城镇因子结构非常密集，而且人口高度集中造成的生活热源构成了高温区的主导成分。城镇建筑密度以及楼层高度对城市热力分布也有很大关系，建筑密度越稠、楼层越高，其热力越容易聚集，强度也越大。城市规划布局和建设等因素，对城市热岛效应强度造成了直接影响。

城市热岛效应的形成，除了下垫面介质的主要作用外，城市特有热源状况也会加大和加深某些地区的热力强度。大型工厂是产生热源的重要因子，如广州钢铁厂四周就形成了一个孤立的热岛。而在植被覆盖茂密的东北部山区、珠江水系及水库、湖泊区温度较低。城区中的公园、绿化带等对降低城市温度有很大的作用。如越秀公园和流花湖公园对改善

图5-4 研究区范围内几何纠正后的Landsat/TM彩色合成图像(广州)

广州旧城中心区的热场分布状况作用显著，其对近地小气候的调节十分明显。从城市热环境总体评价来看，西北郊、东南郊优于西南郊和东北郊。大量树木和绿地对调节气温、净化环境、削弱城市热场、改善城市生态环境等，发挥了良好的功能。因此，保护现有公园绿地，扩大绿地覆盖率对改善城市大气环境有良好的作用。各类城市绿地、水域以及规划合理的住宅小区，可以明显地降低热岛效应。

2）通过分析1992年、1997年和1999年广州中心城区不同时期热岛分布的变化情况可以发现：1992年的城市热岛集中且范围大；1997～1999年热岛分布区域扩大，但单个面积缩小。这是由于1992年前广州中心城区人口和建筑密集，商业中心过于集中，道路狭窄，通风不畅，园林绿化面积较少所造成的。此后，随着城市的扩展，城市道路拓宽，城市绿化逐渐改善，旧城改造、新城开发伴随着大量人口外迁以及多商业中心的形成，导致了热岛分布区域呈现小而广的状态。在郊区，由于绿地面积较大，城市建设开发较少，所以热岛效应强度较低，局部地区甚至呈现"冷湖"状态。

3）研究结果表明：城市建筑的密度、城市道路和商业网点的布局、城市绿地面积的大小等，是影响城市热环境的主要因子；建筑容积率对城市大气热环境有显著影响，城市绿地、水体的保护和扩展，可以显著改善城市的大气热环境质量。因此，必须严格保护现有的各类城市绿地，进一步扩大绿化面积；在城市规划建设中，必须注意控制区域建筑容积率，合理规划，适当分散高层建筑和商业中心。商业区分流既方便市民，也降低了热效应汇聚。拓宽道路不仅可以改善交通拥挤状况；同时能使气流通畅，对道路上行驶的汽车所排放的CO_2、CO、SO_2等污染物起到加速扩散与降解的作用。

4）以陆地卫星TM资料以及气象统计资料作为主要信息

珠江滨水绿带（广州）

源，结合地图矢量信息，利用GIS高新技术，对城市热场分布状况进行动态监测和综合分析，不仅省时、省力、成本低，而且客观性和科学性强，具有常规调查方法难以比拟的优点。

第三节　绿地规划数据处理与应用

传统的城市绿地系统规划主要是靠手工记录与作图的方法，成果精度与工作效率都比较低。采用以计算机为主的信息化规划手段后，能基本实现"无纸化"操作，大大提高了工作效率和成果精度。更重要的是能够与后续的绿地规划建设管理系统实现数据信息共享，无缝接轨，实时更新，在运用高新技术的平台上有效地提高城市绿地系统的规划、建设与管理水平。

一、现状绿地分类属性赋值与建库

如何将花费了大量人力、物力和财力所取得的大量现状绿地调研数据进行信息化处理后加以利用，是现代城市绿地系统规划所必须解决的一个技术难题。下面，仅通过1997年佛山市绿地系统规划的案例，说明一些可行的方法。

1、数字化层的设计

通过外业普查的城市绿地有两种情况：一种是块状绿地，另一种是行道树或散树。对此，在外业调查绿地分布图形数字化时，相应地把前一种处理为面状特征，生成面层，用CAD的编辑命令使所有面状特征都保证闭合，以减少Arc/Info的编辑工作量。对后一种则处理为线状特征，用一条线来表示。另外，为了标志绿地所在的位置，便于查找，又生成了一个图廓层，图廓层用每幅图的坐标生成，包括该图的图号。(其中图号为Text类型)

2、数字化层转入Arc/Info生成coverage

这部分工作采用了先进的Client-server结构。服务器为

SGI的CHALLENGE专用服务器，客户端工作站为Indy工作站。Arc/Info采用网络版，装在server端。数字化生成的dwg文件转成dxf文件后，通过PC-NFS转入CHALLENGE服务器中。其结构如下：

每个dxf文件转入Arc/Info后相应地生成三个coverage；面状coverage由数字化的面层生成，仅建PAT表。线状coverage由数字化的线层生成，仅建AAT表；图廓coverage由数字化的图廓层生成，无属性表，仅作为背景层显示，方便查询图表。

3、数据属性项设计与添加

AutoCAD虽然具有很强的图形录入和编辑功能，但要实现对图形的点、线、面进行追加属性、生成报表、数据统计等功能显然是比较困难的。只有采用有关的GIS技术，才能将图形和文字属性有机地结合到一块。使图形的应用变得灵活多样，适用面更广（见表5-3）。

在AAT表中设置棵树的目的是计算行道树的占地面积，以每棵树穴占地$1m^2$计。

绿地数据属性项的添加：

虽然我们可以在工作站上的Arc/Info中通过ArcEdit的有关命令输入各图形的属性项，但由于工作站的操作系统是Unix，主要是命令式的语言，对于一般的操作人员熟悉起来较慢，加之工作站上的Arc/Info其中文为全拼输入法，输入速度很慢。而微机则具有简单易学，输入法多样灵活（一般工作人员主要使用五笔输入法），用微机上的有关数据库软件（如Foxpro等）生成数据表比用工作站添加属性表而言，称为外部数据表。因此，规划中就采用内部表和外部表相结合的方法来添加属性项，具体操作方法如下：

coverage的内部属性表：PAT表、AAT表-在固定的

映日荷花别样红(广州)

PAT、AAT表项后，添加三项：地形图号、绿地序号、图序号。其中图序号由地形图号+绿地序号构成。它作为关联项与外部表进行关联。地形图号、绿地序号这两项值在ArcEdit在通过编写AML程序结合图形赋予，图序号通过程序由地形图号与绿地序号拼接得到。

coverage的外部属性表：外部表在微机上用Foxpro软件生成，其数据项如(表5-4)：

内部表、外部表通过共同的图序号项进行关联，并把关联得到的值赋给内部属性表中对应的项。

实践证明，用这种方法来添加属性项不但方便、易操作，而且大大提高了工作效率，尤其对批量数据的处理相当有效。

4、coverage的拼接

由于外业普查数据是分批提供的，为了使内业工作能跟上外业调查的进度，按普查区域的先后顺序分成许多不同的coverage。最后，要把这些零星散布的coverage拼接成一个大的coverage，以全面地反映整个市区的绿地分布情况。利用Arc/Info的图层拼接命令可以解决这个问题。但最后生成的大coverage需重建拓扑关系。拼接后的最终成果是生成两个大coverage，即一个面状coverage和一个线状coverage。

5、绿地面积量算

通过上述数据处理过程，我们就可以比较方便地对现状绿地的属性信息进行分类统计，量算出各类城市绿地的实际面积，计算出城市绿地率、绿化覆盖率和人均公共绿地面积等指标。

运用上述GIS方法，不仅可以对现状绿地调查数据进行有效的处理，而且能利用已有的数据满足用户的许多实际需要。作为一般用户，主要的工作平台是PC机，具有使用方便、操作灵活、价格便宜、学习简单的特点。为了能在微机上查询、检索、分析各种数据，我们使用了桌面地理信息系统-PC ArcView软件。为了达到数据同步共享的操作功能，系统硬件部分仍然采用Client-Server结构：Server端存贮所有的数据，Client端则为装有ArcView的PC机(如图5-5所示)。

表5-3 现状绿地数据属性项的设计

PAT 表

地形图号	绿地序号	所属单位或地点	绿地类型	主要植物	种植类型	生长情况
C8	I2	C30	C2	C40	C10	C2

AAT 表

地形图号	绿地序号	棵树	所属单位或地点	绿地类型	主要植物	种植类型	生长情况
C8	I2	13	C30	C2	C40	C10	C2

表5-4 coverage 属性表设计

图序号	所属单位或地点	绿地类型	主要植物	种植类型	生长情况	棵楼
C	C	C	C	C	C	1

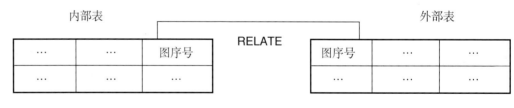

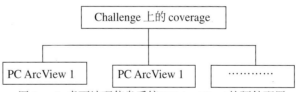

图5-5 桌面地理信息系统(PC ArcView)的硬件配置

该系统的主要功能有：

1、查询检索

利用ArcView的View功能块，可以获得整个城市的绿地现状图，并可了解每块绿地的各种属性信息，还可以对图形进行缩放显示等操作，此外，还可以根据用户自己设定的绿地属性项分类显示相关的城市绿地信息，如查询所有的宅旁绿地，或种植有某类树种的地块，或统计某个植物品种在城市绿地中应用出现的频度。

广州火车东站天台绿化

2、数据分析

除了绿地空间分布的图形、属性查询检索功能外，还可以对所有数据或相关数据进行统计、分析，并生成报表，或生成各种统计图，如柱状图、饼状图等。实现对数据的定性或定量分析，为绿地规划的制定提供科学、准确的基础信息。

二、规划绿地图层叠加与绿线甄别

这项技术的研究，主要是解决绿地系统规划所确定的城市绿线如何与以往所做的各种城市规划成果互补的问题；同时，也能使规划布局的各类绿地能比较顺利地纳入城市总体规划付诸实施。

例如，在广州市绿地系统规划的编制过程中，就进行了以下的工作：

● 首先根据城市空间发展和生态环境建设等多方面的需求要素，对规划期内市区拟规划建设的城市绿地进行了空间布局；

● 然后参照以往多年来城市规划管理部门控制的绿地地块(含城市分区规划所确定的规划绿地)，对各类规划绿地逐一进行编码，核对计算面积；

● 再从规划管理角度提出处理与该用地相关的有关问题的途径，并赋予规划地块特定的绿地属性(具体地块信息，详见案例内容)；

● 最后将所有相关规划绿地信息的图层叠加，进行绿线甄别：凡是相互矛盾不大的地块，就可以迅速明确其规划绿线边界；凡是有矛盾的地块，就需要进一步分析研究，提出解决问题的方案。

通过这种方法，可以较好地解决规划绿地如何落到实处和实施绿线管理的依据等问题，并且能迅速与城市总体规划的用地布局接轨，大大提高绿地系统规划的可操作性。

三、绿地规划与建设管理信息系统

运用信息化技术手段编制的城市绿地系统规划，需要有相应的建设管理信息系统与之相配套，才能使绿地规划成果能够科学有序地进行建设管理，方便日常办公，发挥出较好的社会与经济效益。这项工作任务，主要是通过GIS、数据库等技术方法、编制相应的绿地规划与建设信息管理软件来实现的。具体工作的技术方法是：

1、资料准备

● 对城市绿地现状资料和规划资料进行计算机整理和制图，形成标准的数据格式；

● 矢量数据格式采用ARC/INFO的SHP格式，图象数据采用GEOTIFF格式；

● 对城市绿地现状资料进行图面数字化，并将图形数据纳入相应的城市规划坐标系，制作城市绿地系统规划总图和分区及单项规划图。

2、工作任务

● 将现状绿地信息数据加工成GIS数据，带属性和编码，可以满足查询、统计；

● 规划绿地信息数据加工成GIS数据，带属性和编码，可以满足查询、统计；

● 规划绿地地点的现状信息（照片、多媒体等）与GIS数据匹配，可以满足查询、浏览；

● 树种分布信息转入管理系统，可以提供查询、统计；

● 其他资料转入管理系统，可以提供查询、统计；

● 城市规划绿地与建设信息管理系统应用软件开发。

3、技术流程

● 将AUTOCAD格式的现状绿地信息数据加工成GIS数据，格式为ARCINFO的SHP格式。数据要求带属性和编码，属性为绿地的分类信息，编码为独立编制的，可以转换到规划局数据库的编码，编码为七位数字。数据要能够满足专题信息的查询、统计；

● 将规划绿地信息数据加工成GIS数据，格式为ARCINFO

的SHP格式。数据要求带属性和编码，属性为绿地的分类信息，编码为独立编制的，可以转换到规划局数据库的编码，编码为七位数字。数据要能够满足专题信息的查询、统计；

- 将规划绿地地点的现状信息（照片、多媒体等）输入到计算机中，并与GIS数据匹配，数据可以通过计算机软件的查询，做到一一对应；

- 将城市绿化应用植物物种信息数据库、城市古树名木保护信息数据库与绿地管理信息系统相结合，使之能够在管理系统中实现有关数据的查询、统计；

- 将其他规划、调查资料转入管理系统，数据格式要满足系统的查询、统计要求；

- 城市绿地规划与建设信息管理系统的软件功能，包括图形、属性和文字数据自由编辑；图形、属性和文字数据入库功能；系统中的数据可以与市、区两级城市规划、园林绿化及建设主管部门等单位自由转换；各种数据能实现模糊查询，具有数据统计功能，可以按照需要进行报表输出，可以将现状与规划绿地图形按任意比例输出；同时具有屏幕窗口的基本操作功能。

第四节 GIS、RS技术的应用前景

在城市绿地系统规划工作中，GIS、RS技术的结合运用，具有信息获取及时准确、成图快、数据利用度高等明显的优点，且技术先进可行、节约人力物力的投入，从而将产生多方面的社会经济效益。通过佛山、广州等地的实践和经验总结，利用先进的GIS、RS技术进行城市绿地的调查分析技术已经逐步趋于成熟完善，应用效益十分明显。主要表现在以下方面：

- 由于遥感技术几乎不受天气、气候、地表地形因素的影响，其数据获取及时、精度高、成图快。目前，我们能够获取的美国IKONOS卫片数据的分辨率已达1m（全色），其精度已经可以基本满足城市园林绿地调查分析的要求。

- 当前，我国的沿海等经济比较发达地区的大、中城市，

广州东站广场林荫大道

采用航空摄影方法更新地形图资料的周期多在3-5年；而遥感卫星以一定的周期(通常约20多天)绕地球旋转，可以连续获得同一地区不同时段的遥感照片。经过加工处理后，一方面可以确保及时进行数据更新；另一方面也便于将不同时期的城市绿地信息进行对比分析，找出城市绿地空间的分布格局特征及变化趋势，为进行城市绿地系统规划提供宏观指引。

- 以目前的科学发展水平，空间数据处理技术已经基本成熟，可以将航片、卫片加工整理成高精度、高质量满足GIS使用的矢量数据。运用GIS技术可对获得矢量格式的城市绿地空间电子数据，建立完整、科学的绿地分类体系、编码体系，使之能与基础地形、栅格遥感图片进行叠加分析，从而获得局部地区详细的、多属性的绿地信息。若同时配套建立绿地管理信息系统，综合运用专题图、空间分析、空间属性一体化查询等功能，能进一步发掘有关信息，提高数据的利用深度，为城市绿地系统规划提供决策的实时信息支持。

- 利用先进的GIS、RS技术进行城市现状绿地的调查分析，其经济效益非常明显。从国内一些城市的实践情况来看，采用传统的人工现场调查估算方法与采用GIS、RS等信息技术相比，前者耗费人力多，资金投入大，工期长，精度低；后者耗费人力少，资金投入小，工期短，精度高。通过佛山、广州等城市的实践表明：运用的GIS、RS技术，结合人工现场调查进行城市绿地的现状调查分析，在技术上已基本成熟，效益显著，具有广泛的推广价值。采用这种技术得出调查成果与航片、卫片的叠加比较便于复查，从而降低了误差，能最大限度

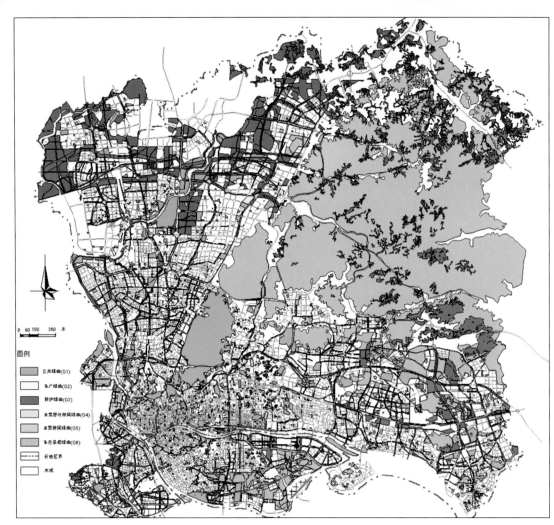

图例

公共绿地(G1)
生产绿地(G2)
防护绿地(G3)
居住附属绿地(G4)
单位附属绿地(G5)
生态景观绿地(G6)
行政区界
水域

0 90 180 360 米

图 5-5 用 GIS 辅助规划的广州中心城区绿地布局总图

地减少人工调查中的"水分"。对于大中城市来讲，通过该技术手段能及时准确地获取翔实的城市绿地信息，以先进的信息技术提高城市绿地系统的规划建设水平。如果能在国家城市绿化行政主管部门的统一领导下大范围地推广应用这种技术方法，建立相应的数据信息普查、复查监控机制，将大大有利于统筹分析各地城市的园林绿化建设宏观信息，促进全国的城市园林绿化建设。

总之，信息技术在城市绿地系统规划工作中的全面应用，是先进生产力和现代社会发展的必然趋势。不过，从全国的情况来看，这项工作目前尚处于探索试行阶段，有关的技术手段和方法还需要进一步完善成熟。为了推动这一事业的进展，本章所介绍的内容谨为抛砖引玉，供读者参考。

（注：本章涉及的项目研究内容，系与张宏利先生及有关单位的同志合作完成，谨致谢意。）

表 5－5 城市绿地规划与建设信息管理系统研制流程示例

项　目	时间（星期）											
	1	2	3	4	5	6	7	8	9	10	11	12
现状绿地资料整理	■	■	■	■								
规划绿地资料整理	■	■	■									
应用植物资料整理			■	■	■	■						
古树名木资料整理			■	■								
其他规划资料整理			■	■	■							
软件需求调查报告	■			■	■							
软件总体设计			■	■	■							
软件功能设计						■	■	■	■			
软件编码									■	■	■	
软件测试与试用											■	■
规划数据演示平台									■	■		■

昆明世博园名花奇石景区

附录
城市绿地规划建设法规文件选辑

A、全国性法规文件

● 中华人民共和国城市规划法 (1990年4月1日起施行)

第一章　总　则

第7条　城市总体规划应当和国土规划、区域规划、江河流域规划、土地利用总体规划相协调。

第二章　城市规划的制定

第14条　编制城市规划应当注意保护和改善城市生态环境，防止污染和其他公害，加强城市绿化建设和市容环境卫生建设，保护历史文化遗产、城市传统风貌、地方特色和自然景观。

编制民族自治地方的城市规划，应当注意保持民族传统和地方特色。

第19条　城市总体规划应当包括：城市的性质、发展目标和发展规模，城市主要建设标准和定额指标，城市建设用地布局、功能分区和各项建设的总体部署，城市综合交通体系和河湖、绿地系统，各项专业规划，近期建设规划。

● 中华人民共和国环境保护法 (1989年12月26日起施行)

第三章　保护和改善环境

第22条　制定城市规划，应当确定保护和改善环境的目标和任务。

第33条　城乡建设应当结合当地自然环境和特点，保护植被、水域和自然景观，加强城市园林、绿地和风景名胜区的建设。

● 国务院：《城市绿化条例》(1992年8月1日起施行)

第二章　规划和建设

第八条：城市人民政府应当组织城市规划行政主管部门和城市绿化行政主管部门等共同编制城市绿化规划，并纳入城市总体规划。

第九条：城市绿化规划应当从实际出发，根据城市发展需要，合理安排同城市人口和城市面积相适应的城市绿化用地面积。城市人均公共绿地面积和绿化覆盖率等规划指标，由国务院城市建设行政主管部门根据不同城市的性质、规模和自然条件等实际情况规定。

第十条：城市绿化规划应当根据当地的特点，利用原有的地形、地貌、水体、植被和历史文化遗址等自然、人文条件，以方便群众为原则，合理设置公共绿地、居住区绿地、防护绿地、生产绿地和风景林地等。

第十一条：城市绿化工程的设计，应当委托持有相应资格证书的设计单位承担。工程建设项目的附属绿化工程设计方案，按照基本建设程序审批时，必须有城市人民政府城市绿化行政主管部门参加审查。城市的公共绿地、居住区绿地、风景林地和干道绿化带等绿化工程的设计方案，必须按照规定报城市人民政府城市绿化行政主管部门或者其上级行政主管部门审批。建设单位必须按照批准的设计方案进行施工。设计方案确需改变时，须经原批准机关审批。

第十二条：城市绿化工程的设计，应当借鉴国内外先进经验，体现民族风格和地方特色。城市公共绿地和居住区绿

广州雕塑公园水石景

广州艺术博物院内庭绿化

地的建设，应当以植物造景为主，选用适合当地自然条件的树木花草，并适当配置泉、石、雕塑等景物。

第十三条：城市绿化规划应当因地制宜地规划不同类型的防护绿地。各有关单位应当依照国家有关规定，负责本单位管界内防护绿地的绿化建设。

第十四条：单位附城市人民政府城市绿化行政主管部门应当监督检查，并给予技术指导。

第十五条：城市苗圃、草圃、花圃等生产绿地的建设，应当适应城市绿化建设的需要。

第十六条：城市绿化工程的施工，应当委托持有相应资格证书的单位承担。绿化工程竣工后，应当经城市人民政府城市绿化行政主管部门或者该工程的主管部门验收合格后，方可交付使用。

第十七条：城市新建、扩建、改建工程项目和开发住宅区项目，需要绿化的，其基本建设投资中应当包括配套的绿化建设投资，并统一安排绿化工程施工，在规定的期限内完成绿化任务。

第三章　保护和管理

第十八条：城市的公共绿地、风景林地、防护绿地、行道树及干道绿化带的绿化，由城市人民政府城市绿化行政主管部门管理；各单位管界内的防护绿地的绿化，由该单位按照国家有关规定管理；单位自建的公园和单位附属绿地的绿化，由该单位管理；居住区绿地的绿化，由城市人民政府城市绿化行政主管部门根据实际情况确定的单位管理；城市苗圃、草圃和花圃等，由其经营单位管理。

第十九条：任何单位和个人都不得擅自改变城市绿化规划用地性质或者破坏绿化规划用地的地形、地貌、水体和植被。

第二十条：任何单位和个人都不得擅自占用城市绿化用地；占用的城市绿化用地，应当限期归还。因建设或者其他

特殊需要临时占用城市绿化用地，须经城市人民政府城市绿化行政主管部门同意，并按照有关规定办理临时用地手续。

第二十一条：任何单位和个人都不得损坏城市树木花草和绿化设施。砍伐城市树木，必须经城市人民政府城市绿化行政主管部门批准，并按照国家有关规定补植树木或者采取其他补救措施。

第二十二条：在城市的公共绿地内开设商业、服务摊点的，必须向公共绿地管理单位提出申请，经城市人民政府城市绿化行政主管部门或者其授权的单位同意后，持工商行政管理部门批准的营业执照，在公共绿地管理单位指定的地点从事经营活动，并遵守公共绿地和工商行政管理的规定。

第二十三条：城市的绿地管理单位，应当建立、健全管理制度，保持树木花草繁茂及绿化设施完好。

第二十四条：为保证管线的安全使用需要修剪树木时，必须经城市人民政府城市绿化行政主管部门批准，按照兼顾管线安全使用和树木正常生长的原则进行修剪。承担修剪费用的办法，由城市人民政府规定。因不可抗力致使树木倾斜危及管线安全时，管线管理单位可以先行修剪、扶正或者砍伐树木，但是，应当及时报告城市人民政府城市绿化行政主管部门和绿地管理单位。

第二十五条：百年以上树龄的树木，稀有、珍贵树木，具有历史价值或者重要纪念意义的树木，均属古树名木。对城市古树名木实行统一管理，分别养护。城市人民政府城市绿化行政主管部门，应当建立古树名木的档案和标志，划定保护范围，加强养护管理。在单位管界内或者私人庭院内的古树名木，由该单位或者居民负责养护，城市人民政府城市绿化行政主管部门负责监督和技术指导。严禁砍伐或者迁移古树名木。因特殊需要迁移古树名木，必须经城市人民政府城市绿化行政主管部门审查同意，并报同级或者上级人民政府批准。

● **国务院关于加强城市绿化建设的通知** (国发[2001]20号，2001年5月31日)

各省、自治区、直辖市人民政府，国务院各部委、各直属机构：

为了促进城市经济、社会和环境的协调发展，进一步提高城市绿化工作水平，改善城市生态环境和景观环境，现就加强城市绿化建设的有关问题通知如下：

一、充分认识城市绿化的重要意义

城市绿化是城市重要的基础设施，是城市现代化建设的重要内容，是改善生态环境和提高广大人民群众生活质量的公益事业。改革开放以来，特别是90年代以来，我国的城市绿化工作取得了显著成绩，城市绿化水平有了较大提高。但总的看来，绿化面积总量不足，发展不平衡、绿化水平比较低；城市内树木特别是大树少，城市中心地区绿地更少，城市周边地区没有形成以树木为主的绿化隔离林带，建设工程的绿化配套工作不落实。一些城市人民政府的领导对城市绿化工作的重要性缺乏足够的认识；违反城市总体规划和城市绿地系统规划，随意侵占绿地和改变规划绿地性质的现象比较严重；绿化建设资金短缺，养护管理资金严重不足；城市绿化法制建设滞后，管理工作薄弱。

地方各级人民政府和国务院有关部门要充分认识城市绿化对调节气候、保持水土、减少污染、美化环境，促进经济社会发展和提高人民生活质量所起的重要作用，增强对搞好城市绿化工作的紧迫感和使命感，采取有力措施，加强城市绿化建设，提高城市绿化的整体水平。

二、城市绿化工作的指导思想和任务

(一)城市绿化工作的指导思想是：以加强城市生态环境建设，创造良好的人居环境，促进城市可持续发展为中心；坚持政府组织、群众参与、统一规划、因地制宜、讲求实效的原则，以种植树木为主，努力建成总量适宜、分布合理、植物多样、景观优美的城市绿地系统。

(二)今后一个时期城市绿化的工作目标和主要任务是：到2005年，全国城市规划建成区绿地率达到30%以上，绿化覆盖率达到35%以上，人均公共绿地面积达到8m²以上，城市中心区人均公共绿地达到4m²以上；到2010年，城市规划建成区绿地率达到35%以上，绿化覆盖率达到40%以上，人均公共绿地面积达到10m²以上，城市中心区人均公共绿地达到6m²以上。由于各地城市经济、社会发展状况和自然条件差别很大，各地应根据当地的实际情况确定不同城市的绿化目标。为此，

要加强城市规划建成区的绿化建设，尽快改变建成区绿地不足的状况，特别是城市中心区的绿化要有大的改观，要多种树、种大树，增加绿化面积，改善生态质量。加快城市范围内道路和铁路两侧林带、河边、湖边、海边、山坡绿化带建设步伐。建成一批有一定规模、一定水平和分布合理的城市公园，有条件的城市要加快植物园、动物园、森林公园和儿童公园等各类公园的建设。居住区绿化、单位绿化及各类建设项目的配套绿化都要达到《城市绿化规划建设指标的规定》的标准。要大力推进城郊绿化，特别是在特大城市和风沙侵害严重的城市周围形成较大的绿化隔离林带，在城市功能分区的交界处建设绿化隔离带，初步形成各类绿地合理配置，以植树造林为主，乔、灌、花、草有机搭配，城郊一体的城市绿化体系。

三、采取有力措施，加快城市绿化建设步伐

(一)加强和改进城市绿化规划编制工作。地方各级人民政府在组织编制城市总体规划和详细规划时，要高度重视城市绿化工作。城市规划和城市绿化行政主管部门等要密切合作，共同编制好《城市绿地系统规划》。规划中要按规定标准划定绿化用地面积，力求公共绿地分层次合理布局；要根据当地情况，分别采取点、线、面、环等多种形式，切实提高城市绿化水平。要建立并严格实行城市绿化"绿线"管制制度，明确划定各类绿地范围控制线。近期内城市人民政府要对已经批准的城市绿化规划进行一次检查，并将检查结果向上一级政府作出报告。尚未编制《城市绿地系统规划》的，要在2002年底前完成补充编制工作，并依法报批。对于已经编制，但不符合城市绿化建设要求以及没有划定绿线范围的，要在2001年底前补充、完善。批准后的《城市绿地系统规划》要向社会公布，接受公众监督，各级人民政府应定期组织检查，督促落实。

(二)严格执行《城市绿地系统规划》。要严格按规划确定的绿地进行绿化管理，绿线内的用地不得改作他用，更不

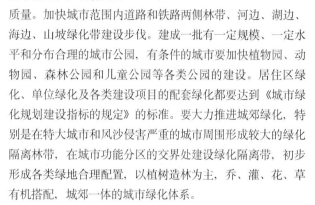

广州麓湖公园高尔夫俱乐部

青岛市绿化景观

能进行经营性开发建设。因特殊需要改变绿地规划、绿地性质的，应报经原批准机关重新审核，报上一级机关审批，并严格按规定程序办理审批手续。在旧城改造和新区建设中，要严格控制建筑密度，尽可能创造条件扩大绿地面积，城市规划和城市绿化行政主管部门要对新建、改建和扩建项目实行跟踪管理。要将城市范围内的河岸、湖岸、海岸、山坡、城市主干道等地带作为"绿线"管理的重点部位。同时，要严格保护重点公园、古典园林、风景名胜区和古树名木。对影响景观环境的建筑、游乐设施等要逐步迁移。

(三)加大城市绿化资金投入，建立稳定的、多元化的资金渠道。城市绿化建设资金是城市公共财政支出的重要组成部分，要坚持以政府投入为主的方针。城市各级财政应安排必要的资金保证城市绿化工作的需要，尤其要加大城市绿化隔离林带和大型公园绿地建设的投入，特别是要增加管理维护资金。国家将通过加大对中西部地区和贫困地区转移支付力度，支持中西部地区城市绿化建设。同时，拓宽资金渠道，引导社会资金用于城市绿化建设。城市的各项建设都应将绿化费用纳入投资预算，并按规定建设绿地。对不能按要求建设绿地或建设绿地面积未达到标准的单位，由城市人民政府绿化行政主管部门依照《城市绿化条例》有关规定，责令其补建并达到规定面积，确保绿化建设。具体办法由省、自治区、直辖市人民政府制定。

(四)保证城市绿化用地。要在继续从严控制城市建设用地的同时，采取多种方式增加城市绿化用地。在城市国有土地上建设公共绿地，土地由当地城市人民政府采取划拨方式提供。国家征用农用地建设公共绿地的，按《中华人民共和国土地管理法》规定的标准给予补偿。各类工程建设项目的配套绿化用地，要一次提供，统一征用，同步建设。在城市规划区周围根据城市总体规划和土地利用规划建设绿化隔离林带，其用地涉及的耕地，可以视作农业生产结构调整用地，不作为耕地减少进行考核。为加快城郊绿化，应鼓励和支持农民调整农业结构，也可采取地方政府补助的办法建设苗圃、公园、运动绿地、经济林和生态林等。

(五)切实搞好城市建成区的绿化。对城市规划建成区内绿地未达到规定标准的，要优化城市用地结构，提高绿化用地在城市用地中的比例。要结合产业结构调整和城市环境综合整治，迁出有污染的企业，增加绿化用地。建成区内闲置的土地要限期绿化，对依法收回的土地要优先用于城市绿化。地方各级人民政府要对城市内的违章建筑进行集中清理整顿，限期拆除，拆除建筑物后腾出的土地尽可能用于绿化。城市的各类房屋建设，应在该建筑所在区位，在规划确定的地点、规定的期限内，按其建筑面积的一定比例建设绿地。各类建设工程要与其配套的绿化工程同步设计、同步施工、同步验收。达不到规定绿化标准的不得投入使用，对确有困难的，可进行异地绿化。要充分利用建筑墙体、屋顶和桥体等绿化条件，大力发展立体绿化。城市绿化行政主管部门要切实加强绿化工程建设的监督管理。要积极实行绿化企业资质审验、绿化工程招投标制度和工程质量监督制度，确保城市绿化质量。市、区、街道和各单位都有义务建设和维护、管理好责任范围内的绿地。

(六)加强城市绿化科研设计工作。要加强城市绿化的基础研究和应用研究，建立健全园林绿化科研机构，增加研究资金。要加强城市绿地系统生物多样性的研究，特别要加强区域性物种保护与开发的研究，注重植物新品种的开发，开展园林植物育种及新品种引进培育的试验。要加强植物病虫害的防治研究和节水技术的研究。加大新成果、新技术的推广力度，大力促进科技成果的转化与应用。要搞好园林绿化设计工作。各城市在园林绿化设计中要借鉴国内外先进经验，体现本地特色和民族风格，突出科学性和艺术性。各地要因地制宜，在植物种类上注重乔、灌、花、草的合理配置，优先发展乔木；园林绿化应以乡土植物为主，积极引进适合在本地区生长发育的园林植物，海关、质量监督检验检疫等部门应积极配合和支持。城市公园和绿地要以植物造景为主，植物配置要以乔木为主，提高绿地的生态效益和景观效益，为人民群众营造更多的绿色休憩空间。

青岛市海滨绿化

(七)加快城市绿化法制建设。要认真贯彻执行《中华人民共和国城市规划法》、《中华人民共和国森林法》和《城市绿化条例》；并抓紧组织修改《城市绿化条例》，增加对违法行为的处罚条款，加大处罚力度；制定和完善城市绿化技术标准和规范，逐步建立和完善城市绿化法规体系。各地要结合本地实际、制定和完善地方城市绿化法规。城市绿化行政主管部门要依法行政，加强城市绿化行业管理与执法工作，坚决查处侵占绿地、乱伐树木和破坏绿化成果的行为，对违法砍伐树木、侵占绿地的要严厉处罚。建设部和省级城市绿化行政主管部门要加大城市绿化管理工作力度，加强执法检查和监督管理。

四、加强对城市绿化工作的组织领导

(一)各级城市人民政府要把城市绿化作为一项重要工作，列入议事日程。要把城市绿化纳入国民经济和社会发展计划，市长对城市绿化工作负主要责任。要科学决策、正确引导、建立城市绿化目标责任制，保证城市绿地系统规划的实施。

(二)各级人民政府要建立健全城市绿化管理机构，稳定专业技术队伍，保证城市绿化工作的正常开展。城市绿化行政主管部门要加强技术指导。各有关部门要明确责任，密切配合，积极支持城市绿化工作。建设部要加强调查研究，针对城市绿化工作中出现的问题，拟定有关政策措施，指导城市绿化健康发展。城市绿化的项目建设要引入市场机制。

(三)各级人民政府要组织好城市全民义务植树，广泛组织城市适龄居民参加植树绿化活动。要搞好城市全民义务植树规划，严格落实义务植树任务和责任，加强技术指导和苗木基地建设以及苗木供应，确保植树成活率和保存率，保证绿化质量。

(四)继续做好建设园林城市工作。通过明确目标、科学考核，使更多的城市成为园林城市；积极组织开展创建园林小区、园林单位等活动，搞好单位绿化、小区绿化。要开展认建、认养、认管绿地活动，引导和组织群众建纪念林、种纪念树。

城市绿化工作是一项服务当代、造福子孙的伟大事业。各级人民政府及城市绿化行政主管部门一定要加强领导和组织协调，结合各地实际，积极制定加强城市绿化建设的政策

措施，切实加强和改进城市绿化工作，促进我国城市绿化事业的健康发展。

建设部要定期对本通知的执行情况进行监督检查，并向国务院作出书面报告。

● **国家建委、国家农委：《村镇规划原则》(1982年1月14日起试行)**

第十一章　绿化规划

第48条 绿化应包括各项用地分区之间的隔离绿带、路旁、水旁、宅旁和一些公共建筑周围的绿化以及村镇内果园、苗圃与村镇边缘的防护林带等，以形成绿化系统，改善局部气候，美化环境。

第49条 绿化要结合生产，因地制宜地多种植有经济价值的植物，为国家创造财富，为集体和个体增加收益。

第50条 村镇内的干路两侧、住宅院内和公共建筑地段上，均应多植树。社队生产建筑用地内，也应根据自然条件和生产性质搞好绿化。凡是不宜建筑的零星地段、山岗、水旁等都要进行绿化。

第51条 结合各地名胜古迹、革命历史遗迹和自然保护区的保护要求，设置必要的游览绿化地段。

● **建设部：《城市规划编制办法》(1991年10月1日起施行)**

第二章　总体规划的编制

第16条 城市总体规划应当包括下列内容：
(7)确定城市园林绿地系统的发展目标及总体布局；
(10)确定需要保护的风景名胜、文物古迹、传统街区，划定保护和控制范围，提出保护措施，历史文化名城要编制专门的保护规划；
(12)综合协调市区与近郊区村庄、集镇的各项建设，统

红瓦绿树青岛美

筹安排近郊区村庄、集镇的居住用地、公共服务设施、乡镇企业、基础设施和菜地、牧草地、副食品基地，划定需要保留和控制的绿色空间；

第三章 分区规划的编制

第19条 分区规划应包括下列内容：

(4)确定绿地系统、河流水面、供电高压线走廊、对外交通设施、风景名胜的用地界线和文物古迹、传统街区的保护范围，提出空间形态的保护要求；

第23条 控制性详细规划应包括下列内容：

(2)规定各地块建筑高度、建筑密度、容积率、绿地率等控制指标；规定交通出入口方位、停车泊位、建筑后退红线距离、建筑间距等要求；

第26条 修建性详细规划应包括下列内容：

(4)绿地系统规划设计；

● 建设部：《城市规划编制办法实施细则》(1995年6月起施行)

第三章 总体规划阶段的各项专业规划

第16条 园林绿化、文物古迹及风景名胜规划(必要时可分别编制)。

(一)文本内容

1、公共绿地指标；

2、市、区级公共绿地布置；

3、防护绿地、生产绿地位置范围；

4、主要林荫道布置；

5、文物古迹、历史地段、风景名胜区保护范围、保护控制要求。

(二)图纸内容

1、市、区级公共绿地(公园、动物园、植物园、陵园、

大于2000m²的街头、居住区级绿地、滨河绿地、主要林荫道)用地范围；

2、苗圃、花圃、专业植物等绿地范围；

3、防护林带、林地范围；

4、文物古迹、历史地段、风景名胜区位置和保护范围；

5、河湖水系范围。

● 建设部：《城市用地分类与规划建设用地标准》(GBJ 137-90，1991年3月1日起施行)

第四章 规划建设用地标准

第二节 规划人均单项建设用地指标

第4.2.1条 编制和修订城市总体规划时，居住、工业、道路广场和绿地四大类主要用地规划人均单项用地指标应符合的表4.2.1规定。

第三节 规划建设用地结构

第4.3.1条 编制和修订城市总体规划时，居住、工业、道路广场和绿地四大类主要用地占建设用地的比例应符合表4.3.1的规定。

第4.3.4条 风景旅游城市及绿化条件较好的城市，其绿地占建设用地的比例可大于15%。

第4.3.5条 居住、工业、道路广场和绿地四大类用地总和占建设用地比例宜为60%-75%。

● 建设部：《城市绿化规划建设指标的规定》(1994年1月1日起施行)

第一条 根据《城市绿化条例》第九条的授权，为加强城市绿化规划管理，提高城市绿化水平、制定本规定。

第二条 本规定所称城市绿化规划指标包括人均公共绿地面积、城市绿化覆盖率和城市绿地率。

第三条 人均公共绿地面积，是指城市中每个居民平均占有公共绿地的面积。

规划人均单项建设用地指标 (表4.2.1)

类别名称	用地指标(m²/人)
居住用地	18.0 - 28.0
工业用地	10.0 - 25.0
道路广场用地	7.0 - 15.0
绿 地	≥ 9.0
其中：公共绿地	≥ 7.0

规划建设用地结构 (表4.3.1)

类别名称	占建设用地的比例(%)
居住用地	20 - 32
工业用地	15 - 25
道路广场用地	8 - 15
绿 地	8 - 15

广州雕塑公园

计算公式：人均公共绿地面积(平方米)＝城市公共绿地总面积÷城市非农业人口。

人均公共绿地面积指标根据城市人均建设用地指标而定：

（一）人均建设用地指标不足75m²的城市，人均公共绿地面积到2000年应不少于5m²；到2010年应不少于6m²。

（二）人均建设用地指标75～105m²的城市，人均公共绿地面积到2000年不少于6m²；到2010年应不少于7m²。

（三）人均建设用地指标超过105m²的城市，人均公共绿地面积列2000年应不少于7m²；到2010年应不少于8m²。

第四条 城市绿化覆盖率，是指城市绿化覆盖面积占城市面积比率。

计算公式：城市绿化覆盖率(%)＝(城市内全部绿化种植垂直投影面积÷城市面积)×100%。

城市绿化覆盖率到2000年应不少于30%，到2010年应不少于35%。

第五条 城市绿地率，是指城市各类绿地(含公共绿地、居住区绿地、单位附属绿地、防护绿地、生产绿地、风景林地等六类)总面积占城市面积的比率。

计算公式：城市绿地率(%)＝(城市六类绿地面积之和÷城市总面积)×100%。

城市绿地率到2000年应不少于25%，到2010年应不少于30%。

为保证城市绿地率指标的实现，各类绿地单项指标应符合下列要求：

（一）新建居住区绿地占居住区总用地比率不低于30%。

（二）城市道路均应根据实际情况搞好绿化。其中主干道绿带面积占道路总用地比率不于20%，次干道绿带面积所占比率不低于15%。

（三）城市内河、海、湖等水体及铁路旁的防护林带宽度应不少于30m。

（四）单位附属绿地面积占单位总用地面积比率不低于30%，其中工业企业；交通枢纽、仓储、商业中心等绿地率不低于20%；产生有害气体及污染工厂的绿地率不低于30%，并根据国家标准设立不少于50m的防护林带；学校、医院、休疗养院所、机关团体、公共文化设施、部队等单位的

绿地率不低于35%。因特殊情况不能按上述标准进行建设的单位，必须经城市园林绿化行政主管部门批准，并根据《城市绿化条例》第十七条规定，将所缺面积的建设资金交给城市园林绿化行政主管部门统一安排绿化建设作为补偿，补偿标准应根据所处地段绿地的综合价值所在城市具体规定。

（五）生产绿地面积占城市建成区总面积比率不低于2%。

（六）公共绿地中绿化用地所占比率，应参照GJ48-92《公园设计规范》执行。属于旧城改造区的，可对本条(一)、（二）、(四)项规定的指标降低5个百分点。

第六条 各城市应根据自身的性质、规模、自然条件、基础情况等分别按上述规定具体确定指标，制定规划，确定发展速度，在规划的期限内达到规定指标。城市绿化指标的确定应报省、自治区、直辖市建设主管部门核准，报建设部备案。

第七条 各地城市规划行政主管部门及城市园林绿化行政主管部门应按上述际准审核及审批各类开发区、建设项目绿地规划；审定规划指标和建设计划，依法监督城市绿化各项规划指标的实施。城市绿化现状的统计指标和数据以城市园林绿化行政主管部门提供、发布或上报统计行政主管部门的数据为准。

第八条 本规定由建设部负责解释。

第九条 本规定自1994年1月1日起实施。

● **建设部：《国家园林城市标准》(2000年5月11日)**

一、组织管理（ 10分）

1、认真执行国务院《城市绿化条例》；

2、市政府领导重视城市绿化美化工作，创建活动动员有力、组织保障、政策资金落实；

3、创建工作指导思想明确、实施措施有力；

4、结合城市园林绿化工作实际、创造出丰富经验，对全国有示范、推动作用；

5、城市园林绿化行政主管部门的机构完善、职能明确、行业管理到位；

6、管理法规和制度健全、配套；

威海市绿化景观

花之径(深圳)

7、执法管理落实、有效，无非法侵占绿地、破坏绿化成果的严重事件；

8、园林绿化科研队伍和资金落实，科研成效显著。

二、规划设计（10分）

1、城市绿地系统规划编制完成，获批准并纳入城市总体规划，严格实施规划，取得良好的生态、环境效益；

2、城市公共绿地、居住区绿地、单位附属绿地、防护绿地、生产绿地、风景林地及道路绿化布局合理、功能健全，形成有机的完整系统；

3、编制完成城市规划区范围内植物物种多样性保护规划；

4、认真执行《公园设计规范》，城市园林的设计、建设、养护管理达到先进水平，景观效果好。

三、景观保护（8分）

1、突出城市文化和民族特色，保护历史文化措施有力，效果明显，文物古迹及其所处环境得到保护；

2、城市布局合理，建筑和谐，容貌美观；

3、城市古树名木保护管理法规健全，古树名木保护建档立卡，责任落实，措施有力；

4、户外广告管理规范，制度健全完善，效果明显。

四、绿化建设（30分）

(一)指标管理

1、城市园林绿化工作成果达到全国先进水平，各项园林绿化指标最近五年逐年增长；

2、经遥感技术鉴定核实，城市绿化覆盖率、建成区绿地率、人均公共绿地面积指标，达到基本指标；

3、各城区间的绿化指标差距逐年缩小，城市绿化覆盖率、绿地率相差在5个百分点、人均公共绿地面积差距在2m²内。

(二)道路绿化

1、城市街道绿化按道路长度普及率、达标率分别在95%和80%以上；

2、市区干道绿化带面积不少于道路总用地面积的25%；

3、全市形成林荫路系统，道路绿化、美化具有本地区特点。江、河、湖、海等水体沿岸绿化良好，具有特色，形成城市特有的风光带。

(三)居住区绿化

1、新建居住小区绿化面积占总用地面积的30%以上，辟有休息活动园地，改造旧居住区绿化面积也不少于总用地面积的25%；

2、全市园林式居住区占60%以上；

3、居住区园林绿化养护管理资金落实，措施得当，绿化种植维护落实，设施保持完整。

(四)单位绿化

1、市内各单位重视庭院绿化美化。开展"园林式单位"评选活动，标准科学合理，制度严格，成效显著；

2、达标单位占70%以上，先进单位占20%以上；

3、各单位和居民个人积极开展庭院、阳台、屋顶、墙面、室内绿化及认养绿地等绿化美化活动，取得良好的效果。

(五)苗圃建设

1、全市生产绿地总面积占城市建成区面积2%以上；

2、城市各项绿化美化工程所用苗木自给率达80%以上，并且规格、质量符合城市绿化栽植工程需要；

3、园林植物引种、育种工作成绩显著，培育出一批适应当地条件的具有特性、抗性优良品种。

(六)城市全民义务植树

城市全民义务植树每年完成，植树成活率和保存率均不低于85%，尽责率在80%以上。

(七)立体绿化

垂直绿化普遍开展，积极推广屋顶绿化，景观效果好。

五、园林建设（12分）

1、城市建设精品多，标志性设施有特色，水平高；

2、城市公园绿地布局合理，分布均匀，设施齐全，维护良好，特色鲜明；

3、公园设计突出植物景观，绿化面积应占陆地总面积的70%以上，绿化种植植物群落富有特色，维护管理良好；

国家园林城市基本指标表

指标类别	城市位置	大城市	中等城市	小城市
人均公共绿地 (m²)	秦岭淮河以南	6.5	7	8
	秦岭淮河以北	6	6.5	7.5
绿地率(%)	秦岭淮河以南	30	32	34
	秦岭淮河以北	28	30	32
绿化 覆盖率(%)	秦岭淮河以南	35	37	39
	秦岭淮河以北	33	35	37

绿色长廊（广州）

4、推行按绿地生物量考核绿地质量，园林绿化水平不断提高，绿地维护管理良好；

5、城市广场建设要突出以植物造景为主，植物配置要乔灌草相结合，建筑小品、城市雕塑要突出城市特色，与周围环境协调美观，充分展示城市历史文化风貌。

六、生态建设（15分）

1、城市大环境绿化扎实开展，效果明显，形成城乡一体的优良环境，形成城市独有的独特自然、文化风貌；

2、按照城市卫生、安全、防灾、环保等要求建设防护绿地，维护管理措施落实，城市热岛效应缓解，环境效益良好；

3、城市环境综合治理工作扎实开展，效果明显；

4、生活垃圾无害化处理率达60%以上；

5、污水处理率35%以上；

6、城市大气污染指数达到二级标准，地表水环境质量标准达到三类以上；

7、城市规划区内的河、湖、渠全面整治改造，形成城市园林景观，效果显著。

七、市政建设（15分）

1、燃气普及率80%以上；

2、万人拥有公共交运车辆达10辆（标台）以上；

3、实施城市亮化工程，效果明显，城市主次干道灯光亮灯率97%以上；

4、人均拥有道路面积9m²以上；

5、用水普及率98%以上；

6、水质综合合格率100%。

八、特别条款

1、经遥感技术鉴定核实，达不到基本指标，不予验收；

2、城市绿地系统规划未编制，或未按规定获批准纳入城市总体规划的，暂缓验收；

3、连续发生重大破坏绿化成果的行为，暂缓验收；

4、城市园林绿化单项工作在全国处于领先水平的，加1分；

5、城市绿化覆盖率、建成区绿地率每高出2个百分点或人均公共绿地面积每高于1m²，加1分；最高加5分；

6、城市园林绿化基本指标最近五年逐年增加低于0.5%或0.5m²，倒扣1分；

7、城市生产绿地总面积低于城市建成区面积的1.5%的，倒扣1分；

8、城市园林绿化行政主管部门的机构不完善，行业管理职能不到位以及管理体制未理顺的，倒扣2分；

9、有严重破坏绿化成果的行为，视情况倒扣分。

直辖市园林城区验收

基本指标按中等城市执行。以下项目不列入验收范围：

1、城市绿地系统规划编制完成，获批准并纳入城市总体规划，规划得到实施和严格管理，取得良好的生态环境效益；

2、城市公共绿地、居住区绿地、单位附属绿地、防护绿地、生产绿地、风景林地及道路绿化布局合理、功能健全，形成有机的完整的系统；

3、编制完成城市规划区范围内植物物种多样性规划；

4、城市大环境绿化扎实开展，效果明显，形成城乡一体的优良环境，形成城市独有的独特自然、文化风貌；

5、按照城市卫生、安全、防灾、环保等要求建设防护绿地，维护管理措施落实，城市热岛效应缓解，环境效益良好。

● 建设部：《城市古树名木保护管理办法》（建城[2000]192号，2000年9月1日）

第一条 为切实加强城市古树名木的保护管理工作，制定本办法。

第二条 本办法适用于城市规划区内和风景名胜区的古树名木保护管理。

第三条 本办法所称的古树，是指树龄在一百年以上的树木。

本办法所称的名木，是指国内外稀有的以及具有历史价值和纪念意义及重要科研价值的树木。

第四条 古树名木分为一级和二级。

草原欢歌

凡树龄在300年以上，或者特别珍贵稀有，具有重要历史价值和纪念意义，重要科研价值的古树名木，为一级古树名木；其余为二级古树名木。

第五条 国务院建设行政主管部门负责全国城市古树名木保护管理工作。

省、自治区人民政府建设行政主管部门负责本行政区域内的城市古树名木保护管理工作。

城市人民政府城市园林绿化行政主管部门负责本行政区域内城市古树名木保护管理工作。

第六条 城市人民政府城市园林绿化行政主管部门应当对本行政区域内的古树名木进行调查、鉴定、定级、登记、编号，并建立档案，设立标志。

一级古树名木由省、自治区、直辖市人民政府确认，报国务院建设行政主管部门备案；二级古树名木由城市人民政府确认，直辖市以外的城市报省、自治区建设行政主管部门备案。

城市人民政府园林绿化行政主管部门应当对城市古树名木，按实际情况分株制定养护、管理方案，落实养护责任单位、责任人，并进行检查指导。

第七条 古树名木保护管理工作实行专业养护部门保护管理和单位、个人保护管理相结合的原则。

生长在城市园林绿化专业养护管理部门管理的绿地、公园等的古树名木，由城市园林绿化专业养护管理部门保护管理；

生长在铁路、公路、河道用地范围内的古树名木，由铁路、公路、河道管理部门保护管理；

生长在风景名胜区内的古树名木，由风景名胜区管理部门保护管理。

散生在各单位管界内及个人庭院中的古树名木，由所在单位和个人保护管理。

变更古树名木养护单位或者个人，应当到城市园林绿化行政主管部门办理养护责任转移手续。

第八条 城市园林绿化行政主管部门应当加强对城市古树名木的监督管理和技术指导，积极组织开展对古树名木的科学研究，推广应用科研成果，普及保护知识，提高保护和管理水平。

第九条 古树名木的养护管理费用由古树名木责任单位或者责任人承担。

抢救、复壮古树名木的费用，城市园林绿化行政主管部门可适当给予补贴。

城市人民政府应当每年从城市维护管理经费、城市园林绿化专项资金中划出一定比例的资金用于城市古树名木的保护管理。

第十条 古树名木养护责任单位或者责任人应按照城市园林绿化行政主管部门规定的养护管理措施实施保护管理。古树名木受到损害或者长势衰弱，养护单位和个人应当立即报告城市园林绿化行政主管部门，由城市园林绿化行政主管部门组织治理复壮。

对已死亡的古树名木，应当经城市园林绿化行政主管部门确认，查明原因，明确责任并予以注销登记后，方可进行处理。处理结果应及时上报省、自治区建设行政部门或者直辖市园林绿化行政主管部门。

第十一条 集体和个人所有的古树名木，未经城市园林绿化行政主管部门审核，并报城市人民政府批准的，不得买卖、转让。捐献给国家的，应给予适当奖励。

第十二条 任何单位和个人不得以任何理由、任何方式砍伐和擅自移植古树名木。

因特殊需要，确需移植二级古树名木的，应当经城市园林绿化行政主管部门和建设行政主管部门审查同意后，报省、自治区建设行政主管部门批准；移植一级古树名木的，应经省、自治区建设行政主管部门审核，报省、自治区人民政府批准。

直辖市确需移植一、二级古树名木的，由城市园林绿化行政主管部门审核，报城市人民政府批准移植所需费用，由移植单位承担。

第十三条 严禁下列损害城市古树名木的行为：

（一）在树上刻划、张贴或者悬挂物品；

（二）在施工等作业时借树木作为支撑物或者固定物；

（三）攀树、折枝、挖根摘采果实种子或者剥损树枝、树干、树皮；

（四）距树冠垂直投影5m的范围内堆放物料、挖坑取土、兴建临时设施建筑、倾倒有害污水、污物垃圾，动用明火或者排放烟气；

（五）擅自移植、砍伐、转让买卖。

第十四条 新建、改建、扩建的建设工程影响古树名木生长的，建设单位必须提出避让和保护措施。城市规划行政部门在办理有关手续时，要征得城市园林绿化行政部门的同意，并报城市人民政府批准。

第十五条 生产、生活设施等生产的废水、废气、废渣等危害古树名木生长的，有关单位和个人必须按照城市绿化行政主管部门和环境保护部门的要求，在限期内采取措施，清除危害。

第十六条 不按照规定的管理养护方案实施保护管理，影响古树名木正常生长，或者古树名木已受损害或者衰弱，其养护管理责任单位和责任人未报告，并未采取补救措施导致古树名木死亡的，由城市园林绿化行政主管部门按照《城市绿化条例》第二十七条规定予以处理。

第十七条 对违反本办法第十一条、十二条、十三条、十四条规定的，由城市园林绿化行政主管部门按照《城市绿化条例》第二十七条规定，视情节轻重予以处理。

第十八条 破坏古树名木及其标志与保护设施，违反《中华人民共和国治安管理处罚条例》的，由公安机关给予处罚，构成犯罪的，由司法机关依法追究刑事责任。

第十九条 城市园林绿化行政主管部门因保护、整治措施不力，或者工作人员玩忽职守，致使古树名木损伤或者死亡的，由上级主管部门对该管理部门领导给予处分；情节严重、构成犯罪的，由司法机关依法追究刑事责任。

第二十条 本办法由国务院建设行政主管部门负责解释。

第二十一条 本办法自发布之日起施行。

滨水生态绿地中的景观雕塑

B、地方性法规文件

● 北京市城市绿化条例
(1990年7月1日起施行)

第二章　城市绿化建设

第七条 市人民政府应当根据《北京城市建设总体规划方案》，组织编制城市绿化专业规划和分期实施计划。

第八条 城市绿化建设应当合理布局，市区绿化与郊区绿化相联结，城市绿化与城市建设、环境治理相结合，形成完整的体系。

第九条 街道绿化应当注重遮荫滞尘、减弱噪声、装饰街景、美化市容。河湖岸边应当进行绿化，重点地段应当按照城市规划逐步建成河滨、湖滨公园。

第十条 鼓励单位和居民利用庭院空地种植花草树木，提倡发展垂直绿化。

第十一条 新区开发和旧区改建都应当把绿化建设作为重要内容。郊区城镇应当按照规划进行绿化建设。

第十二条 城市苗圃、草圃、花圃的建设，应当适应城市绿化发展的需要，逐步实现城市绿化苗木自给。

城市组团隔离绿带（深圳）

第十三条 各项建设工程，应当安排一定的绿化用地，其所占建设用地面积的比例为：

（一）新建居住区不低于30%，并按居住人口人均2m²的标准建设公共绿地；居住小区按人均1 m²的标准建设公共绿地。

（二）地处三环路以外的医院不低于45%；疗养院所不低于50%。

（三）产生有毒有害气体污染的工厂等单位，不低于40%，并按有关规定营造卫生防护林带。

广州南沙开发区蒲洲花园

（四）高等院校，地处三环路以内的，不低于35%；地处三环路以外的，不低于45%。

（五）宾馆、饭店和体育场馆等大型公共建筑设施不低于30%。

（六）经市城市规划管理局审定批准的城市商业区内的大中型商业、服务业设施不低于20%。

（七）城区旧房成片改建区和风貌保护区，不低于20%。

（八）市区主干道不低于30%，次干道不低于20%。

除前款各项规定外，其他建设工程地处城区的不低于25%，地处郊区的不低于30%。

本条的具体实施办法，由市城市规划管理局和市园林局制定，报市人民政府批准执行。

第十四条 各项新建、改建、扩建工程的绿化建设费用，应当列入各该建设项目总投资。

第十五条 各单位和居住区、居住小区现有绿化用地低于第十三条规定的标准，尚有空地可以绿化的，应当绿化，不得闲置。

第十六条 个别建设工程绿化用地面积达不到第十三条规定的标准，又确需进行建设的，须经市城市规划管理局审核，报市人民政府批准，并按所缺的绿化用地面积缴纳绿化补偿费，由城市绿化管理部门按照城市规划统一进行绿化建设。

绿化补偿费标准和收缴办法，由市人民政府制定。

第十七条 城市绿化建设同其他市政公用设施建设的位置，应当由城市规划管理部门统一安排。

城市绿化管理部门进行绿化建设和管理维护，应当兼顾市政公用设施、水利工程、道路交通和消防等方面的需要。

敷设通讯电缆、输电、燃气、热力、上下水管道等市政公用设施，影响城市绿化的，在设计中和施工前，主管部门应当会同城市绿化管理部门确定保护措施。

第十八条 绿化工程应当和建设工程的主体工程同时规划、同时设计，按批准的设计方案进行建设，完成绿化的时间不得迟于主体工程投入使用后的第二个年度绿化季节。边

建设边交付使用的居住区、居住小区，已使用的楼房周围的绿化，也应当在第二个年度绿化季节完成。

对未完成绿化的，责令限期完成。逾期不完成的，由绿化专业部门进行绿化，并对责任单位按实需绿化费用的1至2倍征收绿化延误费。

建设工程竣工后，施工单位必须按有关规定拆除绿化用地范围内的临时设施，清理干净场地，为绿化创造条件。

第十九条 城市绿化建设工程的设计方案应当按下列规定审批：

（一）全市性、区域性公园的设计方案，经市园林局审核后，由市城市规划管理局审批。

（二）新建、改建居住区和居住小区、大型公共建筑以及其他重要城市建设工程的设计方案，须有市园林局参加审定。

（三）园林绿地内建筑工程的设计方案，经城市绿化管理部门审核后，由城市规划管理部门审批。

（四）其他公共绿地和城市道路绿化的设计方案，由城市绿化管理部门审批。

第三章　城市绿化管理

第二十条 城市绿化管理工作实行专业管理和群众管理相结合，并按下列规定分工负责：

（一）公共绿地、防护林带、城市道路、公路和河道、铁路两侧的绿化及其管理维护，分别由园林、公路、水利、铁路等部门负责。

（二）居住区、居住小区的绿化及其管理维护，由区、县城市绿化管理部门、街道办事处或者镇人民政府组织管辖区域内的单位和居民分片、分段负责。

（三）机关、团体、部队、企业事业单位负责本单位用地范围内和门前责任地段的绿化及其管理维护。

各级城市绿化管理部门应当发挥绿化专业执法队伍的作用，加强日常监督检查工作。

第二十一条 国家保护树木所有者和管理维护者的合法权益。树木所有权按照下列规定确认：

（一）园林、公路、水利、铁路等部门在规定的用地范围内种植和管理维护的树木，分别归该部门所有。

（二）机关、团体、部队、企业事业单位在其用地范围内种植和管理维护的树木，归该单位所有。

（三）居住区、居住小区的树木，由房屋管理部门种植和管理维护的，归房屋管理部门所有；由街道办事处种植和管理维护的，归街道办事处所有。

（四）在单位自管的公房区域内，由单位组织职工种植和管理维护的树木，归房屋产权单位所有。

（五）在私有房屋庭院内由产权所有人自种的树木，归产权所有人所有。

第二十二条 对古树名木应当严格保护和管理，禁止砍伐、移植以及其他损害行为。因特殊情况必须砍伐或者移植的，须经市园林局审核后报市人民政府批准。

第二十三条 严格控制砍伐或者移植城市树木。确需砍伐或者移植的，必须按下列规定经审查批准，领取准伐证或者准移证后方可进行：

（一）一处一次砍伐不满10株的，由市园林局审批。

（二）一处一次砍伐10株以上的，由市园林局核报市人民政府审批。

（三）除绿化专业部门正常作业以外，需要移植树木的，参照上述规定审批。

砍伐或者移植树木，必须同时提出补栽计划或者移植后养护措施，由城市绿化管理部门监督实施。

第二十四条 在发生水灾、火灾等紧急情况时，市政、公用、电讯、供电、水利、铁路、公安交通、消防等部门为抢险救灾和处理事故，需要砍伐树木的，可先行处理，事后及时向当地城市绿化管理部门报告。

第二十五条 现有公共绿地改变使用性质，须报市人民政府批准；其他城市绿地改变使用性质，须经市园林局审核，由市城市规划管理局审批。

第二十六条 严格控制临时占用城市绿地，确需临时占用的，须经市园林局审核同意后，报临时用地审批部门批准，并按规定期限恢复原状。

因临时占用城市绿地造成花草、树木损失的，由占用单位负责赔偿。

第二十七条 建设单位代征的城市绿化用地，应当按规定期限交由城市绿化专业部门进行绿化，不得自转作他用。

第二十八条 禁止下列损坏城市绿化及其设施的行为：

（一）就树盖房或者围圈树木。

（二）在绿地和道路两侧绿篱内设置营业摊位。

（三）在草坪和花坛内堆物堆料。

（四）在绿地内乱倒乱扔废弃物。

（五）损坏草坪、花坛和绿篱。

（六）钉拴刻划树木、攀折花木。

（七）其他损坏城市绿化及其设施的行为。

第二十九条 本市各级人民政府应当在预算内安排相应的城市绿化经费。

机关、团体、部队、企业事业单位应当根据本单位的绿化任务量和养护标准，按财政有关规定安排绿化经费。

居住区和居住小区的绿化养护费用由房屋产权单位支付。

绿化经费不得截留或者挪作他用。

第三十条 城市绿化管理部门依照本条例规定收取的绿化补偿费、绿化延误费等，应当列入城市绿化专项资金，专款专用，由财政部门监督使用。

● **上海市植树造林绿化管理条例** (1987年1月8日颁布实施，2000年9月22日第三次修订)

第一章　总　则

第二章　规划与建设

第八条 市绿化管理局、市农林局应当编制绿（林）地系统规划，经市规划局综合平衡后，纳入全市总体规划，与本市经济和社会发展计划相协调。

区（县）人民政府应当根据本市绿（林）地系统规划，组织有关部门编制本辖区的绿（林）地详细规划，按照详细规划的报批规定报批，并报市绿化管理局或者市农林局备案。

市或者区（县）规划管理部门应当会同绿化、林业管理

上海市街头绿地之2

部门对已建成的绿（林）地，规划确定的公园用地、楔形绿地、外环线绿带，以及城市主要道路、铁路、公路、江堤、河道（湖泊）、海塘沿线的绿（林）地划定规划绿线。

未经法定程序不得调整规划绿线。不得在规划绿线内新建、扩建建筑物、构筑物。

第九条 城市规划中的绿（林）地，不得任意改变；确需改变的，应当征得市绿化管理局或者市农林局同意，并落实新的规划绿（林）地后，按照规划审批权限一并报批。改变规划不得减少本地段内规划绿（林）地的总量。

新建、改建、扩建道路、公路时，绿化配套方案应当由绿化、林业管理部门审定。

设计道路、公路时，应当按照有关技术标准预留行道树、护路林的种植位置。新建、改建和扩建道路、公路时，应当种植行道树、护路林。立交桥、高架道路卜腹地，道路中间隔离带适宜绿化的，应当绿化。

农村河、沟、渠、路两侧，应当因地制宜营造农田林网，具体标准由区（县）人民政府规定；市区河道两侧应当绿化，具体标准由市人民政府规定。

第十条 农村的植树造林绿化，由各镇（乡）、村根据植树造林绿化规划组织实施。

农场的防护林，应当根据植树造林绿化规划的要求进行设计，由各农场负责营造和养护。

铁路、公路、海塘、江堤、县级以上河道的沿线和水闸管理区的植树造林绿化，根据市统一规划要求，分别由所辖范围的主管部门负责建设和养护。

部队营区内的植树造林绿化，由所驻部队负责建设和养护；部队驻地所在地的林场、农场、海塘和乡、村土地范围内的原有林木，由部队负责养护。

公共绿地由绿化管理部门负责建设或者组织建设，由建设单位负责养护或者落实养护责任单位；经济、技术开发区范围内的公共绿地，由经济、技术开发区的建设或者管理单位按照规划负责建设，由经济、技术开发区所在地的区

（县）人民政府会同经济、技术开发区的建设或者管理单位落实养护责任单位。符合本条例第二十条规定的招标投标条件的公共绿地养护，应当实行招标投标制度。

居住区的绿化，由建设单位负责建设，物业管理企业负责养护，经费由房屋产权所有人承担；房屋产权权属交叉地区的绿化，由区（县）人民政府指定有关部门负责养护。

机关、团体、学校、部队以及其他企业事业单位应当制订绿化计划，充分利用空地和零星土地植树、栽花、铺草，因地制宜地发展多种形式的绿化，提高绿化覆盖率。

第十一条 一切建设项目的绿（林）地面积占用地总面积的比例，应当达到下列标准：

（一）新建居住区内不得低于35%，其中用于建设公共绿地的不得低于建设项目用地总面积的10%。

（二）新建工业项目在浦西地区内环线外不得低于20%；在浦东新区和经济、技术开发区内不得低于25%；新建产生有毒有害气体的工业项目不得低于30%，并根据国家标准设立宽度不少于50m的防护林带。

（二）新建医疗卫生单位、科研教育单位、宾馆和体育场馆等大型公共建筑设施，在浦西地区内环线内不得低于30%；在浦西地区内环线外、浦东新区和经济、技术开发区内不得低于35%。

（四）新建铁路两侧绿（林）地宽度各不得少于30m，改建、扩建铁路两侧绿（林）地宽度各不得少于20m；公路主干道两侧绿（林）地宽度各不得少于20m；新建地面主干道路红线内的绿地面积不得低于道路总用地面积的20%；其他地面道路红线内的绿地面积不得低于道路总用地面积的15%。

（五）除上述新建项目以外的其他新建项目在浦西地区内环线内不得低于25%；在浦西地区内环线外、浦东新区和经济、技术开发区内不得低于30%。

（六）在浦西地区内环线内成片改建、扩建的居住区不得低于25%。

（七）改建、扩建工业项目，在浦西地区内环线内不得低于10%；在浦西地区内环线外、浦东新区和经济、技术开发区内不得低于20%。

（八）城镇、独立工业区内的建设项目分类及其标准，

上海市街头绿地之3

按照浦西地区内环线外的标准执行。

（九）围海造地的新围垦区，在随塘河面的陆地一侧25m至50m，应当营造防护林地。

本市有关主管部门在审批建设项目的计划、设计，以及规划管理部门在审批建设工程规划许可证时，应当按照前款规定的标准严格执行。确需建设而绿（林）地面积达不到前款规定标准的项目，应当经绿化或者林业管理部门批准，并按所缺的绿（林）地面积交纳绿地补偿费，由绿化或者林业管理部门在本地段内安排绿化建设。

建设项目原占用土地范围内配套绿（林）地面积已经高于规定标准的，不得减少绿（林）地面积。

第十二条 行道树的种植应当符合技术规范。

在城市道路和公路主干道两侧种植的行道树的胸径不得小于8cm，其他公路两侧种植的行道树的胸径不得小于6cm。行道树应当选择具有一定高度、抗污染、耐水湿、耐修剪、抗风能力强、与道路景观相协调的树种。

主要道路两侧的建筑物前，应当根据规划要求，选用透景、半透景的围墙、栅栏、绿篱等作为分界。

在现有绿化或者规划绿化区域内进行地下设施建设的，其地面应当留有符合相应绿化要求的表土层。

第十三条 凡年满11岁至男60岁、女55岁的个人，除丧失劳动能力者外，应当承担义务植树任务。

各单位和各镇（乡）、村应当因地制宜，按每人每年植树三棵或者完成相应劳动量的育苗、养护和其他绿化任务的要求，制订义务植树计划，并向区（县）绿化委员会和上级主管部门报告参加人数、绿化面积、植树数量和成活率。

在本单位范围内未按照规定完成义务植树任务的，应当承担门前绿化责任；未按照规定完成义务植树任务又未承担门前绿化责任的，应当承担一定数量的社会绿化任务。门前绿化责任和社会绿化任务，由区（县）绿化委员会安排。不能按照规定完成义务植树任务、不承担门前绿化责任和社会绿化任务的单位，应当向本地区绿化委员会缴纳义务植树绿化费。区（县）绿化委员会收取的义务植树绿化费应当用于本地区的绿化建设和管理，不得挪作他用。

区（县）绿化委员会应当定期检查各单位义务植树数量、绿化面积、养护质量、树木成活情况、门前绿化责任以及社会绿化任务的履行情况，并向市绿化委员会报告。

第十四条 市、区（县）人民政府每年应当在城市建设资金中安排保证公共绿地建设的经费。

市、区（县）人民政府应当按照绿化量和绿化养护定额，从城市维护事业费中核拨养护经费。养护经费应当专款专用。

市、区（县）每年应当安排植树造林绿化专项经费。植树造林绿化专项经费应当专款专用。

建设项目绿化经费由建设单位承担，列入建设项目总投资。

本市提倡多渠道筹集公共绿地建设资金；鼓励单位和个人以投资、捐资、领养、认建等形式，兴建、养护公共绿地以及种植、养护行道树。

本市依法建立森林生态效益补偿基金。

第十五条 机关、团体、学校以及其他企业事业单位在本单位范围内绿化和承担门前绿化责任所需的费用，以及向本地区绿化委员会缴纳的义务植树绿化费，由本单位负责；承担社会绿化任务所需的苗木费，由树（林）木权属单位负责。

第十六条 植树造林绿化应当选择适应本地自然条件的植物种类，合理配置乔木、灌木、草本和藤本植物，种植的面积应当不少于绿地总面积的80%，建筑物、构筑物的占地面积不得超过绿地总面积的2%。

各单位新建2000m²以上绿（林）地以及建设项目配套种植行道树、护路林的，其建设设计图应当报绿化或者林业管理部门审核同意。

第十七条 绿化建设工程的设计、施工，应当由具有相应资质证书的设计、施工单位承担，设计、施工单位不得转包。建设、施工单位应当按照批准的设计进行施工，不得任意改变。

建设、施工单位应当选用检疫合格的苗木。

下列绿化、林业建设项目，应当通过招标投标方式确定设计、施工单位，并实行监理制度：

广州东站绿化广场规划模型

（一）大型基础设施、公用事业等关系社会公共利益、公众安全的项目；

（二）全部或者部分使用国有资金投资或者国家融资的项目；

（三）使用国际组织或者外国政府贷款、援助的项目；

（四）法律或者国务院规定的其他项目。

监理单位应当具有相应的资质证书。

绿化建设工程开工前，建设单位应当向建设工程管理机构和建设工程质量监督机构领取施工许可证和办理质量核验申报手续。建设工程质量监督机构受理后，应当及时告知绿化、林业管理部门。

第十八条 建设单位在申请领取建设工程规划许可证之前，应当将绿化建设工程设计方案报送绿化或者林业管理部门审核，并缴纳绿化建设保证金。

建设项目中的配套绿化应当与主体工程同时完成，确因季节原因不能完成的，完成绿化的时间不得迟于主体工程交付使用后的第二个植树节。

建设工程竣工后，绿化、林业管理部门应当参与验收。

建设工程验收合格后，绿化建设保证金及利息应当全额返还。

第十九条 建设单位按照规划带征的城市公共绿化用地，应当移交绿化管理部门；带征的城市公共绿化用地不得擅自移作他用。

经土地管理部门批准暂缓建设的用地，可以建设临时绿地。临时绿地应当设置明显的标志。

● **广东省城市绿化条例** (2000年1月1日起施行)

第二章 规划和建设

第五条 城市绿化规划，由市、县人民政府组织城市绿化行政主管部门和城市规划行政主管部门编制，并纳入城市总体规划。

城市绿化规划主要内容应当包括：绿化发展目标、各类绿地规模和布局、绿化用地定额指标和分期建设计划、植物种植规划。

市的城市绿化规划由市人民政府审批，报省人民政府建设行政主管部门备案。

建制镇的城市绿化规划，由镇人民政府组织编制，报县级人民政府审批，报上一级人民政府城市绿化行政主管部门备案。

第六条 城市绿化规划应当坚持改善城市生态环境与丰富城市景观相结合的原则，利用、保护城市的自然和人文资源，合理设置公共绿地、单位附属绿地、居住区绿地、防护绿地、生产绿地和风景林地。

第七条 城市绿化规划建设指标应当达到如下标准：城市建成区绿化覆盖率不得低于35%，绿地率不得低于30%，人均公共绿地面积不得低于8m²。

地级以上市人民政府根据本市实际情况，可以制定高于上款规定的绿化规划建设指标。

第八条 建设工程项目必须安排配套绿化用地，绿化用地面积占建设工程项目用地面积的比例，应当符合下列规定：

（一）医院、休（疗）养院等医疗卫生单位不得低于40%。

（二）高等院校不得低于40%，其他学校、机关团体等单位不得低于35%。

（三）经环保部门鉴定属于有毒有害的重污染单位和危险品仓库，不得低于40%，并根据国家标准设置宽度不得小于50m的防护林带。

（四）宾馆、商业、商住、体育场（馆）等大型公共建筑设施，应当进行环境设计，建筑面积在20000m²以上的，不得低于35%；建筑面积在20000m²以下的，不得低于30%。

（五）居住区、居住小区和住宅组团不得低于30%，在旧城改造区的不得低于25%。其中人均公共绿地面积，居住区不得低于1.5m²，居住小区不得低于1m²，住宅组团不得低于0.5m²。

（六）工业企业、交通运输站场和仓库，不得低于20%。

（七）其他建设工程项目不得低于25%。

第九条 新建、改建的城市道路、铁路沿线两侧、江河

两岸等绿地规划建设应当符合下列规定:

(一)城市道路必须搞好绿化。其中主干道绿化带面积占道路总用地面积的比例不得低于20%;次干道绿化带面积所占比例不得低于15%。

(二)城市快速路和城市立交桥控制范围内,进行绿化应当兼顾防护和景观。

(三)城市江河两岸、铁路沿线两侧的防护绿化带宽度每侧不得小于30m;饮用水源地水体防护林带宽度各不小于100m。

(四)高压输电线走廊下安全隔离绿化带宽度按照国家规定的行业标准建设。

第十条 城市公共绿地、居住区绿地、单位附属绿地的建设,应当以植物造景为主,适当配置园林建筑和园林小品。城市公园建设用地指标,应当符合国家行业标准,公园绿化用地面积应当占总用地面积的70%以上,游览、休憩、服务性的建筑面积不得超过总用地面积的5%。

居住区配套绿化用地和单位附属绿地的绿化种植面积,不得低于其绿地总面积的75%。

第十一条 城市生产绿地应当适应城市园林绿化建设的需要,其用地面积不得低于城市建成区面积的2%。

第十二条 城市绿化的规划和设计,应当委托具有城市园林绿化规划和设计相应资质的单位承担。

第十三条 城市公园、风景林地、防护绿地、生产绿地和铁路沿线两侧、江河两岸、水库周围等城市绿地的修建性详细规划和工程设计,由所在地市、县人民政府城市绿化行政主管部门审批。

居住区绿地和单位附属绿地的修建性详细规划和工程设计,经城市绿化行政主管部门审核后,送城市规划行政主管部门审批。

第十四条 省人民政府确定的古典名园,其恢复、保护规划和工程设计,由地级以上市人民政府城市绿化行政主管部门审核,报省人民政府建设行政主管部门批准。

属于文物保护的古典名园,其恢复、保护规划和工程设计按国家文物保护法律、法规规定审批。

第十五条 城市绿化规划、城市各类绿地的修建性详细规划和工程设计方案应当符合国家有关技术标准和规范,报市城

市绿化行政主管部门审核后,有关部门方可办理报建手续。

经批准的城市绿化规划和城市各类绿地的修建性详细规划和工程设计方案,不得擅自变更。确需变更设计方案的,应当经原审批部门批准。

历史文化街区绿化(广州上下九路)

第十六条 城市规划行政主管部门应当会同城市绿化行政主管部门依照规定的配套绿化标准审批建设工程项目。

第十七条 城市绿化建设按下列规定分工负责:

(一)城市人民政府投资的公共绿地、风景林地、防护绿地等,由城市绿化行政主管部门负责;

(二)单位附属绿地由该单位负责;

(三)居住区、居住小区、住宅组团绿地由开发建设单位负责;

(四)铁路、公路防护绿化和经营性园林、生产绿地由其经营单位负责;

城市人民政府城市绿化行政主管部门对各单位的绿化建设应当进行监督检查,并给予技术指导。

第十八条 城市绿化建设应当兼顾管线安全使用和树木的正常生长,与地上地下各种管线及其他设施保持国家规范标准规定的安全间距。

第十九条 城市绿化工程的施工,应当委托具有相应城市园林绿化资质的施工单位承担。绿化工程竣工后,经综合验收合格,方可交付使用。

第二十条 改建、扩建工程项目的配套绿化用地达不到本条例第八条规定标准的,经城市绿化行政主管部门审核,报城市人民政府批准,由建设单位承担补偿责任,按照所缺少的绿化用地面积交纳绿化补偿费。绿化补偿费由城市绿化行政主管部门收取,交财政部门统一管理,并按规划专项用于易地绿化建设。

第二十一条 城市新建、改建、扩建工程和开发住宅区项目的配套绿化建设资金,应在工程项目建设投资中统一安排,其比例应占工程项目土建投资的1%~5%。

生态人居（广州）

第二十二条 建设工程项目的配套绿化工程，必须与主体工程同时设计、同时施工，并与建设工程同时验收交付使用。

第三章 保护和管理

第二十三条 城市绿地的保护和管理，按下列规定分工负责：

（一）城市人民政府投资的城市公共绿地、风景林地、防护绿地等，由城市绿化行政主管部门负责；

（二）单位附属绿地和单位自建的防护绿地由该单位负责；

（三）居住区、居住小区、住宅组团绿地，由物业所有权人出资，委托物业管理公司或城市绿化行政主管部门组织专业队伍负责；

（四）生产绿地、经营性园林由其经营单位或个人负责；

（五）沿街的单位和个人有保护门前绿化的责任；

（六）铁路、公路沿线两侧、江河两岸、水库周围等城市绿地，由法律、法规规定的主管部门负责。

城市绿化行政主管部门对各管理责任单位和个人的绿地保护和管理工作进行检查、监督和指导。

第二十四条 任何单位和个人不得改变城市绿化规划用地的性质或者破坏绿化规划用地的地形、地貌、水体和植被。

第二十五条 任何单位和个人不得擅自占用城市绿地，已占用的必须限期归还，并恢复城市绿地的使用功能。

因公益性市政建设确需占用城市绿地的，必须征得城市绿化行政主管部门同意，按照规定程序进行审批，并由城市规划部门按照调整城市规划的原则，补偿同等面积同等质量的绿地。

同一建设工程项目占用城市绿地7000m²以上的，由省建设行政主管部门审核，报省人民政府批准；占用城市绿地1500m²以上7000m²以下的，报省建设行政主管部门审批；占用城市绿地1500m²以下的，由所在地县级以上人民政府审批。

因建设需要临时占用城市绿地的，必须按照规定报城市绿化行政主管部门同意后，按恢复绿地实际费用向城市绿化行政主管部门交纳恢复绿化补偿费，并到县级以上城市规划和国土部门办理手续。占用期满后，由城市绿化行政主管部门组织恢复绿地。临时占用绿地造成相关设施破坏的，占用者应当承担赔偿责任。

第二十六条 任何单位和个人不得擅自在城市绿地内设置与绿化无关的设施。

城市公共绿地、居住区绿地、风景林地内应当严格控制商业和服务经营设施，确需设点经营的，必须向绿地管理单位提出申请，经城市绿化行政主管部门审核后，由城市规划行政主管部门批准，并向工商行政管理部门申请营业执照后，方可在指定地点从事经营活动。

城市基础设施建设影响城市绿化的，建设单位必须在设计和施工前制定保护措施，报城市绿化行政主管部门批准后，方可进行施工。

单位和个人在城市干道绿化带开设机动车出入口的，必须经城市绿化行政主管部门同意后，方可向城市规划行政主管部门申请审批。

第二十七条 任何单位和个人不得损坏城市树木花草和绿化设施。

同一建设工程项目因公益性市政建设需要，砍伐、迁移城市树木200株以上的，由省建设行政主管部门审核，报省人民政府批准；砍伐、迁移20株（含20株）以上200株以下或胸径80cm以上树木的，由所在地城市绿化行政主管部门报省建设行政主管部门审批；20株以下的，报所在地城市绿化行政主管部门审批。

报批文件的内容应当包括当地居民的意见和绿化专家评审论证结论。

经批准砍伐或迁移城市树木，应当给树木权属单位或个人合理补偿。

第二十八条 电力、市政、交通和通信等部门，因安全需要而修剪、迁移、砍伐城市树木的，应当报城市绿化行政主管部门批准，并由其组织具有城市园林绿化资质的单位实施。所需费用由申请单位支付。有关法律、法规另有规定的，从其规定。

因紧急抢险救灾确需修剪、迁移或者砍伐城市树木的，有关单位经本单位领导同意可先行实施，并及时报告城市绿化行政主管部门和绿地管理单位，在险情排除后五个工作日内按照规定补办审批手续。

广州陈家祠绿化广场

第二十九条 城市绿地管理单位，应当建立健全管理制度，保护树木花草繁茂、园容整洁优美、设施安全完好，对影响交通、管线、房屋和人身安全的树木及时修剪、扶正，确需迁移、砍伐的，按照第二十八条第一款规定办理手续。

第三十条 城市树木所有权及其收益，按照下列规定确认：

（一）由政府投资或公民义务劳动在公共绿地、防护绿地、生产绿地、风景林地内种植和管理的树木，属国家所有。

（二）经鉴定并由城市人民政府公布的古树名木属国家所有，收益归其生存地的单位和个人所有。

（三）单位附属绿地和单位自建的防护绿地内的树木，属该单位所有。

（四）由集体或个人投资经营生产的绿地内的树木，属集体或个人所有。

（五）居住区、居住小区、住宅组团绿地内的树木，属土地使用权人所有。

（六）由个人投资在自住、自建庭院内种植的树木，属个人所有。

第三十一条 百年以上的树木、稀有珍贵树木、具有历史价值或者重要纪念意义的树木均属古树名木。

古树名木实行统一管理，分别养护。城市绿化行政主管部门应当对古树名木进行调查鉴定、建立档案、设置标志、划定保护范围、确定养护管理技术规范，加强管理。古树名木生存地的所属单位和个人，是该古树名木的管理责任单位或责任人，必须按照有关技术规范进行养护管理，城市绿化行政主管部门负责监督和指导。

严禁砍伐、迁移或买卖古树名木，因公益性市政建设确需迁移古树名木的，由省建设行政主管部门审核，报省人民政府批准。

第三十二条 在城市绿地内，禁止下列行为：

（一）倾倒、排放有毒有害物质，堆放、焚烧物料；

（二）在树木和公共设施上涂、写、刻、画和悬挂重物；

（三）攀、折、钉、拴树木，采摘花草，践踏地被，丢弃废弃物；

（四）损坏绿化的娱乐活动；

（五）以树承重，就树搭建；

（六）采石取土，建坟；

（七）其他破坏城市绿化及其设施的行为。

第三十三条 各级城市绿化行政主管部门按照规定收取的绿化补偿费、恢复绿化补偿费等费用，实行收支两条线，列入城市绿化专项资金，专款专用，由财政部门监督使用，其收取办法由地级以上市人民政府制定。

● **广州市城市绿化管理条例** (1997年3月1日起施行)

第二章　规划和建设

第六条 广州市城市绿化规划，由市城市绿化行政主管部门组织编制，依法纳入城市总体规划。

市辖各区的城市绿化管理部门和建制镇人民政府，应当根据市城市绿化规划，组织编制分区绿化控制性详细规划。

分区绿化控制性详细规划，按下列权限审批：

（一）市辖各区的绿化控制性详细规划，经同级人民政府审查同意后，报市城市绿化行政主管部门会同市城市规划行政主管部门审批。

（二）建制镇的绿化控制性详细规划，报上一级人民政府审批，在批准后送市城市绿化行政主管部门和市城市规划行政主管部门备案。

第七条 编制城市绿化规划必须符合环境保护功能、利用和保护本市自然与人文资源，合理设置公共绿地、居住区绿地、防护绿地、生产绿地和风景林地。

城市绿化覆盖率、城市绿地率和城市人均公共绿地面积等城市绿化规划指标，依照国家规定和本市实际制定。

城市绿化规划指标，按照近期、中长期分步实现。城市绿化规划的近期目标，应当达到国家园林城市标准；城市绿化规划的中长期目标，应当达到本市城市总体规划所确定的城市绿化各项指标。

第八条 建设工程项目必须安排配套绿化用地，绿化用

春到羊城木棉红

地占建设工程项目用地面积的比例，应符合下列规定：

（一）医院、休（疗）养院等医疗卫生单位，在新城区的，不低于40%；在旧城区的，不低于35%。

（二）高等院校、机关团体等单位，在新城区的，不低于40%；在旧城区的，不低于35%。

（三）经环境保护部门鉴定属于有毒有害的重污染单位和危险品仓库，不低于40%，并根据国家标准设置宽度不少于50m的防护林带。

（四）宾馆、商业、商住、体育场（馆）等大型公共建筑设施，建筑面积在20000m²以上的，不低于30%；建筑面积在20000m²以下的，不低于20%。

（五）居住区、居住小区和住宅组团，在新城区的，不低于30%；在旧城区的不低于25%。其中公共绿地人均面积，居住区不低于1.5m²，居住小区不低于1m²，住宅组团不低于0.5m²。

（六）主干道规划红线内的，不低于20%；次干道规划红线内的，不低于15%。

（七）工业企业、交通运输站场和仓库，不低于20%。

（八）其他建设工程项目，在新城区的，不低于30%；在旧城区的，不低于25%。

新建大型公共建筑，在符合公共安全的要求下，应建造天台花园。

第九条 城市公共绿地、居住区绿地、单位附属绿地的建设，应以植物造景为主，适当配置园林建筑及小品。

各类公园建设用地指标，应当符合国家行业标准。小游园建设的绿化种植用地面积，不低于小游园用地面积的70%；游览、休憩、服务性建筑的用地面积，不超过小游园用地面积的5%。

居住区绿地和单位附属绿地的绿化种植面积，不低于其绿地总面积的75%。

第十条 城市防护绿地的设置，应当符合下列规定：

（一）城市干道规划红线外两侧建筑的退缩地带和公路规划红线外两侧的不准建筑区，除按城市规划设置人流集散场地外，均应用于建造隔离绿化带。其宽度分别为：城市干道规划红线宽度26m以下的，两侧各2m至5m；26m至60m的，两侧各5m至10m；60m以上的，两侧各不少于10m。公路规划红线外两侧不准建筑区的隔离绿化带宽度，国道各20m，省道各15m，县（市）道各10m，乡（镇）道各5m。

（二）在城市高速公路和城市立交桥控制范围内，应当进行绿化。

（三）铁路沿线两侧隔离绿化带宽度各不少于20m。

（四）高压线走廊下安全隔离绿化带的宽度，550kV的，不少于50m；220kV的，不少于36m；110kV的，不少于24m。

（五）沿涌两岸防护绿化带宽度各不少于5m，江河两岸防护绿化带宽度各不少于30m；水源涵养林宽度各不少于100m；流溪河两岸防护绿化带宽度各为100m至300m。

（六）珠江广州河段的防护绿化，必须符合河道通航、防洪、泄洪要求，同时还应满足风景游览功能的需要。

第十一条 城市绿化规划、设计和施工，应当委托持有相应资质证书的单位承担。

第十二条 城市绿地的修建性详细规划和工程设计，按下列权限审批：

（一）公共绿地，属市、市辖各区管理的，由市城市绿化行政主管部门审批；属镇管理的和单位、个人出资的，由上一级城市绿化管理部门审批；属建制镇管理的和单位个人出资的，由所在区城市绿化管理部门审批。

（二）风景林地、防护绿地和生产绿地，属市管理的，由市城市绿化行政主管部门审批；属市辖各区、建制镇管理、或者单位和个人出资的，由所在区城市绿化管理部门审批。

（三）居住区绿地和单位附属绿地，经市城市规划行政主管部门批准的建设工程项目，由市城市绿化行政主管部门审批；经市辖各区城市规划管理部门批准的建设工程项目，由同级城市绿化管理部门审批。

（四）铁（公）路沿线、江河两岸、水库周围等城市绿地，由有关法律、法规规定的铁（公）路或林业等主管部门会同城市绿化行政主管部门审批。

本条规定由市辖各区城市绿化管理部门审批的城市绿地的修建性详细规划及工程设计，应报市城市绿化行政主管部门备案。

第十三条 经批准的城市绿地规划、分区绿化控制性详细规划、城市绿地修建性详细规划和工程设计，确需变更

花城新貌

的，必须报原审批机关批准。

第十四条 市城市规划行政主管部门必须按照本条例规定的配套绿化用地标准，审批建设工程项目。在旧城区设造中的单体建筑，确因特殊情况，配套绿化用地达不到本条例规定标准的，须经市城市绿化行政主管部门审核，报市人民政府批准，由建设单位承担补偿责任，按照所缺的绿化用地面积的建设资金数额，交给市城市绿化行政主管部门统一安排绿化建设。在办理绿化补偿手续后，市城市规划行政主管部门方可核发《建设工程规划许可证》。

建设工程项目从批准施工之日起7个工作日内，建设单位应按基建投资总额的1%到5%的比例到市建设银行办理建设工程项目配套绿化工程建设资金的专户存储，并凭此单据到有关部门领取施工标牌。建设单位持有城市绿化管理部门签发的配套绿化工程开工证明，市建设银行应准予提取50%的配套绿化工程建设资金。余额及利息，在配套绿化工程验收合格签证后，方可提取。配套绿化工程建设资金，必须专款专用。

第十五条 建设工程项目的配套绿化工程，必须与主体工程同时设计，并应于建设工程项目申报验收前全面完成。

各级人民政府建设行政主管部门在取得城市绿化管理部门签署的验收合格证书后，方可办理建设工程综合验收合格证。

第三章　保护和养护

第十六条 城市绿地的保护和养护，按下列规定划分管理责任：

（一）市管辖的公园、防护绿地、风景林地，由其主管单位管理。

（二）城市干道和立交绿地、广场绿地、小游园和市辖各区管辖的公园、防护绿地和风景林地，由所在区城市绿化管理部门管理；属建制镇管理辖的，由建制镇人民政府管理。

（三）单位附属绿地和单位自建的防护绿地，由该单位管理。

（四）居住区、居住小区、住宅组团绿地，由建设单位委托物业公司或交由所在地街道办事处、小区管理委员会管理。

（五）生产绿地，由其经营单位或个人管理。

（六）铁（公）路沿线、江河两岸、水库周围等城市绿地，由法律、法规规定的主管部门管理。

各管理责任单位必须组织对管辖范围的树木花草进行松土、浇水、施肥、修剪、除杂草及防治病虫害，适时更新、补植和处理枯枝朽木及作业时留下的枝叶、渣土。

城市绿化管理部门对各管理责任单位的保护和养护工作，进行检查、监督和指导。

第十七条 任何单位和个人不得擅自改变城市绿化用地使用性质，对已占用的城市绿化用地，必须限期归还，恢复城市绿地使用功能。

严禁征用城市绿地。确因城市基础设施建设需要征用城市绿地的，必须在征得市城市绿化行政主管部门同意后，由市城市规划行政主管部门核发《建设用地规划许可证》。

因建设或者其他特殊需要临时占用城市绿地的，须经市城市绿化行政主管部门同意后，按照有关规定办理临时占用绿地的手续。临时占用绿地期限不得超过两年。经批准临时占用城市绿地的，必须交付临时占用绿地费，并按恢复绿地实际费用交纳恢复绿化补偿费。城市绿化管理部门应在被临时占用的绿地退出之日起407工作日内恢复绿地。对城市绿地及设施造成破坏的，应承担赔偿责任。

第十八条 任何单位和个人不得擅自在城市绿地内设置与绿化无关的设施。

在公共绿地、居住区绿地、风景林地内开设商业、服务设施的，必须经市城市绿化行政主管部门、市城市规划行政主管部门审批后，持工商行政管理部门核发的营业执照，在指定地点从事经营活动，并应遵守城市绿地和工商行政管理的规定。

城市基础设施建设影响城市绿化的，其使用或管理单位必须在设计和施工前，向所在区城市绿化管理部门提出申请，经批准并制定保护措施后，方可施工。

单位和个人在城市干道绿化带上开设机动车辆出入口的，经市城市绿化行政主管部门同意后，向有关部门办理审批手续。

美丽家园(广州)

红棉风采

第十九条 任何单位和个人不得擅自砍伐或迁移城市树木。

电力、公安、市政、交通和通信等部门，因城市基础设施安全需要修剪、迁移、砍伐树木的，应报请城市绿化管理部门批准，属城市道路的由城市绿化管理部门统一组织实施；其他地段的由申请单位委托持有相应资质证书的单位实施。所需费用由申请单位支付。因紧急抢险救灾需要修剪、迁移、砍伐树木的，可先予进行，并须在险情排除后5日内，按规定补办手续。

经批准砍伐或迁移树木的，应当向树木权属单位或个人交纳绿化补偿费。

第二十条 砍伐、迁移、修剪城市树木，按下列权限审批：

（一）在市辖各区内，需要砍伐、迁移单位附属绿地、居住区绿地、次干道绿地树木胸径小于30cm、数量在19株以下的，由所在区城市绿化管理部门审批，并报市城市绿化行政主管部门备案；上述范围以外的城市绿地树木的砍伐、迁移申请，由市城市绿化行政主管部门审批。

（二）铁（公）路沿线、江河两岸、水库周围等城市绿地内，需要砍伐、迁移树木的，由市城市绿化行政主管部门审批。

（三）需要修剪枝条直径在5cm以上树木的，依照本条（一）、（二）项规定申报批准。城市绿化专业部门的正常作业除外。

在同一建设工程项目或建设用地范围内需要砍伐、迁移城市树木的，应一次申请。城市绿化管理部门应在收到申请之日起7个工作日内予以批复。

第二十一条 城市树木所有权和收益，按照下列规定确认：

（一）由政府投资或公民义务劳动在公共绿地、防护绿地、生产绿地、风景林地内种植和管理的树木，归全民所有。

（二）经鉴定并由市人民政府公布的古树名木，归其生存地归属的单位或个人所有。

（三）单位附属绿地和由单位自建的防护绿地内的树木，归该单位所有。

（四）居住区、居住小区、住宅组团绿地内的树木，归管理单位所有。

（五）由个人投资在自住、自建庭院内种植和管理的树木，归个人所有。

（六）由个人或集体投资经营生产绿地内的树木，归个人或集体所有。

第二十二条 城市古树名木和胸径80cm以上的大树，实行统一管理，分别养护。

市城市绿化行政主管部门应当对古树名木进行调查登记、组织鉴定、建立档案和设置标志，并确定养护管理的技术规范。市辖各区城市绿化管理部门和建制镇人民政府应当对辖区内的大树进行调查登记、建立档案和设置标志，并报市城市绿化行政主管部门备案。

古树名木或大树生存地的归属单位，为该古树名木或大树的管理责任单位。责任单位必须按照有关技术规范进行养护管理。古树名木或大树自然死亡，由管理责任单位报所在地城市绿化管理部门查核，并报市城市绿化行政主管部门处理。

在古树名木树冠边缘外3m范围内，为控制保护范围。在古树名木树干边缘外5m范围，应当设置保护设施。

严禁砍伐或者迁移古树名木。因特殊需要迁移古树名木的，必须经市城市绿化行政主管部门审查同意，报市人民政府批准。

第二十三条 在城市绿地内，禁止下列行为：

（一）丢弃废弃物、倾倒有毒有害污水、堆放、焚烧物料；

（二）损坏绿化的营业性娱乐活动；

（三）攀折、刻划、钉栓树木，采摘花卉，践踏地被；

（四）以树承重、就树搭建；

（五）其他破坏城市绿化及其设施的行为。

第二十四条 各级城市绿化管理部门依照本条例规定收

缴的各项绿化费用，列入城市绿化专项资金，由财政管理部门监督使用。

● 上海市公园管理条例 (1994年10月1日起施行，1997年5月27日修正)

第一章　总　则

第一条　为了加强本市公园建设和管理，保护和改善生态环境，美化城市，增进人民身心健康，根据国家有关法律、法规的规定，结合本市实际情况，制定本条例。

第二条　本条例所称的公园是公益性的城市基础设施，是改善区域性生态环境的公共绿地，是供公众游览、休憩、观赏的场所。

第三条　本条例适用于本市范围内已建成和在建的综合性公园、专类公园、历史文化名园以及规划确定的公园建设用地。

第四条　市人民政府园林管理部门（以下简称市园林管理部门）是本市公园行政主管部门，负责本条例的实施。区、县人民政府园林管理部门（以下简称区、县园林管理部门）是本辖区内区、县属公园行政主管部门，业务上受市园林管理部门领导。市或者区、县人民政府有关管理部门应当按照各自的职责，协同市或者区、县园林管理部门实施本条例。

第五条　市园林管理部门主要职责：

（一）编制本市公园的发展规划、建设计划，审批新建公园的总体规划和建成公园的调整规划；

（二）制定公园管理规范、技术标准、操作规程；

（三）制定有关公园的科技进步和人才培养目标；

（四）负责市属公园的建设、养护、管理和审批建设项目的设计方案；

（五）负责有关法律、法规的贯彻实施。

区、县园林管理部门主要职责：

（一）编制所属公园的总体规划，审批所属公园建设项目的设计方案；

（二）负责所属公园的建设、养护和管理；

（三）负责有关法律、法规的贯彻实施。

第六条　公园管理机构主要职责：

新建的上海延安中路游园

（一）依法实施公园的规划建设，加强财产管理，保证设备设施完好，提高园林艺术水平，创造优美环境；

（二）实行优质服务，维护公园秩序，保障游客安全；

（三）开展符合社会主义精神文明的科学普及教育和文化娱乐活动；

（四）受市或者区、县园林管理部门委托，处理游客违反本条例行为。

第七条　市或者区、县人民政府应当将公园建设纳入国民经济和社会发展计划，并单列专项经费保证公园的养护和管理。市或者区、县人民政府可以通过接受捐赠、资助和社会集资等渠道筹集公园建设、养护、管理经费。

第八条　公园应当得到全社会的保护。对违反本条例的行为，公民有举报和控告的权利。对在本市公园的规划、建设、保护和管理中成绩显著的单位和个人，由市或者区、县园林管理部门给予表彰和奖励。

第二章　规划和建设

第九条　本市公园发展规划和建设计划根据城市绿地系统规划以及合理布局的原则进行编制，经市人民政府批准后实施。新建公园的总体规划根据本市公园发展规划和建设计划编制，其各项用地比例应当符合国家的有关规定。

第十条　公园建设项目的设计方案审批必须具备以下条件：

（一）符合批准的公园的总体规划；

（二）符合国家有关规定、技术标准和规范要求；

（三）承担设计的单位必须具有相应资格。经批准的公

上海市旧城区的居住小区绿化

园建设项目的设计方案不得任意改变。变更设计方案的，须经原批准部门批准。凡不符合本条第一款规定的审批，市园林管理部门应当予以纠正。

第十一条 公园建设项目的施工，由具备相应资格的施工单位承担。建设单位和施工单位应当按批准的设计进行施工，不得任意改变。公园建设项目竣工后，由市或者区、县园林管理部门和有关部门验收合格方可交付使用。

第三章　保护和管理

第十二条 本市公园发展规划确定的公园建设用地，任何单位和个人不得擅自改变或者侵占。城市规划确需改变公园建设用地性质的，市城市规划管理部门应当征得市园林管理部门同意后，报市人民政府批准，并就近补偿相应的规划公园建设用地。

第十三条 任何单位和个人不得侵占、出租公园用地，不得以合作、合资或者其他方式，将公园用地改作他用。各类建设项目不得穿越或者使用公园用地。市政工程、公用设施、高压供电走廊等建设项目因特殊需要穿越或者使用公园用地的，应当征得市园林管理部门同意后，报市人民政府批准，并就近补偿不少于占用面积的土地和补偿经济损失。已建成的公园绿化用地的比例未达到国家有关规定的，应当逐步调整达到。

第十四条 市园林管理部门应当对本市公园实行分类分级管理，并会同市有关部门对重点园林给予重点保护和管理。

第十五条 公园的植物、动物、园林设施管理应当做到：

（一）按照园林植物栽植和养护的技术规程，加强养护和管理，提高园林艺术水平；

（二）加强对观赏动物的饲养、保护、繁育和研究，扩大珍稀、濒危动物种群，依法做好动物的引进、交换、调配工作；

（三）保持建筑、游乐、服务等设施完好，标牌齐全完整；

（四）依法对古树名木、文物古迹、优秀近代建筑实行重点保护。

第十六条 公园的环境管理应当做到：

（一）保持环境整洁，环境卫生设施完好；

（二）保持水体清洁，符合观赏标准；

（三）保持安静，噪声不得超过环境保护部门规定的标准；

（四）不得焚烧树枝树叶、垃圾或者其他杂物；

（五）不得设置影响公园景观的广告。任何单位和个人不得向公园排放烟尘或者有毒有害气体；不得向公园水体倾倒杂物、垃圾或者排放不符合排放标准的污水。市或者区、县城市规划管理部门应当对公园周围的建设项目加以控制，使其与公园景观相协调。

第十七条 公园的安全管理应当做到：

（一）健全安全管理制度，加强水上活动、动物展出、游乐设施、节假日游园活动等管理，落实措施，保障游客安全；

（二）设备、设施的操作人员应当持证上岗；

（三）除老、幼、病、残者专用的非机动车外，其他车辆未经许可不得进入公园。

第十八条 公园门票、游乐设施、展览以及其他活动、有关服务设施的收费标准和审批程序，按物价管理部门的规定执行。

第十九条 设置游乐设施项目不得有损公园绿化及环境质量，并须符合下列要求：

（一）设置在规划确定的区域内；

（二）与公园景观相协调；

（三）技术、安全指标达到国家的有关规定。游乐设施项目竣工后，须经技术监督管理部门验收的，应当验收合格方可使用，并定期维修保养。

第二十条 商业服务设施设置应当服从公园规划布局，与公园功能、规模、景观相协调，并经市或者区、县园林管理部门批准。因公园建设需要搬迁或者撤销公园内商业服务设施的，有关单位和个人应当服从。

第二十一条 公园内举办展览以及其他活动，应当符合公园的性质功能，坚持健康、文明的原则，不得有损公园绿化和环境质量。举办全国性的展览以及其他活动，由市园林管理部门批准；举办局部性的展览以及其他活动，由市或者区、县园林管理部门批准。举办对本市有重大影响的展览以及其他活动，由市人民政府批准。

第二十二条 公园应当每天开放，开放时间由市园林管理部门规定。因特殊情况需要停闭或者变更开放时间的，须经市园林管理部门批准。

第二十三条 游客应当文明游园，爱护公园绿化，保护公园设施，维护公园秩序，遵守游园守则。游客游园禁止以下行为：

（一）损毁公园花草树木及设施、设备；

（二）携带枪支弹药、易燃易爆物品及其他危险品；

（三）伤害公园动物；

（四）设置经营或者擅自营火、烧烤、宿营；

（五）法律、法规禁止的其他行为。

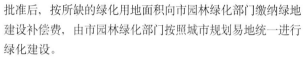

● 厦门市城市园林绿化条例（1996年4月1日起施行）

第二章 规划和建设

第十一条 厦门市城市园林绿化规划由市园林绿化部门依据城市总体规划确定的园林绿化专业规划组织编制，经市规划行政主管部门综合平衡，报市人民政府批准后，由市园林绿化部门组织实施。

第十二条 新建、扩建、改建工程的绿化用地面积占建设工程总用地面积的比例(以下简称绿地率)，必须符合以下指标：

(一)区级以上医院和休、疗养院不低于45%；

(二)高等院校、宾馆不低于40%；

(三)机关、中小学校、公共文化设施及其它企业、事业单位不低于35%；

(四)居住区不低于30%，其中应按居住人口人均1至2 m²的标准集中建设绿地；

(五)主干道不低于25%，次干道及其以下等级道路绿地不低于20%；

(六)旧城区改造范围内的各项建设不低于25%，主干道绿地不低于20%，次干道及其以下等级道路绿地不低于15%。

同在一个街区的建设项目在符合整个街区集中绿地指标的前提下，其绿地可综合平衡或统一建设。

第十三条 "鼓浪屿-万石山风景名胜区"应严格按其总体规划的园林绿化规划要求进行建设，鼓浪屿改建的绿地率不得低于50%。

厦门市万石植物园入口景观

第十四条 新建、扩建、改建工程的绿地率无法达到本条例第十二条、第十三条规定的指标，又确需进行建设的，经市规划行政主管部门和市团体林绿化部门审核，报市人民政府批准后，按所缺的绿化用地面积向市园林绿化部门缴纳绿地建设补偿费，由市园林绿化部门按照城市规划易地统一进行绿化建设。

绿地建设补偿费专用于易地统一绿化建设，其收费标准和收缴使用办法由市人民政府制定。

第十五条 现有绿地率低于第十二条、第十三条规定的指标，尚有空地可以绿地的，应当限期绿化，不得闲置，不得作为他用。

第十六条 城市的苗圃、花圃、草圃、盆景基地等生产绿地，应当适应城市绿化建设的需要，其用地面积不得低于建成区面积的2%。

第十七条 城市园林绿化规划设计应当充分利用当地的自然与人文条件，借鉴国内外先进经济，体现民族风格和地方特色，符合国家有关规定。

公共绿地和单位附属绿地、居住区绿地的建设，应当以植物造景为主，其绿地面积不低于规划绿地总面积的85%。

第十八条 涉及影响城市园林绿化的建设项目，在选址定点时应当向市园林绿化部门提出申请。市园林绿化部门应在收到完整的申请文件之日起15个工作日内作出同意或不同意的决定。不同意的，应书面说明理由。

建设项目的附属绿化工程规划设计方案按照基本建设程序审批时，必须有市园林绿化部门参加审查。

城市的公共绿地、居住区绿地、风景林地和干道绿化等园林绿化工程的设计方案，必须有市园林绿化部门参加会审。

第十九条 承担园林绿地工程设计、施工的单位，应当执行园林绿化工程设计规范和施工规程，确保质量。

在市园林绿化工程设计、施工单位由市建设行政主管部门统一进行资质审查，并发给资质证书。市建设行政主管部门在进行资质审查时，应征求市园林绿化部门的意见。

厦门市环岛路绿化

第二十条 公共建筑的附属园林绿化工程、占地面积在500 m²以上的园林绿化工程的设计和施工，必须由持有相应园林绿化工程设计、施工资质证书的单位承担。

第二十一条 新建、扩建、改建工程项目，必须按下列指标配套绿化建设费纳入建设项目投资总概算：

(一)超过18层的高层建设项目不低于土建工程概算的1%；

(二)18层以下的建筑及道路建设项目不低于土建工程概算的3%。

第二十二条 园林绿化工程竣工后应经市园林绿化部门验收。新建、扩建、改建工程的附属绿化工程必须与主体工程同时规划、同时设计、同时投资、配套建设、同时验收。对未能按原规划设计方案完成绿化的责令限期完成。逾期仍不能完成的，由园林绿化专业部门进行绿化，所需绿化费用由建设单位承担。

第二十三条 园林绿化工程验收合格后，建设单位应将园林绿化工程竣工资料交厦门市城建档案部门存档备案。

第二十四条 城市公共绿地建设，免收城市公共设施配套费和土地出让金及其相应费用。

第三章 保护和管理

第二十五条 任何单位和个人不得擅自改变已建成的城市园林绿地或者规划已确定的城市园林绿化用地的使用性质。因特殊情况需改变的，须经市园林绿化部门审核后，报市规划行政主管部门审批，并向土地管理部门办理有关手续；涉及有关规划技术控制指标较大幅度调整的，由市规划行政主管部门提出审查意见后报市人民政府批准。

前款改变园林绿地使用性质的，应按规定补建绿地，不能补建的，应按规定缴纳绿地建设补偿费。

第二十六条 禁止占用城市园林绿地。因建设或者其他特殊需要临时使用的，须经该绿地管理单位同意，报市园林绿化部门批准，交纳恢复城市园林绿地保证金和临时使用费，并按有关规定办理临时用地手续。使用期间，应采取保护园林绿地的措施。使用期满后，应按规定期限恢复原状，经市园林绿化部门验收合格后退还保证金。

第二十七条 城市园林绿化管理和养护工作实行专业管理和群众管理相结合，并按下列规定分工负责：

(一)各类公共绿地由园林绿化部门实行分级管理，城市干道绿化带由市园林绿化部门或其授权单位负责管理；

(二)经市总体规划确认的风景林地，由市园林绿化部门或其授权单位负责管理；

(三)单位附属园林绿地和单位门前的树木花草，由单位自行管理；

(四)居住区绿地由所在地街道办事处或者小区管理委员会、物业管理单位负责管理；

(五)生产绿地、防护绿地由其经营管理单位负责管理；

(六)居民在私有庭院或宅基地植的树木、由居民管理养护。

第二十八条 各园林绿化管理责任人应注重植物和园林设施的养护管理，提高园林绿化的园艺水平，搞好防火和防治病虫害工作，保护良好的生态和景观。

第二十九条 城市内的树木不论其所有权的归属，任何单位和个人不得擅自砍伐、移植。因特殊情况确需砍伐、移植或非正常修剪的，按下列规定处理：

(一)因建设施工或有倾倒危险的，本岛5株以下(含5株)集体或个人所有的树木报区园林绿化部门审批，6株以上的和本岛国有树木及鼓浪屿区树木报市园林绿化部门审批。办理审批手续是应提交申请书、建设项目完整批文或其他有关文件。经审批同意的，须按规定缴交绿化补偿费。

(二)因树木或城市园林经地与架空线路、路灯照明、地下管线发生予盾的，由管线管理单位向市园林绿化部门提出申请，缴纳施工费用，配合园林绿化专业部门按照兼顾管线安全和树木正常生长的原则进行修剪、砍伐、移植。

(三)因遭受不可抗拒的灾害、工程抢险确需立即砍伐、移植、修剪树木(不含古树名木)的，可先行处理，但应在48小时内报园林绿化部门备案。

各级园林绿化部门应在收齐所需文件之日起15个工作日内

上海市街头绿地之4

作出批准或不予批准的决定。不予批准的，应书面说明理由。

第三十条 下列树木严格控制砍伐：

（一）"鼓浪屿－万石山风景名胜区"及其外围保护地带的树木；

（二）沿海防护绿地的树木；

（三）城市干道行道树；

（四）具有景观价值的树木；

（五）胸径在30cm以上的树木。

第三十一条 城市古树名木由市园林绿化部门统一组织鉴定、建立档案、划定保护范围、设立标志、确定养护技术要求，分级实放特殊保护，严禁砍伐、移植。各区园林绿化部门应负责辖区内古树名木的管理工作、检查监督和技术指导。散生于单位或私人庭院内的古树名木，该单位或房屋产权人、使用人应负责该古树名木的管理养护。

第三十二条 严禁擅自修剪古树名木。因特殊情况必须修剪的，应报经市园林绿化部门批准。

在古树名木树冠边缘外4m范围内，禁止堆放有毒有害物料，建造构筑物、建筑物或铺设各种管线，禁止打桩、挖坑、取土或倾倒污水污物等一切有害古树名木的行为。

第三十三条 城市园林、绿地内重要自然景观、文物古迹、纪念景物应组织鉴定，并建立档案和标志，妥善保护和管理。

第三十四条 严禁下列损害城市园林绿化的行为：

（一）在树冠下设置煎、烤、蒸、煮等摊点；

（二）在树干上倚靠重物，利用树木搭盖，擅自牵绳挂物等；

（三）在树上刻字、打针、剥、削树皮和挖树根；

（四）随意攀树折枝、采摘花果、剪采枝条、挖掘药材等造成花草树木损害；

（五）在城市园林绿地内乱摆摊点，随意停放车辆，倾倒垃圾、污水、堆放废弃物；

（六）损毁园林建筑和设施；

（七）其它损害城市园林绿化的行为。

第三十五条 严禁在公共绿地、风景林地、防护绿地内采石取沙、放牧狩猎、造坟修墓、野营烧烤、擅自用火等。

第三十六条 在公共绿地内不得滥设服务摊点和广告，在符合该公共绿地整体功能的前提下设立服务摊点和广告，必须由公共绿地管理单位提出申请，经市园林绿化部门审核后，报市人民政府批准。

● **上海市闲置土地临时绿化管理暂行办法 (2000年8月7日上海市人民政府发布)**

第一条 （目的依据）

为了充分利用闲置的土地建设临时绿地，改善城市生态环境和市容景观，并加强临时绿地管理，根据有关法律、法规，结合本市实际情况，制定本办法。

第二条 （适用范围）

本市行政区域内闲置的土地具备绿化条件的，可以建设临时绿地，但有下列情形之一的，应当建设临时绿地：

（一）沿城市道路、河道的建设项目依法带征道路规划红线、河道规划蓝线内的土地，尚未实施道路、河道拓建的；

（二）属政府依法储备的土地的。

闲置的土地原为耕地的，不适用本办法。

第三条 （管理部门）

市绿化管理部门和市土地管理部门按照职责分别负责本市临时绿地的绿化管理和土地管理。

市或者区、县规划、建设以及其他相关管理部门按照各自职责，协同实施本办法。

第四条 （责任单位）

临时绿地的建设、养护，由建设用地单位负责。

利用本办法第二条第一款第（一）项规定的土地建设临时绿地的，由市或者区、县绿化管理部门负责组织实施。

利用本办法第二条第一款第（二）项规定的土地建设临时绿地的，由储备土地的管理单位负责建设、养护。

第五条 （临时绿地的建设）

临时绿地的建设应当因地制宜、统筹安排，与计划建设项目的配套绿化相结合，并与周围环境相协调。

临时绿地的建设，按照下列程序进行：

上海市苏州河滨绿地

（一）建设用地单位向市或者区、县土地管理部门提出申请；

（二）市或者区、县土地管理部门自受理申请之日起10日内，作出书面决定；

（三）市或者区、县土地管理部门同意建设临时绿地的，建设用地单位应当自市或者区、县土地管理部门同意之日起10日内，与区、县绿化管理部门签订《临时绿地建设养护责任书》；

（四）建设用地单位自《临时绿地建设养护责任书》签订之日起3个月内，完成临时绿地建设，但因不可抗力致无法完成的除外；

（五）区、县绿化管理部门对临时绿地进行竣工验收，经验收合格的，出具验收合格证明。

第七条（建设、养护标准）

临时绿地的建设、养护标准，参照不低于三级（含三级）公共绿地的标准执行。主要景观道路两侧的临时绿地，应当适当提高建设、养护标准。

第六条（挂牌管理及对公众开放）

临时绿地建成后，应当在醒目位置设立标牌，标明临时绿地的性质、范围和建设、养护责任单位。

建成的临时绿地应当对公众开放。

第八条（临时绿地的撤除和保留）

因建设需要撤除临时绿地的，临时绿地建设单位应当在撤除临时绿地前60日，向区、县绿化管理部门办理撤除备案手续，明确撤除临时绿地的时间并公开告示。区、县绿化管理部门应当在办理备案手续后，出具备案回执，载明撤除临时绿地的时间。

撤除临时绿地时，对临时绿地内的树木应当予以迁移，不得砍伐；需迁移临时绿地内树木的，区、县绿化管理部门应当在办理备案手续的同时，办理树木迁移手续。

因城市规划调整，临时绿地需转为永久性绿地的，市或者区、县人民政府可以依法收回土地使用权，并给予原用地单位相应补偿。

第九条（撤除临时绿地后补签合同）

属有偿使用国有土地的，建设用地单位可以在撤除临时绿地后，与市或者区、县土地管理部门签订国有土地有偿使用合同的补充合同，对延长有偿使用国有土地期限以及其他权利、义务作出补充规定。

签订国有土地有偿使用合同的补充合同，建设用地单位应当提供下列材料：

（一）市或者区、县土地管理部门同意建设临时绿地的书面决定；

（二）区、县绿化管理部门出具的临时绿地竣工验收合格证明；

（三）区、县绿化管理部门出具的撤除临时绿地备案回执。

第十条（优惠申请）

临时绿地存续期间超过1年（含1年）的，建设临时绿地的建设用地单位可以向市或者区、县土地管理部门申请享受以下优惠：

（一）临时绿地存续期间免缴土地闲置费；

（二）临时绿地存续期不计入土地使用期限；

（三）法律、法规、规章和市人民政府规定的其他优惠。

第十一条（通报制度）

区、县绿化管理部门应当将本辖区内临时绿地的建设、撤除情况报市绿化管理部门备案，并通报区、县规划、土地管理部门。

第十二条（单列统计）

市和区、县绿化管理部门在进行公共绿地面积统计时，应当单列统计临时绿地的建成面积。

第十三条（法律责任）

对破坏临时绿地的违法行为，由市或者区、县绿化管理部门和监察队伍依据《上海市植树造林绿化管理条例》及其他相关法律、法规、规章，给予行政处罚或者采取行政措施。

对违反规划、土地等管理规定的违法行为，由规划、土地等管理部门依据相关法律、法规、规章，给予行政处罚或者采取行政措施。

第十四条（施行日期）

本办法自2000年11月1日起施行。

下 篇
PART TWO
实践与案例
Practice & Case Studies

珠水翠韵

- 案例 A：
  佛山市城市绿地系统规划(1997-2010 年)
- 案例 B：
  顺德市北滘镇绿地系统规划(1998-2020 年)
- 案例 C：
  广州市城市绿地系统规划(2001-2020 年)

案例A：

佛山市城市绿地系统规划　(1997-2010 年)

项目概况与案例分析

佛山市位于珠江三角洲腹地，是国家卫生城市和历史文化名城。1997年2月，根据佛山市政府的要求，佛山市建设委员会委托佛山市城乡规划处与北京中国风景园林规划设计研究中心，合作承担"佛山市城市绿地系统规划"的编制任务。规划项目组从1997年4月开始现场调研，经过方案构思、指标研究、重点地段详规等工作阶段，于1997年8月向省市有关部门的专家、领导汇报了规划草案。此后，在广泛听取意见的基础上，继续对规划方案进行修改深入，于1997年11月初完成了规划方案评审稿。

1997年11月13日，来自国家建设部、广东省建委、广州、深圳、珠海等地和佛山的专家领导40余人，出席了"佛山市城市绿地系统规划论证评审会"。卢汉超副市长到会指导工作。评审专家组充分肯定了该规划的工作成果，同时提出了一些修改意见。会后，佛山市建委又组织规划组按照评审意见对有关内容进行修订完善，1998年初将规划文件上报市政府审批（佛建字[1998]04号）。1998年3月18日佛山市人民政府发文，批复同意实施《佛山市城市绿地系统规划》（佛府函[1998]016号）。经过全市人民的努力，1999年佛山被国家建设部命名为"园林城市"。

为确保该规划项目的进展，佛山市建委组织了大量人力物力投入工作。参编单位还有：国家测绘局第二测绘院、佛山市城市规划勘测设计研究院、市城市地理信息中心、市城建局、市园林管理处、佛山市政设计院、佛山市政建设总公司、市林科所、市林业推广站、石湾区园林处等。尤其是在现状调研阶段，市规划处从各单位抽调人员数十名，历时三个多月，对市区内绿化与建设用地情况进行详查，并运用先进的GIS技术对海量数据作整理分析，大大提高了规划决策的科学性。

在我国高密度人口聚居的城市地区，如何实现城市绿地与建筑空间的协调发展？这是一个带有普遍意义的难题。1997年时，佛山是全国建制城市中市区面积最小的地级市，资源条件非常有限。人口密集，用地狭小，既无大佛，也无名山，市区内外发展陶瓷等工业所造成的污染亦较可观。因此，佛山市发展城市绿化、创建国家园林城市的基础条件，与珠海、厦门、中山、威海等城市差距甚大。如果佛山能在严峻的客观条件约束下走出一条城乡建设协调发展、人居环境显著改善、绿色空间有效拓展的可持续发展道路，对国内许多同类城市可作有益的借鉴；因为人多地少、资源短缺和历史遗产积淀深厚，毕竟是我们的基本国情。

我国地域辽阔，各地城市的自然条件和社会经济发展水平千差万别，创建园林城市不可能都套用一种模式。该规划针对佛山市历史文化名城的性质，充分考虑到市区人口与建筑密度大、土地后备资源稀缺等实际困难，通过开源与节流并举的方法，在空间上实行城乡一体统筹规划，实事求是地确定城市绿地建设指标，充分挖掘潜力合理布局城市绿地，切实贯彻了可持续发展战略。佛山创建国家园林城市的经验表明：科学地编制与依法实施城市绿地系统规划，是实现城市园林化的关键。

街头绿化

项目领导：

林邦彦（佛山市建委主任兼市城乡规划处处长，规划师）
杨悦友（佛山市城市建设局局长，高级工程师）
余树勋（中国风景园林规划设计研究中心主任，教授）

编制单位：

中国风景园林规划设计研究中心（主编单位）

项目组长：杨赉丽（中国风景园林规划设计研究中心教授）

主要成员：

黄庆喜（教授）	梁伊任（高级工程师）
张天麟（高级工程师）	李建宏（硕士）
赵　鹏（硕士）	王沛永（硕士）
魏　民（硕士生）	姚玉君（硕士生）
杨一力（硕士生）	张　路
宋淑范	李　红
施秋伟	

佛山市城乡规划处（协编单位）

项目组长：李　敏（佛山市建委主任助理兼市城乡规划处副处长，博士）

主要成员：

杨敏辉（工程师）	周践平（工程师）
陈佩玲（规划师）	冯　平（规划师）
杨治帆（工程师）	张宏利（工程师）
曹久久（工程师）	周　叙（硕士）
邓国清（工程师）	何小坚（建筑师）
陈穗嘉（建筑师）	朱　墨（硕士）
杨中慧（工程师）	王　勤
金永卫	张玉竹

佛山大道绿化

第一章 总 则

第一条 为适应佛山市区园林绿化建设与管理的需要，根据国家和地方政府所颁布的有关法律、法规和文件编制本规划。

第二条 本规划所界定的规划区范围与现状市区行政范围相同，总面积为78km²。

第三条 规划编制依据：

● 《中华人民共和国城市规划法》(1990)；

● 《中华人民共和国环境保护法》(1989)；

● 《城市绿化条例》(国务院[1992] 100号令)；

● 《城市用地分类及建设用地标准》(国标GBJ137-90)；

● 《城市绿化规划建设指标的规定》(建设部文件，建城[1993] 784号)；

● 《佛山市城市总体规划》(编制单位：同济大学城市规划设计研究所，佛山市城市规划设计研究院，1994；广东省人民政府1996年4月批准。)

● 《佛山市历史文化名城保护规划》，(批准文号：佛府函[1996] 098号)；

● 广东省政府与佛山市政府有关城市园林绿化建设管理的现行规章。

表A-1 佛山市城市绿地系统建设指标规划

项 目 规划年限	人均公共绿地 (m²/人)	绿地率 (%)	绿化覆盖率 (%)
2000 年	6.2	30.5	35.5
2005 年	7.0	33.2	38.9
2010 年	8.0	40.6	45.6

第四条 规划期限与城市人口规模：

本规划与广东省人民政府1996年4月批准的《佛山市城市总体规划》相配套，适用规划期为1997～2010年，其中：近期为1997～2000年，规划期末城市人口规模为50万；中期为2001～2005年，规划期末城市人口规模为60万；远期为2006～2010年，规划期末城市人口规模为70万。

第五条 规划指导思想：

1、根据佛山市特定的地理位置、环境条件及其在珠江三角洲中的地位与作用，力求充分利用当地有利条件，调动一切积极因素，遵循城市园林绿化建设的发展规律，争取以较快的速度建成一个有特色的园林城市。

2、保护和建设好城市赖以依托的现有山林、水体、地形地貌等自然资源，尽可能地改善城市生态环境，充分发挥佛山市国家历史文化名城的优势，培育佛山市区的城市特色。

3、针对佛山市区建设用地紧缺、人口密度大、旧城区建筑拥挤等诸多特点，园林绿化建设应以合理布局、完善结构为目标，并在高标准、高水平、高速度的建设过程中，不断提高城市的生态环境质量，美化城市面貌。

4、科学安排市区范围内的各类绿色空间，构成开放型的城市绿地系统，努力为佛山市民创造安全、舒适、优美的户外活动环境。

5、结合城市绿地系统的结构布局，合理布置全市的各类避灾绿地。

6、努力提高城市绿地系统规划的可操作性，使之对于整个城市规划、园林建设和绿化管理工作具有较强的实践指导意义。

第二章 城市绿地系统总体布局

第六条 总体布局原则：

1、充分发挥城市园林绿地的综合功能效益，统一规划，全面安排。

2、均匀分布公共绿地，合理配置生产绿地与防护绿地，加强单位附属绿地的建设管理，全面提高城市绿量。

3、在城市绿地系统整体布局上突出"四个结合"，即：郊区大环境绿地与建成区内中小型绿地相结合，开放型绿地与经营型绿地相结合，历史文物保护与园林绿地建设相结合，线型绿带与块状绿地相结合。

4、近期建设规划与远期建设规划相结合，促进城市的可持续发展。

第七条　总体布局结构：

佛山市区的城市绿地系统，按照"一环、二带、三块、四横、五纵、六园"的结构模式进行布局。

一环 —— 即环绕佛山市区外围的东平河和汾江的滨河防护绿地所形成的绿环。

二带 —— 即市区内的高压走廊防护绿地，220kV的建设50m宽绿带，110kV的建设30m宽绿带。

三块 —— 即利用郊区现状农业绿地和水源保护地，在城市的东南、西南、西北开辟三块较大面积的生态保护区，总面积约942.6hm²，作为城市的固碳制氧基地和季风通道。

四横 —— 即四条东西向的城市主干道绿化带，分别是：魁奇路、季华路、同济路和张槎路，道路红线宽度40~50m，两侧绿带宽度规划为8~10m。

五纵 —— 即五条南北向的城市主干道绿化带，分别是：文华路、大福路、汾江路、佛山大道和禅西大道，道路红线宽度40~55m，两侧绿带宽度规划为8~28m。

六园 —— 即在规划期内要重点建设好六个市级大中型公园，即：中山公园、五峰公园、季华园、石湾公园、荷苞公园和王借岗火山遗址公园。

第八条　在环绕城市的江河两岸，要留出一定宽度的绿化用地，营造防护绿地，形成环绕城市的绿色"项链"。

第九条　在城市东南、西南、西北方向，以基本农田和水源保护区为主体，开辟三块较大面积的自然生态保护区，作为城市固碳制氧基地和输送新鲜空气的通道，用以维护市区的碳氧平衡，缓解城市的"热岛效应"。

第十条　沿各级城市道路、高压线走廊与河道两侧开辟

节日的季华园

一定宽度的绿带，构成市区的网状绿地系统骨架。在旧城区内积极建设各类公园绿地，争取使公共绿地在市内达到均匀分布。要充分发动群众"见缝插绿"，搞好单位附属绿地的美化。

第三章　公共绿地规划

第十一条　市区内的公共绿地规划指标为：

1、公元2000年，公共绿地310hm²，人均6.2m²；

2、公元2005年，公共绿地420hm²，人均7m²；

3、公元2010年，公共绿地560hm²，人均8m²。

第十二条　市级公园规划：

1、中山公园，面积35.6hm²，市级综合公园；规划有各类文化娱乐场地和设施，内容丰富，以秀丽湖的水景为特色。

2、五峰公园，面积102.4hm²，市级综合公园；规划设有展示植物进化为主的植物标本园、名人雕塑园和青少年军事体育活动区。

3、季华园，地处市中心，面积13hm²，市级专类公园；规划以疏林大草坪与观赏花卉为特色，兼有文化艺术欣赏活动。

4、石湾公园，面积41.6hm²，市级综合公园；规划结合附近的"南风古灶"历史文物保护区，建设成以表现佛山陶艺历史为特点、山水相映的文化休息公园。

5、荷苞公园，面积61.3hm²，市级专类公园；规划以少年儿童游戏活动及观赏水生植物为特色。

6、王借岗公园，面积107.4hm²，以火山遗址为特色的自然科学主题公园。

绿色的童年 绿色的梦

表A-2 佛山市区级与居住区级公园规划一览表

序号	名 称	面 积 (hm²)	分类与特色	备注
1	江湄公园	8.98	区级公园、游憩型	规划
2	华桂公园	4.15	居住区级公园、游憩型	规划
3	半月岛公园	9.6	区级公园、水上活动	已建
4	狮岗公园	15.8	区级公园、游憩型、儿童活动	规划
5	垂虹公园	2.38	居住区级公园、游憩型	已建
6	佛山乐园	6.00	居住区级公园、游憩型	已建
7	环市公园	9.8	区级公园、游憩型	规划
8	郊边公园	3.36	居住区级、游憩型	规划
9	张槎公园	12.5	区级公园、游憩、观赏型	规划
10	大雾岗公园	17.26	区级公园、游憩、观赏型	规划
11	海心沙公园	21.72	区级公园、水上游览活动	规划
12	东林公园	6.45	居住区级、游憩型	规划
13	城西公园	4.63	居住区级、游憩型	规划
14	新市公园	12.0	区级公园、文化休息型	规划
15	汾江公园	22.94	区级公园、文化休息型	规划
16	绿景园	7.38	居住区级公园，游憩型	规划
17	站前公园	2.28	区级公园、游憩型	已建
18	梁园	2.13	岭南古典名园、文物保护单位	部分重建
19	祖庙公园	1.70	文物保护单位，综合型文化展览	已建
20	铁军公园	1.26	街头游园，休憩、纪念性园林	已建
21	唐翠园	1.57	居住区级公园、休憩	已建
22	鸿业园	1.54	居住区级公园、休憩	已建
23	兆祥公园	2.55	区级公园、文物保护单位	规划重建
24	朝安公园	4.46	居住区级公园、休憩型	规划
25	澜石公园	8.00	区级公园、文化休憩型	规划
26	南浦公园	2.00	居住区级公园、主题型	已建
	合 计	192.44		

第十三条 区级公园规划：

根据佛山市区人多地少、建筑密集的特点，要重点规划与建设区级及居住级公园，最大限度地满足市民日常生活的需要。

第十四条 街道游园规划：

街道游园是以绿地、铺装场地和小型游憩设施为主的开放型公共绿地，是居民户外日常活动的主要场所，也是旧城改造中易于实施的增绿措施。因此，规划在市区内建造多处街道游园。

（注：有关各类公园和街道游园的规模、内容特色、服务对象等，详见规划说明书。）

第十五条 公共绿地服务半径的确定：

1、全市性公园服务半径为2000m；

2、区级公园和居住级公园的服务半径为1000m；

3、街道小游园的服务半径为500m。

第十六条 市区街道红线外侧宽度大于8m、单块面积大于400m²的绿化地带，按公共绿地的性质进行建设，可适当安置休息设施及园林小品。

第十七条 市区内的旧城街区，应结合该地段的历史文物(如庙宇、祠堂、会馆、书院、民居、古树名木等)合理设置小型公共绿地。

第十八条 市区东南、东北及西南紧靠东平河水道周围的农业绿地，现为大片水塘、农田和竹林，自然景色优美。规划利用其自然环境特点，将以基本农田和水源保护区为主的这三块土地辟为城市生态保护区。在该保护区内，宜建设具有郊野田园风光的观光农业园供市民假日游憩，作为城区公共绿地的补充。

第四章 生产防护绿地规划

第十八条 为确保市区园林绿化种植材料的供应，规划在市区范围内设苗木生产基地四处，总面积157.6hm²，约占城市规划区总面积的2%。其中：城西苗圃51.2hm²，扶西苗圃25.6hm²，张槎苗圃49.3hm²，东平苗圃31.5hm²。市区范围以外的市属单位生产苗圃，作为市区绿化苗木的后备生产基地。

第十九条 充分发挥绿地的生态防护功能，在城市规划区内设置各类防护绿地。

1、沿河道水系的防护绿地：①在东平水道内外侧设置水系保护绿地，平均宽度30m。②沿汾江河两岸，设置宽度不小于10m的防护绿地。③在市区内的排涝河道两岸，各设置10m宽的防护绿地。

2、卫生隔离绿带：在居住区与工业用地之间设置绿化隔离带，宽度不小于30m，可结合道路绿化和居住区绿地布置。

3、降噪声隔离绿带：沿市区的交通干线设置绿化隔离带，以减少车辆噪声及汽车尾气对城市环境的影响。

第二十条 主要道路防护绿地的规划要求：

1、城市主干道两侧，单边绿地宽20m。

2、城市次干道两侧，单边绿地宽10m。

3、佛开高速公路(佛山段)两侧，单边绿地宽30m。

4、佛山大道南段，两侧各设置28m宽的绿地。

第二十一条 城市高压线走廊的防护绿地，规划要求110kV的宽度为30m，220kV的宽度为50m。

第五章 道路绿化

第二十二条 城市绿地系统布局结构中"线"，是指以道路绿化为主的带状绿地。道路绿化利用城市道路构成网状体系，形成具有交通、生态、休闲、景观等综合效益的"城市绿线"。

第二十三条 市区道路绿化规划的总体构想，是在发挥绿地综合生态效益前提下，形成多功能复合结构的绿化网络。具体措施为：

1、重点路段美化与普遍绿化相结合。

2、主要干道两侧树种的选择及种植方式，除突出道路绿化的生态及防护作用外，应结合重点地段加以美化，使之各具特色。

3、市区的道路绿化，应主要选择能适应本地条件生长良好的植物品种和易于养护管理的乡土树种。同时，要巧于利

用和改造地形，营造以自然式植物群落为主体的绿化景观。

第六章 历史文化街区绿化

第二十四条 南风古灶：以南风古灶文物保护街区为主体，扩充周围绿地，并纳入石湾公园的统一规划范围；结合安排陶瓷工艺展销、娱乐、游憩等活动内容，突出表现佛山古镇早期的陶瓷烧窑历史与文化。

第二十五条 梁园：为清代岭南四大名园之一，规划除保留原有宅第外，要进一步扩充花园面积，基本参照原样修复，建设成为具有岭南庭园特色的宅第园林。

第二十六条 兆祥公园：以黄公兆祥祠堂为文物保护中心，周边扩建庭园，建设以展示岭南中草药为主的、寓教于乐的专类公园。

第二十七条 祖庙公园：以祖庙博物馆为中心，用公共绿地将祖庙、碑林和孔庙等文物建筑等连系建成一组景区。

第二十八条 泥模岗公园：利用祖庙旁梅园酒家周围的现状空地，规划建设成为具有岭南传统园林特色的、以适应老人活动为主的街区小公园。

第二十九条 古商业街、古民居：规划结合旧城区改造和历史文物保护，适当恢复民国时期具有华南特色的商店铺面和民居建筑，将祖庙路的大部分和福贤路历史街区逐步改建为商业文化步行街，再现佛山古镇的传统风貌。在历史街区里的道路两侧，增辟绿化用地和休息设施，构成集休息、游览与商业活动为一体的园林化街区。

第三十条 河宕遗址公园：1989年，河宕废墟(含大墩、大麦丘)被定为省级文物保护单位，为广东原始社会晚期的物质文化、邱陶文化等历史研究提供了重要的实物资料。遗址现状环境良好，规划开辟为文物遗址公园。

第七章 单位附属绿地与居住区绿化

第三十一条 为全面控制城市绿量，保证城市达到良好的环境质量水平，本规划确定了各类城市用地中的绿地率，为城市园林绿地的建设与管理工作提供依据。

圣堂小区绿地

城南高层住宅群绿化

石湾区老干中心

表A-3 市区单位附属绿地和居住区绿化规划指标

用地类别		绿地率	备注
一类居住用地		>45%	
二类居住用地		>30%	
旧城改建		>20%	
行政办公用地		>30%	
商业、金融用地		>25%	新建宾馆>45%
体育用地		>40%	
医疗卫生用地		>45%	疗养院>50%
教育科研用地		>40%	
一类工业用地		>25%	
二类工业用地		>30%	
三类工业用地		>45%	
市政设施用地		>30%	
特殊用地		>30%	
仓储用地		>20%	
其它用地		>25%	
道路	主干道	>20%	
	次干道	>15%	

第三十二条 根据《佛山市城市总体规划》和国家有关规定，参照佛山市建设用地的现状情况，对市区范围内单位附属绿地和居住区绿地的规划指标确定如表A-3所示。

第八章 城市避灾绿地规划

第三十三条 为提高城市的防灾能力，发挥城市绿地的避灾减灾作用，本规划特制定避灾绿地规划，并纳入城市防灾体系规划。

第三十四条 在东平水道、汾江河、佛山水道沿线，结合河岸防护绿地和公共绿地的建设，对河道进行治理，提高城市的防洪能力。

第三十五条 利用各类城市广场、绿地、文教设施、体育用地、道路等，建立城市避灾体系。具体安排要求如下：

1、一级避灾据点，是灾害发生时居民紧急避难的场所，应按人口密度和避难场所的合理的服务范围均匀地分布于城市中，并距二类、三类工业用地500m处。

2、二级避灾据点，是灾害发生后避难、救援、恢复建设等活动基地，可利用现有规模较大的体育场馆、各类学校设施及城市公园。

3、避灾通道：利用城市次干道及支路，将一、二级避灾据点连成网络。为保证灾害发生后道路的通畅，沿路建筑应后退红线5～10m，高层建筑后退红线的距离还应加大。

4、在进行城市各地段的详细规划设计时，应结合道路、广场、园林绿地、文教与体育设施等，统筹安排市区内一、二级避灾据点和避灾通道。

5、救灾通道：为保证灾害发生时城市与外界的交通联系，规划以广佛、佛开高速公路、佛山大道、季华路、魁奇路、张槎路、汾江路、江湾路作为城市救灾通道。在救灾通道两侧，必须按规划的绿带宽度(绿线)，严格控制建设用地的建筑红线距离。

第九章 园林绿化树种规划

第三十六条 市区园林绿化树种规划的基本原则确定为：

1、因地制宜，适地适树。

2、适当引进适应本地生长的优良植物种类。

3、根据城市绿地系统规划的空间布局要求，对不同类型的绿地，选用不同种类的园林植物，力求创造统一多样的植被景观。

4、充分发挥亚热带植物地带优势，创造佛山历史文化名城的绿地景观特色。

第三十七条 要依法保护市区内现有的古树名木，积极采取养护复壮措施。

第三十八条 在城市园林绿地建设中，要优先选用市树和市花品种——白兰，使之在市区园林树木中逐步达到一定的种植比例。

第三十九条 按照因地制宜，适地适树的原则，对佛山市区主要的绿化树种选择如下：

1、街道广场：白兰、木菠萝、红花紫荆、人面子、阴香、大王椰子、假槟榔、高山榕、大叶榕、小叶榕、扁桃、黄槐、芒果、大红花。

2、工业区：台湾相思、水蒲桃、构树、石栗、柠檬桉、高山榕、大叶榕、蓝桉、棕榈科、夹竹桃、九里香、华南珊瑚、米兰。

3、居住区及单位附属绿地：南洋杉、棕榈、白兰、桂花、广玉兰、鸡蛋花、蒲桃、番木瓜、变叶木。

4、公共绿地：落羽杉、南洋杉、大王椰子、假槟榔、散尾葵、鱼尾葵、木菠萝、高山榕、大叶榕、小叶榕、白兰花、木棉、大叶合欢、桃花心木。

第四十条 佛山市区规划应用的园林绿化树种，详见本规划说明书。

第十章 分期建设规划

第四十一条 本规划按照统一规划、分期建设的要求编制，规划建设内容共分近、中、远三期实施：近期(1997～2000年)，中期(2001～2005年)，远期(2006～2010年)。

第四十二条 近期(1997～2000年)应完成的园林绿地建

设项目主要有：①市级公园——调整、改造中山公园，提高季华园的园林艺术水平，起步新建五峰公园与荷苞公园；②区级公园——建设南浦公园、兆祥公园、环市公园、大雾岗公园、唐翠园和绿景园等居住区公园。③道路广场绿地——完成莲花广场绿化、佛开高速公路两侧各30m宽的绿带和市区主要干道两侧的绿带建设；④生产防护绿地——完善东平水道滨河绿带和市内河涌两旁的绿带，建设220kV和110kV高压走廊的防护绿带，建设城西、扶西和张槎苗圃；⑤对规划的城市三个生态保护区实行控制，界定各片区的边界，保持现有用地的生态环境不受破坏。

第四十三条 中期(2001~2005年)应完成的园林绿地建设项目主要有：建设五峰、石湾与荷苞等市级公园，完成梁园扩建的二、三期工程；建设汾江、狮岗、张槎等区级公园及华桂、城西等小游园；继续抓好单位附属绿地按规划要求应完成的绿地面积；完成新建道路广场的配套绿地建设；增设东平苗圃。

第四十四条 远期(2006~2010年)应完成的园林绿地建设项目主要有：新建王借岗公园，规划建设新市、海心沙、澜石等区级公园和东林、江湄、朝安等居住区公园，完成三片城市生态保护区的全面绿化。

第四十五条 为了使上述分期建设规划能得以顺利实现，要及早进行相应的园林绿地规划设计工作。随着全市园林绿地数量的逐年增加，绿地养护工作量将不断加重，政府有关部门要在人力、物力、财力和技术上予以充分支持、提供保证。

第十一章　绿地系统效益测算

第四十六条 园林绿化是一项服务当代、造福子孙的城市基础设施建设和公益性事业，其最终成果，表现为环境、社会和经济相统一的综合效益。

第四十七条 城市园林绿化的综合效益包括：①直接经济效益——园林服务业和园林绿地物质产品所产生的直接货币收入；②间接经济效益——转移到社会产品中的价值、市民生理和心理上的"环境质量消费"、改善社会经济发展环境的价值等。

唐翠园小区

第四十八条 本规划中所列的各类园林绿地，都可直接和间接地为社会创造经济效益。到规划期末(2010年)，城市绿地系统建设完成后，市区3166.38hm²园林绿地的年产值效益约为6.23亿元，每年可产生氧气27369吨，吸收二氧化碳36621吨，吸收二氧化硫761吨，滞尘量24940吨，蓄水量338万立方米，降温3~6℃，生物物种增加15%，从而能有效地改善佛山市区的生态环境质量。

第四十九条 城市环境中的园林绿地建设，是实现国有资产保值、增值的重要途径。本规划通过对其投入与产出分析，得出结论为：当城市园林绿地的积累量达到城市总用地量的30%以上时，对园林绿地建设的资金再投入，当年即可得到成倍的回报，大大优于其他建设项目投资所能达到的经济效益。

第十二章　规划实施措施

第五十条 本规划在实施过程中，政府有关部门每年要保持一定比例的资金用于城市园林绿化建设；同时，要充分利用发展社会主义市场经济所提供的机遇，多渠道、多方式地调动全社会各方面的积极性集资共建园林绿地。

第五十一条 要进一步配套完善佛山市区有关园林绿化建设管理的行政规章，使之更加系统化和规范化，努力实现"依法兴绿"。

第五十二条 市区园林绿化建设的有关主管部门，要加强对各级园林绿化从业人员的业务培训，进一步提高其知识水平和工作水平。佛山市区今后的园林绿化建设，要努力提高质量、多出精品。

第五十三条 本规划由佛山市建设委员会负责解释。如需要对本规划中的条款进行调整或修改，应按有关的法定程序进行。

迎春花市

规划说明书

第一章 现状分析

第一节 城市概况

佛山市地处广东省中部、珠江三角洲腹地。市域全境位于北纬22°38′~23°34′、东经112°22′~113°23′之间，东距广州市约30km，南邻顺德市，西、北接南海市。市区行政面积约78km²。1996年底，佛山市区常住人口45.18万人，其中非农业人口39.44万人，建成区面积33.0km²。

按照广东省政府1996年4月对《佛山市城市总体规划(1994~2010年)》的批复，佛山市的城市性质确定为：以高新技术产业为主导、第三产业发达、环境优美的现代化历史文化名城。

第二节 自然条件分析

1、地质地貌

佛山市在大地构造单元上，属于华南褶皱带的一部分。加里东构造层广泛分布于"广州—佛山—九江"一线以东，由各种片麻岩、石英岩、片岩、浅变质砂岩组成。海西印支构造层主要分布于"广州—佛山—九江"一线以北地区，由砂页岩、石灰岩等构成。其中还有低山丘陵，多发育有红壤、赤红壤，少量有黄壤；平原则为水稻土、堆叠土，以桑基、果基、蔗基为主的基塘农业，形成了独具特色的人工生态系统。

2、地震情况

珠江三角洲地区的地震特点是频率高、强度小、小震多而大震少。根据广东省地震局的资料，佛山市区为地震基本烈度7度区。重大工程建设设计应考虑抗震设防。

3、气象条件

佛山市地处珠江三角洲冲积平原，河道纵横，属水网地带，距海洋很近。由于地处北回归线附近，常年气候温和，光照较多，雨量充沛，具有亚热带海洋性气候的特点，四季均可种植，也适宜各种植物生长。

(1)气温

佛山市的年平均温度为21.7℃，年积温有7940.7℃，绝对最高气温38.2℃。最低－1.9℃。春季的气温变化大，不稳定。四月初才会稳定上升，并以7~8月最高。九月开始趋于下降，至1~2月达到最低点。年平均霜期只有3~4天，1月平均气温12.8℃，七月平均气温27.3℃。

(2)降雨

佛山市区属华南多雨区，降雨具有雨量多、强度大、年内年际变化大的特点。多年平均的年降雨量为1663.5mm，最大年降雨量2760mm(1907年)，最小年降雨量994mm(1993

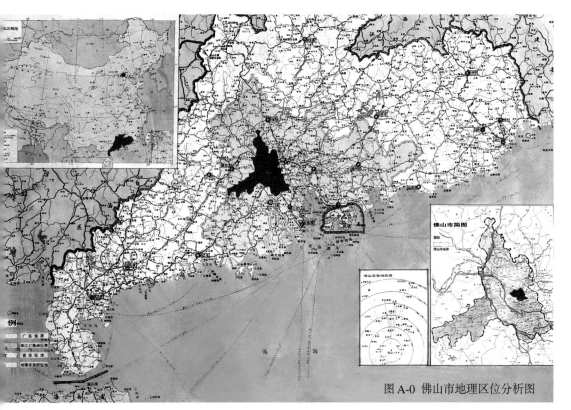

图 A-0 佛山市地理区位分析图

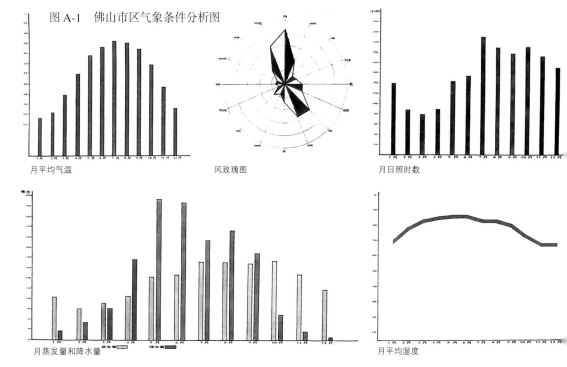

图 A-1　佛山市区气象条件分析图

月平均气温　　　　　风玫瑰图　　　　　月日照时数

月蒸发量和降水量　　　　　　　　月平均湿度

年)。年际变化为1.9倍,降雨量年内分配不均,汛期(4~9月)降雨量约占全年总降雨量的80%,常常出现冬春干旱,夏秋洪涝,特别是在连续大、暴雨时再遇西、北江洪水,便会发生较大的洪涝灾害。

(3)日照

佛山市位于北回归线以南,属亚热带季风气候,多年平均的年日照时数达1900小时左右。平均太阳辐射总量为每平方厘米108千卡/年,7~8月间的辐射量最大可达每平方厘米11.9千卡/日。因此,市区夏日长且炎热,冬季短而较暖。

(4)蒸发量

据测定,市区多年平均蒸发量为1635.2mm,少于多年平均降雨量1663.5mm。

(5)湿度

佛山市属南亚热带海洋性气候,气候温和、湿润,年平均相对湿度为79%。

(6)风象

佛山市属南亚热带海洋性气候,冬季多北风,夏季多东南风。由于面临南海,台风也较频繁,每年4~9月为台风盛期,每年平均有2.7次台风在珠江口和粤东、粤西沿海区登陆,佛山市区会受到台风及其外围环流的影响,出现7级以上的阵风,并伴有大至暴雨,对人民生命财产及工农业生产都有不同程度的破坏。据统计,1996年佛山市受自然灾害袭击造成的直接经济损失达785.8万元,其中水利设施损失4.6万元。

4、水资源

(1)河流分布

佛山市地处珠江三角洲中下游河网地区,市域范围河流共有21条。除西江、北江干流外,还有芦苞涌、西南涌、佛山涌、吉利涌、陈村水道、甘作溪、顺德支流、容桂水道等,总长约704.4km,形成纵横交错的河道水网。河网密度达0.185km/km²。

(2)水资源

● 地表径流量　地表径流量主要来源于大气降雨,属雨水补给型。全市地表径流量的变化与降雨量一致。多年平均降雨量1612mm,径流量840mm,多年平均径流总量为31.41亿立方米。

● 过境水量　佛山市地处三角洲河网区,西、北两江汇流贯穿其中,过境水量极为丰富,多年平均水量占全省主要江河径流量的76.6%,是本地区地表径流量的86.6倍。

● 地下水资源　市区约为0.17亿立方米,但因本地河川径流较多,地下水开发利用较少。

(3)水资源特点

佛山市的水资源特点是本地径流不多,时空分配不均,局部河道污染严重。因市域过境水量丰富,本市工农业生产引用过境水的比例很大,人均水量为98478m³,亩均水量170148m³,均高于广东省及全国的平均水平。

佛山市的水资源时空地域分配不均,地面径流西南部多,东北部少,总的趋势是由东北向西南递增;径流年分配也不均,常有冬春旱、夏秋涝等自然灾害。由于枯水期河川径流量较少,市区局部河道污染严重,有的已发展为公害,须积极加以治理。佛山市东南区普遍低洼,地形标高一般为0.5~2.5m,每年雨季都受洪水威胁。

5、土地资源

佛山市区属侵蚀型的地形,西北及石湾山岗为不规划平缓起伏的丘陵地,一般标高为15~20m,西北及中央地形略高,最高处为王借岗古火山遗址。岗顶高48.4m,西部和东

汾江路绿化面貌

镇安生活污水处理厂

街道绿化

南部主要是平原地带，土地肥沃，雨量充足。近年来随着城市开发建设进程的加快，市区范围内的耕地呈下降趋势，农田减少甚多，土地资源十分紧张。

6、农业资源

佛山市的自然条件优越，种植业的特点是作物种类多，生长快，一年四季均可种植，土地复种指数高。除主种水稻、甘蔗、花生等作物外，水果、蔬菜、花木、鱼类等种类繁多。目前，全市正加强农业基础建设，调整农业的内部结构，积极发展"优质、高产、高效"的现代农业。

第三节　社会条件分析

一、历史沿革

佛山古为海洲，即广州漏斗湾西南海道上洲岛群之一。秦汉时期，佛山是南海郡番禺县属地。隋代开皇十年(公元590年)把旧番禺县地域分为番禺、南海两县，佛山为南海县属，称"季华乡"。唐代沿袭隋制，佛山仍南海县属。据《佛山志》载：唐贞观二年，季华乡人见塔坡岗夜车耶有光，因而掘地得铜佛三尊，奉于岗上，曰"塔坡寺"，遂以"佛山"名乡。五代时期，南汉建国于广州，以广州为国都，分南海为常康、咸宁两县，佛山为咸宁县属。宋代开宝五年，平南汉后，废常康、咸宁两县复置南海县，佛山仍南海县属。宋代广州为南方对外贸易大港，设有"广州市舶司"主持对外贸易，佛山处在内港地位，并派有市船提举一分驻，是佛山兴起为镇之开端。宋代凡地方市集大者，通称为镇，故有"佛山镇"之称。元明时期，多沿宋制，明代并有南海县五斗口司驻在佛山。清代仍按明制，顺治四年，有首领官移驻佛山。雍正十二年，改为广州府同知驻防佛山，称"佛山分府"，南海县仍共管地，并为中国四大名镇之一。民国政制全改，南海设署，从广州迁至佛山。

1949年新中国成立以后，中央人民政府政务院于1951年1月12日批准成立佛山市。1954年6月18日，石湾镇从南海县划归佛山市管辖。1956年成立佛山专区，辖佛山、江门、石岐三市和中山等13县；1970年，佛山专区更名为佛山地区，辖14个县(市)；1983年6月，经国务院批准"撤地建市"，实行市管县体制，佛山市辖两区一市四县；1985年初以来，佛山市及所属各区、市，经国务院批准全部划入珠江三角洲经济开发区。

佛山市的经济、文化开发较早。东晋初年就已经有印度、中亚等国的僧人前来传经、建寺。佛教的传播对于中外思想文化和经济、技术起到了交流作用。同时，十六国、南北朝和唐代中原人口的南迁，促进了佛山经济的发展。唐宋时代，佛山就已成为国内繁华的手工业和商业城镇，与江西景德镇、湖北汉口镇、及河南朱仙镇并称为"四大名镇"。宋代以后，佛山成为我国南方重要的对外贸易港口。到了明清两代，佛山跃居全国四大名镇之首，成为我国南方最大的商品集散中心，列为全国"四大聚"之一("北则北京，南则佛山，东则苏州，西则汉口")。

据史料记载，清康熙、乾隆年间到鸦片战争之前，佛山镇的人口曾经发展到50～60万之多，有陶瓷、纺织、铸造、制药、烟花炮竹、染纸、制伞、民间手工艺等约三百多个手工行业，数千家商店。镇内有6墟12市，18个省的会馆和23间外国商馆，商品远销全国及南洋、澳洲、越南、美洲等地，来往的中外客商络绎不绝，街市繁荣程度不亚于省城广州。

佛山的文化艺术也比较发达，已经发现了多处新石器时代的贝丘遗址。佛山市的石湾陶塑艺术有七百多年的历史，还有始于唐代的雕塑艺术、产生于宋元的剪纸艺术、源于明代的木版年画和佛山秋色，以及起源于清乾隆年间的佛山狮头制作艺术等。此外，被誉为"南国红豆"的粤剧，也起源于明万历年间的佛山。

二、城市特点

(1)区位优越，交通便利

佛山市地理区位条件优越，处在珠江三角洲腹地，距广州、中山、江门、珠海、肇庆、东莞、清远等城市均在50km以内，离澳门、香港也在100km左右。纵横交错的水陆空交通干线，为市域经济发展提供了良好的条件。广湛铁路横贯

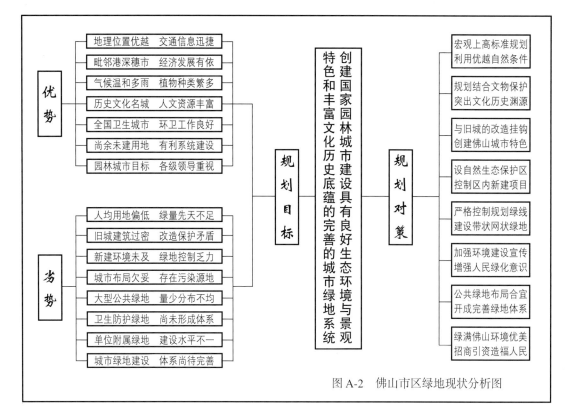

图 A-2　佛山市区绿地现状分析图

佛山市东西，广湛、广珠等主要公路干线穿越境内，已建成的广佛高速公路、佛开高速公路等交通干线也经过佛山。位于南海罗村的佛山机场，已开通国内航线十几条。

(2)著名的侨乡

据统计，祖籍佛山的华侨和外籍华人共有40多万人，港澳同胞近50万人，分布在世界47个国家和地区。这就增强了佛山与世界其它国家和地区的经济、文化联系。

(3)市场经济发达

佛山、南海和顺德，历史上都是商贾云集、物流顺畅之地。改革开放以来，佛山市坚持运用市场机制来调节社会经济的运作，使国民经济得到了较快的发展。市场观念、价值观念、竞争观念、信息观念、按国际惯例办事等现代观念日益深入人心，成为加快改革开放和经济建设步伐的精神动力。

(4)中西文化的交汇点

佛山市有着坚实的传统文化基础，又由于广大华侨的联系，使之较早地得益于外国科学文化的传播，东西方的思想文化在此融汇发展。

(5)优越的外部环境

珠江三角洲是我国少数几个市场经济发展较早的地区之一。早在16～17世纪，商品农业、手工业、商业已有了很大发展。建国后，经过40多年的建设，特别是改革开放以来的高速发展，佛山已成为全国瞩目的城市之一。

珠江三角洲的轻工业向来有较好的基础，近年来，通过引进外资和先进的生产技术设备，发展了不少新兴工业部门，已成为与沪宁杭、京津唐地区并驾齐驱的我国三大轻工业基地之一。

珠江三角洲农业生产发达，作物种类繁多，生产技术水平和农产品商品率也很高，是我国重要的农产品商品基地和出口基地。近年来，珠江三角洲的农业生产结构发生了很大变化，高产值的创汇农业得到了快速发展。

珠江三角洲的第三产业发达，商业服务十分兴旺，又是我国重要的外贸出口基地。

(6)特产及工艺品

石湾陶窑亦称"广窑"，兴起于唐代，明代已有"石湾缸瓦甲天下"之称。清代鸦片战争前，石湾陶瓷达鼎盛时期，有陶窑99座，工人数万，大量烧制工农业陶瓷用具，出口以大型龙鸡缸最为出名。

佛山秋色始于宋代，它是利用纸、泥、蜡、香胶等作原料制成各种"象生"工艺品，如各种动植物造型、人物造型和各种仿古器皿造型。佛山秋色灯饰已有悠久的历史，是一种利用丝绸、铁线、玻璃纸制出的各种富丽堂皇、小巧玲珑的走马灯、彩灯、玩具灯。

佛山剪纸始于唐宋，它利用佛山特产的铜箔、色纸为原料刻制而成，有铜衬、铜凿、纸衬、纯色等四大类，其特点是色彩绚丽、金碧辉煌，有的豪放浑厚，有的纤巧秀丽，是一种别具风格的传统工艺品。

(7)旅游资源

佛山市地处珠江三角洲腹地，属亚热带季风性湿润气候，"三冬无雪，四季常花"。

佛山的名胜古迹甚多，有丰富的旅游资源。如建于宋代元丰年间的国家级重点文物保护单位祖庙，清代广东四大名园之一的梁园及附近的顺德清晖园、南海西樵山，避暑度假胜地南海小塘金沙滩等。市区现有一批档次较高的宾馆，如佛山宾馆、华侨大厦、金城大酒店、禅城酒店等，旅游接待已有较好条件。

佛山祖庙里的古树名木

安居工程：惠景城一区

第四节　佛山市城市绿化现状分析

一、佛山市城市建设用地现状

根据佛山市建委提供的统计资料，1996年底市区城市建设用地的情况如表A-4所示。

表 A-4　佛山市区城市建设用地平衡表

序号	用地代号	用地名称	面积(hm²)	比重(%)	人均(m²/人)
1	R	居住用地	1001.15	30.34	25.38
2	C	公共设施用地	281.03	8.51	7.13
3	M	工业用地	886.60	26.87	22.48
4	W	仓储用地	153.00	4.64	3.88
5	T	对外交通用地	161.75	4.90	4.10
6	S	道路广场用地	242.30	7.34	6.14
7	V	市政设施用地	90.00	2.73	2.28
8	G	绿　地	455.16	13.79	11.54
9	D	特殊用地	29.00	0.88	0.74
合　计		城市建成区	3300.00	100.00	83.67

资源来源：《佛山市城市建设统计年表》，佛山市建设委员会编制，1997年2月28日。

表 A-5 佛山市区绿化覆盖面积量算结果

项　　目	量算结果(m²)
市区行政范围总面积	78,050,862.3
其中　园林绿地面积	11,510,167.5
农田绿地面积	10,648,035.5
水域面积	12,736,839.7
城乡建设面积	43,155,819.6

备　注：城乡建设面积包括市区范围内各类房屋、
　　　　道路及各种构筑物的实际投影面积。
量算单位：国家测绘局第二测绘院
　　　　　佛山市城市地理信息中心

二、城市土地利用现状分析

随着佛山市区各项建设事业的迅速发展，市区土地利用结构发生了很大变化。主要表现在：①农业生产用地锐减，城市建设用地迅速扩大，郊区农村的村镇建设与城区已基本连成一片；②村镇建设与工业用地增长较快，市区内的现有耕地已无法保障居民对蔬菜的需求；③市区内的工业用地偏多，而商业、文教、绿化用地相对较少。

三、佛山市建成区绿地现状分析

根据佛山市区的航空测量影像图，同时参照在1：500比例尺市区地形图基础上所做的绿地现状调查结果，可以看出：传统的佛山市区建设密度较大，绿地率相对较小。城镇居民点及各类工矿用地上，建筑密度高于50%以上的区域约

占65%，其中村镇居民区(如张槎、澜石、黎涌等地)的建筑密度，一般在70～80%之间。老城区内的松风路、升平路、永安河、燎原路等地段亦然。由于历史的原因，这些地区绿地较少。有些地盘虽经改造而建有新房，却因居民拆迁困难而"见缝插建"，造成区域内的总建筑密度并没有下降，产生"建筑新颜，环境旧貌"的强烈反差。

1980年后开发的城市新区，建筑密度低于50%的区域约占建成区总面积的35%，主要集中在市区的西部、南部、同济路两侧、沿佛山大道南段、汾江路南段、季华路等一带。这些区域内的绿化建设较好，绿地率约在20%～30%左右，整体生态环境比旧城区有明显改善。尤其近年来城市建设部门大力提倡"见缝插绿"、"找缝插绿"，想方设法多争取一点绿地的工作卓见成效，初步形成了散点状绿地与带状绿地相结合的园林绿地结构。

根据佛山市建委提供的统计报表、国家测绘局第二测绘院1996年5月对佛山市区所作的航测照片、1996.12～1997.5航测外业调绘的1:5000地形图、以及规划组的工作人员1997年4～7月间根据现有的1:500地形图对市区各类绿地所作的普查资料，得出佛山市区的园林绿地现状情况如表A-5～A-10所示。

鉴于佛山市区是千年古镇，原有旧城内历史遗留下来的园林绿地数量较少；加上"佛山无山"、市区建筑密度较大、人口稠密等不利因素，给城市园林绿化工作带来不少困难。但是，多年来在市委、市政府的领导下，各级政府部门认真组织制定规划，不惜代价，见缝插绿，千方百计地在市区内寸土必争，努力增加各类绿地面积。尤其是1994年开展"绿化年"活动以来，市区先后新建了季华园、鸿业园、垂虹公园、站前公园等一批公共绿地，充实提高了中山公园等老公园的质量，建成了若干规划布局合理、绿树成荫的新住宅区；同时，城建部门十分重视搞好街道绿化，已将城市主要干道——佛山大道南段约4.5km长的两侧绿化带拓宽为28m；基本做到了建成区内无裸露地面，使佛山市区的园林绿化面貌有了根本改观。

佛山市区园林绿化现状存在的问题主要有：

立交桥绿化

表A-8 佛山市区小游园、专类园统计表

序号	名　称	地　点	总面积(m²)
1	吴勤烈士陵园	大福路	1300
2	旧火车站小公园	汾江北路	4200
3	梁园	松风路	6920
4	东翠园	市东下路	1600
5	南善里小游园	南善里	2200
6	榕亭里小游园	普兰街	1290
7	白燕公园	红棉路	4860
8	红棉小游园	红棉路	1520
9	垂虹东侧小游园	垂虹路	1450
10	花园街小游园	花园街	2800
11	香兰小游园	汾江中路	1590
12	玫瑰小游园	汾江中路	1680
13	人民西小游园	圣堂大街	5000
14	小雾岗公园	榴苑横路	3650
15	和平广场公园	和平路	3860
16	德朋园	张槎路	4000
17	弼塘东园	弼塘乡	3000
18	弼塘南园	弼塘乡	3000
19	简村小游园	简村乡	2000
20	白坭小游园	白坭管理区	1500
21	古灶小游园	古灶乡	7000 2000
22	莲塘小游园	莲塘乡	1000
23	湾华公园	湾华大道旁	4670
24	怡乐园	鄱阳乡	2000
25	塘头公园	塘头横街	5670
26	河宕公园	河宕乡	2330
27	大宗寺公园	澜石三路	1340
28	澜石公园	前进路	4340
29	敦厚北区公园	敦厚北区	2400
30	敦厚西区公园	敦厚西区	2250
31	敦厚南区公园	敦厚南区	2350
32	郊边江边公园	江边村口	6600
33	格沙公园	格沙村	1300
34	格沙村公园	格沙村	2200
35	环市镇大院公园	朝安路	4000
	合　计		42450

另外：佛山市道路绿地(绿化带面积、按12m宽以上道路统计)总面积为188654m²。

表A-6 佛山市区园林绿化综合表

序号	项目名称	数　量
1	绿化覆盖面积	124.7hm²
	建成区	1039hm²
2	建成区绿地覆盖率	31.48%
3	园林绿地面积	914hm²
	建成区	874hm²
4	建成区绿地率	26.48%
5	人均绿地面积	22.16m²/人
6	公共绿地面积	236.0hm²
7	人均公共绿地	5.99 m²/人
8	公　园	15 个
	面　积	111.0hm²
9	苗圃面积	27.0hm²
10	游人量	401.0万人次

资料来源：《佛山市城市建设统计年报》，佛山市建委，1997年2月28日

表A-7 佛山市区绿地面积量算结果

项　目		量算结果(m²)
市区行政范围总面积		78,050,862.3
市区绿地总面积		9,516,346.0
其中	公共绿地(不含水面)	1,608,993.0
	单位附属绿地	1,386,890.0
	居住区绿地	1,999,032.0
	生产绿地	1,845,026.0
	防护绿地	1,322,003.0
	风景名胜绿化地 (包括特殊军事用地)	292,999.0

量算单位：国家测绘局第二测绘院，佛山市城市地理信息中心

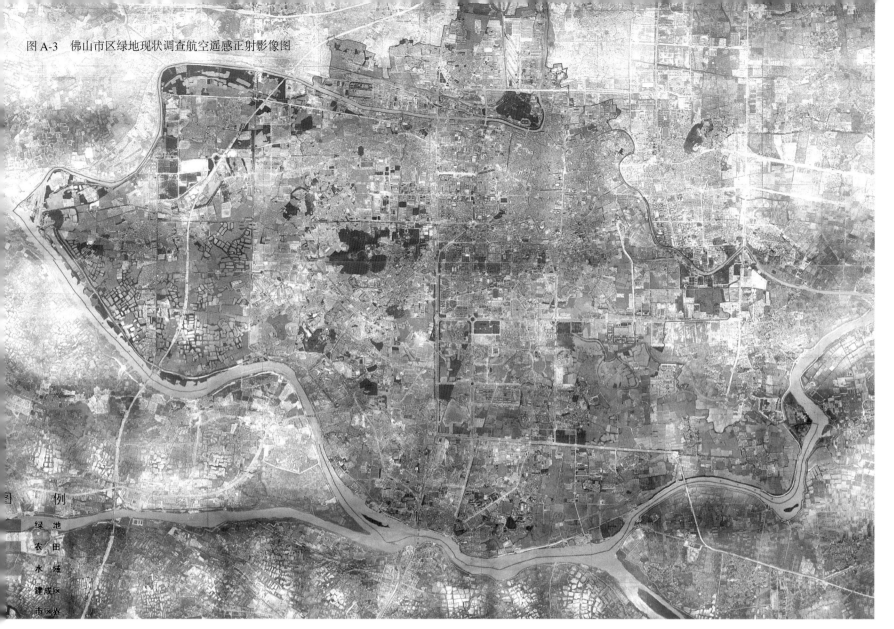

图 A-3　佛山市区绿地现状调查航空遥感正射影像图

图例

绿　地
农　田
水　域
建成区
市区界

(1)就整个市区而言,尚未形成较完善的城市园林绿地系统,公共绿地的分布不够均匀,数量指标也还不高。特别是在老城区中,无论公共绿地、单位附属绿地或街道绿地的数量都还比较少。在单位附属绿地方面,虽然已涌现出一批绿化先进单位,但多数机关和企事业单位用地内的绿化面积,不足总用地的20%。

(2)在旧城区和石湾区各村镇的居民点内,公共绿地和居住小区绿地的面积普遍较少。

(3)在城市新开发的居住区里,园林绿地的配置尚不完善。有些新建的居民区,由于开发商片面追求经济效益,致使一些规划的园林绿化用地被非法侵占或改作它用。

(4)在市区现有的公共绿地中,已达到较高的绿地建设标准和具有较好的园林艺术水平的"精品"尚少,需要进一步加强、提高园林规划设计和施工养护的水平。

第二章　城市绿地系统总体布局

第一节　规划依据

本规划所依据的有关的法律、法规主要有:

● 《中华人民共和国城市规划法》(1990);

● 《中华人民共和国环境保护法》(1979);

● 《城市绿化条例》(国务院[1992] 100号令);

● 《城市用地分类及建设用地标准》(国标GBJ137-90);

● 《城市绿化规划建设指标的规定》(建设部文件,建城[1993] 784号);

序号	名 称	地 点	面积(hm²)	类型
1	中山公园	中山路	28.07	市级、综合型
2	石湾公园	宝塔路	16.93	市级、综合型
3	五峰公园	五峰二路	45.00	市级、游憩型
4	王借岗公园	季华一路	32.47	市级、郊野型
5	季华公园	季华五路	10.50	区级、游憩型
6	大雾岗公园	莱翔路	6.43	区级、游憩型
7	垂虹公园	垂虹路	2.38	小区级、游憩型
8	站前公园	文昌路	2.28	小区级、游憩型
9	半月岛公园	东平河畔	9.60	度假游憩型
10	佛山乐园	体育路	6.00	小区级、娱乐型
11	祖庙公园	祖庙	1.70	区级、博览型
12	唐翠园	唐园路	1.57	小区级、游憩型
13	鸿业园	同华东路	1.54	小区级、游憩型

资料来源：佛山市城市规划设计研究院，佛山市园林管理处 1997.8.26

● 《佛山市城市总体规划》(编制单位：同济大学城市规划设计研究所，佛山市城市规划设计研究院，1994；广东省人民政府1996年4月批准。)

● 《佛山市历史文化名城保护规划》，(批准文号：佛府函[1996]098号)；

● 广东省政府与佛山市政府有关城市园林绿化建设管理的现行规章。

在本规划的编制过程中，还参考了《佛山市地名志》、《佛山年鉴》等有关基础资料，以求尽量与佛山市的城市建设实际相协调。

本规划经佛山市人民政府批准后实施，由佛山市建设委员会负责解释，如因某种原因需对本规划进行调整、修改时，应按有关法定程序进行。

第二节 指导思想与规划目标

一、指导思想

1、根据佛山市特定的地理位置、环境条件及其在珠江三角洲中的地位与作用，力求充分利用当地有利条件，调动一切积极因素，遵循城市园林绿化建设的发展规律，争取以较快的速度建成一个有特色的园林城市。

2、保护和建设好城市赖以依托的现有山林、水体、地形地貌等自然资源，尽可能地改善城市生态环境，充分发挥佛山市国家历史文化名城的优势，培育佛山市区的城市特色。

3、针对佛山市区建设用地紧缺、人口密度大、旧城区建筑拥挤等诸多特点，园林绿化建设应以合理布局、完善结构为目标，并在高标准、高水平、高速度的建设过程中，不断提高城市的生态环境质量，美化城市面貌。

4、科学安排市区范围内的各类绿色空间，构成开放型的城市绿地系统，努力为佛山市民创造安全、舒适、优美的户外活动环境。

5、结合城市绿地系统的结构布局，合理布置全市的各类避灾绿地。

6、努力提高城市绿地系统规划的可操作性，使之对于整个城市规划、园林建设和绿化管理工作具有较强的实践指导意义。

二、规划目标

目前，党和国家已将"可持续发展战略"作为基本国策。"可持续发展"基本定义为"既能满足当代的需要，又不对后代满足其需要构成伤害的发展"。随着佛山市区的经济发展，城市化进程加速，已经面临生态系统恶化、环境污染、资源浪费等情况。如不及时控制，将对未来的发展构成危害。因此，本次城市绿地系统的规划目标，就是贯彻"可持续发展战略"，在加快社会经济和城市化进程的同时保护好城市生态环境，寻求一个人与自然和谐相处、建筑与绿地协调发展的建设模式。具体目标如下：

1、将佛山市建设成为人工景观与自然生态相融合，集"山水－园林－文物－城市"为一体的亚热带花园式历史文化名城。

2、对市区有限的绿地资源，进行科学、系统的布局，使城市环境质量得到明显改善。

3、提出切实可行的绿地建设指标，使佛山市区的园林绿化达到国内同类城市的先进水平。

表 A-10 生产绿地现状苗圃用地综合表

序号	名称	地点	面积 (hm²)
1	五峰苗场	市区五峰山	8.40
2	大榄苗场	南海里水	13.00
3	迳口苗场	三水迳口	8.00
合计			29.40

市区古树名木保护

沙口水闸绿化

第三节 布局原则

根据佛山市区的城市用地现状、绿地建设现状、城市总体规划以及绿地系统规划的指导思想，佛山市绿地系统的总体布局原则为：

1、充分发挥城市园林绿地的综合功能效益，统一规划，全面安排。

城市绿地的主要功能归纳起来可分为以下几个方面：(1)保护城市生态环境；(2)改善城市小气候；(3)防灾、减灾；(4)教育作用；(5)游憩作用；(6)美化作用(优美的城市环境有利于招商引资)；(7)生产作用。这些功能作用与市民的生活、生产有着密切的关系，直接影响到城市的永续利用及其发展。

表 A-11 佛山市城市绿地系统建设指标规划

	人均公共绿地(m²/人)	绿地率(%)	绿化覆盖率(%)
2000 年(近期)	6.2	30.5%	35.5%
2005 年(中期)	7.0	33.2%	38.9%
2010 年(远期)	8.0	40.6%	45.6%

表 A-12 国家园林城市现状绿地指标统计表

序号	城市名称	建成区人均公共绿地(m²)	建成区绿地率(%)	建成区绿化覆盖率(%)	命名时间	本表统计数据年份
1	北京	7.08	33.56	33.8	1992.12	1995
2	合肥	7.30	25.19	30.51	1992.12	1993
3	珠海	20.07	32.2	39.9	1992.12	1996
4	杭州	5.56	40.8	44.1	1994.4	1996
5	深圳	35.2	36.3	44.1	1994.4	1996
6	马鞍山	8.2	33.0	36.0	1996.5	1996
7	威海	14.9	33.0	37.0	1996.5	1996
8	中山	9.39	32.6	35.5	1996.5	1996
9	大连	6.45	38.0	39.0	1997.8	1996
10	厦门	9.42	32.7	35.2	1997.8	1996
11	南京	8.0	37.6	40.0	1997.8	1996
12	南宁	6.72	30.94	36.43	1997.8	1996
	总平均		11.52	33.82	37.63	

因此，在城市绿地系统的总体布局中，必须因地制宜，依据现状合理安排各种类型的绿地，并形成系统，以达到改善环境，保持生态平衡、为市民服务等综合效果，最大限度地发挥绿地的环境效益、经济效益和社会效益。

2、均匀分布公共绿地，合理配置生产绿地与防护绿地，加强单位附属绿地的建设管理，全面提高城市绿量。

佛山城区内及市界周围水网密布，各类公园绿地、防护绿地和生产绿地的存在，对改善市区的整体环境水平有着十分重要的意义。因此，要充分利用市区内的自然水系、山林、鱼塘、农田、文物古迹等加以绿化美化，加强各类单位附属绿地的建设管理，构成市区的绿色框架。

3、在城市绿地系统整体布局上突出"四个结合"，即：郊区大环境绿地与建成区内中小型绿地相结合，开放型绿地与经营型绿地相结合，历史文物保护与园林绿地建设相结合，线型绿地与块状绿地相结合。

4、近期建设规划与远期建设规划相结合，促进城市的可持续发展。

城市的发展需要统一规划，逐步实施、分层开发、有序建设，远近期结合。佛山市绿地系统的规划建设，要与市区的开发建设进程相协调，既保证近期建设项目的落实，又保证绿地建设与市区建设各个分期阶段的有机配合，逐步向实现远景规划目标过渡。

第四节 布局结构

根据佛山市的现状条件及本次城市绿地系统总体布局原则，可形成环、块、点、网状绿地相结合的结构模式，并总结为"一环、二带、三块、四横、五纵、六园"的布局结构。

● "一环"，即环绕佛山市区外围的东平河和汾江的滨河防护绿地所形成的绿环。

目前，佛山水道、东平水道、平洲水道仍在便利于佛山市区的水运，应在加强整治水道，强化现代水运交通的前提下，绿化水系两岸，结合水网串连中山公园、王借岗火山遗址公园、半月岛公园、新市公园、海心沙水上公园、东林园等，形成市区的"绿色项链"。规划东平河、汾江河两侧环水绿带各宽30～20m，树种以耐水湿及抗风性的木麻黄、乌桕、水蒲桃、水翁等为主，林带以稀疏结构为主，林下铺设宿根花卉及草坪。局部地段可作为露营地及青少年体育活动基地。

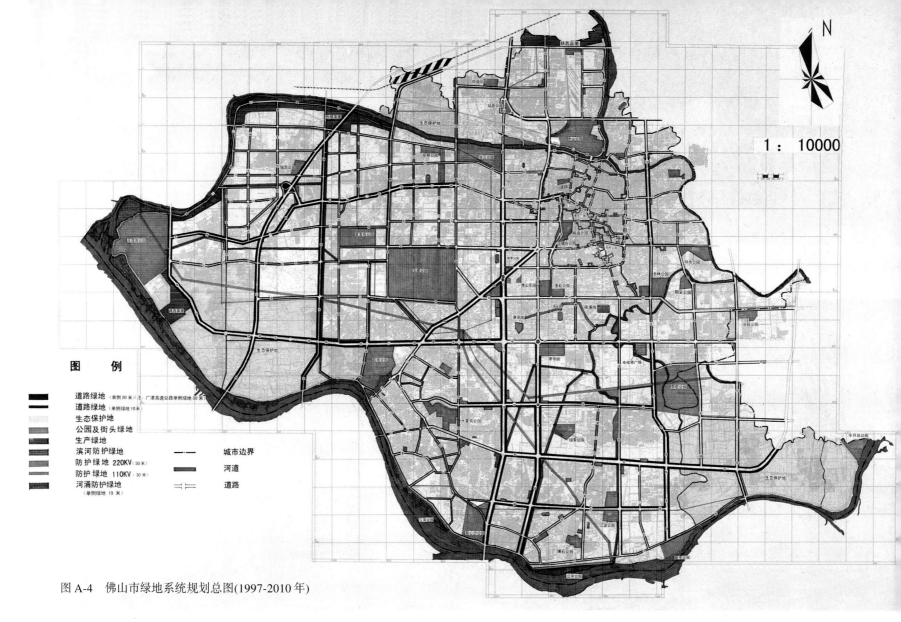

图 A-4　佛山市绿地系统规划总图(1997-2010 年)

● "二带"，即市区内的高压走廊防护绿地，220kV 的建设 50m 宽绿带，110kV 的建设 30m 宽绿带。绿化树种以管理省工的小乔木树种(如黄花槐、夹竹桃、鱼尾葵、散尾葵及常绿灌木、九里香、桂花、红背桂等)为主，地面应种植耐荫宿根类地被植物以防风沙飞扬。防护带与城市道路或其他地段接壤时，应考虑以美化市容为主的栽植形式，兼顾防护功能及美化效益。

● "三块"，即利用郊区现状农业绿地和水源保护地，在城市的东南、西南、西北开辟三块较大面积的生态保护区，总面积约 942.6hm²，作为城市的固碳制氧基地和季风通道。

联合国 "人与生物圈" 计划(MAB)对 "生态城" 规划提出了五项原则：①生态保护战略；②生态基础设施；③居民生活标准；④文化历史的保护；⑤将自然引入城市。为了使佛山市区达到经济建设与城市生态环境协调发展的目标，保证城市的可持续发展，建设一个生态型城市。规划在市区的东南、西南、西北设有三块生态保护区。在保护区内，要严格执行《环境保护法》，禁止有污染的企业入境。同时，要加大环境治理的力度，整治水道，保护生态型鱼塘和基本农田，加强对村镇环境的综合治理，改善居住环境。在有条件的地段，可开辟示范性的观光农业活动区，建设参与性的农业生产活动场地，为城市居民提供休息及游览基地。

规划中的城市生态保护区，有较好的田园化基础，也是城市用地中要坚持保留的绿色通道，形成插入城区的楔形绿色走廊，引入新鲜空气。从而有效地改善城区的环境质量，减少城市中心的 "热岛" 效应。

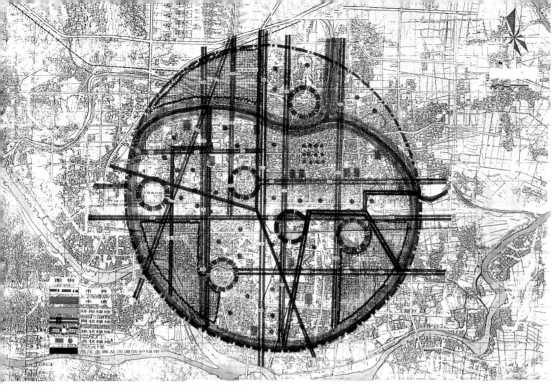

图 A-5 佛山市绿地系统结构模式规划图

表 A-13 市区东西向城市主干道规划

编号	道路名称	道路红线宽度(m)	道路两侧绿带宽度(m)
1	魁奇路	45	8
2	季华路	50	10
3	同济路	40	8
4	张槎路	45	8

表 A-14 市区南北向城市主干道规划

编号	道路名称	道路红线宽度(m)	道路两侧绿带宽度(m)
1	佛山大道	55	28
2	文华路	40	8
3	汾江路	47	10
4	大福路	40	8
5	禅西大道	40	10

● "四横"，即四条东西向的城市主干道绿化带。分别是：魁奇路，季华路，同济路和张槎路，道路红线宽度40～50m，两侧绿带宽度规划为8～10m。

● 五纵 —— 即五条南北向的城市主干道绿化带，分别是：文华路、大福路、汾江路、佛山大道和禅西大道，道路红线宽度40～55m，两侧绿带宽度规划为8～28m。

● 六园 —— 即在本规划期内要重点建设好六个市级大中型公园。它们是：中山公园、五峰公园、季华园、石湾公园、荷苞公园和王借岗火山遗址公园。

第三章 公共绿地规划

第一节 规划原则

公共绿地是指向公众开放的、经过专业规划设计、具有一定的活动设施与园林艺术布局、供市民进行游憩娱乐及文化体育活动的城市绿地。它主要包括城市公园(如综合性公园、纪念性公园、动植物公园、儿童公园等)、街头游园等小型绿地。一个城市的公共绿地的数量和质量，是衡量其城市绿化水平的重要标志。

根据佛山市绿地系统规划的目标与指导思想，确定市区公共绿地的规划原则如下：

1、充分利用市区土地的自然条件，因地制宜地建设公共绿地。

2、考虑公共绿地合理的服务半径，力求做到大、中、小均匀分布，尽可能方便居民使用。根据佛山市区的现状条件，本规划的市级公园服务半径为2000m，区级公园服务半径为1000m，居住区级公园和小游园为200～500m。

3、公共绿地的设施内容，应考虑各种年龄、爱好、文化、消费水平的居民需要，力求达到公共绿地功能的多样性。

第二节 规划指标

佛山市区的公共绿地规划指标确定为：

1、2000年，公共绿地310hm²，人均6.2m²；

2、2005年，公共绿地420hm²，人均7m²；

3、2010年，公共绿地560hm²，人均8m²。

第三节 市级公园规划

1、中山公园，面积35.6hm²，市级综合公园；规划有各类文化娱乐场地和设施，内容丰富，以秀丽湖的水景为特色。

2、五峰公园，面积102.4hm²，市级综合公园；规划设有展示植物进化为主的植物标本园、名人雕塑园和青少年军事体育活动区。

3、季华园，地处市中心，面积13hm²，市级专类公园；规划以疏林大草坪与观赏花卉为特色，兼有文化艺术欣赏活动。

4、石湾公园，面积41.6hm²，市级综合公园；规划结合附近的"南风古灶"历史文物保护区，建设成以表现佛山陶艺历史为特点、山水相映的文化休息公园。

5、荷苞公园，面积61.3hm²，市级专类公园；规划以少年儿童游戏活动及观赏水生植物为特色。

6、王借岗公园，面积107.4hm²，以火山遗址为特色的自然科学主题公园。

第四节 区级公园规划

根据佛山市区的用地特点，本次绿地系统规划在重点考

石湾水厂绿化

虑市级公园的同时，也布置了区级和居住区级公园的规划与建设，因为这类绿地方便于居民日常利用，与居民的生活联系最密切。具体的规划内容见表 A-15。

第五节 公共绿地服务半径

公共绿地的服务半径，是衡量其能够直接为多大范围内的居民提供服务的标准之一。它是由公共绿地的性质、面积的大小及所在位置所决定的。由公共绿地的服务半径划出的服务范围，应覆盖城市所有的居住区。

从本规划的公共绿地服务半径分析图可以看到，佛山市区规划公共绿地的服务半径范围已基本覆盖全市的居住区。但是，在城市西北地区尚不能为公共绿地服务范围所覆盖，因此应在居住小区规划建设中通过提高绿地率来弥补其不足。西部地区有较多的防护绿地和生产绿地，必要时可适当考虑增加一些公共绿地的设施内容，以满足周围居民的使用需求。

市区东南及西南紧靠东平水道的规划绿地，现为大片鱼塘、农田，自然景色优美，规划时利用其自然环境特点，辟为城市生态保护区。在规划区内宜保留农田、鱼塘，建成具有田园风光的观光农业园，作为城市公共绿地的补充。

第六节 带状公共绿地规划

带状公共绿地是指城市规划范围内的线形绿地，它是形成城市绿地网络的要素之一，也是城市绿地之间相互联系的纽带。

根据佛山市的实际情况及国家的有关规定，规划确定在市区沿道路红线两侧宽度大于 8m、单块面积大于 400m² 的绿化地带，按公共绿地的性质进行建设。应根据道路两侧的用地性质，相应增加散步道和供市民使用的小型休息活动设施。在条件许可时，向城市林荫步行道体系过渡，形成人车分流的两套交通系统。

表 A-15 佛山市区级与居住区级公园规划一览表

序号	名 称	面积 (hm²)	分类与特色	备注
1	江湄公园	8.98	区级公园、游憩型	规划
2	华桂公园	4.15	居住区级公园、游憩型	规划
3	半月岛公园	9.6	区级公园、水上活动	已建
4	狮岗公园	15.8	区级公园、游憩型、儿童活动	规划
5	垂虹公园	2.38	居住区级公园、游憩型	已建
6	佛山乐园	6.00	居住区级公园、游憩型	已建
7	环市公园	9.8	区级公园、游憩型	规划
8	郊边公园	3.36	居住区级、游憩型	规划
9	张槎公园	12.5	区级公园、游憩、观赏型	规划
10	大雾岗公园	17.26	区级公园、游憩、观赏型	规划
11	海心沙公园	21.72	区级公园、水上游览活动	规划
12	东林公园	6.45	居住区级、游憩型	规划
13	城西公园	4.63	居住区级、游憩型	规划
14	新市公园	12.0	区级公园、文化休息型	规划
15	汾江公园	22.94	区级公园、文化休息型	规划
16	绿景园	7.38	居住区级公园、游憩型	规划
17	站前公园	2.28	区级公园、游憩型	已建
18	梁 园	2.13	岭南古典名园、文物保护单位	部分重建
19	祖庙公园	1.70	文物保护单位、综合型文化展览	已建
20	铁军公园	1.26	街头游园、休憩、纪念性园林	已建
21	唐翠园	1.57	居住区级公园、休憩	已建
22	鸿业园	1.54	居住区级公园、休憩	已建
23	兆祥公园	2.55	区级公园、文物保护单位	规划重建
24	朝安公园	4.46	居住区级公园、休憩型	规划
25	澜石公园	8.00	区级公园、文化休憩型	规划
26	南浦公园	2.00	居住区级公园、主题型	已建
合 计		192.44		

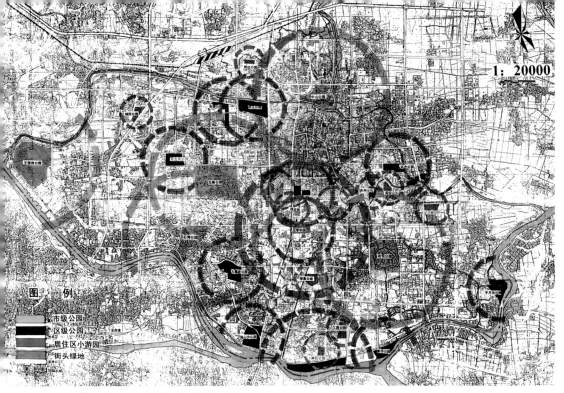

图 A-6　佛山市绿地系统公共绿地规划图

表 A-16　佛山市区生产绿地规划

编号	名　称	面积 (hm²)
1	城西苗圃	51.2
2	扶西苗圃	25.6
3	张槎苗圃	49.3
4	东平苗圃	31.5
	合　计	157.6

备注：现状的三水运口、南海大榄苗圃面积共21hm²，因不在城市规划区内，故不列入生产绿地规划指标。

表 A-17　佛山城市生态保护区规划

编号	名　称	面　积 (hm²)
1	东南片	361.18
2	西南片	476.32
3	西北片	105.1
	合　计	924.6

近期，应充分利用有限的建设资金，在城市出入口(机场、大桥、立交)和交通量大的干道进行重点绿化。要给予街道绿化以特别的重视，街道美丽、城市就美丽。

带状公共绿地的规划布局，应同城市人口的分布尽可能地一致，即：人流越大、人口越密集，绿化标准应当越高。带状公共绿地的建设应以植物造景为主，建筑小品为辅。

第四章　生产防护绿地规划

第一节　生产绿地规划

生产绿地是指专为城市绿化而设的生产科研基地，包括苗圃、花圃、草圃、药圃以及园林部门所属的果园与各种林地。由于生产绿地担负着城市绿化工程供应苗木、草坪及花卉植物等方面的任务，因此，一个城市生产绿地的建设质量，会直接影响该城市的园林绿化效果。

按照建设部《城市绿化规划建设指标的规定》(建城[1993]784号文件)，城市生产绿地的面积应占建成区面积的2%以上。

根据国家上述规定并结合本市的具体情况，本规划在佛山市区内设生产绿地157.6hm²，占城市建设规划用地总面积的2%。市区范围以外的市属单位生产苗圃，作为市区绿化苗木的后备生产基地。

第二节　防护绿地规划

防护绿地是指为改善城市自然环境和卫生条件而设置的防护林地。如城市防风林、工业区与居住区之间的卫生隔离带，以及为保持水土、保护水源、防护城市公用设施和改善环境卫生而营造的各种林地。

佛山市在经济建设和城市建设高速度发展过程中取得了巨大成就，同时也出现了十分严峻的环境问题。大气、水体、土壤、噪声等方面的污染威胁正日趋严重，对生态环境与经济建设都造成了重大损失。为此，本规划在市区的不同地段设置不同类型的防护绿地，以充分发挥绿地的防护功能，减轻有害因子对城市环境的破坏。

一、城市生态保护区

在市区东南、西南、西北面利用现有基堤农田、水塘及周边林带，建立为保持生态平衡而保留原有用地功能的城市生态保护区。该区既是城市固碳制氧、补充新鲜空气的源地，又是基本农田保护区。建立生态保护区，有利于提高全市的绿地率和绿化覆盖率，改变目前佛山市区绿地量较少的局面。为今后发展园林城市打好基础。

二、带状防护绿地

①在东平水道内外侧设置水系保护绿地，平均宽度30m。

②沿汾江河两岸，设置宽度不小于10m的防护绿地。由于汾江河两岸紧倚密集的居民区，防护绿带内可建设供居民休息、纳凉的街头绿地。要尽可能保留原有大树，适当添置园林小品及休息设施。

③城区用地范围内的河道(涌)，是城市的自然排水系统。在经过处理后，应成为改善城市生态环境的措施之一。规划在市区内的排涝河道两岸，各设置10m宽的防护绿地。

④卫生隔离绿带：在居住区与工业用地之间设置绿化隔离带，宽度不小于30m，一般要结合道路绿化、居住区绿地布置。

⑤降噪声隔离绿带：规划沿市区的交通干线设置绿化隔

离带，以减少车辆噪声及汽车尾气对城市环境的影响。具体设置要求如下：

　　沿过境高速公路设 30m 宽的隔离绿带；

　　沿铁路两侧各设 20m 宽的隔离绿带。

⑥城市主要道路的防护绿地规划要求：

　　城市主干道，单边绿地宽 20m。

　　城市次干道，单边绿地宽 10m。

　　佛山大道南段，两侧各设置 28m 宽的绿地。

⑦城市高压线走廊的防护绿地，规划要求 110 kV 的宽度为 30m，220kV 的宽度为 50m。应以低矮灌木及宿根花卉、草坪、地被植物为主，成片状群植，绿地中可布置散步道及休闲设施供群众使用，丰富城市的绿色开敞空间。

第五章　道路绿化

第一节　道路绿化的作用

　　城市道路是整个城市的"动脉"和"生命线"。道路绿化是城市的"绿色通道"，也是城市绿地系统的重要组成部分。

　　在城市绿地系统的布局结构中，常常要求"点、线、面"相结合。其中的"线"，就是指以道路绿化为主的带状绿化形式。然而，我们不应将"线"仅仅视为一种平面形式的构成，而要将其理解为一种具有空间意义的"绿色走廊"。

　　首先，道路绿化利用城市道路形成一个城市的绿色框架；其次，道路绿化在不同的方向上联接城市的点状绿地，构成网状绿地与点状绿地相结合的绿化体系。道路绿化在城市绿地系统中还具有最大的接触覆盖面，起着联系和沟通不同空间界面、不同生态系统、不同等级和不同类型绿地的重要作用，是城市绿地能够形成系统的关键要素之一。

　　道路绿化有着极强的多层面功能作用。从城市绿地系统的构成看，它可以形成高质量的城市绿线。从居民使用上看，它能成为居民的休闲散步的场所；从城市交通上看，它为行

图 A-7　佛山市绿地系统生产防护绿地规划图

人、骑自行车者提供安全、舒适、美观的通行空间；从环境保护上看，它能起到滞尘、降低噪声、减少汽车尾气污染等综合防护作用；从城市景观上看，它也是街道景观的重要构成要素。

第二节　市区道路绿化规划

　　本规划提出佛山市区道路绿化的总体规划原则是：既要注重道路绿化的美化功能，形成主要道路的绿化特色；又要注重道路绿化的综合生态效益，形成多功能复合结构的绿色网络。

东郦村绿化景观

　　市区道路绿化规划的总体构想，是在发挥绿地综合生态效益的前提下，形成多功能复合结构的绿化网络。具体措施为：

　　1、重点路段美化与普遍绿化相结合。

　　2、主要干道两侧树种的选择及种植方式，除突出道路绿化的生态及防护作用外，应结合重点地段加以美化，使之各具特色。

　　3、市区的道路绿化，应主要选择能适应本地条件生长良好的植物品种和易于养护管理的乡土树种。同时，要巧于利用和改造地形，营造以自然式植物群落为主体的绿化景观。

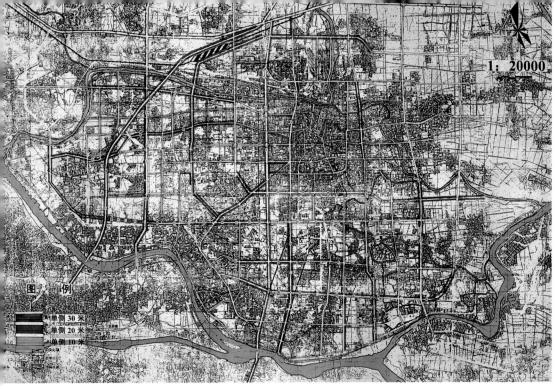

图A-8　佛山市绿地系统道路绿地规划图

图例

单侧 30 米
单侧 20 米
单侧 10 米

市府大院绿化

第六章　历史文化街区绿化

佛山是国务院命名的第三批国家级历史文化名城，市区范围内各种类型的文物古迹众多。在当前改革开放的新时期，城市建设发展迅速，既对古城保护创造了有利条件，也使城市建设用地少、人口密集的矛盾愈加突出。如何开发文物资源，搞好环境绿化美化，将旧城区改造成为既有时代风韵，又有地方文化特色的花园式历史文化名城，对于佛山未来的发展具有重要意义。

第一节　规划原则

1、有利于历史文化遗址和文物的保护。
2、为文物、遗址营造良好绿色环境。
3、促进佛山市文物古迹、古园林等文物点的开放、展示，推动佛山市旅游业的发展。

第二节　规划内容

1、古树名木保护

根据佛山市园林管理处和规划组的调查，目前市区共有古树名木376株，树龄超过百年以上的有147株。这些古树名木多数为乡土树种，分别隶属于12科、13属、14种，是市区园林绿化树种选择的重要依据。

市区仅存的这几百株古树名木，是佛山历史的见证。近年来，有关部门已着手进行建档造册，对每株树进行登记，编号挂牌，加强养护管理。在人流较多的地段，应增设围栏，树干基部加盖保护栅。对一些生长环境较差的古树名木，应设法改善其立地条件，促其复壮。

2、古典园林与自然遗址绿化

①梁园：梁园始建于清嘉庆、道光年间(公元1796～1850年)，为梁氏家族的私园，是岭南四大名园之一。梁园规模宏大，构筑精巧，风格高雅，具有地方特色，并有众多奇石。园内主要景点有"十二石斋"、"群星草堂"、"汾江草庐"、"寒香馆"等，1990年被定为省级重点文物保护单位。1993年10月市政府审议通过"梁园全面修复总体规划"，1994年起实施修复工程。整个修复工作要求以"原形制、原结构、原材料、原质地"进行，力求实现"修旧如旧"，修复面积达21260m²。1996年底，首期工程竣工，正式开放接待游人。原有的主要景点如群星草堂、汾江草庐、石舫等已得到恢复。园内植物种类颇多，除常见的大叶榕、小叶榕、木棉、芒果、木菠萝、番石榴、罗汉松、槟榔、棕竹、芭蕉外，还有水翁、洋蒲桃、腊梅等数十种。园内山水相映，花际间奇石突兀，已初具名园丰采。不过，现状梁园入口空间狭小、单调，应设法扩大，增辟停车场和绿地。按规划全园待扩面积尚有1.43hm²。在已恢复的园区周边，宜种植高大的树种以屏蔽外围较为杂乱的楼房景观。

②祖庙等寺庙园林：祖庙始建于北宋元丰年间(公元1078～1085年)，已有900多年历史，是国家级重点文物保护单位。由于历史悠久，寺庙规模已定，建筑也成定局。院内古树参天，应妥善加以管理。规划以祖庙博物馆为中心，用公共绿地将祖庙、碑林和孔庙等文物建筑等连系建成一组景区，辟为祖庙公园。

除祖庙外，市区内现存还有孔庙、仁寿寺、经堂古寺、丰宁寺等。这些寺庙规模较大的一般都有较多的古树，应妥善加以保护。

③泥模岗公园：利用祖庙旁梅园酒家周围的现状空地，规划建设成为具有岭南传统园林特色的、以适应老人活动为

安居工程：惠景城一区绿化

主的街区小公园）。

④王借岗古火山遗址公园：王借岗古火山遗址位于佛山市的西端，地处东平河和汾江分流处。火山口的平面呈椭圆形，是中心式火山活动的产物，形成了火山通道相和喷溢相。火山遗址结构完整，岩石类型丰富，为国内之少见。规划将王借岗辟为市级综合性公园，增加设施，为居民提供良好的休息、娱乐场所。其中，作为公园主景部分的古火山口遗址要妥善保护，作为有关地质科学的科普教育基地。现有植被，要在保护的基础上加以调整、改善。

⑤河宕遗址公园：1989年，河宕废墟(含大墩、大麦丘)被定为省级重点文物保护单位，为广东原始社会晚期的物质文化、邱陶文化等历史研究提供了重要的实物资料。遗址现状环境良好，规划开辟为文物遗址公园。

3、历史文化街区绿化

①祖庙路与福贤路街区

针对老城区的祖庙路与福贤路街区文物古迹比较集中的特点，规划将文物点保护与开辟商业步行街建设相结合。其中，以升平路、筷子路、汾宁路、永安路、福禄路、锦华路、公正路和莲花路围合形成的"品"字形古商业区，是佛山古镇风貌的核心内容，应设法原样保留骑楼形式，辟为步行街。

由于老城区街道狭窄，街道绿化的主要形式规划采取定期轮换的摆放盆花、盆栽的方式，将集中式绿地设在商业街的后部。这样，既可改善建筑拥挤、街道狭窄的老商业街的环境面貌，又不影响古商业街的原有风格。规划以巷道绿化将老街道和文物保护绿地相联系，有些街道绿地可以向沿街两侧不规则地自然扩展，形成一些"口袋形"空间，将园林绿地和休息设施及特色商铺等设置在"口袋空间"中，成为多个环境优美、各具特色的口袋市场(如书市、邮市、古玩、特色小吃、游艺等)。有的街段可让出较大空间用于形成街道绿地，或构成以雕塑、水池为中心的小广场，增强街道的文化氛围，形成历史街区的绿色节点和网络，在街道巷里及诸多文物点之间构成某种有机联系，大大提高历史文化街区的环境质量，改善街道景观。

②南风古灶街区

"南风古灶"，是佛山石湾唯一沿用400多年至今保存完好的古龙窑，始建于明代正德年间(公元1506～1512年)，现为省级重点文物保护单位，对研究我国明清陶瓷专业化生产、龙窑造型、煅烧技术等，具有重要意义。

本规划将南风古灶街区纳入石湾公园的规划用地范围加以统筹保护，使之成为公园的重要景区之一。该街区规划以南风古灶文物点为主体，扩充周围绿地，结合安排陶瓷工艺展销、娱乐、游憩等活动内容，突出表现佛山古镇早期的陶瓷烧窑历史与文化。

新的石湾公园建设，要以展示佛山陶瓷艺术为特点，公园规划用地范围包含现在的石湾公园、南风古灶、忠信巷、忠信路南及东平河之间的一片渍河地。要适当保留、修缮现存的古民居和老街巷。"南风古灶"文物点旁现有的二株古榕(小叶榕)，攀墙蔽日，盘根如龙，甚为壮观，应重点加以保护。

第七章　单位附属绿地与居住区绿化

第一节　规划的重要性

随着城市人口的增长和用地的日益紧缺，城市土地的强化开发使得环境质量水平日趋下降，影响到市民的生活与健康。环境污染的加剧，使城市开发建设必须与环境保护同步进行的见解为社会大众所接受。促进城市的可持续发展，已成为各级领导和广大市民的共同任务。

单位附属绿地与居住区绿地存在于城市各类用地之中，是城市绿地系统中的"面"，也是反映城市普遍绿化水平的主要标志。城市园林绿化建设水平和城市绿量，不仅仅体现在城市的公园里，更重要的是存在于大面积与市民生活、工作直接相关的单位附属绿地和居住区绿地中。因此，搞好这部分绿地的规划建设，是形成完善的城市绿地系统、提高城市环境质量的重要环节。

唐翠园小区公园

表 A-18 居住区绿地率规划指标

类别	国外	佛山
多层住宅(4-6层)	54-62%	>30%
高层住宅(8层以上)	62-80%	>42%
低层、花园住宅	80%	>50%

表 A-19 市区各类用地绿地率规划指标

用地类别		绿地率	备注
一类居住用地		>45%	
二类居住用地		>30%	
旧城改建		>20%	
行政办公用地		>30%	
商业、金融用地		>25%	新建宾馆>45%
体育用地		>40%	
医疗卫生用地		>45%	疗养院>50%
教育科研用地		>40%	
一类工业用地		>25%	
二类工业用地		>30%	
三类工业用地		>45%	
市政设施用地		>30%	
特殊用地		>30%	
仓储用地		>20%	
其它用地		>25%	
道路	主干道	20%	道路红线范围内
	次干道	15%	

由于单位附属绿地和居住区绿地的建设与维护管理归各单位负责，所以从规划、建设到日常维护管理，应建立一套切合实际的运营体制，这也是本次规划中要着重解决的问题。

为了确保单位附属绿地与居住区绿地规划的实施，必须从两方面着手进行工作：

第一，针对城市各类用地的特点和要求，确定其绿地面积的指标(即城市各类用地中的绿地率)，对各有关单位提出绿地建设的量化要求，为城市规划建设管理提供依据，以达到全面控制城市绿量，保证达到良好的城市环境质量水平。

第二，依据国家及地方有关城市绿化建设的法规条例等，严格执行有关的奖罚办法，以法律的手段检查、督促，做到"依法建绿"。

第二节 绿地率规划指标

根据佛山市区的建设现状及远景发展目标，并参考国内其他城市的规划指标，本规划确定了佛山市区单位附属绿地与居住区绿地的绿地率规划指标。如表 A-18、A-19 所示。

在实际建设工作中，除按本规划所确定的绿地率标准实施外，还要大力提倡垂直绿化与屋顶绿化，在少占用土地的情况下增加城市绿量。

居住区绿地的规划设计，要严格遵循国家颁布的《城市居住区规划设计规范》(GB50180-95)。除了要满足上述规划的居住区绿地率的指标外，还应达到规范中所规定的居住区绿地建设标准，即：

①居住区绿地率＞30%，其中10%为公共绿地；
②居住区公园应在2hm²以上；
③居住小区公园应在5000m²以上。

第八章 避灾绿地规划

第一节 避灾绿地的作用

佛山市地处珠江三角洲冲积平原，且属华南多雨地区，特别是在本地连续大量暴雨时再遇上西江、北江洪水，常会发生较大的洪涝灾害。佛山市区的地面高程较低，一般为 0.5~1.0m 左右，加之多年河道淤塞，雨季极易造成内涝水灾。

我国是一个地震区分布很广且灾害较多的国家，佛山市区地震基本烈度为七度，地震地质的显著特征为弱东向以北-阴江活动性断裂带经过，历史上曾发生过多次3.3至4.0级的地震。

随着城市开发强度的增加，城市的抗灾能力日趋下降。工业的发展，机动车的增加，也使城市公害加剧，导致城市环境质量的恶化。近几年内美国洛杉矶、日本阪神等地区发生的大地震，都说明城市绿化的减灾作用是其它类型的城市空间所无法替代的。

1995年初日本阪神地区地震后，有关部门针对城市绿地所进行的调查表明：

1、震后产生了30万人以上的庞大的避难人群，城市公园及小学、体育馆等，是主要的避难场所，而且直至灾后2个月后，仍有相当数量的居民生活在公园中。

2、一定面积规模的公园，由于大量树木、草坪的存在能够切断火灾的蔓延，防止飞火延烧，在熄灭火灾、控制火势、减少火灾损失方面有显著效果。

3、灾后规模较大的公园绿地均成为避灾、救灾、物资保管发放、医疗急救的中心或基地，而规模较小的公园绿地，也为附近居民提供了临时避难场所，使用率很高。

4、公园内的园林、游戏设施、树木等，为居民的避难生活提供了方便。如：水景设施的水成为供水中断状况下的用水补充；亭、廊、秋千等成为临时帐篷的搭设处，在树上拉线装灯等。

从上所述，可以看出在震灾、火灾的情况下城市绿地的突出作用。1976年唐山大地震后，北京市区各公园绿地也同样成为避灾、救灾的中心基地。因此，城市绿地是具有减灾功能的隐性"韧"环境，它在平时和灾害发生的非常时期都是城市中不可缺少的多功能的"柔性"空间。

本次绿地系统规划，根据国家的《防震减灾法》，从发挥城市绿地的防灾、减灾作用的角度出发进行了减灾绿地的规划研究，并纳入城市防灾、减灾规划，以期形成完善的城市防灾、减灾体系。

第二节 减灾绿地规划

佛山市自然环境脆弱，各种灾害较易发生。如风灾（强对流风暴、台风）、低温霜冻和结冰、水灾、地震等。因此，在市区的开发建设中必须充分发挥绿地的防灾、减灾、避灾的作用，以提高佛山市区的抗灾能力，为市区居民创造一个安全的生活工作环境。

一、滨河防灾减灾绿带

佛山市界水系环绕，既是市区的特色景观之一，又是防汛、防台风的河岸堤防。因此，在滨河绿带的规划设计建设中，要结合滨河道路的建设，兼顾考虑市民的游憩使用要求和美化城市景观的功能，又要结合布置防汛、防风设施，发挥河岸防风林的作用。尤其是东平水道滨河绿带的规划建设，要结合防洪设施，既考虑到绿化景观设计以及游人亲水、近水的要求，又要满足抗灾的要求，达到足够的安全系数。

二、避灾据点与避灾通道的规划布置

避灾据点与避灾通道的规划，主要是针对地震及震灾后引起的二次灾害，如：火灾、水灾等，利用城市广场、绿地、文教设施、体育场馆、道路等基础设施，建立起城市的避灾体系。

1、一级避灾据点

一级避灾据点，是震灾发生时居民紧急避难的场所。规划中应按照城区的人口密度和避难场所的合理服务范围，均匀地分布于市区内。一级避灾据点，多数是利用与居民关系最密切的散点式小型绿地和小区的公共设施组成（如小学、社区活动中心、小区公园等），因此，它需要在城市的详细规划中具体定位，在绿地系统规划中尚不能完全定位定量，只能提出建议性的位置。

为保证一级避灾据点的安全性、可达性，首先必须保证它与有崩塌、滑坡等危险的地带和洪水淹没地带的距离，一般需在500m以上。其次，它要与避灾通道有直接联系，保证道路的通畅；第三，避灾据点倒塌时，应不致于威胁其中避难人的生命安全。

2、二级避灾据点

二级避灾据点，是震灾后发生的避难、救援、恢复建设等活动的基地，可利用规模较大的城市公园、体育场馆和文化教育设施组成。二级避灾据点，往往是灾后相当时期内避难居民的生活场所，也是城市恢复建设的重要基地。因此，在进行这些设施的规划设计时，必须考虑到平常时期与非常时期不同的使用特点，形成多功能、可应变的"柔性"设施，以提高城市的减灾、救灾、避灾能力。

本规划将佛山市区的西半部、体育中心等作为震后的二级避灾据点。

3、避灾通道的规划

避灾通道，是利用城市次干道及支路将一级、二级避灾据点连成网络，形成避灾体系。同时，为保证城市居民的避灾地与城市自身救灾和对外联系等不发生冲突，避灾通道应尽量不占用城市主干道。

为保证灾害发生后道路的通畅，沿路的建筑应后退道路红线5～10m，高层建筑后退红线的距离还要加大，以保证通道的安全性和避灾据点的可达性。一级、二级避灾据点和避灾通道是一个完整的体系，这个体系必须在城市各街区的详细规划中才能具体实现。因此，在进行城市街区详细规划时，要结合道路、广场、绿地、文教、体育设施以及建筑的布置，进一步安排落实。

此外，一个城市防灾避灾体系的功能能否正常发挥，还与日常的城市防灾、救灾宣传工作有关。所以，佛山市在今后的城市建设管理中，要对居民进行防灾、避灾、救灾知识的宣传教育，在主要的避灾据点树立告示牌（如绿地、广场），提高居民的防灾意识。

第三节 城市救灾通道

城市救灾通道，是灾害发生时城市与外界的交通联系，

避灾绿地季华园

避灾救灾通道

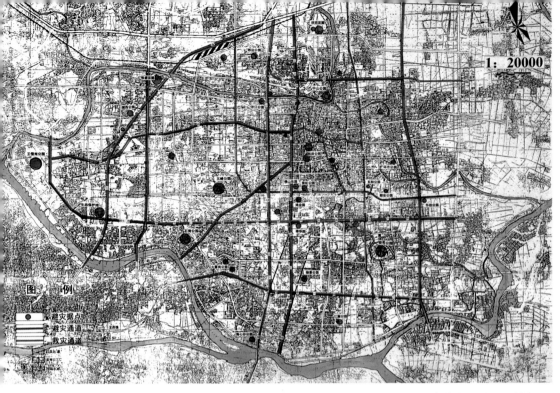

图A-9 佛山市绿地系统避灾绿地规划图

汾江中学庭院绿化

也是城市自身救灾的主要线路。城市救灾通道的规划布置，是城市防灾规划与城市道路交通规划的内容之一。

为保证灾害发生时城市与外界的交通联系，规划以广佛、佛开高速公路、佛山大道、季华路、魁奇路、张槎路、汾江路、江湾路作为城市救灾通道。这些道路在其红线两侧，均规划有宽度为10～30m不等的绿化带。这些绿化带对保证发生灾害时道路的通畅具有重要的意义。必须按规划的绿带宽度(绿线)，严格控制建设用地的建筑红线距离。从城市救灾、减灾的角度看，它们也是城市减灾绿地的一类，必须按规划严格控制、实施。道路规划绿线，不容许任何单位和个人侵占。

第九章 园林绿化树种规划

第一节 树种规划的意义

城市绿地系统的树种规划，是关系到该地区园林绿化建设工作成败的重要环节。因为城市园林绿地是以多年生树木为骨干材料，如不及早选择恰当，作出合理安排，等10～20年后发生了问题，就会造成后悔莫及的损失。

城市绿化树种的选择与规划，应当采取积极而慎重的态度进行编制。既要满足园林绿化的多种综合功能，又要适地适树，因地制宜，充分体现政府的方针政策，走好群众路线。

树种规划要在树种调查的基础上进行。树种调查既包括认真调查城市绿化应用树种的现状，又包括认真地调查它们

的栽培历史。对当地古树名木的生长情况要特别作好调查，作为城市绿化树种规划的基本根据。

第二节 树种规划的原则

1、树种规划要基本符合地带性典型植被类型的分布规律。要遵循本地地带性植物类型所展示的自然规律。

2、以地带树种为主，适当选用少量经过长期考验的外来树种作为骨干树种。

3、要求骨干树种对本地风土及具体立地条件适应性强，抗逆性强，病虫害少，特别是没有毁灭性的病虫害，又能抵抗、吸收多种有毒气体，易于大苗移栽成活，栽培管理简便。

以黄葛榕和构树为例，这两种乔木都是生长快，适应性强，抗毒、吸毒能力强，适合在工矿区大量栽种的树种。黄葛榕高大壮观，根系强大，已用作城市的基调树种，表现良好。构树生命力强，能在石缝中生长，萌芽力和适应性都很强，入秋青枝绿叶，在很晚的季节里叶子才凋黄。这两个树种在佛山的工业区绿化中可广泛应用。

4、以乔木为主，全面地合理安排乔木、亚乔木、灌木、藤木及草坪和地被植物。乔木是城市园林绿化的骨架，同时要在绿地里适当配置灌木、藤木及草坪地被植物等，构成复层混交、相对稳定的人工植被群落。

5、快长树与慢长树相衔接，大力促进长寿而珍贵的慢长树加速生长。要及早制订包括长寿、珍贵树种在内的树种规划；早育大苗，及早制定针对长寿、珍贵树种的育苗规划。

6、切实贯彻"适地适树"的原则。这在选定全市的基调树种和各类型园林绿地骨干树种时尤为重要。

第三节 佛山市区主要树种选择

1、佛山市区古树名木概况

本规划在编制过程中，对佛山市区历史上曾经栽培应用的树种，作了详细的分析研究。这些从实地调查的基础上得出的资料很值得参考（表A-20）。

圣堂小区绿化

2、骨干树种的选择

佛山市地处亚热带的南缘，城市绿化应该借鉴自然植被规律，因地制宜，突出表现南亚热带植物景观，以常绿阔叶树为主，同时结合棕榈科植物、观花乔木、观花灌木和多年生地被植物，构成丰富的城市绿化景观。

每座城市都可以有以"市树"为基础的若干骨干树种，这是根据当地自然条件、传统文化及地带植被的不同特点所选择的最有代表性，环境效益和经济效益均佳的树种。本规划推荐佛山市区10种园林绿化骨干树种如下：

● 白兰花(白兰) Michelia alba

常绿乔木，树高17m，胸径可达40cm，花期4月下旬至9月下旬，开放不绝，花白色，极芳香。喜阳光充分及暖热多湿气候及肥沃富腐殖质而排水良好的微酸性砂质壤土，怕积水。本种为著名的香花树种，花朵可制作胸花、头饰，在城市中可作行道树及庭荫树。白兰在佛山市已被评为市树和市花，深受群众喜爱。

● 小叶榕(细叶榕) Ficus microcarpa

常绿乔木，树高约25m，有悬垂气根，树干高耸，老树有板根；生长快，寿命长。枝叶茂密，树冠庞大而圆整；适宜作为城市行道树及庭荫树。

● 黄葛树(大叶榕)Ficus virens var.sublanceolata

半常绿乔木，高达25m，原产我国珠江流域及西南各省，在佛山市生长良好。喜暖热湿润多雨气候，生命力强，适应性强，对土壤要求不严，喜酸性肥沃，在贫瘠土壤也能生长，略耐荫。具有开展伞形的树冠，能阻挡台风的危害。生长速度快，年生长量至少60cm以上。树冠幅度大，其发挥的环境生态(降温)效益大，降低"热岛效应"比其他树种更为明显。具有发达的根系，能大量吸收地下水，通过巨大树冠蒸腾水分而提高空气的含水量，减轻旱情，发达的根系能保护堤坝驳岸，免被洪水冲垮，还能有效地吸收有害气体(如二氧化硫、氯气等)，起到净化空气作用。

总之，该树能防风，改善环境小气候，具有很强的抗性，美化城市，最能体现城市特色等优点，是一种较好的城市绿

表 A-20 佛山市区古树名木调查情况

编号	中名	拉丁学名	估测树龄(年)	数量(株)	备注
1	小叶榕	Ficus microcarpa	70~200	136	
2	龙眼	Dimocarpus longan	80~100	90	
3	大叶榕	Ficus virens var.sublanceolata	100~250	50	
4	木棉	Gombax malabaricu	60~200	41	
5	芒果	Mangifera indica	70~170	30	梁园内,(170年树龄)
6	阴香	Cinnamomum burmanii	65~85	7	
7	苹婆	Sterculia nobilis	80~100	4	澜石镇，湾华西街
8	洋蒲桃	Syzygium samarangense	150	2	城区福禄路，梁园
9	水翁	Cleistocalyx opercutalus	180	2	张槎镇大江区
10	山茶花	Camellia japonica	150	2	梁园
11	罗汉松	Podocarpus macrophyllus	180	2	中山公园
12	榆树	Uimus pumila	200	2	中山公园
13	九里香	Murraya paniculata	500	2	祖庙公园
14	朴树	Celtis sinensis	80~100	2	张槎镇
15	楹树	Alibizia chinensis	60	1	澜石石头前街
16	凤凰木	Delonix regia	80	1	澜石奇槎水沟边
17	人心果	Manilkara zapota	100	1	城区天里
18	皂荚	Gleditsia sinensis	120	1	澜石黎冲
19	铁海棠	Euphorbia milii	150	1	澜石镇
20	合欢	Alibizia julibrissin	65	1	张槎镇
21	腊梅	Chimonanthus praecox	150	丛生1株	梁园
22	银杏	Ginkgo biloba	80	1	中山公园
23	鹰爪花	Artabotrys uncinalus	100	1	梁园
24	仙人掌	Opuntia	100	1	张槎镇
25	腊肠树	Cassia fistula	85	1	佛山一中

资料来源：佛山市园林管理处，1994.9

化树种。在佛山市区现存的古树名木中是树龄最长、分布较广且生长健壮的树种之一。

● 阴香 Cinnamomun burmanii

乔木，高20余米，树冠浓密，卵形。喜暖湿气候，喜光，稍耐荫。在地下水位较高之潮湿地亦可生长。亦耐短期水淹。主根发达，深根性，能抗风。萌芽力强，耐修剪，寿命长。有一定的耐海潮风及煤烟能力。在佛山市古树名木保护栏内属多数，一般生长良好。

本种树姿雄伟，树冠荫浓，广泛应用作庭荫树、行道树、防护林及风景林。孤植、丛植或群植都很合适。是既有较高经济价值且能适应城市环境的优良树种。

● 大花紫薇 Lagerstromia speciosa

常绿乔木，高达20m，喜光，稍耐荫，喜湿润肥沃土壤，半落叶。花大，初开时淡红色，后变紫色，花期6月上旬至10月，盛花时繁花满树美观，是一种美丽的庭园观赏树木。木材坚硬，耐腐力强。常用做园景树、庭荫树、行道树、孤植、丛植、群植亦具有一定美感。

● 木棉 Bombax malabaricum

落叶大乔木，高可达30～40m，树干粗大端直，大枝轮生，平展，花期2～3月，先花后叶。性喜光，耐旱，深根性。萌芽性强，生长迅速，树皮很厚，耐火烧。本树种高大雄伟，早春先叶开花，红艳美丽，在华南各城市中作庭荫树、观赏树及干热地区重要造林树种。

● 假槟榔 Archontophoenix alexandrae

常绿乔木，高达20～30m，茎干具阶梯状环纹。干之基部膨大，叶长2～3m，羽状全裂，边全缘，表面绿色，背面灰绿有白粉。叶片极具观赏性，是具有典型亚热带风光的树种。本种管理省工简便，大树移植容易成活，很适宜在城市及风景区作丛植及行列式栽植。

● 芒果 Mangifera indica

常绿乔木，树高18m，喜雨量较多及气候湿热地带，喜砂质壤土，注意排水，为华南地区优良行道树及庭荫树，在农村也有作为果树栽培。

梁园里的古树

● 秋枫 Bischofia javanica

半常绿乔木，高达25m，花期4～5月，性喜光，也略耐荫，能耐水湿。根系发达，抗风力强；生长较快。本种枝叶茂密，树形优美，早春嫩叶鲜亮，入秋则变为红色，颇为美观。宜作行道树及庭荫树，也可作堤岸防护树种，常见有危害树干及枝叶虫害，应注意防治。

● 红花羊蹄甲 Bauhinia blakeana

半常绿乔木，树高8m，喜光，喜肥沃湿润壤土，稍耐干旱，树冠散形开展，枝弯重，树姿优美，叶形椭圆形至圆形，裂深为叶1/2～1/3，花大色紫红，花期11月到翌年2月，盛开时灿烂，繁花满树，果结荚常宿存，久霉黑，有碍观瞻，宜做园景树、庭荫树、行道树。

3、佛山市主要绿化树种推荐名录

佛山市得天独厚的自然条件和长期的园林绿化建设，选育了许多适合当地生长且颇具特色的优良树种，如各类大花乔木、棕榈科植物、彩叶植物、攀缘植物、宿根花卉地被等，充分表现了南亚热带的植被风光。根据佛山本地的实际情况和发展需要，现将今后在市区规划应用的园林绿化树种推荐如下：(共375种)

【裸子植物类】

1.苏铁	Cycas revoluta
2.华南苏铁	C.rumphii
3.落羽杉	Taxodium distichum
4.池杉	T.ascendens
5.水松	Glyptostrobus pensilis
6.水杉	Metasequoia glyptostroboides
7.南洋杉	Araucaria cunninghamii
8.异叶南洋杉	A.heterophylla
9.诺福克南洋杉	A.excelsa
10.福建柏	Fokienia hodginsii
11.龙柏	J. chinensis cv.Kaizuca
12.侧柏	Biota orientalis
13.千头柏	B. orientalis cv.Sieboldii

市区里的古树名木

14.罗汉松	Podocarpus macrophyllus	29.赤桉	E. camaldulensis
15.小叶罗汉松	P. macrophyllus var.maki	30.蒲桃	Syzygium jambos
16.长叶竹柏	Podocarpus fleurgi	31.海南蒲桃	S. cumini
17、竹柏	P. nagi	32.洋蒲桃	S. samarangense

【乔木类】

		33.白千层	Melaleuca leucadendra
1.鹅掌楸	Liriodendron chinense	34.榄仁	Terminalia catappa
2.广玉兰	Magnolia grandiflora	35.莫氏榄仁	T. sp.
3.白兰花	Michelia alba	36.毛丹	Phoebe hurgmaoensis
4.黄兰	M. champaca	37.多花山竹子	Garcinis multiflora
5.乐昌含笑	M. tsoi	38.铁刀木	Cassia siame
6.莫氏含笑(深山含笑)	Michehia monopefala	39.垂柳	Salix babylonica
7.观光木	Tsoongiodendron odorum	40.尖叶杜英	Elaeocarpus apiculatus
8.榔榆	Uimus pumila	41.水石榕	E.hainanensis
9.玉兰(玉棠春)	Magnotia denudata	42.亮叶杜英	E.nitentifolius
10.阿珍榄仁	Terminalia arjuna	43.大叶杜英	E.sp.
11. 翻白叶树	Semiliquidumbar cathayehsis	44.小叶杜英	E.sp.
12.假柿树	Litsea monopetala	45.火力楠	Michelia macclurei
13.印度紫檀	Pterocarpus indicus	46.毛桃木莲	Manglietia moto
14.肉桂	Cinnamomum cassia	47.苹婆	Sterculia nobilis
15.阴香	C. burmanii	48.假苹婆	S.lanceolata
16. 鳄梨	Persea americana	49.大叶合欢	Albizzia lebbek
17. 酸枣	Choerospondias axillaris	50.大叶樟	Cinnamemum parlhenoxylon
18.鱼木	C. religiosa	51. 香苹婆	Sterculia feolia
19.辣木	Moringa oleifera	52.黄梁木 Anthocephahus Chinensis (Lam)Rich.tz walp	
20.紫玉兰(辛夷)	Magnolia liliflora	53.木棉	Bombax malabarica
21.石胆	Tutcheria mulrisepala	54.爪哇木棉	Ceiba pentandrum
22.红花天料木	Homalium hainanense	55. 异木棉	chorisie insignis
23.木荷	Schima superba	56.美丽异木棉	C.speciosa
24.水翁	Cleistocalyx operculatus	57.秋枫	Bischofia javanica
25.柠檬桉	Eucalyptus citriodora	58.乌桕	Sapium sebiferum
26.大叶桉	E. robusta	59.石栗	Aleurites moluccana
27.尾叶桉	E. urouhylla	60.蝴蝶果	Cleidiocarpon kwangsiense
28.细叶桉	E. tereticornis	61.台湾相思	Acacia confusa

佛山街头的古树名木

62.大叶相思	A.auriculaeformis
63.马尖相思	A.mangium
64.海红豆	Adenanthera pavonina
65.肖蒲桃	A cmena acumnatissima
66.南洋楹	A.falcata
67.大叶合欢	A.lebbeck
68.银合欢	Leucaena glauca
69.羊蹄甲	Bauhinia purpurea
70.红花羊蹄甲	B.blakeana
71.洋紫荆(宫粉紫荆)	B.variegata
72.腊肠树(阿勃勒)	Cassia fistula
73.吊瓜木	Kigelia pinnata
74.荚果决明	C.nodosa
75.仪花	Lysidice rhodostegia
76.金花槐	Sophora tetreptere
77.黄檀	Dalbergia hupeana
78.火焰花	Saraca asoca
79.无忧树	S.chinensis
80.酸豆(罗望子)	Tamarindus indica
81.凤凰木	Delonix regia
82.刺桐	Erythrina orientalis
83.刺槐	Robinia pseudoacacia
84.花榈木	Ormosia henryi
85.枫香	Liquidambar formosana
86.木麻黄	Casuarina equisetifolia
87.木菠萝	Artocarpus heterophyllus
88.大叶胭脂	A.linguanensis
89.桂木	A.lingnanensis
90.高山榕	Ficus altissima
91.小叶榕(细叶榕)	F.microcarpa
92.黄葛树(大叶榕)	F.virens var.sublanceolata
93.吊丝榕(垂叶榕)	F.benjamina
94.无花果	F.carica

95.印度胶榕	F.elastica
96.美丽印度胶榕	F.elastica cv.Pecora
97.花叶印度胶榕	F.elastica cv.Variegata
98.对叶榕	F.hispida
99.变色榕	F.variegata
100.印度菩提树	F.religiosa
101.银桦	Grevillea robusta
102.黄皮	Clausena lansium
103.番木瓜	Carica papaya
104.橄榄	Canarium album
105.乌榄	C.pimela
106.木果楝	Xylocarpus granatum
107.非洲桃花心木(塞楝)	Khaya senegalensis
108.苦楝(楝树)	Melia azedarach
109.麻楝	Chukrasia tabularis
110.龙眼	Dimocarpus longan
111.澳洲坚果	Macaolamia ternifolia
112.无患子	Sapindus mukorossi
113.荔枝	Lotchi chinensis
114.人面子	Draecontomelon duperreanum
115.山楝	A phanamixis polystachya
116.扁桃	Mangifera sylvatica
117.芒果	M.indica
118.人心果	Manilkara zapota
119.密花树	Rapanea neriifolia
120.海芒果	Cerbera manghas
121.朴 树	Celtis sinensis
122.盆架树	Winchia calophylla
123.倒吊笔	Wrightia pubescens
124.木蝴蝶(千纸张)	Oroxylum indicum
125.猫尾木	Dolichandrone cauda-felina
126.蓝花楹	Jacaranda acutifolia
127.羽叶垂花树	Kigelia pinnata

128.幌伞枫	Heteropanax fragrans	31.宛田红花油花	Camellia polyodonta
129.柚木	Tectona grandis	32.山茶花	C. japonica
		33.金莲木	Ochna integerrima

【灌木及小乔木类】

1.黄榕	F.microcarpa cv.Golden Leaves	34.红千层	Callistemon rigidus
2.夜合花	Magnolia coco	35.番石榴	Psidium guajava
3.黄夜合	M.sp.	36.木芙蓉	Hibiscus mutabilis
4.含笑	Michelia figo	37.扶桑(朱槿)	H.rosa-sinensis
5.鹰爪花	Artabotrys uncinalus	38.黄槿	H.tiliaceus
6.酒饼叶(假鹰爪)	Desmos chinensis	39.吊灯花(拱手花篮)	H.schizopetalus
7.鹅掌柴	Schefflera octophylla	40.悬铃花 Malvaviscus arboreus var.penduliflorus	
8.黄槐	Cassia suffurtiosa	41.红桑	Acalypha wilkesiana
9.金叶榕	Fieus microcarpa cv.yellow stripe	42.狗尾红	A.hispida
10.双荚槐	Cassia bicapsularis	43.金边红桑	A.wilkesiana cv.Marginata
11.红纸扇	Mucsaenela erythrophlla	44.银边红桑	A.wilkesiana cv.Albovata
12.白纸扇	Mussaeinda frondosa	45.变叶木(洒金榕)	Codiaeum variegatum
13.火棘	Pyracantha fortuneana	46.铁海棠	Euphorbia milii
14.尖叶木犀榄	Olea cuspidata	47.一品红	E.pulcherrima
15.夜来香	Telosma cordata	48.猩猩花	E.puleherrima
16.红果仔	Eucalyptus uniflora	49.红背桂	Excoecaria cochinchinensis
17.红乌桕	Euphorbia coutinifolia	50.白花羊蹄甲	Bauhinia acuminata
18.冬红	Holmskioldia sanguinea	51.嘉氏羊蹄甲	B.galini
19.五星花	Pentas lanceolata	52.洋金凤	Caesalpinia pulcherrima
20.番荔枝	Annona squamosa	53.金合欢	Acacia farnesiana
21.华南十大功劳	Mahonia japonica	54.小叶槐	Sophora microphylla
22.南天竹	Nandina domestica	55.龙牙花(美洲刺桐)	Erythrina corallodendron
23.紫薇	Lagerstroemia indica	56.巴西刺桐	E.crista-galli
24.大花紫薇	Lagerstromia speciosa	57.矮巴西刺桐	E.crista-galli cv.Compacta
25.散沫花(指甲花)	Lawsonia inermis	58.朱缨花	Calliandra haematocephala
26.虾子花	Woodfordia fruticosa	59.美蕊花	C.surinanensis
27.石榴	Punica granatum	60.红花荷	Rhodoleia parvipetala
28.月季石榴	P.granatum cv.Nana	61.杨梅	Myrica rubra
29.海桐	Pittosporum tobira	62.铁冬青	Ilex rotunda
30.花叶海桐	P.tobira cv.Variegata	63.朱砂桔	Citrus reticulata

居住区绿化景观

枝繁叶茂的古树名木

绿色的生活

64.九里香	Murraya paniculata	
65.米仔兰	Aglaia odorata	
66.驳骨丹	Buddleja asiatica	
67.吊钟花	Enkianthus quinqueflorus	
68.黄杜鹃	Rhododendron molle	
69.杜鹃	R.simsii	
70.茉莉	Jasminum sambac	
71.云南黄馨(黄素馨)	J.mesnyi	
72.黄蝉	Allemanda neriifolia	
73.软枝黄蝉	A.cathartica	
74.狗牙花	Ervatamma divaricata	
75.夹竹桃	Nerium indicum	
76.香花藤	Aganosma acuminata	
77.黄花夹竹桃	Thevetia peruviana	
78.鸡蛋花(缅栀子)	Plumeria rubra cv.Acutifolia	
79. 金叶女贞	Ligustrumic vicaryi	
80. 金英	Malpighia sp.	
81. 蜡烛决明	Cassia elata	
82.尖叶木樨榄	Olea cuspidata	
83.栀子花(白蝉)	Gardenia jasminoides	
84.龙船花	Ixora chinensis	
85 状元红(赤贞桐)	Clerodendron kaempferi	
86.希美莉	Hamelia patens	
87.桂花	Osmanthus fragrans	
88.珊瑚树	Viburnum odoratissomu	
89.大花忍冬	Lonicera macrantha	
90.麻叶绣树	Spiraea cantoniensis Lour.	
91.夜香树	Cestrum nocturnum	
92.鸳鸯茉莉	Brunfelsia acuminata	
93.花叶假连翘	Duranta repens L."Variegata"	
94.黄连翘	D. repens cv.	
95.满天星	Serissa serissoides	
96.假连翘	Duranta repens	

97.马缨丹(五色梅)	Lantana camara	
98.蔓花马缨丹	L.montevidensis	
99.黄花马缨丹	L.lilacina	
100.花叶爵床	Aphelandra squarrosa	
101.金粟兰	Chloranthus spicatus	
102.桃金娘	Rhodomyrtus tomentosa	
103.金丝桃	Hypericum chinense	
104.福建茶(基及树)	Carmona microphylla	

【攀缘植物类】

1.鸡蛋果	Passiflora edulis	
2.西番莲	P.caerulea	
3.使君子	Quisqualis indica	
4.炮仗花	Phyrostegia ignea	
5.凌霄	Campsis grandiflora	
6.硬骨凌霄	Tecomaria capensis	
7.大花老鸭嘴	Thunbergia grandiflora	
8.龙吐珠	Clerodendrum thomsonae	
9.紫藤	Wisteria sinensis	
10.买麻藤	Gnetum montanum	
11.臭饭团	Kadsura coccinea	
12.珊瑚藤	Antigonon leptopus	
13.宝巾	Bougainvillea glabra	
14.毛宝巾	B.spectabilis	
15.红宝巾	B.spectabilis Willd 'Lateritia'	
16.仙洞万年青	Moustera freadrichsthallii	
17.红宝石喜材芋	Philodendron erubescens cu.Red Emerald	
18.绿宝石喜材芋	Philodendron erubescens cu.Green Emerald	
19.玉叶金花	Mussaenda reticulata	
20.洋玉叶金花	M.frondosa	
21.鸡血藤	Millettia reticulata	
22.美丽鸡血藤	M.speciosa	
23.金银花	Lonicera japonica	
24.山金银花	L.confusa	

街旁游园

蓓蕾幼儿园

25.薜荔	Ficus pumila	24.芭蕉	Musa basjoo
26.过江龙	Entada phaseoloides	25.旅人蕉	Ravenala madagascariensis
27.络石	Trachelospermum jasminoides	26.龙舌兰	Agave americana
28.爬山虎	Parthenocissus tricuspidata	27.丝兰	Yucca filamentosa
29.铁线莲	Clematis cultivars	28.凤尾兰	Y.gloriosa
30.首冠藤	Bauhinia corymbosa	29.朱蕉	Cordyline fruticosa
31.麒麟叶	Epipremnum pinnatum	30.龙血树	Dracaena draco
32.绿萝	Indapsus aureus	31.巴西铁	D.fragrans
33.量天尺	Hglocereus undatus	32.芦荟	Aloe uera var. chinensis

【单子叶植物类】

		33.龟背竹	Monstera deliciosa
1.假槟榔	Archontophoenix alexandrae	34.美人蕉	Canna indica
2.三药槟榔	A.triandre	35.艳山姜	Aspidistra elatior
3.皇后葵	Arecastrum romanzoffianum var.australe	36.海芋	Alocasia macrovrhiga
4.蒲葵	Livistona chinensis	37.一叶兰	Aspidistra elatior
5.澳洲蒲葵	L.australis	38.文殊兰	Criuum asiaticum L.var sinicum Bak
6.刺轴榈	Licuala spinosa	39.蜘蛛兰	H.specjosa
7.棕榈	Trachycarpus fortunei	40.勒竹	Bambusa dissemulator
8.棕竹	Rhapis humilis	41.孝顺竹(观音竹)	B.multiplex
9.细叶棕竹	R.gracilis	42.凤尾竹	B.multilex var.nana
10.油棕	Elaeis guineensis	43.华南水竹(青竿竹)	B.breviflora
11.鱼尾葵	Caryota ochlandra	44.撑篙竹	B.pervariabilis
12.短穗鱼尾葵	C.mitis	45.刺竹	B.stenostachya
13.单穗鱼尾葵	C.monostachya	46.青皮竹	B.textilis
14.散尾葵	Chrysalidocarpus lutescens	47. 黄竹	B.textilis var.fusca
15.袖珍椰子	Collinia elegans	48. 硬头黄竹	B.fecunda
16.大王椰子(王棕)	Roystonea regia	49. 石竹仔	B.piscaporum
17.酒瓶椰子	Hyophorbe lagnicaulis	50.佛肚竹	B.ventricosa
18.华盛顿棕(老人葵)	Washingtonia filifera	51.黄金间碧竹	B.vulgaris var.striata
19.软叶刺葵(美丽针葵)	Phoenix roebelenii	52.篁竹(小粉箪)	Lingnania cerosissima
20.董棕	Caryota urens	53.粉篁竹	L.chungii
21.长叶刺葵	P.canariensis	54.菲白竹	Pleioblastus argenteo-striatus
22. 刺葵	P.hanceana	55.人面竹(罗汉竹)	Phyllostachys aurea
23.伊拉克蜜枣	P.dactylifera	56.水竹	P.conges

北江大堤绿化

大树下的笑颜

无线电五厂绿化

57.金竹	P.sulphurea
58.慈竹	Sinocalamus affinis
59.吊丝箪竹	S.bambusoides
60.假华箬竹	Indocalamus pseudosinicus
61.春芋	Philcdendron selloum

【草坪地被类】

1.结缕草	Zoysia japonica
2.细叶结楼草(台湾草)	Z.tenuifolia
3.假俭草	Eremochloa ophiuroides
4.蟛蜞菊	Wedelia chinensis
5.白花紫露草(鸭跖草)	Tradescantia albiflora
6.绒叶竹芋	Calathea zebrina
7.花叶竹芋	Maranta bicslor
8.红背竹芋	Stromanthe sanguinea
9.沿阶草	Ophiopogon japonica
10.阔叶麦冬	Liriope platyphylla
11.麦门冬	Liriope spicata
12.红绿草(五色苋)	Alternanthera bettzickiana
13.酢浆草	Oxalis rubra
14.狗牙根	Cynodon dactylon
15.地毯草	Axonopus compressus
16.吊竹梅	Zobrina pendula
17.四季秋海棠	Begonia Semperflorens Link etolto
18.彩叶草	C.scutellarioides(L.)Benth
19.合果芋	Syngoinium podophyllum
20.白蝶合果芋	White Butterfly
21.紫背万年青	Rhoeo discolor
22.大叶油草	Axonopus compressus
22.金心吊兰	Chlororphtum capense var. medio-pictum
23.冷水花	Pilea cadierei
24.皱叶冷水花	P.spruceuna
25.紫色鸭跖草	setcreasea purpurea
26.何氏凤仙	Impatiens holstil

27.苏丹凤仙	I.sultaii
28.长春花	Catharanltus roseua
29.广东万年青	Aglaonema modestum
30.紫背竹芋	Stromanthe sanguinea
31. 天鹅绒竹芋	Calathea yebrina

第十章 分期建设规划

第一节 规划原则

● 与城市总体规划和土地利用规划相协调，合理确定规划的实施期限。

● 与城市总体规划提出的各阶段建设目标相配套，使城市绿地建设在城市发展的各阶级都具有相对合理性，满足市民游憩生活的需要。

● 结合城市现状、经济水平、开发顺序和发展目标，切合实际地确定近期绿地建设项目。

● 根据城市远景发展要求，合理安排园林绿地的建设时序，注重近、中、远期有机结合，保证城市的可持续发展。

第二节 分期建设规划

为使本规划能顺利如期实现。在实施过程中便于政府相关部门操作，在人力、物力、财力及技术力量的调集和筹措方面能有序运行，规划拟按城市建设发展的需要，分近期、中期和远期三个阶段实施，分期的主要依据是：

①先完善建成区，后建设发展区；

②优先发展和群众生活关系密切的项目；

③先发展和城市景观风貌较密切的项目；

④为避免发展区中的规划绿地被侵蚀，其规划用地范围应先行控制；

⑤使佛山市区的园林绿化水平尽快达到国家园林城市的评选标准；

⑥在项目选择时先易后难，近期建设能为后期工作打基础的项目先上。

具体的分期建设规划如下：

一、近期的建设项目(1998年~2000年)

鉴于佛山市区目前正在努力创建国家园林城市，建设任务繁重(见表A-21)，本规划提出应先抓重点项目，主要包括：

①对城市近期面貌影响较大的工程，如市区主要道路的绿化、过境高速路的防护绿带、河道水系、高压走廊的防护绿带等。这些项目的建设投资较少，征地费用少，易于实现；

②与城市居民生活密切相关的项目，如市级、区级公园、居住区小游园等。这些项目的建设能使市民感到环境的变化和政府的关怀，对美化城市面貌也起到很大作用；

③对提高城市绿地率影响较大的项目(如生态保护区)应尽早着手建设，对提高城市环境质量，减少老城区的热岛效应能起到很大作用；

④能为后续绿化建设工程打下物质基础的项目(如苗圃)应先上。

由于近期建设项目多，任务重，规划设计工作应抓在前头，以使建设任务能有序进行。近期规划的建设项目详见表A-22。

二、中期的建设任务(2001年~2005年)

中期的任务除了继续进行指定的公园建设、抓好单位附属绿地的配套和几条道路的绿化、完成汾江两岸的绿带建设外，还要抓好市区绿地的养护工作。由于城市绿地逐年增加，绿地养护与管理工作十分重要，例如技术人员的培训、设计人材的罗致、绿地养护器械的配备等，都宜及早着手进行。

三、远期的建设规划(2006年~2010年)

随着城市的改造和扩展，生产力的进一步提高，人口的相应增加及市民素质的提高，对城市环境质量的需求也会越来越高。在远期规划项目接近完成的阶段，除建设规划中的工程项目和加强养护管理工作之外，还应注意进一步提高绿地的工程与艺术质量。要把园林绿地的实效与市民的生活质量和城市的环境质量挂上钩，使市区园林绿化更上一层楼，真正把佛山建设成为一座花园式的历史文化名城。

绿染禅城气象新

街头绿化

第十一章 绿地系统效益测算

第一节 效益测算依据

城市是人类社会文明进步的结晶，是人类利用和改造自然环境的产物。城市作为政治、经济、科技、文化和社会信息中心，作为现代工业和人口集中的地区，在经济建设、增强综合国力方面发挥着重要作用。城市环境的优劣直接关系到现代化建设和经济的发展，关系到人民物质文化生活水平的提高。城市的环境条件和经济形态，既是城市发展的基础，又是城市发展的制约因素。城市环境质量是城市经济社会发展的综合体现，是城市文明程度、开放意识和管理水平的窗口。

园林绿化是影响城市环境的重要因素，是人类进步和社会发展的重要标志。它一方面发挥着优化社会生产和人类生活质量的作用；另一方面也为社会提供物质产品。两者都为人类创造价值和使用价值。所以，环境绿化是一项服务当代、造福子孙的公益性事业，其最终成果表现为环境、社会和经济相统一的综合效益。它包括直接经济效益(如园林产品货币收入)、间接经济效益(如转移到社会产品中的价值、市民生理和心理上对绿地的"消费"以及改善社会经济发展环境的价值等)，可以通过数学方法进行定量核算。

1992年联合国环境与发展大会通过的《21世纪议程》，将环境资源核算问题列为一项重要议题。联合国环境规划署1992年环境报告也要求：到2000年，世界各国都要实行环境资源核算，并将其纳入国民经济核算体系。我国政府为贯彻联合国环发大会的精神而制订的十项环境政策中，也规定了要研究和实施环境资源核算的任务。进行环境资源核算，作为可持续发展的一条重要手段已为国际社会所公认。环境

图 A-10 佛山市绿地系统绿量规划图

表 A-21 佛山市区规划建设用地与园林绿地平衡表

序号	用地代号	用地指标		用地面积 (hm²)	比率 (%)	人均用地 (m²/人)	绿地率 (%)	绿地面积 (hm²)	比率 (%)	人均绿地 (m²/人)
1	R	居住用地		2290.57	29.35	32.72		485.65	15.34	6.94
		其中	一类居住区	110.13	1.41		45	49.56	1.57	0.71
			二类居住区	2180.44	27.94		30	436.09	13.77	6.23
2	C	公共设施用地		705.39	9.04	10.08		202.49	6.39	2.89
		其中	商业金融	502.22	6.43	7.18	25	125.56	3.96	1.79
			文教体卫	159.77	2.05	2.28	40	63.91	2.02	0.91
			行政办公	43.40	0.56	0.62	30	13.02	0.41	0.19
3	M	工业用地		1038.24	13.30	14.83		278.58	8.80	3.98
		其中	一类工业	657.73	8.43		25	164.43	5.19	2.35
			二类工业	380.51	4.87		30	114.15	3.61	1.63
4	W	仓储用地		106.40	1.36	1.52	20	21.28	0.67	0.30
5	T	对外交通用地		217.00	2.78	3.10	20	43.40	1.37	0.62
6	S	道路广场用地		966.00	12.18	13.80	20	193.20	6.10	2.76
7	V	市政设施用地		151.20	1.94	2.16	30	45.36	1.43	0.65
8	K	其他用地		75.83	0.97	1.08	25	19.00	0.60	0.27
9		城市生态保护地		942.60	12.08	13.47	60	565.56	17.86	8.08
10	G	绿 地		1311.86	16.81	18.74		1311.86	41.43	18.74
		其中	公共绿地	584.36	7.49			584.36	18.46	8.35
			生产绿地	157.60	2.02			157.60	4.98	2.25
			防护绿地	321.32	4.12			321.32	10.15	4.59
			道路绿带	248.58	3.18			248.58	7.85	3.55
合计		市区规划建设用地		7805.09	100	111.50	40.57	3166.38	100	45.23

资源的生态价值是随着社会经济发展和人们生活水平的不断提高而日益显现出来的。

目前国内外还没有关于环境绿化效益成熟的定价测算方法。就绿地生态价值的定价方法而言，20世纪70年代以来世界各国均有所研究，提示了一些计算方法。例如，1970年前后日本对其全国的树木用替代法计算出其生态价值为12兆8亿日元，相当于1992年日本全国的国民经济预算额。印度的一位教授用类似方法计算了一棵生长50年的杉树，其生态价值为20万美元。1984年吉林省参照日本的方法计算了长白山森林七项生态价值中的四项，其结果为人民币92亿元，是当年所生产的450万立方米木材价6.67亿元的13.7倍。1994年，美国专家曾对植树的经济效益进行分析，其结果显示：种植95000株白蜡树，再加上对这些树进行30年维护保养，总费用是2100万美元，而95000株白蜡树所提供的生态产品的经济效益，则是5900万美元，纯效益为3800万美元。换言之，种植每一株白蜡树的纯收益是400美元。

科学地进行绿地效益计量是当今园林绿化事业的一大发展。巨大的生态价值能为人们理解和接受，对于推动园林事业的发展，增加建设资金投入的决心，具有重要意义。近年来，中国风景园林学会经济与管理学术委员会曾组织专家对园林绿化效益的评估和计量问题进行专题研究，取得了一定成果，并经过评审鉴定。利用他们的成果，上海宝山钢铁总厂1994年对厂区环境绿化所产生的环境经济效益测算，折合人民币6000多万元。1995年上海浦东新区绿地系统规划，估算其可产生的生态效益为121.84亿元/年。1996年重庆市城市绿地系统规划，估算出的生态环境价值是28.86亿元/年。

第二节 系统效益测算

本规划中所列的各种类型的绿地，都可以为改善佛山市区环境发挥调节气候、净化空气、阻隔噪音、保土蓄水、防风减灾、美化城市、生物多样性保护以及为市民提供游憩空间等多种功能，为社会提供间接的经济效益。其中果园、林带、苗圃、花场等生产绿地，除了创造环境效益外，还能为社会提供园林产品，创造直接经济效益。据测算，到2010年，

石湾区府大院绿化景观

佛山市城市绿地系统建设完成后，全部园林绿地每年可产生氧气27396吨，吸收二氧化碳36621吨，吸收二氧化硫761吨，滞尘量24990吨，蓄水量338万立方米，降温3~6℃，生物物种增加15%，能有效地改善市区的生态环境质量。

参照中国风景园林学会有关专业委员会的研究成果及兄弟省市绿地系统规划工作中应用的评测方法，现对佛山市城市绿地系统中六项生态效益指标测算如(表A-24)、(表A-25)：

综合以上六项绿地的生态经济价值，到规划期末(2010年)，全市3166.38hm²园林绿地的年产值效益约为6.23亿元。

其实，这些仅是城市园林绿地生态效益的一部分。园林绿地还有降低噪音、避灾减灾、保持水土、防风固沙、保护物种及美化景观等多方面的效益。如何测算这些隐形的间接效益，目前国内外学术界正在努力研究之中，尚缺乏较成熟的计量方式，本规划未能加以测算。所以，市区绿地系统的效益实际上应比上述估算值大许多。

随着环境科学的发展，城市绿化已由一般的卫生防护、文化休息、游览观赏、美化市容等作用，向保护环境、防治污染、改善城市生态平衡，建设高度物质文明与精神文明的方向发展。城市绿化起着改善人工生态系统的作用。缺乏绿色的城市被视为没有生气的城市，不重视绿化的城市被视为缺乏文化的城市。环境绿化的健体强身价值、文化价值、心态环境价值、社会秩序价值、城市形象展示价值等，均展示出城市的文明程度和形象。

一个城市能否在现代市场经济中起到中心地作用，原因有多方面。但是，能否具有宜人居住的优质环境，是国际上共同的评价标准。新加坡在短短20年间实现了经济腾飞，跃入世界经济发达国家之列，其重要秘决就是："植树种花，铺就强国之路"。

通过加强园林绿化来改善城市经济发展环境，是当今世界上现代化城市发展的一条共有经验。例如：深圳华侨城，占地2.6km²，绿化面积达43%，主干道上商业街为绿带让路，珍惜自然地形地貌，在其上因势建房，带来商品房走俏，房价比邻近地区高30%左右，并引来一批国外大公司在那里落户。经过10年建设，华侨城已成为环境优美、特色明显、各项产业协调的现代化城区和著名的文化旅游区。从1986年到

表A-22 佛山市绿地系统分期建设进程表

项目	分期建设年段		1998~2000年	2001~2005年	2006~2010年
公共绿地	市级公园		中山公园(新增8.49hm²) 荷苞公园(61.29hm²)	五峰公园(新增57.4hm²) 石湾公园扩建(增17.23hm²)	王借岗公园(74.93hm²)
	区级公园		兆祥公园(2.55hm²) 环市公园(9.80hm²) 大雾岗公园(增10.83hm²)	梁园(增1.43hm²) 汾江公园(22.94hm²) 青龙岗公园(15.8hm²) 张槎公园(12.5hm²)	新市公园(12.0hm²) 海心沙公园21.72hm² 澜石公园(8.0hm²)
	居住区小游园		南浦公园(2.0hm²) 郊边公园(3.36hm²) 绿景园(7.38hm²)	华桂园(4.15hm²) 城西公园(4.63hm²) 街头绿地(10.0hm²)	东林公园(6.45hm²) 江湄公园(8.98hm²) 朝安公园(4.46hm²)
	小计	累积	301.74hm²	447.82hm²	584.36hm²
		原有196.04hm²	新增105.7hm²	新增146.08hm²	新增136.54hm²
单位附属绿地	公共设施 工业用地 仓储用地 市政设施等		随各单位建设配套完成	随各单位建设配套完成	随各单位建设配套完成
	小计	累积	417.31hm²	492.01hm²	566.71hm²
		原有294.5hm²	新增122.81hm²	新增74.7hm²	新增74.7hm²
	居住区绿地		随各居住区建设配套完成	随各居住区建设配套完成	随各居住区建设配套完成
	小计	累积	388.15hm²	436.9hm²	485.65hm²
		原有280.9hm²	新增107.25hm²	新增48.75hm²	新增48.75hm²
道路绿化	道路、广场 道旁绿地		随道路广场 建设配套完成	随道路广场 建设配套完成	随道路广场 建设配套完成
	小计	累积	348.04hm²	428.11hm²	485.11hm²
		原有95.0hm²	新增253.04hm²	新增80.07hm²	新增57.07hm²

庭院绿化

1993 年，产值由 3.8 亿元上升到 25.1 亿元，平均年增长率31%。更重要的是，园林建设促使了华侨城产业向"三产"化、高技术化和国际化方向演进。大连市的"绿色启示"，又是成功的实例。大连开发区重视园林绿化建设，优美的环境招来了32个国家地区的外商投资，年出口额突破10亿元。中山市也因城市园林绿化建设上了台阶，而将周边地区的一些外资工厂吸引迁来，增强了城市的经济活力。就佛山市区而言，季华园的建设带动了其周边的房地产开发。由于环境绿化好，而使售房价格上扬，效益提高20%左右。总之，环境绿化所带来的发展价值，不能以眼前出现的局部经济效果所证实。其根本价值，体现在带动和促进整个城市经济的大发展，带动产业结构和经济运行的优化，形成经济发展总体水平质的飞跃。不仅促进了城市社会经济的全面进步，还走出了可持续发展之路，把优良的绿化环境传给后代。

第三节 投资效益分析

本规划对佛山市区绿地系统建设的所需的资金投入与效益产出作了估算分析，结论如表 A-26、A-27 所示。

估算结果表明，要把佛山建设成为"花园式历史文化名城"，在绿地系统建设方面的资金投入总量，约需42.64亿元，而其生态效益产出价值约为64.59亿元，多于投入的资金总量。由于城市绿化资金的总积累，是全社会长期不断投入所形成的，若把历史投入(现有各类绿地)和今后社会单位分担的投入额剔除后，需要由政府部门组织建设资金的实际投入量约为29亿元。以年均2.2亿元的投入，带来年均4.09亿元的经济回报。这已经达到了别的产业难以相比的高效益。

西方发达国家在200多年的城市工业化过程中，走了一条"先污染后治理"的大弯路，引起生态环境的破坏，以致发生社会公害。后来在污染造成的重经济损失和血的教训面前，才感到城市绿化的重要性，着手对城市环境进行综合治理。它们采取由国家立法等强硬措施，投入大量资金用于大规模城市绿化。如果我们也走"先污染后治理"的路子，单建设投资一项，就要比"边建设边治理"的投资大20倍，且历时长达数十年至百年。

建设"花园式历史文化名城"，也是佛山发展旅游业的物质基础。要以清清流水、处处花园、深深小巷、静静人家的现代化、高绿量城市环境来发展第三产业，让过路佛山的宾客多留一天，市区旅游业的收入增幅就相当可观。按国内一般发展旅游事业的城镇统计分析，旅游直接收入与地方其它行业收入的比率约为1：7，有关的地方财税收入也会因此而增加许多。

环境问题也是重要的社会经济问题。目前国际上评价一个城市的社会经济发展水平时，常以城市园林绿化水平作为标准之一。绿地率低于20%的为贫乏型，达到30%的为同步型，超过40%的为超前型。所以，大力搞好佛山市区的园林绿化建设，能改善城市投资环境，有力地推动城市经济的持续发展，给城市带来繁荣和美丽。从根本上讲，它将大大促进佛山市区国有资产的有效增值。

(接表 A-22)

项目 \ 分期建设年段		1998～2000 年	2001～2005 年	2006～2010 年
防护绿地	滨河、河涌及高压线走廊防护绿地	东平河滨河绿带、河涌绿带加上 220kV 高压走廊防护绿带	汾江西段和河涌防护绿带及 110kV 高压走廊防护绿带	汾江东段及河涌防护绿带
	小计 累计	258.92hm²	290.12hm²	321.32hm²
	原有 162.2hm²	新增 96.72hm²	新增 31.2hm²	新增 31.2hm²
生产绿地	苗圃	城西苗圃 扶西苗圃 张槎苗圃	东平苗圃	
	小计 累积	126.10hm²	157.6hm²	157.6hm²
	原有 29.4hm²	新增 126.1hm²	新增 31.5hm²	新增 0hm²
生态保护区	生态保护区等 (规划面积 942.6hm²，按绿地率 60% 计)	东南片及西南片		东北片
	小计 累积	502.5hm²	502.5hm²	565.56hm²
	原有 93.0hm²	新增 399.5hm²	新增 0hm²	新增 63.06hm²
总计	各年段新增绿地	1211.12hm²	412.3hm²	348.19hm²
	各年段人均公共绿地面积	6.2m²/人	7.0m²/人	8.0m²/人
	各年段城市建成区绿地率	30.5%	33.2%	40.6%

楼间宅旁绿地

第十二章　规划实施措施

根据佛山市区园林绿化建设管理现状与发展目标,提出如下实施措施:

一、本规划经市政府批准后,必须与佛山市城市总体规划、土地利用规划、分区规划和控制性详细规划等配合实施,作为佛山市区城市绿地规划建设的法律依据。

二、本规划在实施过程中,市政府每年应投入一定数量的资金用于城市园林绿化建设,并力求按照规划的近期、中期、远期目标给予保证。同时,有关主管部门要充分利用市场经济环境所提供的条件,多渠道筹集社会资金,增加对园林绿化投资力度,保证达到预期的规划建设目标。

三、要在现有国家行政法规和《佛山市区园林绿化管理规定》的基础上,针对佛山市区园林绿化建设的的具体情况,进一步完善有关的规章制度,做到"依法兴绿"。

四、要按照受益者负担的原则,在城市土地批租、转让地价的确定时,应考虑城市绿地的综合效益。将园林绿地所带来的土地增值部分返回到城市绿化建设中去。

五、对于市区内违反规划、侵占和破坏绿地的行为,应照章严厉处罚;而对于超过规划标准完成绿化工作的单位,应给予奖励。

六、要加强对各级园林绿化工作人员的业务素质培训,进一步引进人才,努力创作园林"精品",不断提高市区园林绿化建设与管理水平。

七、要加强对市民进行城市绿化方面的宣传教育,提高全民绿化美化意识,鼓励市民自觉爱护绿地,搞好庭院、阳台、屋顶绿化。

八、本次规划因法定的城市规划区范围所限,只能在佛山市区内设立三处城市生态保护区。从区域发展的角度来看,可以说它们是不够的。佛山市绿地系统的规划与建设,实际上牵涉到市区行政范围以外周边城市的利益乃至珠江三角洲地区的基本农田保护和城乡协调发展等问题。要改变目前这一地区生态环境逐渐恶化的趋势,就必须进行大范围、区域性的生态保护与建设规划,并设立专门机构协调落实。显然,这已不是本规划项目组及佛山市城乡规划部门力所能及之事,建议上级政府领导部门要统筹安排,进一步加强对区域城乡建设工作的宏观调控,统一规划,协调关系,推动该地区人居环境的可持续发展。

表 A-23　佛山市城市绿地系统分期建设投资概算

项目		分期建设年段	1998～2000 年	2001～2005 年	2006～2010 年
公共绿地	基建费	面积(m²)	1057000	1460800	1365400
		单位造价(元/m²)	150	150	150
		金额(万元)	15855.0	21912.0	20481.0
	征地费	面积(m²)	1057400	1460800	1365400
		单位地价(元/m²)	75	75	75
		金额(万元)	7930.5	10956.0	10240.5
	养护费	面积(m²)	1960400	3017400	4478200
		单位费用(元/m²)	5	5	5
		金额(万元)	3733.35	9369.5	12902.25
		小　计(万元)	27518.85	42237.5	43623.75
单位附属绿地(含居住区)	基建费	面积(m²)	2300600	1234500	1234500
		单位造价(元/m²)	100	100	100
		金额(万元)	23006.0	12345.0	12345.0
	征地费	面积(m²)	2300600	1234500	1234500
		单位地价(元/m²)	75	75	75
		金额(万元)	17254.5	9258.75	9258.75
	养护费	面积(m²)	5754000	8054600	9289100
		单位费用(元/m²)	2	2	2
		金额(万元)	4142.55	8671.85	9906.35
		小　计(万元)	44403.05	30275.4	31510.1
道路广场及道旁绿地	基建费	面积(m²)	2530400	800700	570000
		单位造价(元/m²))	120	120	120
		金额(万元)	30364.8	9608.4	6840.0
	征地费	面积(m²)	2530400	800700	570000
		单位地价(元/m²)	75	75	75
		金额(万元)	18978.0	6005.25	4280.25
	养护费	面积(m²)	950000	3480400	4281100
		单位费用(元/m²)	4	4	4
		金额(万元)	2658.24	7761.5	9132.9
		小　计(万元)	51997.04	23375.15	20253.15

绿荫匝地

精心的绿化管理

（接表 A-23）

项目		分期建设年段	1998~2000年	2001~2005年	2006~2010年
防护绿地	基建费	面积(m²)	967200	312000	312000
		单位造价(元/m²)	70	70	70
		金额(万元)	6770.4	2184.0	2184.0
	征地费	面积(m²)	967200	312000	312000
		单位地价(元/m²)	75	75	75
		金额(万元)	7254.0	2340.0	2340.0
	养护费	面积(m²)	1622000	25589200	2901200
		单位费用(元/m²)	1	1	1
		金额(万元)	631.68	1372.6	1528.6
		小 计(万元)	14656.08	5896.6	6052.6
生产绿地（苗圃）	基建费	面积(m²)	1261000	315000	/
		单位造价(元/m²)	50	50	/
		金额(万元)	6305	1575	/
	征地费	面积(m²)	1261000	315000	/
		单位地价(元/m²)	75	75	/
		金额(万元)	9457.5	2362.5/	
	养护费	面积(m²)	1261000	1576000	1576000
		单位费用(元/m²)	3	3	3
		金额(万元)	1134.9	2364.0	2364.0
		小 计(万元)	16897.4	6301.5	2364.0
生态保护	基建费	面积(m²)	3995000	/	630600
		单位造价(元/m²)	40	/40	
		金额(万元)	15980	/	2522.4
	征地费	面积(m²)	3995000	/	630600
		单位地价(元/m²)	75	/	75
		金额(万元)	15980	/	4727.5
	养护费	面积(m²)	5025000	5025000	5655600
		单位费用(元/m²)	1	1	1
		金额(万元)	878.2	2512.5	2985.45
		小 计(万元)	46820.7	2512.5	10237.35
合计		基建费(万元)	98281.20	47624.40	44372.40
		征地费(万元)	90837.00	30922.50	30849.00
		养护费(万元)	13174.92	32051.95	38819.55
		总 计(万元)	202293.12	110598.85	114040.95

说明：绿地养护费计算方法：以该年段现有绿地面积(m²)×单位面积养护费（元/m²）×年数+该年段新建绿地面积(m²)×单位面积养护费（元/m²）×年数的1/2。

花园小区

表 A-24 佛山市城市绿地系统生态效益统计表

年度	绿地名称	面积(ha)	年生态效益 (T、万 M³、亿大卡)					
			产 O_2	吸收 CO_2	吸收 SO_2	滞尘	蓄水	降温
一九九七年	居住区绿地	280.90	2022.48	2696.64	60.67	1837.09	25.28	606.74
	单位附属绿地	294.50	2120.40	2827.20	63.61	1926.03	81.00	636.12
	道路广场及道旁绿地	95.00	684.00	912	20.52	621.30	8.55	205.20
	公共绿地	196.04	1881.98	2540.68	57.24	1731.03	23.82	423.45
	生产绿地	29.4	317.52	423.36	9.53	288.41	3.97	63.50
	防护绿地	162.20	1946.40	2595.20	58.39	1767.98	24.33	350.35
	城市生态保护地	93.00	848.16	1130.88	25.48	770.04	9.77	200.88
	合计	1151.04	9820.94	13125.96	295.44	8941.88	176.72	2486.24
二〇〇〇年	居住区绿地	388.15	2794.68	3726.24	83.84	2538.50	34.93	838.40
	单位附属绿地	417.31	3004.63	4006.18	90.14	2729.21	37.56	901.39
	道路广场及道旁绿地	348.04	2505.89	3341.18	75.18	2293.58	31.32	751.77
	公共绿地	301.74	2896.70	3910.55	88.11	2664.36	36.66	651.76
	生产绿地	126.10	1866.28	1815.84	40.86	1237.04	17.02	272.38
	防护绿地	258.92	3107.04	4142.72	93.21	2822.23	38.84	559.27
	城市生态保护地	502.50	4582.80	6110.40	137.69	4160.70	52.76	1085.40
	合计	2342.76	20758.02	27053.11	609.03	18445.62	249.09	5060.37
二〇〇五年	居住区绿地	436.90	3145.68	4194.24	94.37	2857.33	39.32	943.70
	单位附属绿地	492.01	3542.47	4723.30	106.27	3217.75	44.28	1062.74
	道路广场及道旁绿地	428.11	3082.39	4109.86	92.47	2799.84	38.53	924.72
	公共绿地	447.82	4299.07	5803.74	103.76	3954.25	54.41	967.29
	生产绿地	157.60	1702.08	2269.44	51.06	1546.06	21.28	340.42
	防护绿地	290.12	3481.44	4641.92	104.44	3162.31	43.52	626.66
	城市生态保护地	502.50	4582.80	6110.40	137.69	4160.70	52.76	1085.40
	合计	2755.06	23835.93	31852.90	690.06	21698.24	294.10	5950.93
二〇一〇年	居住区绿地	485.65	3496.68	4662.24	104.90	3176.15	43.71	1049.00
	单位附属绿地	566.71	4080.31	5440.42	122.41	3706.28	51.00	1224.09
	道路广场及道旁绿地	485.18	3493.30	4657.73	104.80	3173.08	43.67	1047.98
	公共绿地	584.36	5609.86	7573.31	107.63	5159.90	71.00	1262.23
	生产绿地	157.60	1702.08	2269.44	51.06	1546.06	21.28	340.42
	防护绿地	321.32	3855.84	5141.12	115.68	3502.39	48.20	694.05
	城市生态保护地	565.56	5157.91	6877.21	154.96	4682.84	59.38	1221.61
	合计	3166.38	27395.98	36621.47	761.44	24946.70	338.24	6839.38

环湖花园

晨练

表 A-25 佛山市城市绿地系统经济效益估算表

序号	效益	单价	1997 年		2000 年	
			年总量	合计 (万元)	年总量	合计 (万元)
1	产 O_2	6000 元 /T	9820.94T	5892.56	20798.02T	12478.81
2	吸收 CO_2	6000 元 /T	13125.96T	7875.58	27053.14T	16231.88
3	吸收 SO_2	800 元 /T	295.44T	23.64	609.03T	48.72
4	滞尘	350 元 /T	8941.88T	312.97	18445.62T	645.60
5	蓄水	0.50 元 /m³	176.72 万 m³	88.36	249.09 万 m³	124.55
6	降温 *	3.33 万元 / 亿大卡	2486.24 亿大卡	8279.18	5060.37 亿大卡	16851.03
	合计			22472.29		46380.59

序号	效益	单价	2005 年		2010 年	
			年总量	合计 (万元)	年总量	合计 (万元)
1	产 O_2	6000 元 /T	23835.93T	13401.56	27395.98T	16437.59
2	吸收 CO_2	6000 元 /T	31852.90T	19111.74	36621.47T	21972.88
3	吸收 SO_2	800 元 /T	690.06T	55.20	761.44T	60.92
4	滞尘	350 元 /T	21698.24T	759.44	24946.70T	873.13
5	蓄水	0.50 元 /m³	294.10 万 m³	147.05	338.24 万 m³	169.12
6	降温 *	3.33 万元 / 亿大卡	5950.93 亿大卡	19816.60	6839.38 亿大卡	22775.14
	合计			54191.59		62288.78

* 据测定，一株树的降温效果为 25 万大卡，相当于 10 台空调机工作 20 小时。按每台空调机每小时耗电 0.86 度，每度电费 0.40 元，估算降温的效果。

鸿业小区

表 A-26 佛山市绿地系统生态效益投入产出分析表

序号	项目		~1997年	1998~2000年	2001~2005年	2006~2010年	合计
1	绿地积累量(hm²)		1151.04	2342.76	2755.06	3166.38	8264.20
	其中	新增绿地		1191.72	412.30	411.32	2015.34
		保有绿地		1151.04	2342.76	2755.06	6248.86
2	投入总量(万元)			202297.20	110362.60	113726.55	426386.35
	其中	建设费		98281.20	47624.40	44372.40	190278.00
		土地费		90837.00	30922.50	30849.00	152608.50
		养护费		13178.60	31815.70	38505.15	83499.85
3	效益(万元)		22472.29*	103279.34	251430.46	291200.94	645910.74
	其中	产 O_2	5892.56*	27557.06	66950.93	76847.88	171355.87
		吸收 CO_2	7875.58*	36161.19	88359.05	102711.55	227231.79
		吸收 SO_2	23.64*	108.54	259.80	290.30	658.64
		滞尘	312.97*	1437.86	3512.60	4081.43	9031.89
		蓄水	88.36*	319.37	679.00	790.43	1788.80
		降温	8279.18*	37695.32	91669.08	106479.35	235843.75
4	投入/产出			1/0.51	1/2.28	1/2.56	1/1.51
5	回收年限			1.96	0.44	0.39	0.66
6	纯效益				141067.86	177474.39	219524.39

注：* 项不计入合计

表 A-27 佛山市绿地系统建设投资平衡表

序号	项目	投资(亿元)	占总量%	
1	总积累投资	42.64	100	
2	积累基建费	19.03	44.63	
3	积累征地费	15.26	35.79	
4	积累养护费	8.34	19.58	
5	居住区绿地	4.66	10.92	100
	基建费	2.05	4.81	43.99
	征地费	1.54	3.61	33.05
	养护费	1.07	2.50	22.96
6	单位附属绿地	5.96	13.98	100
	基建费	2.72	6.38	45.64
	征地费	2.04	4.78	34.23
	养护费	1.20	2.82	20.13
7	道路广场道旁绿地	9.56	22.43	100
	基建费	4.68	10.98	48.95
	征地费	2.93	6.87	30.65
	养护费	1.95	4.58	20.40
8	公共绿地	11.34	26.59	100
	基建费	5.83	13.67	51.41
	征地费	2.91	6.82	25.66
	养护费	2.60	6.10	22.93
9	生产绿地	2.53	5.94	100
	基建费	0.79	1.85	31.23
	征地费	1.18	2.77	46.64
	养护费	0.56	1.32	22.13
10	防护绿地	2.66	6.24	100
	基建费	1.11	2.60	41.73
	征地费	1.19	2.79	44.74
	养护费	0.36	0.85	13.53
11	城市生态保护地	5.93	13.90	100
	基建费	1.85	4.33	31.20
	征地费	3.47	8.41	58.52
	养护费	0.61	1.43	10.28

佛山中山公园

附件一：

佛山市区现有园林植物普查名录

乔木

芒 果	白 兰	大叶榕	假槟榔
木 棉	苦 楝	水石榕	大王椰
水 杉	南洋杉	高山榕	构 树
水蒲桃	小叶榕	番石榴	垂 榕
橡胶榕	麻 楝	木麻黄	黄 槐
人心果	蒲 葵	马占相思	盆架子
雪 松	扁 柏	桂 花	石 栗
小叶桉	刺 桐	落羽杉	罗汉松
鸡蛋花	红花紫荆	白千层	尖叶杜英
水 翁	玉堂春	龙 眼	苹 婆
阴 香	垂 柳	凤凰木	马尾松
香 樟	榆 树	羊蹄甲	侧 柏
黄 皮	大花紫薇	银 桦	树菠萝
对叶榕	荷花玉兰	棕 榈	桃 花
湿地松	南洋楹	龙 柏	宫粉紫荆
朴 树	相 思	台湾相思	黄 槿
银合欢	杜 英	串钱柳	金山葵
枇 杷	长叶竹柏	竹 柏	尾叶桉
阿江榄仁	龙牙花	柚 木	柠檬桉
莫氏榄仁	大叶樟	假柿木姜	大叶合欢
长叶刺葵	半枫荷	降香黄檀	山 楝
大花第伦桃	腊肠树	人面子	海南蒲桃
非洲桃花心木	海南红豆	法国枇杷	秋 枫
多花山竹子	幌伞枫	猫尾木	青 桐
美丽异木棉	马拉巴栗	洋蒲桃	大叶桉
印度橡胶榕	油 棕	糖 棕	董 棕
独穗鱼尾葵	无花果	假苹婆	杨 桃
柿 树	乌 桕	女 贞	荔 枝
水 松	乌 榄	火焰木	吊瓜木

市区里的古树名木

灌 木

银边桑	宝 中	九里香	悬铃花
散尾葵	假连翘	山 英	红背桂
金叶假连翘	迎春花	虎刺梅	一品红
紫 薇	夜来香	山 茶	鹰爪花
花叶假连翘	瓜子黄杨	福建茶	六月雪
矮生一品红	大叶米兰	云南素馨	软叶刺葵
龙船花	鱼尾葵	花石榴	苏 铁
花叶鸭脚木	月 季	含 笑	茉 莉
红花夹竹桃	硬骨凌宵	软枝黄蝉	硬枝黄蝉
黄花夹竹桃	洋金凤	桢 桐	变叶木
大叶棕竹	小叶棕竹	山指甲	双荚槐
红 桑	杜 鹃	肖黄栌	朱樱花
黄 榕	花叶榕	米仔兰	希美丽
夜 合	狗牙花	南天竹	红果仔
红纸扇	白纸扇	美蕊花	桃金娘
木 槿	金 英	金叶女贞	红 木
栀子花	白 蝉	冬 红	鸳鸯茉莉
海 桐	扶 桑	红绒球	

竹 类

黄金间碧玉竹	观音竹	粉单竹	青皮竹
碧玉间黄金竹	广宁竹	佛肚竹	簕 竹
撑篙竹			

附件二:

佛山市中山公园改建规划

中山公园位于佛山市区东北角,汾江由西南向东北绕园而过,是目前佛山市区最大的市级综合性公园。该园是1928年为纪念孙中山先生而建,当初仅0.5hm²。1958年公园扩建,挖湖堆山形成现在有规模(约27.9hm²)。公园年均游人量为250万人次,节假日游人量可高达6~7万人次。

近年来,随着人民生活水平的提高,对休闲娱乐的需求日增,要求现有公园在环境质量、景观建设、活动内容和设施数量等方面有所提高。同时,城市现代化建设的发展,也要求其配套设施更新。对此,佛山市政府和城建部门都十分重视,多次组织专业人员研究、编制中山公园的改建规划。本次规划成果,就是对历年来有关工作的一个小结。

一、公园现状分析

中山公园现有面积约28hm²,整个用地水陆兼半,水面12.5hm²,约占公园面积的45%。但由于水质不佳,利用率较低。公园在城市中的区位条件较好,但临街地段大多被外单位占用,部分为自建铺面房,未能有效地起到丰富街景的功能。公园入口处的交通组织也难臻合理。

通过对公园游人分布情况的多次调查,游人大多集中于南门区、西门区及茶楼附近从事晨练、跳舞及戏曲娱乐活动,别的地方游人较稀少。公园的空间结构由于有大水面,以开敞空间为主,空间分割少,景物露多藏少,一览无余。园内景物的组织不甚合理,相互之间缺少有机联系。此外,公园的道路系统已具规模,但道路主次不明确,导向性不强。公园中现有栽培的植物不少,长势也好,但种植类型较单一,园林植物的景观美未能充分展示。

二、规划原则与基地改造

这次规划,本着"充分利用,适当改造,合理充实,全面提高"的基本原则,力求通过规划使中山公园逐步建设成为一个具有时代气息、环境优美、设施齐全、能满足市民进

图 A-11　中山公园改建规划总图

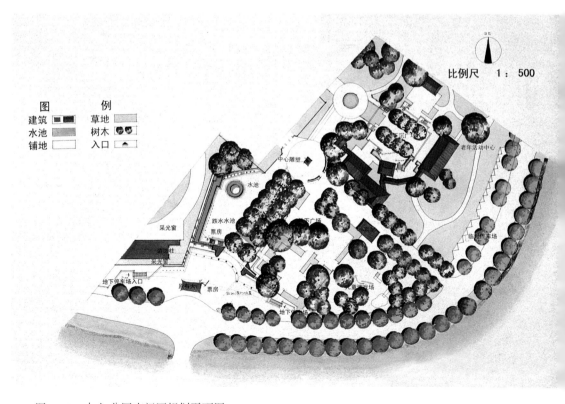

图 A-12　中山公园南门区规划平面图

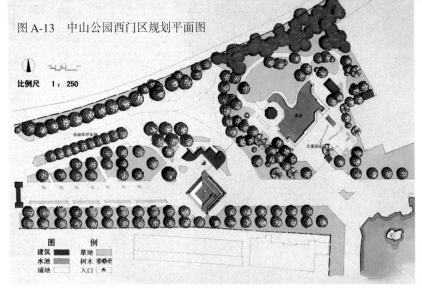

图 A-13　中山公园西门区规划平面图

比例尺　1：250

图
例
建筑　　　　草地
水池　　　　树木
铺地　　　　入口

图 A-14　中山公园西门区规划鸟瞰图

图 A-15　中山公园南门区规划鸟瞰图

行各种游憩活动要求的全市性文化休息公园。

在佛山市建委和城乡规划处等部门的积极努力下，公园的规划面积比现状有较大增加，达到 35.12hm²（未计发展备用地）。因此，规划拟对现状地形进行如下改造：

1. 缩小群英阁所在小岛的面积，使它与防洪堤的交通联系由东南侧改为西南侧。这样既可扩大原有水面，又使水体形状得以改变，加大了景深。此外，骆驼山岛和篁影映秀岛也有所扩大，使骆驼峰下有较宽大的园地供游人停留。

2. 为打破当前湖岸较平直呆板的状况，对现有湖岸进行局部改造，使湖岸增加一些小湾。在有条件之处，做一些较亲水的平台、石矶等，使水体曲折，进出有致，水陆交融关系更密切。

3. 填筑防洪堤和体校、发展备用地之间的湖面，使之形成适合于水生植物生长的湿地、沼泽、溪涧和小丘陵的地形，也使园路沟通南部园界成为可能。

三、园景布局与功能分区

全园布局由门区（南门、西门、北门）、老年活动区、历史文化区、体育活动区、水生植物区、湖区、观赏休憩区、儿童活动区（多彩年华、活泼泼地、童乐真趣）、动物观赏区和园务管理区等组成。各功能区的规划构思如下：

1. 门区：保留现有南门、西门，增设北门，原东门辟为专用入口。南门区和西门区是本次规划的重点改造部分。

2. 老年活动区（"金秋晚晴"）：以东门内原有建筑"一字斋"、鱼餐馆等为基础向东扩展，并利用填塘形成的下沉场地，周边再修筑两幢供老人进行室内活动的建筑。"一字斋"和原有餐馆组建新的茶座，供老年游人活动。在靠近中山路的沿街地段拟辟出一块场地，采用植草砖铺装，并种植遮荫大树。平时可供游人进行晨练等活动，节假日可做临时停车场。

3. 历史文化区：该区为老中山公园的基地，参天大树较多。规划保留现有大树和主要建筑物，(如老园门、钟亭、演讲亭、秋声馆、精武馆、秀丽湖牌坊)。拆除棉纺厂留下的仓库建筑，将区内茶座迁到东门内一字斋处，派出所也迁设到南门区附近。规划中强调了老中山公园的轴线，在旧园门外东门轴线和南门轴线交会处，设置一尊孙中山先生纪念像，形成该区的构景中心。

4. 体育活动区：利用现有市体校操场用地，规划将来建成公园的体育活动区。在保留体育场原有标准跑道的基础上，充分利用中间隙地开辟网球、羽毛球及排球、沙滩排球等场地，供市民开展业余体育活动。

5. 水生植物区（"芳渚花汀"）：该区是以植物景观为主的观赏区，由规划填筑防洪堤外的一片水面所形成。为了适应多种水生植物生长的生态要求，要求塑造有湿地、沼泽、浅滩、溪涧、岛、洲、小丘等小地貌，并结合多变的地形设置休息和景点设施，如消夏湾、流芳涧、荷风亭等。区内种植喜湿耐水的花木，木本的如垂柳、枫杨、水杉、水松、落羽松、池杉、蒲桃、棕竹、蒲葵等，草本的如荷花、睡莲、慈菇、千屈菜、花叶芦、芦苇、香蒲、风信子、凤眼莲等。湖岸边还规划栽植多种悬垂性和蔓性强的的植物，如迎春、薜荔、使君子，使游人置身于洲岛桥堤之间，能领略十里荷风、花汀苇荡、芝堤曲港的自然情趣。

6. 湖区：该区面积最大，由水面、岛屿、半岛及环湖道路内侧岸边地段组成。目前湖区水面的利用，基本上停留在养鱼和划船两方面。湖区规划除了对水陆地形适当改造之外，还考虑到充分利用水面、改善景观、提高水质。特别是水质的改善，除注入清水和停止生产性鱼类养殖外，还应多种水生植物。为了方便游人和减少污染湖水，规划将原设于群英阁的茶楼迁出，另辟新址于西门区南面的湖滨，即绮霞轩。湖区的交通，由环湖园路和联系防洪堤、湖中岛和半岛的路、桥组成，形成六个小环。

通过规划，对湖中岛屿的面积适当作了调整：作为主景的骆驼山面积几乎扩大了一倍，"篁影映秀"岛的面积也有增加，而群英阁所在岛的面积缩小。这样，既营造了些较宽阔的水面空间，也使一些湖中岛避免形成通道式空间，使游人在岛上有较多的停留场地。群英阁在茶楼迁出后可利用原有建筑群辟为展览馆；"驼峰揽胜"是全园制高点，作为湖区主景，适于登高远眺；"柳荫垂钓"是理想的垂钓处，"篁影映

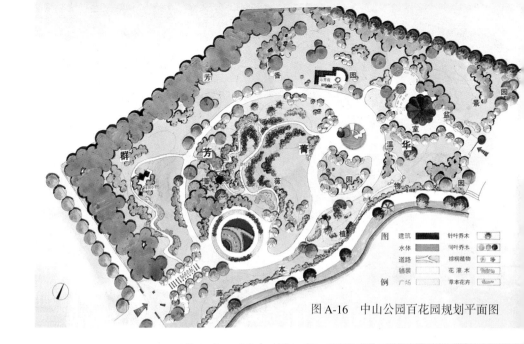

图 A-16　中山公园百花园规划平面图

图 A-17　中山公园百花园规划鸟瞰图

中山公园新南门

附表:

佛山市中山公园改建规划景点设施一览表

功能区	景区	小景区	景点、设施
门 区		南门(薰风)、西门(秋阳)、北门(德胜)	旧南门,停车场,地下停车场,内部停车场,临时停车场
历史文化区	忆往思贤		旧园门、孙中山塑像、演讲亭、钟亭、秋声馆、秀丽湖牌坊、精武馆
老年活动区	金秋晚晴		一字斋(早茶点)、明月楼、秋爽斋(老年室内活动)
体育活动区	体育光华		网球场、羽毛球场、排球场
水生植物区	芳渚花汀		流芳涧、荷风亭、笠亭、消夏湾
湖 区	秀湖春晓	篁影映秀、群英荟萃、驼峰揽胜、珠屿南音、翠堤烟雨、澹泊静明、柳荫垂钓	绮霞轩(早茶点)、艺海苑、群英阁、沁芳榭、涵碧亭、玉带桥、骆驼山、听琴廊、清听轩、流碧亭、凝云阁、翠薇轩、码头、湖山写意
观赏休憩区	绿茵花境	群芳菁华、绿波晚凉	至乐亭、铁路通讯塔、通讯楼(驻园单位)、净香园、延绿厅、醉红坡、泻玉廊、绿瀑
儿童活动区		多彩年华、活泼泼地、童乐真趣	滑梯、秋千、蹦床、小火车、碰碰车、碰碰船、蜗年爬树、旋转杯、转马、塑球池、香肠林、森林小屋、什锦滑梯、攀登架、十二生肖
动物观赏区	动物乐园		同乐园(鸟类)、猴山、小水族馆、昆虫标本馆、和平鸽广场、小动物喂养场
管理区			办公楼

中山公园水景园

的游乐设施、如碰碰车、碰碰船、转马、旋转杯、跳跳乐(蹦床)、蜗牛爬树、塑球池、香肠林、森林小屋、什锦滑梯等,适宜各年龄段少年儿童参与活动。而另两处较小的儿童活动区"活泼泼地"和"童乐真趣",则分别设在西门和南门附近,都靠近早茶点,便于喝早茶的老人带孩子活动。这两处的设施,体量均较小,如滑梯、翘翘板、攀登木、摇马、荡船、电动车、走马蹬等。

9.动物观赏区:该区内现有观赏鸟类的同乐园和猴山,颇受游人喜爱,规划予以保留。另外增加一些投资少、收效大的项目,如小水族馆(展示观赏鱼类,结合销售服务)、昆虫标本馆(蝴蝶、晴蜓等)、小动物喂养场等,结合科普宣传,寓教于乐。

10.园务管理区:该区包含市园林处的两座办公楼、停车场等。规划将现有的内部停车场迁到北门区,原用地划入历史文化区。

四、园路系统设计

园路是园景的重要组成部分。园路在公园里不仅起交通的作用,还要起导游作用。规划改造后的中山公园,道路系统基本保留现有道路,并增建新路、理顺系统,使各功能区都有小内环路。

公园主干路由各门区的主轴和环湖路连接组成,公园中各功能区的园路子系统通过与环湖路或门区主路相连,形成全园完整道路系统。规划公园主干道宽4m,连接门区的主干路宽6~8m,次路宽3m,步道1.2~1.5m。

五、园林种植规划

规划中对现有大树、老树基本加以保护。由于公园四周无"景"可借,沿园墙周边种植冠大荫浓的大树屏蔽。公园现有绿地中,大树较多,灌木较少,故应注意多种下木,在路旁等边角地增加宿根花卉或多年生草花。岸边护坡应广植地被和湿生草花。由于公园水面较大,应增加水生植物的栽植,有些水生植物还有一定的经济价值。

六、主要景点与设施(见附表)

中山公园园景

秀"可将现有建筑布置成工艺美术品展销场所。"珠屿南音"和"翠微轩",现在就是粤曲爱好者集会之地,应进一步改善其环境。将来,待水质改善后,还可开展多种水上活动,如遥控舰船模型表演、碰碰船、水滑梯、水上步行器等。

7.观赏休憩区:该区位于西门入口处,大部分是新增的用地,主要由"绿波晚凉"和"群芳菁华"两部分组成。"绿波晚凉"是一处地形略有起伏的开阔缀级草坪。草坪北端规划为以观赏花卉为主景的专类园——"群芳菁华"。它由原有的百花园改建而成,含蔷薇园、香花园、温室盆景园和墙园等。专类园中的主要设施有观赏温室——百花厅、净香园、延绿厅、泻玉廊等。

8.儿童活动区:为了便于少年儿童就近入园活动,规划将儿童活动区分三处设置,即:"多彩年华"为园中主要的儿童活动区,不仅有常见的小型儿童游乐器械,也有一些中型

园中观鱼

七、公园规划用地平衡

佛山市中山公园规划用地平衡表

用地名称	面积 (m²)	占总用地的比例 (%)	
公园总面积	351160	100.00	
水　体	83700	23.84	
陆　地	267460	76.16	100.00
建　筑	15775	4.49	5.90
道路广场	72200	20.56	26.99
水　景	2200	0.63	0.82
绿　地	177285	50.49	66.29

注：公园发展备用地36430m²未统计在内

八、规划建设工程投资概算

项目名称	金额（万元）
前期工程	200.00
景区建设	
儿童游戏区	286.00
观光游览区	280.00
动物观赏区	250.00
历史文化区	80.00
老年活动区	400.00
水生植物区	333.00
湖　区	500.00
门　区	
a. 南　门	570.00
b. 西　门	145.00
c. 北　门	249.00
环卫设施	50.00
各区附项	
（填控高、围墙、临时停车场等）	250.00
水电、路灯、喷灌等	300.00
不可预见费15%	583.99
规划设计费3%	134.31
筹建管理费2.8%	109.00
总　计	4720.30

假日垂钓

佛山市中山公园分区用地平衡表

功能区名称	规划面积		占总面积(%)
	m²	亩	
西门区	6660	9.990	1.89
儿童活动区1—"活泼泼地"	3790	5.685	1.08
观赏游憩区	37880	56.820	10.79
儿童活动区2—"多彩年华"	10870	16.305	3.10
动物观赏区	38040	57.060	10.83
北门区	3150	4.725	0.89
公园管理区	6220	9.330	1.77
历史文化区	29400	44.100	8.37
老年活动区	20720	31.080	5.90
儿童活动区3—"童乐真趣"	4140	6.210	1.18
南门区	11020	16.530	3.14
体育活动区	20500	30.750	5.84
水生植物区	17860	26.790	5.09
湖区	140910	211.365	40.13
总计	351160	526.740	100.00

注：发展备用地36430m²未统计在内，1亩≈666m²

季华园鸟瞰

附件三：

对佛山市城市绿地系统规划的评审意见

1997年11月13日，在广东省佛山市召开了"《佛山市城市绿地系统规划》论证评审会"。由来自建设部、广东省建委、广州市政园林局、北京林业大学园林规划设计院、华南农业大学、珠海市园林处等单位的专家共13人组成了评审组（签名表附后）。佛山市政府及有关部门的领导同志和中国风景园林规划设计研究中心的专家等40余人出席了会议。

评审组成员听取了规划编制单位——佛山市城乡规划处和中国风景园林规划设计研究中心对规划文本与图纸的说明，踏勘了规划区现场，审阅了规划文件。评审组经过严谨认真的讨论，对规划成果提出如下评审意见：

一、本次提交评审的《佛山市城市绿地系统规划》，是在1996年4月广东省政府批准实施的《佛山市城市总体规划》指导下编制的一项专业规划，是对城市总体规划的进一步完善与深化。规划指导思想正确，依据充分，目标明确，布局合理，论证深入，系统构成完整。所提交的规划文件符合国家有关编制规范的要求，确定的规划指标得当，很好地完成了城市绿地系统规划的各项任务，对于指导和促进佛山市的城市绿地系统建设和城市的可持续发展，具有重要的意义。

二、该规划面对佛山市的实际，提出了城市绿地系统的结构模式。在公共绿地分级、分类和分布规律、历史文化街区规划如何发扬佛山传统特点、城市避灾绿地规划、利用市郊农业生态区的积极因素影响市区环境建设及营造环城水道及沿岸绿带环等方面，都富有创意。规划所提出的建设措施

有较好的可操作性。特别是该规划在现状绿地调查方面所做的大量细致的工作，以及计算机GIS新技术在城市绿地规划中的应用，大大提高了本次规划成果的科学性。该规划基础资料之完整和详细，运用的科学方法之先进都为国内以往其他城市绿地系统规划中所少见，其本身就是一项先进的科研成果。

三、该规划在研究解决土地资源紧缺、人口密度高、自然地貌缺少变化的历史文化名城中创造城市绿地系统的特色，落实各项规划问题等方面，提供了有益的经验。

四、评审组对佛山市近年来在加强城市绿化，改善城市生态，美化城市环境，为居民提供优美休息园地和创建园林城市方面所做的努力及取得的成绩，留下了深刻的印象。

五、评审组对该规划的补充修改，提出以下建议。请对规划充实完善后按法定程序报批，纳入总体规划实施。

1、作为开放性的城市绿地系统规划，可积极寻求城市所依托的自然环境中的积极因素，争取在改善城市生态状况上取得更大的助益。

2、规划远期目标宜将环城水系和绿带加强，统一考虑两岸的绿地，形成在生态上的较均衡的纽带，并在城市风貌特点的造就、游憩水道的开拓上得到促进。

3、规划中应对旧城区公共绿地开辟提出要求，争取接近居民，方便利用的小游园按规划服务半径最大限度地覆盖旧城区。对新建区要坚持规划的高标准。对各类绿地要提出建设与维护质量的要求，促使在相对紧缺的绿地数量里产生更高的效益。

4、补充规划实施步骤和分期规划目标；突出规划产生的改善生态的效益；充实规划实施可能产生的效益的测评。

5、补充佛山地区绿地系统植物名录，扩充树种选择范围，并将树种规划具体化。

《佛山市城市绿地系统规划》评审组

组长：王秉洛

（国家建设部科技委委员、原城建司副司长）

一九九七年十一月十三日

案例 B：

顺德市北滘镇绿地系统规划　(1998-2020 年)

北滘工业大道

广东省顺德市位于珠江三角洲中部，行政上属佛山市代管的县级市。北滘镇地处顺德市北部，镇域辖区面积92.21km²，是改革开放以来珠江三角洲涌现出的三个"明星镇"之一。(另两个为东莞市长安镇和中山市小榄镇)

近20年来，北滘镇在城乡建设和社会经济诸方面发展迅速，城乡一体化进程进步显著，为了适应经济快速增长和城镇规模不断扩大的发展趋势，镇委、镇政府提出了"建设现代化小都会"的长远发展目标，并于1997年底决定对1995年编制的北滘镇城市总体规划进行修编。在佛山市建委、规划处和顺德市规划国土局等政府部门的指导下，北滘镇人民政府与重庆建筑大学建筑城规学院合作完成了规划修编工作。其中，城镇绿地系统规划是总体规划的重要内容之一。

该项目于1998年2~10月实施。规划组按照《广东省珠江三角洲城镇体系规划》的规划构思和设想，依据《顺德市市域规划纲要》、《顺德市市域城乡一体化规划》等规划文件，在北滘镇1995年规划和现有城镇建设发展的基础上，通过系统详细地调查分析城镇基础资料，确定了本次总体规划的工作内容和工作重点。在规划修编过程中，广泛与北滘镇各单位、企业、管理区征集与交换意见，并邀请有关方面的专家、领导多次进行阶段性讨论，对规划方案反复研究与调整推敲。规划的特点是：通过城乡一体化的社会经济发展战略研究，强化中心城区的龙头职能，并分别规划建立镇域东、西和西北片区的副中心，形成"工业主导、组团结构、城乡融合、水乡特色、生态

北滘镇夜景

健全"的现代化小城市面貌。该项目成果，在城镇密集地区工业经济发达条件下的小城镇建设与开敞空间保护如何协调发展方面，作了一些有益的探索。

1998年12月29日，顺德市规划国土局主持召开了《北滘镇总体规划》的评审会。来自北京、广州、珠海等地的9名城市规划专家对该项目成果进行了论证。专家组认为：该项规划成果资料收集齐全，规划内容充实，可操作性较强，基本符合城镇规划的编制要求，予以了肯定性的评价。会后，规划组根据专家评审会的意见，对规划文件又作了进一步的完善并依法报批。

该案例是城市绿地系统规划与城市总体规划同时编制的规划成果，其优点在于能够将城乡建设与绿地空间的保护、发展同步考虑与协调，使城市规划能最大限度地有利于城市环境的可持续发展和亲近自然的城市形象塑造。对于我国20万人口以下的小城市，这可能是较好的一种规划模式。因篇幅所限，本书只节选原规划文件中相关的主要内容。

项目领导：

刘世宜 (顺德市人民政府副市长)

邓伟根 (顺德市委常委、北滘镇党委书记，博士)

项目主持：

李　敏 (佛山市建委主任助理兼市城乡规划处副处长，博士)

赵万民 (重庆建筑大学建筑城规学院副院长、教授)

主编单位：

广东顺德市北滘镇人民政府

重庆建筑大学建筑城规学院

规划文本

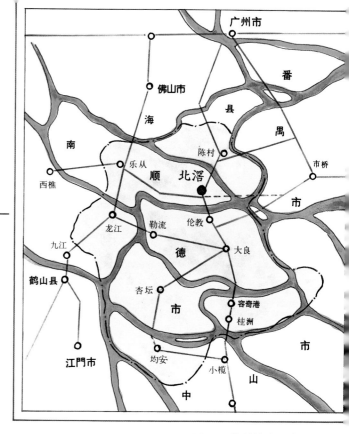

第一章　总则

1.1　本规划是根据《中华人民共和国城市规划法》、建设部《城市规划编制办法》和广东省建委《广东省城市总体规划审查报批办法》等文件的要求，在顺德市规划设计院1995年所做的《北滘镇总体规划》(方案)的基础上，结合北滘镇近几年的城乡建设现状和发展趋势，尤其是中心镇区的发展特点而进行修编。

1.2　本规划的修编，遵循国家和广东省颁布的各项有关规划原则与技术规范。

1.3　本规划的内容包括北滘镇镇域规划和北滘镇中心镇区总体规划。中心城区是由北滘、林头、广教、三洪奇行政辖区组成。

1.4　凡在城镇规划区范围内进行建设活动的一切单位和个人，均应遵循《中华人民共和国城市规划法》的规定，执行本规划。

1.5　本规划由顺德市北滘镇建设国土管理办公室负责解释。

第二章　规划期限、城镇性质、规模与规划区范围

2.1　本次规划期限：近期为1998年至2005年，中期至2015年，远期至2020年。

2.2　本规划确定北滘镇中心城区的城镇性质为：工业主导、组团结构、城乡融合、水乡特色、生态健全的现代化小城市。

2.3　城镇人口与用地规模：

2.3.1　人口规模：根据珠江三角洲地区的特点，城镇规划计算人口规模，由规划城镇建设用地范围内常住有户籍人口、常住无户籍人口、暂住人口、流动人口四部分组成，暂住人口根据其使用城镇各项设施的情况，按其人口的一半折合为常住人口计入总人口中。

近期：北滘镇域人口规模13.5万人，中心城区人口规模为7.0万人，其中常住人口为5.5万人。

中期：北滘镇域人口规模18万人，中心城区人口规模12万人，其中常住人口10万人。

远期：北滘镇域人口规模为31.4万人，中心城区人口规模为20万人，其中常住人口为16万人。

2.3.2　用地规模：北滘镇中心城区2015年城镇建设用地11km²，2020年为18.2km²，人均城镇建设用地面积为90m²。

2.4　本规划确定的规划区范围为北滘镇现状镇域范围，面积92.21km²；中心城区总体规划范围为由北滘、林头、广教、三洪奇行政辖区组成的中心城区行政区划范围，现状建设用地面积6.39km²，远期2020年预计达18.2km²。

第三章　镇域社会经济发展战略

3.1　现状基础

3.1.1　北滘镇地处珠江三角洲经济开放区的经济轴线上，同时位于珠江三角洲经济圈、华南经济圈、亚太经济圈等多层次经济圈叠交的中央，对经济圈内各处的经济、科技、信息等各方面的动态可兼收并蓄，具有开创性和领先一步的优势。

3.1.2　1997年北滘镇农业产值达7.7亿元（按1990年不变价计），初步形成了以优质水产养殖和名贵花卉种植为主

北滘河绿化带

案例B 顺德市北滘镇绿地系统规划 · 173 ·

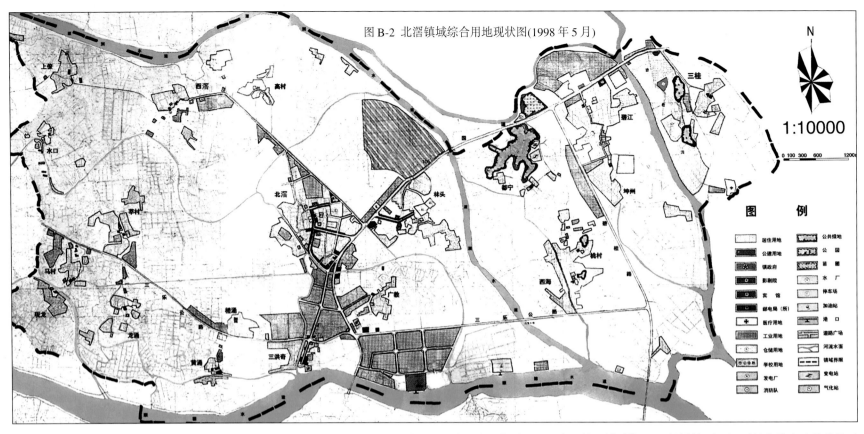

图 B-2 北滘镇域综合用地现状图(1998 年 5 月)

图　例

居住用地	公共绿地
公建用地	公园
镇政府	苗圃
影剧院	水厂
宾馆	停车场
邮电局(所)	加油站
医疗用地	港口
工业用地	道路广场
仓储用地	河流水面
学校用地	镇域界限
发电厂	变电站
消防队	气化站

体，以规模经营和社会化服务发展方向的现代化农业体系。

3.1.3　1997年北滘镇工业产值达55.96亿元（按1990年不变价计），基本上形成了以家用电器、饲料、食品、树脂、涂料等产业为主体，以骨干企业为支柱的、门类较齐全的轻工业体系。

3.1.4　充分利用国家星火示范镇以及省综合改革试点镇等有利条件，围绕所有制结构、投资体制与投资方向、产业结构等，进行了一系列有效的改革。

3.2　社会经济发展指导思想

3.2.1　坚持改革开放、实是求是，进一步更新观念，增强竞争意识。

3.2.2　以经济建设为中心，实施"工业立镇"、"科技兴镇"、"可持续发展"的发展战略，以经济建设推动文化教育的发展与提高。

3.2.3　加快城乡建设，完善村镇体系布局，重点发展市政基础设施建设。

3.2.4　建设经济繁荣、生活富裕、精神文明、环境优美、城乡一体化的现代化城镇。

3.3　社会经济发展战略目标

到规划期末，基本实现工业和农业现代化、城乡一体化、生态环境优良化的战略目标。为此，规划分两个阶段实施：

3.3.1　第一阶段（1998～2005年），是北滘镇社会经济发展的关键时期。要继续抓好交通、通讯和住房改革等基础设施建设，加强市政配套设施建设，加强中心城区的核心职能作用，在搞好转换经营机制的前提下，优化产业结构，提高经济效益，确保经济持续、稳定、健康发展。工农业总产值达200亿元，年均递增率16%（其中：工业产值达185亿元，平均递增率16.7%。)

3.3.2　第二阶段（2005～2015年），北滘镇经济已有相当基础，稳步持续发展，以提高效益和单位面积产值为主；基础设施建设已有较好的条件，基本实现经济发达、环境优美、城乡一体、可持续发展的目标。到2015年，工农业总产值达500亿元，年均递增率12.9%（其中：工业产值达480亿元，年均递增率13.5%。)

2015年后，北滘镇的经济增长率规划基本保持在12%左右，实现稳定的可持续发展。

3.3.3　发展战略重点

3.3.3.1　形成社会主义市场经济发展格局。

3.3.3.2　科技兴农，大力发展"三高"农业，加速农业现代化。

3.3.3.3　大力发展高新技术产业，办好北滘镇工业园及5－6个区级工业区，拓展星火技术产业范围，促进产业向高层次转化，以形成有北滘特色的工业产业群：

(1)家电及相关产业（含相关的原材料加工业）；

(2)电脑及通讯产业，电脑多媒体硬件产品，个人通讯乃至卫星通讯产品；

(3)精密机械产业，以精密零部件(如自动化设备)为主；

(4)食品及饲料加工业；

(5)精细化工产业，以涂料、树脂工业产品为主；

(6)生物技术产业。

3.3.3.4　发展规模企业，创造一批在国内乃至国际市场上有竞争力的优质品牌产品。

3.3.3.5　积极引入国际资本，发展外向型经济，不断提高国际化水平。

3.3.3.6　充分利用社会化资本，加快发展民营经济，优化产业结构，形成多种经济成分并存的混合型经济结构。

3.3.3.7　加大发展第三产业力度，重点建设高级别墅区群和商贸金融区，集约建设大型商业、文化娱乐及相应规模专业市场。

3.3.3.8　形成城乡融合格局，积极促进镇域工农业生产的发展。一方面，要强化中心城区核心职能作用，增强其吸引力和辐射作用。另一方面，城乡社区之间要实现基础设施网络化、生产方式现代化和生活方式一体化。

3.3.3.9　形成功能齐全的基础设施网络。

第四章　镇域村镇体系规划

4.1　北滘镇镇域范围包括中心城区、东片区、西北片区、西片区及周围各村的行政划范围，总面积92.21km²，现状总人口13万人，其中包括常住人口和暂住人口。

4.2　本规划通过对镇域人口发展进行多方面综合分析，预测北滘镇域人口规模：近期为13.5万人，中期为18万人，远期约为31.5万人。

4.3　镇域城市化发展的战略思想

4.3.1　用适度超前的意识和社会主义市场经济的客观要求，对镇域土地进行统一规划，合理布局，分期实施。

4.3.2　完善中心城区的综合职能，充分发展其核心作用。

4.3.3　完善村镇体系格局，形成"一心三点"(即一个中心城区和三个城镇片区)的城乡一体化村镇体系发展格局。

4.4　预测北滘镇城镇化水平：近期为40%，远期为70%。

4.5　北滘镇镇域规模结构，规划分为三个等级：

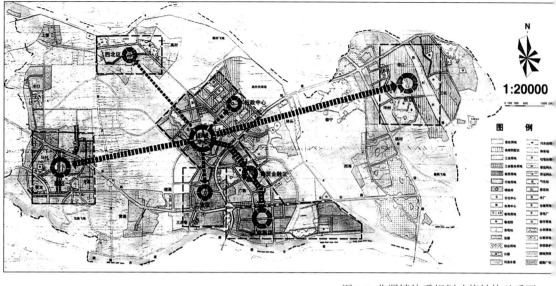

图B-3　北滘镇体系规划功能结构关系图

第一级：　中心城区，由北滘、林头、广教、三洪奇行政辖区组成，总人口控制在20万人左右，建设用地规模拟定为18.2 km²。

第二级：　三个副中心，即东片区、西北片区、西片区，规划人口规模分别为11万、3万、5万人，用地规模分别为12.9 km²、3.1 km²、5.4 km²。

第三级：　行政村，规划人口规模为0.5～1万人。

4.6　北滘镇镇域职能结构，规划分为三个层次：

第一层次－中心城区：由北滘、林头、广教、三洪奇行政辖区组成，是全镇的政治、经济、文化、交通、信息中心。中心镇区分为旧城区、行政中心、商贸金融区和工业园区四大职能分区。旧城区和商贸金融区，将发展成为以居住为主体，商贸、金融、文化、娱乐等功能穿插布局的特色职能区。行政中心规划以行政、办公、商务为主导，以大片绿地为背景，建成花园式行政中心。工业园区依托北滘港，以高新技术产业为先导，发挥产业聚集效益和企业规模效益，促进北滘镇域工业升级、产业结构调整、新产品研发及加工装配工业的转型，建设成全镇乃至全市的经济重心区和对外贸易出口基地。

第二层次－镇域副中心：分为东片区、西北片区和西片区，是镇域的次级城镇集聚点和综合型片区，均以居住为主体，合理布置适当集约的工业用地、商业文化用地，满足区内居民日常生活的需要。

第三层次－中心村：是各行政村的综合服务中心，以居住为主，配置适当的工业、市政管理、商业和生活服务设施。

4.7　村镇体系空间布局

以北滘镇中心城区为核心，以外围三个城镇片区为呼

北滘自来水公司前庭绿化

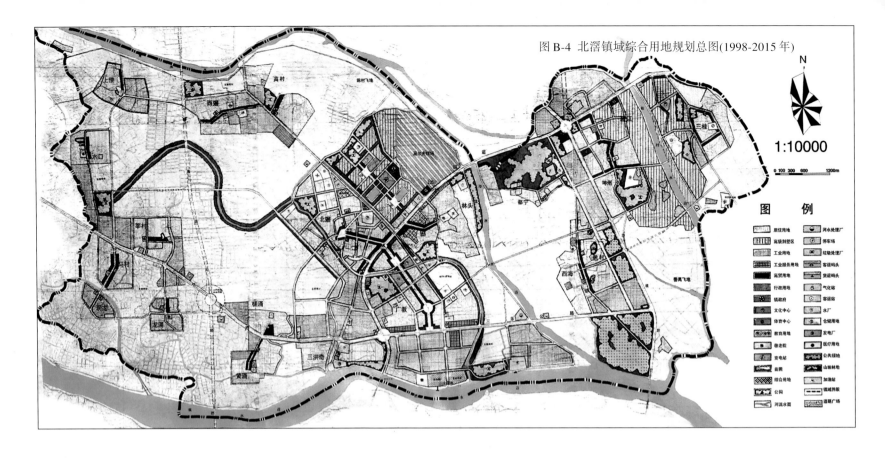

图 B-4 北滘镇域综合用地规划总图(1998-2015 年)

1:10000

图　例

应,以"两纵两横"的交通主线为纽带,以广大农田绿地为背景,形成结构紧密、层次分明、生态健全、城乡融合的城镇体系格局。

第五章　城镇总体布局

5.1　城镇空间结构采用组团分片式发展模式,包括中心镇区和以莘村为中心的西片区、以西滘为中心的西北片区、以碧江为中心的东片区。

5.2　城镇组团之间由基塘、河流及生产绿地等作为开敞空间隔离带,通过主干道相联,组成一个有机协调的整体。

5.3　各城镇组团的发展方向,以建成区为基础,呈团状沿轴、分片向外拓展。

5.4　中心镇区以林西路、林港路等主干道为纽带,由北向南依次为行政中心、旧城区、商贸金融区、工业园区四大分区。

5.5　中心镇区各片区职能分区:

5.5.1　行政中心:规划成为全镇的政治中心,集中设置政府管理机关、外来办事机构,是集行政办公、集会活动、休闲娱乐与高级住宅等功能于一体的综合发展用地。

5.5.2　旧城区:规划改造整治历史文化古迹,尽量保存传统特色建筑和文化遗产,突出岭南水乡特色,加强现代文化教育设施建设,使旧城区发展成为以居住为主、集商贸、文教于一体的综合功能组团。

5.5.3　商贸金融区:商贸金融区北承旧城区,南邻工业园区,是中心城区的一个极具现代特色的重要组成部分。该区以中档居住区为辅垫,重点发展第三产业,集中设置银行、证券、保险、邮电机构,是全镇的商业贸易、金融、休闲、购物中心区。

5.5.4　工业园区:北滘工业园区是北滘镇通往大良、中山、珠海、澳门的南大门,拥有内河集装箱货运码头,陆运和水运交通发达。规划在现有北滘港的基础上,扩建增容,充分发挥水陆联运、江海直达的优势,以高新技术产业为先导,形成产业聚集和企业规模效益,建成全镇乃至全市的工业经济重心区和对外贸易出口基地。

第六章　城镇对外交通规划 (略)

第七章　城镇道路交通规划 (略)

第八章　城镇居住用地规划 (略)

第九章　城镇公共设施用地规划 (略)

第十章　城镇绿地系统规划

10.1　规划原则

10.1.1　根据城镇性质和发展目标,城镇绿地规模(尤其

北滘自来水厂绿化

图 B-5 北滘镇绿地系统规划图

1:10000

图例

居住用地	河水处理厂		
高级别墅区	停车场		
工业用地	垃圾处理厂		
工业服务用地	客运码头		
高贸用地	货运码头		
行政用地	气化站		
镇政府	客运站		
文化中心	水厂		
体育中心	仓储用地		
教育用地	发电厂		
敬老院	医疗用地		
变电站	公共绿地		
苗圃	山林绿地		
综合用地	加油站		
公园	镇域界际		
河流水围	道路广场		

是公共绿地指标)应达到或超过国家规定的标准。

10.1.2 考虑到北滘镇的自然条件,城镇绿地设置应尽量利用现有林地与河滨绿地。

10.1.3 绿地系统遵循点、线、面结合的原则,均匀分布,方便使用,突出北滘镇河网密布的水乡绿地景观特色。

10.1.4 城镇绿地系统应与城镇防洪、防震、供电等设施建设相结合。

10.1.5 城镇绿地系统应与文物古迹、人文景观相结合。

10.1.6 将城镇绿地同大型娱乐设施和自然景观保护区相结合,组成完整的游憩空间网络。

10.2 绿化指标规划:近期人均绿地面积10m²,其中公共绿地8.0 m²/人,城镇建成区绿化覆盖率达到30%;远期人均绿地面积16m²,其中公共绿地12m²/人,绿化总用地334 hm²,其中公共绿地143.2hm²,城镇建成区绿化覆盖率达到35%。

10.3 绿地系统布局

10.3.1 基本结构:城镇绿地系统应以充分保护和利用现状生态环境特点,形成以普遍绿化为基调,块状公共绿地为主体,大面积组团隔离绿地为骨架,道路绿化、河网绿化为纽带的网络式布局结构。

10.3.2 公共绿地:公共绿地的设置应尽量做到分布均匀,提高使用效率。除保留、调整已建成的公共绿地外,新

增公共绿地主要是结合河流等开辟滨河绿地,同时在住宅区内也增加一些适合儿童与老年人活动的游憩公园。每个行政村均要分别设置适当规模的公园及小游园、儿童游戏场和街头绿地。

10.3.3 道路绿化

道路绿化是城镇绿化的重要组成部分。道路绿化用地应达到道路用地的 15～25%。

10.3.4 防护绿地

(1)城镇各组团之间,利用林地、河流、生产防护绿地(以生产苗木、花卉为主)、农业生态区设置分隔绿带,创造自然与人工相结合的优美环境。

(2)城镇干道防护绿化带:沿城镇对外交通干道、快速交通干道两侧,各营造宽度不等的防护绿带;城镇主干道两侧各设置宽度不小于3m的绿化带。

(3)城镇河网防护绿化带:结合河网整治、防洪排涝规划,在河道、河渠两侧营造宽度不小于10 m的防护绿带。

(4)设置高压线走廊绿带。

10.3.5 单位附属绿地

镇域内机关、学校、医院等单位附属绿地,应不低于其占地的30%,工业企业单位应充分利用厂区空地布置小花园,创造良好的生产环境。

10.3.6 生产绿地

蓬莱公园

水网交织的镇域空间

北滘海关大楼绿化

北滘镇的花木生产现已形成一定规模的生产基地。规划利用这一优势，在城镇组团之间交通便利的开阔地，建设以绿化苗圃、观赏花卉为主的生产绿地区。

10.3.7　绿化树种

为突出岭南城镇特色，镇区的园林绿化树种应选择具有亚热带特色的常绿阔叶树、棕榈科植物、竹类及特色花卉。

第十一章　工业与仓储用地规划（略）

第十二章　环境与基本农田保护规划

12.1　环境保护目标

12.1.1　面向21世纪，着眼于城镇环境质量整体水平的提高，保证各功能区环境质量全面达标，城镇环境状况优良，达到卫生、优美、安全、舒适的水平。实现"城乡融合、生态健全"的规划目标。

12.1.2　环境质量保护分项控制目标

12.1.2.1　大气环境质量：北滘镇规划区范围中的大气污染质量标准，规划应达到国家二级标准。

12.1.2.2　地面水环境质量：城镇饮用水源的水质达标率，在近、远期均为100%。规划在北滘水厂取水点处，分别设置饮用水源一级、二级保护区和准保护区，并将顺德水道划为镇区生活饮用水源地，按国家《地表水环境质量标准》（GB3838－88）Ⅱ类水质标准进行控制；潭洲水道和陈村水道，按Ⅲ类水质控制，镇区的主要内河按Ⅲ－Ⅳ类水质控制。

12.1.2.3　环境噪声标准：北滘镇区环境噪声规划分四类进行控制，基本解决噪声污染问题，各分区均要达到相应的控制标准。

(1) 1 类区：居住区和文教区；

(2) 2 类区：商业中心和镇区中心；

(3) 3 类区：工业区；

(4) 4 类区：主要干道干线两侧区域。

12.1.2.4　污水处理

近期工业废水处理率规划为85%，工业废水处理达标率为75%，城镇生活污水处理率为60%；远期工业废水处理率为100%，工业废水处理达标率85%以上，城镇生活污水处理率为100%。

12.1.2.5　固体废弃物

有毒有害废渣经过处理后应全部达到无害程度，工业固体废弃物综合利用率达到95%，城镇生活废弃物清运率为100%。

12.2　基本农田保护规划

12.2.1　为实现北滘镇"城乡融合、生态健全"小城市的规划目标，镇域农田保护和建设工作与城镇建设工作同等重要，应同步进行。

12.2.2　规划划定基本农田保护区的范围，是镇域"三高"农业的基本用地界线，任何集体、个人的建设行为，不得侵占该用地。

12.2.3　加强农田生态环境的管理和建设，防止土壤污染；任何因工业发展、城市建设因素对保护区内农田的侵蚀和污染，应严格制止。

12.2.4　保护基塘生态，定期清塘培塘，防止基崩塘浅和鱼塘水体富营养化。

12.2.5　保护山林、河涌的优良生态状况，大力植树造林。正确引导花卉、植物种植业的发展，协调与农田建设的关系，优化种植结构，实现农业的综合效益。

12.2.6　保护农田生态景观，保持和继承地域传统基塘农业文化的可持续特色，为镇域的经济建设和发展增强活力。

附表一：

北滘镇中心城区建设用地平衡表(1998～2015年)

用地名称	项目	面积(hm²)	所占比重(%)	人均用地(m²/人)
居住用地		709.9	38.94	35.50
其中	居住用地	687.3	37.70	34.37
	综合用地	22.6	1.24	1.13
工业用地		371.2	20.36	18.56
其中	工业用地	330.8	18.14	16.54
	工业服务用地	40.4	2.22	2.02
公共设施用地		151.1	8.29	7.56
其中	商业	44.2	2.42	2.21
	文教	39.2	2.14	1.95
	医疗	13.5	0.74	0.68
	行政	13.4	0.74	0.67
	科研	26.0	1.43	1.3
	公共服务设施	15.0	0.82	0.75
仓储用地		20.0	1.10	1.00
道路广场用地		106.	5.84	5.325
对外交通用地		63.5	3.48	3.17
市政公用设施用地		66.9	3.67	3.35
城市绿地		334.0	18.32	16.70
其中	公共绿地	143.2	7.86	7.16
	景观绿地	31.8	1.74	1.59
	高尔夫球场	159.0	8.72	7.95
合　计		1823.1	100	91.16
总人口		20(其中常住人口16万)		

碧桂园别墅区

附表二：

北滘镇各片区建设用地平衡表(1998～2015年)

用地名称	项目	东片区 面积(hm²)	东片区 人均用地(m²/人)	西片区 面积(hm²)	西片区 人均用地(m²/人)	西北片区 面积(hm²)	西北片区 人均用地(m²/人)
居住用地		414.4	42.78	219.7	73.20	118.86	66.03
其中	居住用地	303.8	46.03				
	综合用地	110.32	16.71				
工业用地		170.3	25.80	93.1	31.00	60.2	33.44
公共设施用地		45.78	6.94	30.1	10.03	15.4	8.55
其中	商业	19.9	3.01	14.42	4.80	7.56	4.20
	文教	18.48	2.80	10.92	3.64	5.90	3.29
	医疗	3.78	0.57	1.75	0.58	0.98	0.54
	行政	3.64	0.55	3.29	1.10	0.98	0.54
仓储用地		1.61	0.24	0.70	0.23	/	/
道路广场用地		10.78	1.63	4.20	1.40	1.82	1.01
对外交通用地		18.48	2.80	14.0	4.67	6.44	3.57
市政公用设施用地		3.57	0.54	2.45	0.82	1.40	0.77
城市绿地		238.7	36.1	13.02	4.34	11.34	6.30
合　计		903	136.83	378	125.66	216.02	120.00
总人口		4.6		3.0		1.80	

规划说明书

第一章 镇域概况与规划原则

一、镇域概况

1.位置、面积、人口

顺德市北滘镇位珠江三角洲中部，顺德市东北部，北距广州24km，西北距佛山15km，西靠顺德市广大地区，南距中山50km、距珠海95km，东距番禺15km。距深圳145km，北滘港距香港72海里。北滘镇北依潭洲水道流过，南临顺德水道，水陆交通便捷，是珠江三角洲腹部地区的交通枢纽和新型工业城镇。

北滘镇域总面积92.21km²，占全市总面积的11.5%。1997年末全镇户籍人口91934人，其中非农业人口19233人，暂住人口31000人。

图 B-6 北滘镇中心城区功能结构关系图

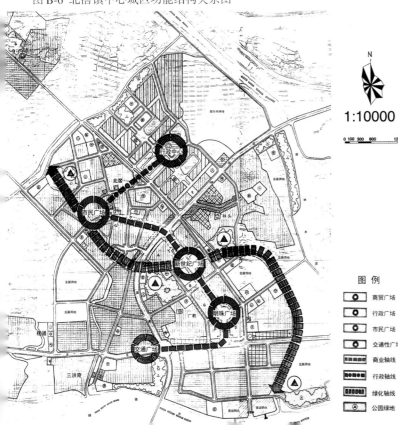

N

1:10000

0 100 300 600 1200m

图 例

商贸广场
行政广场
市民广场
交通性广场
商业轴线
行政轴线
绿化轴线
公园绿地

2.自然环境

北滘镇地处珠江三角洲平原水网地带。镇域总面积中，河流水域面积占23.2%，平原陆地面积占76.8%，其中有大量基塘平原区。镇域范围内河流密布，主要有北江(顺德水道)潭洲水道、陈村水道。镇域地形呈东西长、南北短的长方形，地势西北高，东南低，大部分地区海拔为0.2～2.0m。由于地势低洼，防洪排涝工作十分重要。

北滘镇地处北回归线以南，属南亚热带海洋性季风气候，温暖湿润，四季如春。常年平均气温21.9℃，年均降水量1648.8mm，年平均湿度81%。常年主导风向，冬季为北风和东北风，夏季为南风和东南风。

3.建制沿革

北滘镇域，明清时分属西附部的都粘堡、桂洲堡、龙头堡。民国时，顺德县分设十个区，北滘地区由第三、四、五区分管。建国初期，北滘仍分属三、四、五区管辖。1955年从陈村沙滘公社划出部分大队成立北滘人民公社。1981年11月起，恢复北滘区建制。1987年改为县辖镇，称北滘镇。现在的行政区划辖二个街道办事处和十八个行政村。80年代以来，北滘工业经济发展很快，人口、用地、经济、文化等综合条件已初具小城市的基础。

4.镇域经济社会发展概况

历史上，优越的自然条件和地理位置，使北滘成为一个经济比较发达的地区和外贸出口基地。过去，以种植业为主的农业是北 镇的主要经济基础构成。清末民国初期，民族工业开始兴起，甘蔗、粮食、水果等农副产品加工业迅速发展起来，大大促进了商品农业和商品集市贸易的发展。

建国后，北滘的社会经济面貌发生了深刻变化。特别是改革开放以来，北滘人民凭着其地缘、人文环境的优势，加之勤劳创新、富于开拓、实事求是的精神，经济结构逐步由过去的以农业为主转变为以工业为主。工业产品销售从以国内市场为主逐步转向以国际市场为主。农业已从过去的种植业为主转变为养殖业为主。现代工业和高新科技产业日益发展和强大。以工业经济和生活服务业经济为支撑的城市型经济逐步完善，形成特色，并带来区域性影响。

1997年，全镇工农业生产总值63.66亿元，比1990年增长5倍多，其中工业产值55.96亿元，比1990年增长6倍。目前，北滘已形成了以家电工业为主导，仪器加工、饲料、皮革制品、家俱、包装材料等几十个行业多种成分并存的现代

惠而浦微波炉制造厂前院绿化

工业经济体。农业产值7.71亿元，比1990年增长4倍多，以"三高"农业为主，大力发展养殖业，正朝着规模经营、科技兴农、乡村城市化的方向发展。国民生产总值年均增长率及人均值居全国乡镇前列。工业、农业、第三产业的合理配置与发展转化所体现出的突出水平，使北滘镇成为珠江三角洲地区乃至在全国有影响的新兴工业乡镇。

二、规划指导思想与规划原则

1.按照现代城市规划发展理论，探索城乡一体化地域特点，结合世界范围内的可持续发展思想，对顺德地区和北滘的社会、经济、人文基础条件和发展潜力，对北滘镇的镇域和中心城区规划作近远期的修编。确定由北滘、林头、广教、三洪奇行政辖区组成北滘镇中心城区，形成"一个中心，三个副中心"的村镇体系布局。以现代高科技工业为龙头，强化中心城区的核心作用，使北滘镇向"工业主导、组团结构、城乡融合、水乡特色、生态健全"的现代化小城市模式发展。

2.合理安排基础设施和各项用地布局，统一规划，统一管理，近远期结合，配套建设，综合开发，把北滘镇中心城区建成经济结构合理、用地布局完整、生活工作方便舒适、城镇运营高效科学、环境优美、生态健全的现代化小城市。

3.按照"城乡融合发展"的规划思想，促进镇域范围的经济、社会、人文的协调发展。规划修建连接各行政村与中心城区的便捷道路系统，加强区域范围的市政建设，完善各级中心的生活服务配置，体现出"主、副"中心相互配合，同步发展，城乡融合的区域经济的特色，同时，积极做好基本农田与生态环境保护。

4.充分利用北滘镇河网水域、基塘的地域特色，组织好"河岸"景观、乡村景观以及地域传统文化景观，在中心城区建设公共活动中心的点线系统，形成多层次的水乡人文环境，突出地方特色。

5.适应城镇近、中、远期发展的多种可能性，体现可持续发展思想和动态规划的原则。在规划实施的过程中，随着社会经济发展的客观需要，定期调整和修编规划，补充和完善基础资料，为城镇长远发展不断提出新的目标和战略性部署。

6.规划编制应遵循《中华人民共和国城市规划法》，符合国家标准及有关技术规范。

三、规划依据

1. 国家标准：《城市用地分类与规划建设用地标准》（GBJ137-90）；

2.中共北滘镇委、北滘镇人民政府历年来关于北滘镇社会、经济现状分析、发展设想和战略对策的文件资料；

3.广东省建设委员会、广东省科学院、广州地理研究所：《广东省珠江三角洲城镇体系规划》；

4.北滘镇国民经济统计资料（1990～1997）；

5.《顺德市市域城乡一体化规划》和《北滘镇基本农田保护区规划》；

6.《顺德市城市总体规划》(1995)文本、说明书、图册、基础资料等。

四、规划期限

根据《中华人民共和国城市规划法》有关城市规划期限的条例规定，结合北滘镇社会经济的现状和发展设想，确定本次规划期限：

近期：1998～2005年；

中期：2005～2015年；

远期：2015～2020年。

第二章　镇域社会经济发展战略

一、社会经济发展条件分析

1.外部环境

(1)世界政治格局的新变化，和平与发展为主流的国际大环境，周边国家和地区的睦邻友好关系，特别是香港、澳门、

公园亭廊

北滘工业区

东南亚地区的经济发展和工业贸易，为北滘镇未来的经济与社会发展提供了一个相对宽松的大环境。

（2）世界经济增长重心东移和日益向亚太地区倾斜的趋势，为北滘镇经济发展提供了良好机遇。

（3）在国内，新一轮改革开放热潮的掀起，国家经济、社会、人文、政治、科技、外交等工作走上一个新台阶，社会主义市场经济制度的建立和不断健全，为北滘镇社会经济发展和进一步改革开放、促进乡村城市化、提高人民生活水平提供了可靠的政治和政策保障。

（4）激烈的市场竞争和的消费市场，促使北滘经济向更高层次发展。北滘经济发展首先遇到顺德市和珠江三角洲地区兄弟镇的竞争，如顺德市容奇镇，中山市小榄镇，东莞市长安镇等，其次是沿海发达地区乡镇的竞争，大范围是东南亚地区、国内及国际市场的竞争。北滘镇经济要寻求自身的支撑点、跻身于全国乡镇的强手之列，并保持这种势态，就必须提高科技水平和经济效益，调整产业结构，立足国内市场，争夺国际市场，向更高层次发展。这其中，优化合理的城镇结构和布局，是保障和促进经济发展的必要先决条件。

2.内部条件

北滘镇经济社会发展存在六大优势：

（1）区位优势

北滘镇地处珠江三角洲经济开放区(穗佛珠澳)的经济轴线上，同时，又位于珠江三角洲经济圈、华南经济圈、亚太经济圈等多层经济圈叠交的中央，对经济圈内各处的经济、科技、信息等各方面的动态，可兼收并蓄，具有开创性和领先一步的优势。

（2）经济基础

北滘镇经过改革开放20年的发展，积累了一定的经济基础和发展经验，综合实力在全国乡镇中名列前茅。

(a)商品农业发达，尤其是淡水养殖业，其单产、总产和出口量在顺德市乃至全省均占有重要地位。

(b)工业基础较好。全镇拥有年产值超过亿元的工业企业5家，美的集团年产值逾30亿元。创立了美的、蚬华、华星等一批全国驰名品牌产品。

(c)第三产业正在蓬勃发展，发展潜力大，为工农业发展提供了巨大支持。

(3)机制优势

抓住机遇、深化改革、扩大开发、大胆试验，充分利用"示范镇"的有利条件，进行一系列改革、调整。

(a)调整所有制结构。转换机制、明确产权、鼓励发展，形成了以公有制经济为主体，多种经济成分并存的经济格局。

(b)改革投资机制，投资主体从单一的政府投资转为多元化投资。

(c)调整投资方向，加快交通、能源、科技等方面的建设，改善投资环境。

(d)调整产业结构，巩固提高工业发展，回忆农业和第三产业的发展，保证国民经济协调发展。

(4)观念优势

无论是市场观念、改革观念、开放观念都比较超前；政企分开，企业自主权较大，竞争意识、投资意识较强，表现在对市场经济的适应能力和应变能力较强，在市场竞争中占有较大优势。

（5）城镇化基础较好

按照"城乡一体化"的规划思想，北滘镇城镇化程度有了较大提高。根据珠江三角洲地区的整体发展，顺德市域的综合水平，北滘城镇化水平现状21%，2005年可达40%，2015年可达60%，2020年可达75%。全镇各行政村之间均有便捷的公路通达。镇内设水厂4家，日供水能力10多万吨，自来水普及率100%；全镇电力供应充足，有变电站3座，火力发电厂一座。全镇程控电话装机容量2.6万门，已装机1.8万门，电话普及率90%，可达每百人13部。镇域基础设施

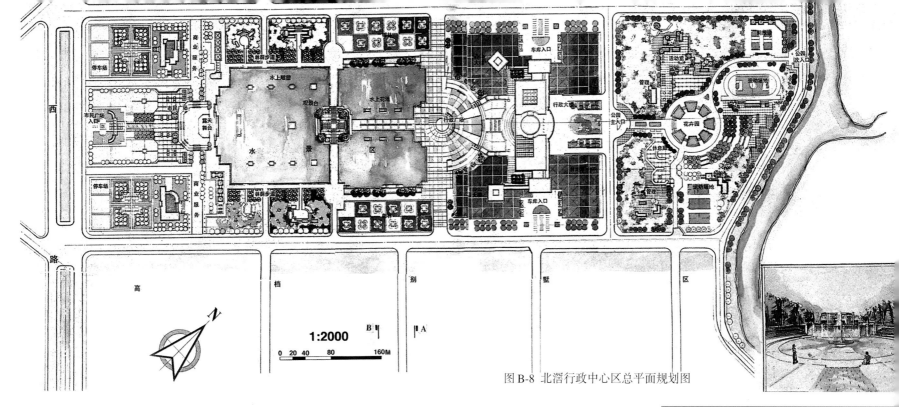

图 B-8 北滘行政中心区总平面规划图

校园绿化

日臻完善，为经济的进一步发展提供了可靠的保障。

(6)华侨港澳台同胞众多

北滘镇有众多华侨及港澳台同胞，他们对家乡怀有深厚的感情，积极为家乡捐款办公益事业或投资办企业，通过不同形式支持家乡建设，是"以外引外"、"以港引港"、"以台引台"发展外向型经济的有效途径。

3.影响北滘镇经济社会发展的主要因素

（1）人多地少

1997年末全镇平均人口密度1000人/km²，人均耕地0.64亩/人，土地后备资源紧张。因土地不断开发而引起的人口与资源、人口与环境之间的矛盾将随着经济的不断发展而日益突出。

(2)人才不足，科技力量较薄弱

北滘镇社会经济发展到现阶段，要更上一层楼。各大企业的开拓发展，也需吸引和稳定科技人才。关键是科技型的现代工业和产业体系的建立，都需要积极引入科技人才。同时，要加强基础教育建设，从整体上提高镇域人口的文化水平。

(3)地区倾斜政策的变化和东南亚金融危机对北滘镇经济发展也带来一定的负面影响。由于地区倾斜政策正逐步转变为产业倾斜政策，而北滘镇产业大多是轻型加工工业，一般不是扶持的对象。长期以来工业所需的原材料主要依靠外地资源，一旦市场供应紧张，将大大影响生产发展。1997年开始的东南亚金融危机，将在一定程度上影响北滘镇企业的产品在国际市场的销售能力。

二、经济发展战略目标

1.指导思想

(1)坚持改革开发，实事求是，进一步更新观念，增强竞争意识。

(2)以经济建设为中心，实施"科技兴镇"、"可持续发展"的发展战略，以经济建设推动文化教育的发展和提高。

(3)加快城乡建设步伐，完善村镇体系布局，重点发展工业、科技、交通、通讯、能源等基础设施和市政设施建设。

(4)搞好精神文明建设和社会福利事业，大力提倡社会主义新风尚。

2.战略目标

以市场为导向，以科技为依托，以改革为动力，优化产业结构，建立以工业为基础，三大产业协调发展，结构合理，具有强大应变能力和竞争能力的社会主义市场经济格局，基本实现工业、农业现代化、城乡一体化、生态环境优良化。

要实现上述目标，规划拟分两阶段实施。

(1)第一阶段(1998-2005年)，是北滘镇社会经济发展的关键时期。要继续抓好交通、通讯等基础设施和工业园区及村级工业建设，加强市政设施配套，强化中心城区的核心职能，在搞好企业转换经营机制的前提下，优化产业结构，提高经济效益，确保经济持续、稳定、健康发展。工农业总产值达200亿元，年均递增率16%(其中工业产值达185亿元，年均递增率16.7%)。

(2)第二阶段(2005-2015年)，北滘镇经济已有相当基础，

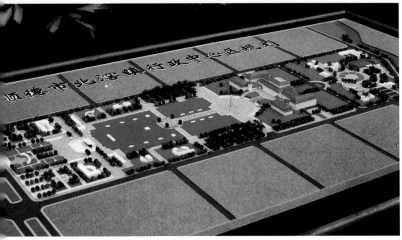

图 B-9 北滘行政中心区规划模型图

稳步持续发展,以提高效益和单位面积产值为主; 基础设施建设已有较好的条件,基本实现经济发达、环境优美、城乡融合、可持续发展的目标。到 2015 年,工农业总产值达 500 亿元,年均递增率 12.9%(其中工业产值达 480 亿元,年均递增率 13.5%)。

2015~2020 年,北滘镇的经济年增长率规划基本保持在 12% 左右,实现稳定的可持续发展。

3.战略重点

●形成社会主义市场经济发展格局

支持"科技兴镇"、"可持续发展"的方针,加快工业化进程,通过发展一批骨干企业,创造一批在全国乃至国际市场上有竞争力的名牌产品。积极培育支柱产业,推动农业的现代化,发展优质、高产、高效农业及饲料,农副产品加工业,实现农业的集约经营。做好基本农田保护,体现水乡特色的城镇风貌。围绕构建社会主义市场经济体制的框架,以建立现代化企业制度为目标,推进企业转制工作,积极进行投资体制和产业结构调整。

(1)第一产业

至 1997 年末,北滘镇耕地总面积 58852 亩,其中以鱼塘和水果、蔬菜用地为主。近年来,以行政村为单位,进一步完善土地承包责任制,以市场为导向,形成了形式多样的种养模式。同时,积极引进国内外优良品种,优化养殖业品种结构。在发展"三高"农业时,注意农业组织结构的优化,向规模经营发展,逐步建立起社会化服务体系。镇内建起了以华星饲料厂、曼丰烤鳗厂、兴顺仪器发展有限公司为代表的

多家饲料加工及产品加工企业。全镇初步形成了以优质水产养殖和名贵花卉种植为主体,以规模经营和社会化服务为方向的现代化农业体系。

今后,北滘镇农业的发展方向是: 科技兴农,致力"三高"农业,加速农业现代化。在提高全镇人民文化水平的同时,要积极应用农业科学技术,促进"三高"农业向多品种、高附加值、轮养方向发展。要重点发展农副产品的生产、加工与流通一条龙服务,完善农业向商品化、企业化、机械化发展,加快农业现代化步伐。

(2)第二产业

北滘镇第二产业现状特点:

A.工业门类多样,工业结构以轻工业为主体,轻、重工业产值之比为 27:1。

B.以镇办企业为主,1997 年镇办工业产值占全镇工业总产值的 88%。

C.拥有一批自己的骨干企业。1997 年美的集团产值过 30 亿元,蚬华集团、华星饲料厂的产值均超过 5 亿元。

D.拳头名牌产品市场占有率高,出口量呈上升趋势,前景看好。

E.产品加工工业发展迅速,潜力大,出口量逐年增加。

F.北滘镇工业污染问题较轻,有利于环境保护。

经过近 20 年的奋斗,北滘镇工业具备了一定的基础,今后必须坚持"科技兴镇"的方针,确保优势产品,增加新的工业增长点。

①大力发展高新技术产业。办好高新技术产业开发区,调整产品结构,促进产品向高科技含量、高劳动生产率、高附加值方向发展,在巩固提高拳头产品优势的同时,研究市场动向,增加新的工业增长点。

②发展骨干企业。骨干企业是北滘的经济支柱,要进一步加大支柱行业骨干企业的拳头产品的发展力度,带动全镇经济的发展。

③发展外向型经济,通过各种渠道引进资金、技术、人才及管理经验,拓展国际市场。近期重点是加快引进步伐,改善投资环境,办好北滘镇工业园区。

④挖掘产品加工潜力。鼓励发展水产养殖业及花卉、水果种植业,促进规模化、现代化生产,完善其引进、生产、销售服务体系,扩大市场销路。

(3)第三产业

第三产业是北滘镇目前相对薄弱的产业,必须大力发展,发挥其对工农业发展的支持、服务作用。

要大力发展与生产、生活相配套的服务行业,如交通、邮电、金融、商贸、娱乐、餐饮业等,尤其是交通业、商贸业、金融业。要进一步改善全镇(尤其是镇区)的交通状况,建立与北滘镇经济实力相对应的商贸市场规模,设立综合商场及专业市场。

● 形成城乡一体化格局

全镇自然条件相近,镇区与行政村及各村之间有大片农田相隔。经过改革开放十多年的建设,北滘镇城乡差距逐步缩小,基础设施已有相当基础,将继续沿着城乡一体化的方向发展。

要实现城乡一体化,必须:

①强化中心城区的核心作用,增加其在镇域内的吸引力和辐射作用。为此,规划将北滘、林头、广教、三洪奇组成中心城区,按县城级规模进行规划建设。

②注重三个城镇片区的规划建设。规划分别以碧江、西滘、莘村为中心形成东片区、西北片区和西片区。各片区建设与之规模相配套的市政基础设施。彼此之间有便捷的交通,实现城乡之间基础设施网络化,生产方式现代化和生活方式一体化。乡村居民同城镇市民享受基本同等的服务质量、生活环境和文明程度,建构融洽、协调的城乡生态、经济、社会环境。

● 形成功能齐全的城镇基础设施

基础设施是投资环境优劣的重要标准,是经济发展的重要前提,规划期内应按适度超前的原则,进行高标准设计、高要求建设。

①道路方面,规划"两纵两横"路网骨架,"两纵"是105国道、碧桂路,"两横"是林西路-林港路、三乐公路。水路方面,促进北滘货运港发展,适时在东侧筹建客运新港,完善水路交通体系。

②电力方面,在现状三个变电站、一个发电厂的基础上,将城镇规划范围内为四个电力规划分区。改造、增建城市输变电网。规划到2015年全镇电力负荷规划容量达到36万千瓦,变压器容量70万千瓦。

③电讯方面,全镇在实现电话交换程控化、通讯电缆光纤化的基础上,积极发展信息高速公路,建立现代信息网络,继续扩大电话装机容量。规划到2015年,程控电话装机容量扩至22.4万门,电话普及率达到40部/百人。

④供水方面,在现状基础上除保留碧桂园水厂以供应碧桂园高级别墅区外,取消碧江、西海水厂,扩建北滘水厂,统一向全镇供水。到规划期末,北滘水厂的供水能力可望达到25万吨/日,人均综合用水指标为600升/日。

第三章 镇域村镇体系规划

一、村镇体系的现状特点(节选)

1.村镇基础较好,中心城区城市化水平较高;

2.行政村规模大小不一、分布相对集中;

3.城乡经济一体化趋势明显;

4.村镇关系较松散,网络关系不够明确,各行政村的内部功能布局结构较混乱,有待规划改善。

碧桂园小区中心绿地

碧桂园别墅区

二、城市化水平的预测

城市化是一个复杂的地域空间过程，不仅是城镇人口比重的提高，还包括城市景观的地域推进过程，更重要的是城市价值观念、生活方式、文化水平、生活水平的地域扩展。北滘镇正在走一条城乡一体化的发展道路。随着各行政村产业结构调整及城镇基础设施的不断推进，农村居住形态将逐步向城镇居住形态转变，群众的思想意识也将向城镇文明接近，北滘镇在现有的基础上，经过精心规划、建设和不懈努力，未来将达到较高的城市化水平。

根据北滘镇社会经济发展趋势，参照周边地区城市化水平的发展预测，结合现状实际情况，预计其城市化水平近期为40%以上，远期可达75%。

三、村镇体系布局规划（略）

第四章　城镇性质与发展规模

一、城镇性质

北滘镇中心城区城市性质的拟定，应从城镇在区域发展中的地位及城市自身的社会经济环境条件和优势两方面综合考虑。

1.城镇性质

北滘镇中心城区地处珠江三角洲中部，顺德市东北部，位于穗佛珠澳经济轴线上，地理位置优越。今后，随着区域交通条件与内部道路系统的进一步改善，水路运输和"信息高速公路"的建设，将缩小与周边地区市、县、镇的距离，推动镇域社会经济的迅速发展。

2.城市社会经济环境

北滘镇是珠江三角洲地区以新型工业经济发达而崛起的

三大明星镇之一(中山市小榄镇、东莞市长安镇、顺德市北滘镇)。全镇以家电、饲料等为主导的轻工业生产已形成众多品牌产品，占领了国内外的一定市场。中心城区集中了镇内绝大部分的骨干企业和拳头品牌，形成了规模经营的雏型。随着北滘社会经济的发展，高科技、高附加值产业必将成为中心城区工业经济的主体发展趋势。利用区位优势和良好的环境基础，重点建设独具特色的花园式行政中心和带型步行广场式的金融商贸区，形成珠三角地区小城市空间形态的典范作用和独创意义，使经济、文化、社会生活与城镇建设形象互为促进，从而吸引、辐射镇内外广大地区，带来经济和城市建设的良性循环。

3.根据以上两方面的综合分析，北滘镇中心城区的城镇性质定为："工业主导、组团结构、城乡融合、水乡特色、生态健全的现代化小城市"。

二、城镇人口规模

随着北滘镇中心城区的确立和不断加强及第二、第三产业的迅速发展，就业岗位增加，人口将进一步向中心城区集聚。加上外来人口涌入等人口增长因素，根据北滘镇具体情况和经济发展势态，对中心城区人口分户籍人口和暂住人口两部分进行预测如下：

1.户籍人口增长预测

北滘镇中心城区人口的增长，主要依据城镇人口的自然增长和机械增长。据镇政府办公室提供的中心城区人口统计，1990～1997年人口平均递增率为25.2‰。其中，自然增长率为12.8‰，机械增长率为12.4‰左右。

1997年末中心城区常住人口为3.42万人，预计在规划期内，综合增长率按不小于25‰计，则中心城区常住人口2005年为6.5万人，2015年为16万人。

$P_{2005}=3.42(1+25‰)^7=6.5$ 万人

$P_{2015}=3.42(1+25‰)^{17}=16$ 万人

规划到2020年，中心城区常住人口将控制在20万人。

2.外来暂住人口增长预测

流动人口留居时间长短不一，对城镇影响程度也不同。城镇流动人口包括短期流动人口和暂住人口，短期流动人口

对城镇设施影响不大, 而暂住人口中长期居住的人对城镇各项设施使用频率、使用范畴与常住人口无异, 在城镇规划建设中占有重要的地位。

珠江三角洲地区因经济的发展, 吸引了大量外地打工人员常住城镇, 大大增加了城镇实际人口, 这已成为城市社会学、城市经济学、城市规划学新的研究课题和城镇人口概算不可忽略的因素。综合考虑暂住人口对城镇各项设施的影响, 按目前一般方法是将其人口的一半折合为常住人口计入总人口中。

随着经济的发展和户籍、粮油制度的改革, 人口流动将更加频繁。经济发达地区能提供大量多层次的就业岗位, 对剩余劳动力必然有较大的吸引力。北滘镇近几年外来暂住人口变化较大, 1992～1997年间的年均递增率为10.2%, 见表B-1。

今后, 随着北滘镇产业结构调整, 产品高科技含量增加, 劳动力密集型工业向技术密集型工业转化, 对低层次劳动力需求会降低, 外来暂住人口不可能按此速度增长下去, 将逐渐由数量增加转变为质量提高。1997年末, 中心城区暂住人口为1.6万人, 约占全镇的52%, 利用经济对数回归法预测北滘镇暂住人口数: 2005年为3万人, 2015年为4万人 (年均递增率按5～8%计)。

综合以上分析, 北滘镇中心城区人口规模为:

近期: 2005年, 总人口为9.5万人, 其中常住人口为6.5万人。中期: 2015年, 总人口为20万人, 其中常住人口为16万人。远期: 2020年, 总人口规模基本控制在20～25万人。

三、城镇用地规模

1.城镇建设用地现状

中心城区由北滘、林头、广教、三洪奇组成。1997年末, 城镇建设用地总面积为6.39km², 总人口4.22万(暂住人口折半后为0.8万人), 人均城市建设用地为151.6m²。

2、用地规模

规划参照国家《城市用地分类与规划建设用地标准》(GBJ137-90), 根据国家高度提倡节约土地的方针政策, 结合北滘镇城市发展性质和用地实际情况, 拟定北滘镇中心

城区到2020年城市建设总用地为18.2km², 人均建设用地面积为90m²。

第五章　城镇总体布局

一、城镇规划范围

《中华人民共和国城市规划法》第一章第三条规定, 城市规划区是指"城市市区、近郊区以及城市行政区内因城市建设和发展需要实行规划控制的区域"。城市规划区的具体范围, 由地方人民政府在编制的城市总体规划中划定。

根据这一规定, 顺德市北滘镇域的规划范围是指北滘、广教、林头、都宁等20个行政村 (街道办事处) 的行政区划范围。即: 北至潭州水道, 与陈村相邻; 东含碧江、桃村, 与番禺相邻; 南以顺德水道为界, 与伦教镇相邻; 西含水口、马村, 与乐从镇相邻。规划区总面积92.21km²。其中, 中心城区的规划范围是指以北滘、林头、广教、三洪奇行政辖区所形成的工业、行政、居住、游憩、交通等功能用途所占有的建设用地。规划至2020年, 中心城区建设总用地18.2km², 约占镇域总面积的19.7%。

北滘建设大厦

二、城镇空间结构

1、空间结构形态的选择

镇域规划空间结构形态考虑的主要因素:

(1)用地的自然条件;

(2)现状城镇的布局特点;

(3)城镇发展所依托的重大基础设施的建设条件及其实施的可能性;

儿童乐园

(4)城镇布局结构对未来发展的适应性。

北滘镇各组成部分相隔一定距离，用地之间多被河流与农业生产用地分隔，加之城镇建设的用地发展方向不一，现状布局结构中"东重西轻"，若成片团状布局，势必加重此矛盾。因此，为了探索城镇空间布局结构的最佳模式；在多方案比较的基础上，以现状城市布局特征为基础，考虑到中心城区范围内供水、供电、垃圾、污水综合处理等基础设施统一服务的可能性，确定采用分片组团式的空间布局结构，形成以中心城区为核心，周围环绕有莘村（西片区）、西滘(西北片区)、碧江（东片区）三个组团的城镇体系结构。其间以河流、生产绿地（以花卉、果木生产为主)作为组团之间的分隔空间，通过便捷的城镇道路相联，形成一个有机协调的城镇结构整体布局。

这种有机分片的组团式城镇结构具有以下优点：

(1)符合各组团发展的客观规律，适应规划区内居民点分布的特点，适应农村城市化的逐步转化与完善。

(2)便于城镇分期、分片建设，提高土地利用率，发展方向可选择性多，适合城镇动态发展的要求。

(3)有利于生态环境保护，实现城乡一体化，避免"城市病"。

(4)中心城区各片职能分工明确，建设发展有重点，辐射半径大。

(5)各组团设施相对完善，居住与就业配置相对平衡，可以减少大量经常性的远距离出行交通。

在中心城区的规划设计中，确定以"一点两翼"的空间模式来组织城镇用地布局，形成简结明朗的城市结构。即以旧城区为节点，经百福公园，垂直于林西路形成城市的行政轴，轴的东北端布局行政中心；围绕行政中心，形成城区东北端的高级住宅区；以旧城区为节点，平行于林港路建商业轴，形成金融商贸区。行政中心区面对旧城区，并通过旧城区，与金融商贸区联系。在金融商贸区以南，是已规划建成的工业园区。

表B-1 北滘镇外来暂住人口统计表(镇域范围)

年份	外来暂住人口(人)	年增长率(%)
1992	20370	
1993	22513	10.5
1994	30683	36.3
1995	35500	15.7
1996	29300	-17.5
1997	31000	5.8
年均增长	2126	10.2

2、中心城区各片区职能分工及发展方向

中心城区作为一个完整的城镇核心，在体现整体性的原则上，各个片区合理分工，高度协调，由方便的交通网络将片区间连为一体。具体的职能分工及规划发展考虑如下：

行政中心：其用地为北滘旧城区与高尔夫球场之间的大部分用地，规划成为全镇的政治中心，集中设置政府管理机关、外来办事机构以及必需的生活居住内容。该区是集行政办公、集会活动、休闲娱乐等功能于一体的独具特色的行政办公用地。在行政中心的两翼，组成城市的高级住宅区，与高尔夫球场、行政中心广场等优美环境相得益彰。

旧城区：其用地为现有北滘镇区的大部分用地。规划在现有建成区基础上，协调新区开发与旧城改造的关系，发挥其原有优势，形成综合性的生活、商贸、文化、居住区。加强城镇生活文化特色的建设、如负有盛名的各种岭南生活文化，居民的生活方式和街巷仍应保留某些传统特色等。同时，要加强现代文化教育设施建设，使旧城区发展成为以法为主，集商贸、文教于一体的综合用地。

金融商贸区：其用地为广教辖区的大部分地区。西以105国道为界，南至三乐路。金融商贸区北承旧城区，南邻工业园区，是中心城区新区建设的一个重要组成部分。金融商贸区大致可分两大部分，一是带状的商业用地，二是商业用地两旁的A、B、C、D四个大的居住区。商业用地规划重点发展第三产业，集中设置银行、证券、保险、邮电机构、信息中心和高层次的商业服务等设施。居住区规划为北滘居民所用的中档生活居住区，此区中布局有城镇体育中心、文化中心及东侧相临的教育科研用地。

工业园区：其用地为三乐路与顺德水道之间的大部分地区。工业园区包括新、老工业区两个部分，形成北滘的主要现代工业科技用地和工业经济基地。该区是全镇通往大良、中山、珠海、澳门的南大门，毗邻顺德水道，是城市的港口，拥有内河集装箱货运码头，陆运和水运交通发达。规划在现有北滘镇的基础上，扩展规模，并建设北滘镇的客运港口，提高水运能力，充分发挥水陆联运、江海直达的优势，以高新技术产业为先导，发挥产业集聚和企业规模效益，建成全镇的经济重心区和对外出口贸易基地。

第九章 城镇绿地系统规划

一、园林绿地现状

1、概况

北滘镇现状园林绿化用地主要有跃进路滨河绿地，蓬莱公园和百福公园。总绿地面积约 8.7hm²，占建设用地的 1.4%，人均 2.1m²，属指标偏低的水准。

2、现状存在的问题

（1）绿化景观单调，主要是道路绿化，缺少成片的景观绿地。

（2）公共绿地少、规模小、人均公共绿地指标偏低，缺少中型以上综合性公园绿地，不能满足群众假日出游的需要。

（3）旧城区建筑密度大，环境质量低，缺少绿地。

（4）镇区内的河滨等地段未能充分利用，对景观缺乏良好组织。

（5）园林绿化事业的发展较工业和城市建设的发展慢，园林绿化的资金和人才投入力度有限，影响园林绿地的建设。

二、规划原则

1、根据北滘的城镇性质和发展目标，绿地规划指标（尤其是公共绿地指标）应达到或超过国家规定的标准。

2、考虑到北滘镇的自然条件，绿地设置应尽量利用现有河滨等空地，建设有特色的城市公共绿地，并增建城镇公园。

3、城镇绿地系统建设应在点、线、面结合的原则下，力求均匀分布于各组团及行政村中，并利用镇域河网密布的自然条件而形成滨河绿地景观。

4、城镇绿地系统应与城镇防洪、防震、供水、供电等走廊地段相结合。

5、城镇绿地系统应与文物古迹、人文景观等内容相结合。

6、城镇绿地应同体育、文化、大型娱乐设施及各单位的绿化内容相结合，同基本农田保护和"桑基鱼塘"的生态农业方式相结合，组成完整的游憩绿地网络。

图 B-7 北滘镇中心城区绿地系统规划图

三、城镇绿地系统布局

1、布局结构：由于北滘的城镇体系规划为组团结构，有较大的郊区农田接触面，具备较好的生态大环境。因此，城镇绿地系统要充分保护和利用现状生态环境特点，以普遍绿化为基调，块状公共绿地为主体，大面积城镇组团隔离绿地为骨架，道路绿化、河网绿化为纽带，形成网络式布局结构。

2、公共绿地：至规划期末，城区人均公共绿地指标争取达到并超过国家标准（GBJ137-90）7.0m²/人的最低指标。作为生态式、现代化的工业小城市发展目标，城市的绿地率应不小于总用地的 35%。

公共绿地的设置应尽量做到均匀分布。除保留、调整已建成的公共绿地外，同时也增加一些地形平坦、适合儿童与老年人活动的游憩公园。

每个行政村要分别设置适当规模的公园、小游园、儿童游戏场和街头绿地等，这些小型公共绿地的人均指标为 1-2 m²。

镇区绿化带

3、道路绿化用地：道路绿化是块状公共绿地的衔接，是生态绿地系统的重要组成部分之一。道路绿化用地规划应达到道路用地的15～25%。

4、防护绿地：

（1）在五大城镇组团之间，利用山地、河流、生产防护绿地（以生产苗木、花卉为主），农业生态区设置隔离绿带，创造自然景观与城市建设相结合的优美环境。

（2）干道防护绿化带：沿城镇对外交通干道、快速交通干道两侧，各营造宽度不小于5m的防护绿化带，地区主干道两侧各设宽度不小于3m的绿化带。

（3）河网防护绿化带：结合河网整治、防洪排涝规划，在河道、沟渠两侧营造宽度不小于10m的防护绿化带。

（4）设置高压线走廊防护绿带。

5、单位内部绿化：机关、学校、医院等单位内部绿化用地，应不低于占地的30%。现代化工业企业应充分利用厂区空地布置花园，创造良好环境。

6、生产绿地：北滘镇的苗木生产场较多，集约化生产花卉苗木，已形成一定规模的生产基地。今后，应充分利用这一优势，在组团之间交通便利的开阔地，形成以生产苗圃、花圃为主的生产绿地区。

7、绿化树种：为突出岭南特色，园林绿化树种应多选择具有亚热带特色的常绿阔叶树和棕榈科植物。（树种名录略）

四、园林绿化指标

根据北滘镇实现城乡融合及建立生态式城市的发展目标，参照顺德市的规划标准，北滘镇中心城区的园林绿化规划达到以下指标：

1、城镇绿化覆盖率近远期达到30～35%，远期40～45%，人均公共绿地面积近期达到8m²以上，远期为12m²以上。

2、城镇新建区的绿化面积应不小于总用地的30%，改建旧城区的绿地面积不小于总用地的25%。

3、街道绿化普及率达100%，城市干道绿化面积不小于

道路总用地的15%，一般路段都应形成林荫路绿化系统。

4、规划的各公园绿地分布均匀，设施齐全，维护良好，绿地率应达70%以上。

五、有关实施措施

1、城镇绿化应在普遍绿化的同时，抓好重点地段绿化；如主要街道两侧、公共建筑前和城镇出入口处，都是反映城镇风貌的"门面地段"。其道路、建筑可与花坛、花境、喷泉等小品结合，并突出亚热带植物风光和花乡特色。

2、结合城区新建和旧城改造，开发建设一片，绿化一片，保证城镇绿地配套实施。

3、公共绿地建设，近期以中心城区公园为主。

4、加强园林专业队伍建设，注重人才引进与培训，提高绿化管理水平。

5、建立园林绿化管理制度，通过提高管理水平，加强维护，严罚重赏相结合等手段，维护好城镇园林绿地。

6、多渠道筹集园林绿化建设经费，使建设费用得以保证。

第十一章　环境与基本农田保护规划

良好的生态环境是促进城镇经济建设、保护人民身体健康的重要因素，也是实现城市可持续发展的要求。随着北滘镇社会经济建设的进一步发展，应加强对水体、大气、土地、山林和城镇功能用地的环境整治，有效地控制各类污染源和治理噪音源，造就一个花园式的工作和生活环境。实现"创造城乡一体的现代化生态型工业小城市"的规划目标。

一、环境质量现状

根据顺德市环境保护局《1994年顺德环境状况公报》显示的监测结果如下：

1、大气环境质量现状

降尘是顺德市域影响城市大气环境质量的主要污染因子。根据大气环境综合评价结果，全市各镇区污染指标在0.70～1.04之间，大都属于轻污染级。北滘镇也属于轻污染级。

2、地面水环境质量现状

根据1994年顺德市环保监测站对市内主要河道监测结

果，与北滘镇相关的顺德水道、顺德支流的20个水质监测项目全部达到二类标准。水质综合评价指数为0.34，属较清洁级。但是，由于缺乏污水处理厂，镇区生活污水未经处理就直接排入镇区水体，造成北滘镇内河涌污染严重。

3、环境噪声污染现状

环境噪声声源主要是生活噪声和交通噪声。由于全市性交通主干道（105国道）横穿北滘镇，交通干道和生活干道职能不清，上下班时间经常造成105国道的拥护和堵塞，形成较集中的交通噪声污染。此外，居住区内住宅间距过小，绿化空间少，缺乏有效隔离，形成一定的生活噪声污染。

4、工业污染源

北滘镇的工业以轻工业为主，工业污染问题较轻。部分污染较严重的企业，根据所产生的废物性质不同，自行建造处理装置。主要有：美的风扇厂的磷化废水处理系统，美的电饭煲制造有限公司的铝氧化及脱脂污水处理设施，蚬华风扇厂的电镀化废水处理系统，兴顺食品发展有限公司的有机废水处理系统。经处理后废水均能达到省二级排放标准。

二、现状存在的问题

1、现状北滘镇无污水处理厂，部分工业和全部生活污水直接排入附近河流，对河水造成一定污染。特别是内河，污染较为严重。如不及时采取措施，今后对水体及周围环境的污染将更加严重。

2、部分居住区生活噪音污染较严重。其原因一方面是忽视了住宅建设噪音污染的管理，另一方面是住宅间距小，绿地少，绿化隔离不佳所致。

3、由于城市交通干道和生活干道职能分工不清，造成机动车与非机动车混行，人车混行，经常出现机动车、非机动车与行人抢道，导致车辆鸣号频繁，在105国道形成较集中的交通噪声污染源。

4、部分工业和生活垃圾无组织排放，随意倒在路边，造成河道污染和市容问题。

三、规划原则

1、以北滘镇总体规划区域的水面、河流及土地使用功能为基础，全面考虑镇域的环境保护问题。

2、以《中华人民共和国环境保护法》及有关条例、法规为指导思想和主要依据。

3、根据北滘镇自然条件及发展要求，对水源、基本农田保护区和水域生活岸线等加以保护。

镇区街道绿化

四、环境质量保护分类

为使城镇发展建设的同时能够做到保护和提高环境质量，按照国家有关规定和标准，对环境质量进行分类，便于规划建设中执行。

1、大气环境质量分类

北滘镇域范围内的大气环境质量标准为国家二级标准。其中城镇居民生活区按广东省标准划为一类控制区，大片工业集中的地区划为二类控制区，执行二级排放标准。

2、地面水环境质量分类

按照国家《地面水环境质量标准》（GB3838-88）和广东省《水污染物排放标准》（DB4426-89）的有关要求，规划区范围内河网水域的水质和功能分类如下：

（1）镇区集中生活饮用水源地，按Ⅱ类水质标准控制的河段，包括作为使用水源的顺德水道。水厂周围分别设置饮用水源一级保护区（取水口上、下游各2km范围内的水域及其两岸向陆地纵深200m范围内的陆域）饮用水源二级保护区（一级保护区水域外、上、下游再延伸2km的水域及其两岸向陆地纵深100m范围内的陆域）和准保护区（除一、二级水源保护区范围以外的水域及其两岸向陆地纵深50m范围的陆域）。一级保护区的水质标准为Ⅱ类，排放标准严格按照广东省《水污染物排放标准》中特殊控制区的规定执行；二级保护区水质标准为Ⅱ-Ⅲ类，排放标准按一类控制区的规定执行；准保护区水质标准为Ⅲ类，划为二类控制区，执行二级排放标准。

（2）部分河道划为一般工业用水和非集中供水水源地，将来可容纳一定量污水，按Ⅲ类水质控制。主要有：潭洲水道和陈村水道，划为三类控制区，执行三级排放标准。

（3）镇区的雨水排放承接体，即镇区的主要内河，水质标准为Ⅲ-Ⅳ类，划为二类控制区，执行二级排放标准。

老人休憩地

柳阁相映（碧江荫老院）

3、环境噪声标准分类

按照国家《城市区域环境噪声标准》(GB3096-93)中的规定，将北滘镇区环境噪声分为四类：

(1) 1类区：居住区和文教区

(2) 2类区：商业中心和城区中心

(3) 3类区：工业区

(4) 4类区：主要交通干线两侧区域

五、环境规划与对策

1、大气环境

影响大气环境质量的主要因素是能源结构、污染物排放量和气象条件。北滘的大气污染属于轻污染级，工业区内无重大的污染企业，大气污染问题不严重。在以后工业项目的选项上应严格控制，合理规划，防止污染源的产生。

2、地表水环境

作为饮用水源的顺德水道划定为水源保护区进行保护，两岸设置绿化隔离带，保证水源水的水质标准和卫生防护符合国家《生活饮用水卫生标准》(GB5749-85)的各项规定。

镇区内河及河涌应结合清淤、拓宽整治工作，加强沿岸绿化带建设，整治污染源。

全镇规划设污水处理厂1处，污水处理站6处，全部生活污水和工业污水，经处理达标后排入自然水体或重复利用。

3、降低噪声污染

(1)进入城区的所有车辆，不得随意鸣笛，在特殊居住区、文教区、政府办公区及公园一带，禁止使用喇叭。应加强管理，配合交通规划，严格执行。

(2)调整、改造城镇道路网，理清交通干道和生活干道的职能，拓宽取直部分旧城区交通干道，重点地段适当扩大街巷。

(3)加强对外交通干道、城镇道路两侧绿化隔离带的建设。

(4)完善市政设施建设，取消各部门、私人的小型发电机、抽水泵等，消除噪声污染源。

(5)结合旧城改造，对旧城区内的一些噪声大，扰民严重的工厂实行关、停、并、转、迁措施。保留的工厂要按噪声标准控制。

(6)对居民区周围的建筑施工，实行严格的生产时间控制。不准或限制使用噪声大的施工方法或机械。

4、工业污染防治

工业污染包括废水、废气、废渣。除了污染较严重的几个企业自行设置废水处理系统外，部分工业废水可排入城区下水道，经镇污水处理厂处理达标后统一排放。规划期内的工业建设，应抓好产业调整，减少低质高污染的产业，发展电子通讯，机电一体化等高新技术产业，从根本上解决污染源的问题。其次，还应发挥集聚效应和规范效应，以利于污染物的集中治理。

5、强化环境管理，运用法律、行政、技术和经济手段，加强环境监督，完善环境监测系统。

6、城镇垃圾处理(详见第十二章中环卫规划部分)

六、基本农田保护

为实现北滘镇"城乡融合、生态健全"的规划目标，镇域基本农田保护工作与城镇建设工作同等重要，应同步进行。

本规划划定的基本农田保护区范围，是镇域"三高"农业的基本用地界线，任何集体、个人的建设行为均不得侵占该用地。

加强农田生态环境的管理和建设，防止土壤污染；任何因工业发展、城市建设因素对保护区内农田的侵蚀和污染行为，应严格制止。

保护基塘生态，定期清塘培塘，防止基崩塘浅和鱼塘水体富营养化。

保护山林、河道的自然生态，大力植树造林。正确引导花卉、苗木种植业的发展，协调其与农田建设的关系，优化种植结构，实现农业的综合效益。

保护农田生态景观，保护和继承地域传统基塘农业文化的可持续特色，为镇域的社会经济建设和发展增强活力。

案例C：

广州市城市绿地系统规划 (市域与中心城区　2001-2020年)

项目概况与案例分析

广州是一个拥有近千万人口的特大城市，历史上曾有"花城"的美誉，是中国"南大门"和华南地区的政治、经济、科技、教育和文化中心。因此，广州的城市绿地系统规划工作，涉及面广，影响面大，是一个非常复杂的超大型系统工程。

早在10年前，广州市园林局就开始计划编制一部能够用以指导城市园林绿化建设工作的绿地系统规划。但由于机构调整等种种原因，一直未能如愿。1999年4月，广州市政园林局向市政府申报启动编制《广州市城市绿地系统规划》的工作计划，经林树森市长和李卓彬副市长审阅后，市府办公厅1999年5月4日复文原则同意。经有关部门进一步协调后，2000年4月7日，广州市规划局致函市市政园林局(穗规城乡[2000]67号)，依照《广州市城市绿化管理条例》的规定，请市政园林局组织开展绿地系统规划编制工作。4月24日，市建委下文(穗建城复[2000]110号)，要求由市政园林局牵头组织编制《广州市城市绿地系统规划》。

2000年5月16日，李卓彬副市长批复了市政园林局关于成立绿地系统规划编制工作班子的请示。2000年6月，广州市城市绿地系统规划办公室正式运作。7月，规划办公室组织了包括各区园林办、绿委办和高校、科研机构的干部、专家、学生及工作人员150多人，开始进行全市绿地系统现状调研。

2000年6月，国务院批准番禺、花都撤市建区，纳入广州市行政辖区。2000年8月17日，李卓彬副市长在松园宾馆主持召开"广州市城市绿地规划工作会议"，对有关规划工作进行现场指导和进一步动员。2000年10月，广州市中心城区绿地现状调研工作基本完成，规划办开始组织专家和有关单位进行城市绿地现状分析，同时组织开展了两项基础课题研究：

① 中心城区生态绿地系统规划布局模式研究；

② 城市空间拓展对城市绿地布局需求的研究。

2001年1月，规划办公室完成了中心城区绿地系统规划的初步成果；2月5日，召开了第一次专家论证会，讨论规划初审稿方案。2001年1月11日，市政府在中山纪念堂召开"广州市城市绿化工作会议"，林树森市长和李卓彬副市长到会讲话。会前，林市长听取了有关绿地系统规划工作进展情况的简要汇报，并且浏览了中心城区绿地系统规划的初审稿。3月，规划办公室在全市绿化委员会扩大会议上，汇报绿地规划的初步成果和基本构思，听取市领导的指示和各方面的意见。此后数月内，规划办又组织召开了多次专家座谈会、论证会，对有关的规划内容进行认真研究和论证。5月，番禺区绿地系统规划工作启动。

2001年8月17日，李副市长在市规划局编研中心召开现场办公会议，听取绿地系统规划工作进展情况的汇报，并要求在2002年春节前完成中心城区的规划成果编制，提交专家组论证。此后，再按有关程序上报审批、实施。

2001年10～11月，市政府组织了"国际花园城市"竞赛(Nations in Bloom)申报代表团，李卓彬副市长亲任团长；绿规办李敏博士参加了大赛演讲答辩。竞赛评选结果，广州市赢得铜奖，成为世界上人口最多的"国际花园城市"。

2001年12月15日，林树森市长在广州白云山庄主持召开"国际花园城市"参赛总结会。会上，林市长关切地询问了绿地系统规划的编制情况。2002年1月23日，李卓彬副市长在市政府主持办公会议，听取广州市城市绿地系统规划编制成果的情况汇报，提出要编制一份既有先进理论支持，又符合国家规范要求，同时便于实际操作的城市绿地系统规划。2002年1月底，《广州市城市绿地系统规划》(市域与中心城区)送审稿和番禺区规划初稿编制完成，分别提交给市政府领导、各有关部门和专家组征求意见。同时，花都区绿地系统规划编制工作启动。

2002年2月1日，在番禺宾馆召开了《广州市城市绿地系统规划》(市域与中心城区·送审稿)专家论证会。来自市建委、

天河花会

国际花园城市－广州

市计委、市规划局、市市政园林局、市环保局、广东园林学会、华南农业大学、中国林业科学研究院热带林业研究所、市城市规划自动化中心规划设计所、市园林科学研究所等单位的领导和专家共30余人出席了会议。专家们认真听取了规划办公室和参编单位所做的规划工作情况介绍，审阅了有关的规划文件，经过认真讨论，形成了以下主要论证意见：

1、该规划成果是在广州市委、市政府的高度重视与直接领导下，经过全市城市规划与园林绿化主管部门及其相关单位近2年的积极努力和密切协作完成的，是广州历史上第一部城市绿地系统专项规划。整个规划所涉及的内容全面，覆盖范围广，对于促进广州未来城市的可持续发展，具有重大而深远的意义。

2、该规划所依据的指导思想先进，现状调查深入细致，成果数据翔实可靠；规划中所运用的卫星遥感分析、城市热岛与热场研究、计算机图层叠加、规划绿地属性数据库等工作方法与技术，均达到了国内外同行业的先进水平。特别是该规划通过前期研究提出的"开敞空间优先"和"生态优先"的规划指导思想，能够与《广州市城市发展总体战略规划》相匹配，较好地协调解决了经济快速发展与加强生态保护之间的矛盾。

3、该规划所提出的市域绿地系统空间结构，符合广州市的实际情况和城市发展需要；尤其是对于南部与北部的生态敏感区的划定，非常重要。绿地系统规划指标体系合理，符合国家与省市有关法规的要求和2001年5月《国务院关于加强城市绿化工作的通知》精神；规划内容全面，符合建设

部下达的有关基本要求。规划中提出的城市绿线管理方法与控制图则在全国领先，城市绿化植物多样性规划中所提出的树种基本原则正确，对于绿化苗木生产及新品种的应用规划非常及时，可以指导今后相当一个时期全市园林绿化工作。同时，该绿地系统规划工作中不断完善的技术方法，也为提高规划的可操作性奠定了良好的基础。

4、与会专家一致认为：该绿地系统规划的编制成果符合国家有关法规与技术规范要求，与城市规划的相关内容衔接较好，可以依法纳入城市总体规划贯彻实施，为广州建设生态型山水城市和国际花园城市提供了科学的规划管理基础，同意作为一个重要的城市专项规划工作成果上报市政府审批。

会后，规划办公室又将规划成果文件(送审稿)分送市人大城乡建设与环境资源保护委员会、市计划委员会、市建设委员会、市城市规划局、市市政园林局、市国土资源与房屋管理局、市环境保护局、市林业局等有关部门征求意见。回收反馈意见后，认真进行研究，并在国家建设部有关领导和专家的指导下，对规划文件作了进一步修改完善，依法报批。2002年6月28日，该规划通过了国家建设部专家组的评审验收。2003年3月，广州市政府批准该规划纳入城市总体规划贯彻实施。

本案例的特点之一，是城市绿地系统规划与城市总体规划修编准备工作同步进行，充分贯彻了"生态优先"、"开敞空间优先"的规划理念。由于行政区划调整和一些特殊的历史原因，20世纪90年代进行的广州市城市总体规划修编方案未获国务院批准，给本次绿地系统规划的工作前提条件造

麓湖公园聚芳园

成了很大的困难。特别是在城市绿化用地问题上，规划绿地与以往实际已批出的城市建设用地和国土部门编制的《土地利用总体规划》产生了诸多矛盾。然而，正象世间万物的运动都具有两面性一样，在协调、平衡与解决各种矛盾的过程中，本规划又使"生态优先"城市发展理念得到较好地落实，从而为21世纪新一轮的城市总体规划修编提供了相关的工作基础。这在我国现行的城市规划编制体系中，是应用"开敞空间优先"规划方法的创新实践。

本案例的特点之二，是规划内容全面，覆盖了从总体规划、分区规划到详细规划等多个工作层次，与国家建设部城建司发布的《城市绿地系统规划编制技术纲要》(初稿)[建城园函(2001)73号]要求的工作内容基本相符，并充分结合了本地的实际情况。在规划成果的编辑结构上，也做到了重点突出、层次分明，与现行的城市规划管理的政策框架相协调，使理论创新与依法行政相统一。因此，该规划具有较强的可操作性，有利于政府主管部门全面统筹城市园林绿化行业的各项发展，并大大缩短了从规划编制到指导实践之间的时间。这种方法，对于传统的城市绿地系统规划编制模式而言，也是一次突破。

本案例的特点之三，是在编制工作组织上，采取了政府部门主导，科学研究先行，多个规划设计与专业单位分项目合作、多层次参与，既充分体现政府意志，又广泛汇集专家和民间智慧，将协调城市绿化用地等复杂矛盾的难题放在一个相对集中的规划过程中解决。同时，尽量运用先进的科技手段辅助规划决策，最大限度地实现了理论与实际相结合、现实与理想相衔接。

李卓彬副市长(左一)亲临指导广州市绿地系统规划

项目领导：

李卓彬 (广州市人民政府副市长)

邓汉英 (广州市建设委员会副主任、巡视员)

赵庆华 (广州市市政园林局局长)

王蒙徽 (广州市城市规划局局长)

江镜洪 (广州市人大城建环资委副主任、原市政园林局局长)

施红平 (广州市城市规划局党委书记、原局长)

主编单位：

广州市城市绿地系统规划办公室

主　任：吴劲章 (广州市政园林局副局长、巡视员)

副主任：李　敏 (广州市政园林局副总工程师、规划组长)

　　　　段险峰 (广州市城市规划编研中心副主任)

参编单位：

广州市市政园林局，广州市城市规划局

广州市各行政区城市规划分局、园林绿化管理办公室

广州市番禺区、花都区市政园林局

广州市城市规划自动化中心规划设计所

广州园林建筑规划设计院

广东省城乡规划设计研究院

广州市番禺城镇规划设计室

广州市奥图地理信息有限公司

中国林业科学研究院热带林业研究所

广州市园林科学研究所，华南农业大学林学院

规划文本

第一章　总则

第一条　为发展广州的城市绿化事业，加强城市环境建设，保护和改善生态环境，增进市民身心健康，提高城市规划与园林绿化建设管理水平，促进城市可持续发展，根据国家有关法律、法规和政府文件，结合本市实际编制本规划。

第二条　本规划所界定的规划区范围与现状市区行政范围相同，即：市域面积7434.4km²，包括十个行政区和两个县级市，其中，荔湾、越秀、东山、天河、海珠、芳村、黄埔、白云八个区统称为"中心城区"，面积1443.6km²。其中，环城高速公路以内市区称为"核心城区"，荔湾区、越秀区和东山区合称为"旧城中心区"。

第三条　本规划的适用年限与《广州市城市建设总体战略规划》一致，为2001～2020年。

第四条　规划编制依据：

● 《中华人民共和国城市规划法》(1990年)；

● 《中华人民共和国土地管理法》(1986年颁布，1998年修订)；

● 《中华人民共和国环境保护法》(1989年)；

● 中华人民共和国国务院：《城市绿化条例》，1992年；

● 中华人民共和国国务院《关于加强城市绿化建设的通知》，国发[2001]20号；

● 中华人民共和国建设部：《城市绿化规划建设指标的规定》[1993]784号；

● 中华人民共和国建设部：《国家园林城市评选标准》，2000年；

● 中华人民共和国建设部：《城市古树名木保护管理办法》，建城[2000]192号；

● 广东省人大常委会：《广州市城市绿化管理条例》，1996年；

● 广东省人大常委会：《广州市公园管理条例》，1997年；

● 广东省人大常委会：《广东省城市绿化条例》，1999年；

● 广州市人民政府：《广州市城市建设总体战略规划》（2001～2020年），2001年10月；

● 广州市人民政府《广州市土地利用总体规划》(1997～2010年)

● 广州市人民政府：《广州市79个分区规划》（1995～2020年）；

● 广州市城市规划局：1997年～2001年市区范围内所编制的各类专项规划和局部地区规划；

第五条　规划目标：

在21世纪，广州市城市绿地系统规划建设的目标是"翠拥花城"；基本思路为："云山珠水环翡翠，古都花城铺新绿"；即：

● 充分利用广州山水环抱的自然地理条件，按照生态优先的原则和可持续发展的要求，构筑城市生态绿地系统的空间结构；

● 积极发展各城市组团之间的绿化隔离带，实施"森林围城"和"山水城市"建设战略；

● 努力构筑"青山、碧水、绿地、蓝天"的景观格局，将广州建设成为国内最适宜创业和居住的国际化、生态型华南中心城市。

第六条　规划原则：

● 依法治绿：以国家和省、市各项有关法规、条例和行政规章为准绳，以《广州市土地利用总体规划》(1997～2010年)

花城花海

和2001年10月市政府批准的《广州市城市建设总体战略规划》为基本依据，充分贯彻"以人为本"的规划理念，为市民构筑适宜创业发展和安居的人居环境，建设山水型生态城市。

● 生态优先：要高度重视环境保护和生态的可持续发展，合理布局各类城市绿地，保护古树名木与名胜古迹等历史遗产和景观资源；要进一步加强中心城区南部生态果园、西部花卉生产区和东北部白云山系林地的规划建设，加强绿化建设管理和投入，保障城市发展过程中经济、社会、环境效益平衡发展。

● 系统整合：要改变传统的单因单果的链式思维模式，以系统观念和网络式思维方法为基础，综合考虑与平衡城市生态建设与城市发展之间的诸多问题与矛盾，使规划能符合城市社会、经济、自然系统各因素所形成的错综复杂的时空变化规律。

● 因地制宜：要结合城市的自然地理特征，充分利用白云山、珠江、流溪河等自然资源，合理引导城市功能空间与自然生态系统的发展；城市绿地布局要做到"集中与分散相结合"、"地面绿化与空间绿化相结合"，在重点发展各类公共绿地的基础上，加强居住小区与道路绿化、城市组团隔离绿地和近郊生态景观绿地的建设，构筑多层次、多功能、多类型的生态绿地系统。

● 城乡结合：市域城乡同属一个"社会－生态复合系统"，要重视城乡整体功能的完善和协调，确保两者能平衡发展；要加强区域合作，努力建构有利于维系区域生态平衡的

城乡一体化绿地系统。

● 整体协调：绿地系统规划应当兼顾城市发展过程中社会、经济和自然资源的整体效益，尽可能公平地满足不同地区和不同代际人群间的发展需求；统一规划，分步实施，着重研究近中期规划，寻求切实可行的绿地建设与绿线管理模式。

第七条　城市绿线管理：

7.1 城市绿线，是指依法规划、建设的城市绿地边界控制线。城市绿线管理的对象，是城市规划区内已经规划和建成的公共绿地、防护绿地、生产绿地、附属绿地、生态景观绿地等各类城市绿地。

7.2 根据国家有关法律和行政规章，城市绿线由城市绿化与城市规划行政主管部门根据城市总体规划、城市绿地系统规划和城市土地总体利用规划予以界定；主要包括以下用地类型：

● 规划和建成的城市公园、小游园等各类公共绿地；

● 规划和建成的苗圃、花圃、草圃等生产绿地；

● 规划和建成的(或现存的)城市绿化隔离带、防护绿地；

● 城市规划区内现有的风景林地、果园、茶园等生态景观绿地。

● 城市行政辖区范围内的古树名木及其依法规定的保护范围、风景名胜区等；

● 城市道路绿化、绿化广场、居住区绿地、单位附属绿地；

7.3 依照国家有关法规的要求，结合广州的实际情况，城市绿线管理的基本要求如下：

● 城市绿线内所有树木、绿地、林地、果园、茶园、绿化设施等，任何单位、任何个人不得移植、砍伐、侵占和损坏，不得改变其绿化用地性质。

● 城市绿线内现有的建筑、构筑物及其设施应逐步迁出。临时建筑及其构筑物应在二至三年内予以拆除。

● 城市绿线内不得新建与绿化维护管理无关的各类建筑。在绿地中建设绿化管理配套设施及用房的，要经城市绿化行政主管部门和城市规划行政主管部门批准。

● 各类改造、改建、扩建、新建建设项目，不得占用绿地，不得损坏绿化及其设施，不得改变绿化用地性质。否则，

规划部门不得办理规划许可手续，建设部门不得办理施工手续，工程不得交付使用，国土部门不得办理土地手续。

● 城市绿线管理在实际工作中，除城市绿地系统规划要求控制的地块以外，还须根据局部地区城市规划建设指标的要求实施城市绿地建设。

● 城市绿化、规划和国土行政主管部门每年应对城市绿线的执行情况进行一次检查，检查结果应向市政府和市人大常委会做出报告。

7.4 在城市绿线管理范围内，禁止下列行为：

● 违章侵占城市园林绿地或擅自改变绿地性质；

● 乱扔乱倒废物；

● 钉拴刻划树木，攀折花草；

● 擅自盖房、建构筑物或搭建临时设施；

● 倾倒、排放污水、污物、垃圾，堆放杂物；

● 挖山钻井取水，拦河截溪，取土采石；

● 进行有损城市园林绿化和生态景观的其它活动。

7.5 在城市绿线内的尚未迁出的房屋，不得参加房改或出售，房产、房改部门不得办理房产、房改等有关手续。绿线管理范围内各类改造、改建、扩建、新建的建设事项，必须经城市园林绿化行政主管部门审查后方可开工。

7.6 因特殊需要，确需占用城市绿线内的绿地、损坏绿化及其设施、移植和砍伐树木花草或改变其用地性质的，市政府行政主管部门应会同省、自治区政府城市园林绿化行政主管部门进行审查，并充分征求当地居民、人民团体的意见，组织专家进行论证，并向市人民代表大会常务委员会做出说明。

7.7 因规划调整等原因，需要在城市绿线范围内进行树木抚育更新、绿地改造扩建等项目的，应经市城市绿化行政主管部门审查，报市人民政府批准。

7.8 凡涉及到市域内林地、林木的管理事宜，应按国家、省、市有关林业的法律、法规执行。

第二章　城市绿地系统总体布局

第八条 市域绿地系统布局结构

8.1 城市空间结构发展概略：21世纪的广州，必须确立"生态优先"的城市建设战略，寻求一种既能应对发展

广州市新城市中心绿轴规划

挑战又能解决环境问题的城市发展模式。以广州市域"山、城、田、海"并存的自然基础，构建"山水城市"的框架，最大限度地降低开发与资源保护的冲突，减低对自然生态体系的冲击。构筑生态廊道，保护"云山珠水"，营造"青山、名城、良田、碧海"的生态城市。

8.2 城市空间结构：广州未来的城市空间结构规划为"以山、城、田、海的自然格局为基础，沿珠江水系发展的多中心组团式网络型城市"。

8.3 市域绿地空间形态：

● 北部山林保护区，包括花都、从化、增城三个组团，绿地内容主要有森林公园、自然保护区、水源涵养林等，是实现"森林围城"战略的关键地区。

● 都会中心区，包括中部、东部、西北部等三大组团，是广州的历史、文化、政治、经济中心，已有多年的建设历史。其绿地系统建设应注重空间秩序的建立与人居环境的营造，并结合历史文化及休闲旅游加以发展。

● 都市发展主干区域，包括市桥、南沙两大组团，为低密度的开敞建设区，应注意建设江海生态景观绿带及组团绿化隔离带。

● 南部滨海开敞区，绿地形态主要有滨海生态保养区、滨海园林区和都市型生态农业区等。

8.4 市域生态廊道布局：规划以山、城、田、海的自然特征为基础，构筑"区域生态环廊"、建立"三纵四横"的"生态廊道"，建构多层次、多功能、立体化、网络式的生态结构体系，构成市域景观生态安全格局。

8.5 "区域生态环廊"：即要在广佛都市圈外围，通过

广州市旧城中心区绿轴规划

市花映名楼

区域合作建立以广州北部连绵的山体，东南部（番禺、东莞）的农田水网以及顺德境内的桑基鱼塘，北江流域的农田、绿化为基础的广州地区环状绿色生态屏障——生态环廊，从总体上形成"区域生态圈"。

8.6 "三纵"，即三条南北向的生态廊道，自西向东依次为：

● 西部生态廊道南起洪奇沥水道入海口，穿过滴水岩、大夫山、芳村花卉果林区，北接流溪河及北部山林保护区；

● 中部生态廊道南起蕉门水道入海口，经市桥组团与广州新城之间生态隔离带、小洲果园生态保护区，向北延伸至世界大观以北山林地区；

● 东部生态廊道南起珠江口，经海鸥岛、经济技术开发区西侧生态隔离带至北部山林地区。

8.7 "四横"，即四条东西向生态廊道，自北向南依次为：

● "江高——新塘生态廊道"，沿华南路西北段与规划的珠三角外环之间的生态隔离带向东延伸至新塘南岗组团东北部山林地区；

● "大坦沙——黄埔新港生态廊道"，以珠江前、后航道及滨江绿化带为主，顺珠江向东西延伸；

● "钟村——莲花山生态廊道"，西起大石、钟村镇西部的农业生态保护区，经以飞龙世界、香江动物园、森美反斗乐园为基础的中部山林及基本农田保护区，向东经化龙农业大观、莲花山，延伸至珠江；

● "沙湾——海鸥岛生态廊道"，沿沙湾水道和珠三角环线及其以南大片农田。

8.8 市域城市组团间绿化隔离带，主要包括：

● 沿市域边界与其他城市隔离的山体、农田、沿江绿化带；

● 各大片区之间由山体、沿江绿化带、农田、大型绿地构成的绿化隔离带；

● 以"三纵四横"为主体构成的都会区小组团绿化隔离带，以及南沙片区内部、南沙经济技术开发区与黄阁镇之间的绿化隔离带。

8.9 市域生态环境建设要求：

● 市域内城市规划与建设，要当充分满足生态平衡和生态保护的要求，尽量降低建筑密度和容积率、拓展城市公共活动空间、增加市区公园与绿地等措施实现生态环境的改善，营造良好的生活社区。规划建设具有岭南园林与建筑风格特色、人文景观与自然景观形神相融的山水城市，加大环境保护的投资力度。

● 要有效控制对传统农业耕作区、自然村落、水体、丘陵、林地、湿地的建设开发，尽量保持原有的地形地貌、植被和自然生态状况，营造良性循环的生态系统，保护和改造"绿脉"，建设好城市北部的生态公益林、森林公园、流溪河防护林、天河绿色走廊，建立和完善城市组团之间、城市功能区之间的生态隔离带。推广生态农业，提高农田防护林网建设质量和防护效益。

● 要坚持资源合理开发和永续利用，对重大的经济政策、产业政策进行环境影响评估，有效防止城市化建设过程中的生态破坏；提倡对资源的节约和综合利用，鼓励绿色产业的发展；加强重要生态功能地区的生态保护，防止生态破坏和功能退化；加强石矿场整治垦复，合理开发利用滨海滩涂，保护海洋与渔业资源；保护生物物种资源的多样性和生物安全。

8.10 市域生态保护区规划：在流溪河、东江、沙湾水道三个水源保护区种植水源保护涵养林，在从化市东北部、花

流花湖公园

都区北部、番禺区西部设森林公园；在新机场以南设城市森林公园；番禺南部临海区设红树林保护区；将海珠区东南部和番禺区东北部规划为"都市绿心"。市域东部、西北部为基本农田保护区。

第九条　城市绿化建设指标规划

广州市中心城区绿化建设指标总体规划为：2005年建成区绿地率、绿化覆盖率和人均公共绿地面积分别达到33%、35%和10 m²，2010年上述指标分别达到35%、40%和15 m²，2020年上述指标分别达到37%、42%和18 m²。

第十条　中心城区绿地系统布局

10.1　广州市中心城区绿地系统的规划布局模式可概括为："一带两轴、三块四环；绿心南踞，绿廊导风；公园棋布，森林围城；组团隔离，绿环相扣。"

10.2　一带两轴、三块四环：

● "一带"，即沿珠江两岸开辟30～80m宽度的绿化带，使之成为市民休闲、旅游、观光的胜地，体现滨水城市的景观风貌；

● "两轴"，即沿着新、老城市发展轴集中规划建设公共绿地，以期形成两条城市绿轴。其中，老城区的绿轴宽度为50～100m，新城区的绿轴宽度为100～200m；

● "三块"，即分布在中心城区边缘的三大块楔形绿地，即：白云山风景区、海珠区万亩果园和芳村生态农业花卉生产区；它们是广州中心城区的"绿肺"；

● "四环"，即在城市主要快速路沿线建设一定宽度的防护绿带，作为城市组团隔离带和绿环风廊。其基本规划要求为：内环路10～30m、外环路30～50m、华南快速干道及广园东路50～100m、北二环高速公路300～500m。

10.3　绿心南踞，绿廊导风：在中心城区的东南部的季风通道地区，规划预留控制和建设巨型绿心，包括海珠果树保护区、小谷围生态公园、新造－南村－化龙生态农业保护区等，总面积达180km²。同时，沿城市主要道路两侧建设一定宽度的绿地，使之成为降低热岛效应、改善生态条件的导风廊道。

10.4　公园棋布，森林围城：以公园为主要形式大量拓展城市公共绿地，使城市居民出户500～800m之内就能进入公园游憩，让"花城"美誉名副其实，造福于民。在市区的西北和东北部，规划以现有林业资源为依托，建设好水源保护区与森林游憩区。同时，在南部平原水网地区，大力推动海岸防护林、农田防护林网与生态果林区的建设，使之成为城市的南片绿洲。

10.5　组团隔离，绿环相扣：规划在整个城市的各组团之间预留和建设较宽阔的绿化隔离带。同时，要将市区周边的山林、河湖景观引进城市，充分体现山水城市的特色。在河湖水体、公路铁路两旁，要按标准设立防护林带。在城市东北部、西部、北部、南部，要结合郊区大环境绿化，把丘陵、平原、河涌、道路绿化和公共绿地连结成网，组成系统，实现绿树成荫、鲜花满城的生态绿地系统。

10.6　中心城区的绿地系统景观构架规划为：

● 保护"越秀山－中山纪念碑－中山纪念堂－市政府大楼－人民公园－起义路－海珠广场"的城市传统中轴线；

● 逐步建设"燕岭公园－铁路东站－中信广场－天河体育中心－珠江新城－琶洲岛－海心沙新客运港"城市新中轴线。

● 整治美化珠江两岸，建设风光旖旎的珠江风景旅游河段；

● 综合规划沿江出海口岸线，解决好人文景观、河港生产运输与自然风光的融洽和谐；形成城市中轴线与珠

珠江绿带夜景

参加2001年度国际花园城市竞赛获胜的广州代表团主要成员(从左到右): 李 敏、梅 叶、李卓彬(团长)、贾兰兰、古石阳、仲伟合、郑 钧

竞赛演讲答辩选手(从左到右): 李敏、贾兰兰、仲伟合

江构成的"一横两纵"城市景观构架。

● 合理调整白云山风景名胜区的林相结构, 沿山麓建设绿化休闲带, 实现"山上多绿、山下多园"的建设目标, 增强其自然生态功能;

● 充分借助云山、珠江、滨海衬托的特色优势, 重点建设一批标志性建筑和高水平的绿地, 构筑城市新景观, 提升城市的文化艺术品位。

第三章　城市绿地建设规划

第十一条　城市绿地分类发展规划

11.1 公共绿地: 应在充分保护和利用好市区内现有公共绿地的前提下, 按以下要求规划布局新增公共绿地:

(1) 充分考虑合理的服务半径, 力求做到大、中、小型公共绿地均匀分布, 尽可能方便居民使用。根据广州市区的现状条件, 市级公园服务半径宜为2000m, 区级公园服务半径宜为1000m, 居住区级公园和街道小游园宜为300~500m。

(2) 在珠江前、后航道布局节点绿地, 在前航道广州大桥以东和后航道布局建设连续绿化带, 宽度为100~300m; 在流溪河市区段两侧规划建设100~300m宽的绿化带, 在市区主要河道两侧规划建设30~50m宽的绿化带;

(3) 在旧城区中轴线分布节点绿地, 在新城市中轴线形成宽度达100~200m的连续绿廊;

(4) 将白云山风景区逐步建成城市公园群; 在海珠果园保护区、芳村花卉生产区范围内, 适量建设若干以自然景观为主的生态郊野公园;

(5) 在市区内环路沿线出入口10~50m范围内建设节点绿地, 市区内的高速公路、快速路入口处规划建设面积大于400m²的节点绿地, 沿城市主干道每隔500~1000m建设节点绿地;

(6) 在重要文物古迹和城市广场附近增辟公共绿地;

(7) 积极发展城市公园和郊区森林公园; 市属各区都要建设2~3个面积30000m²以上的公园; 每个行政街、镇区要建设一个面积3000 m²以上的中心公园; 到规划期末, 全市的各类公园总数要达到200个。

(8) 城市公共绿地的规划建设, 应以植物造景为主, 适当配置园林建筑及小品。各类城市公园建设用地指标, 应当符合国家行业标准的规定。城市公园内严格控制建设经营性娱乐项目, 不得建设住宅; 新建公园的绿地率不低于70%。街道小游园建设的绿化种植用地面积, 不低于小游园用地面积的70%; 游览、休憩、服务性建筑的用地面积, 不超过小游园用地面积的5%。

(9) 公共绿地的设施内容, 应综合考虑各种年龄、爱好、文化、消费水平的居民需要, 力求达到景观丰富性与功能多样性相结合。

11.2 生产绿地: 生产绿地是指专为城市绿化而设的生产科研基地, 包括苗圃、花圃、草圃、药圃以及园林部门所属的果园与各种生产性林地。广州市中心城区规划的生产绿地, 主要分布在海珠、芳村、黄埔、白云四个行政区内, 面积达建成区面积的2%以上, 包括一部分以绿化苗木生产为主业的农业用地。

11.3 防护绿地: 防护绿地是指为改善城市自然环境和卫生条件而设置的防护林地。规划在市区的不同地段设置不同类型的防护绿地, 主要是在市区外围的公路、铁路、高速公路、快速干道、高压走廊、河涌沿线开辟防护绿地; 在主要工厂、仓库与城市其他区域间布局防护绿地。市区防护绿地的设置, 应当符合下列规定:

● 城市干道规划红线外两侧建筑的退缩地带和公路规划红线外两侧的不准建筑区, 除按城市规划设置人流集散场地外, 均应用于建造隔离绿化带。其宽度分别为: 城市干道规划红线宽度26m以下的, 两侧各2~5m; 26m至60m的, 两侧各5~10m; 60m以上的, 两侧各不少于10m。公路规划红线外两侧不准建筑区的隔离绿化带宽度, 国道各20m, 省道各

15m，县（市）道各10m，乡（镇）道各5m。

●在城市高速公路和城市立交桥控制范围内的非建筑用地，应当进行绿化。

●高压输电线走廊下安全隔离绿化带的宽度，应按照国家规定的行业标准建设，即：550kV的，不少于50m；220kV的，不少于36m；110kV的，不少于24m。

●穿越市区主要水系(珠江)两岸的防护绿带宽度各不少于50m，一般河道两岸的防护绿带宽度各不少于30m；

●流溪河、增江、白坭河上游发源地汇水处及其主流、一级支流两岸自然地形中第一层山脊以内的河道沿岸，规划控制水源涵养林宽度各不少于100m；沿流溪河两岸坡度在46度以上的山地、主要山脊分水岭及土壤薄、岩石裸露地域设饮用水体防护林，规划宽度为100－300m。

●珠江广州河段的防护绿化，必须符合河道通航、防洪、泄洪要求，同时还应满足风景游览功能的需要。铁路沿线两侧的防护绿带宽度每侧不得小于30m。

●规划利用城市广场、绿地、文教设施、体育场馆、道路等基础设施的附属绿地，建立避灾据点与避灾通道，以期形成完善的城市防灾、减灾体系，并纳入城市防灾、减灾规划。

11.4 居住区绿地：本规划确定了广州市城市居住区的绿地率规划指标（详见规划说明书）。在居住区绿化建设中，要大力提倡垂直绿化与屋顶绿化，在尽量少占土地的情况下增加城市绿量。

居住区绿地的规划设计，要严格遵循国家颁布的《城市居住区规划设计规范》(GB50180-95)，按局部建设指标要求配套。除了要满足规划绿地率的指标外，还应达到国家技术规范中所规定的居住区绿地建设标准。即：

●居住区的绿地率应＞30％，其中10％为公共绿地；居住区、居住小区和住宅组团，在新城区的，不低于30％；在旧城区的不低于25％。其中公共绿地的人均面积，居住区不低于1.5 m²，居住小区不低于1m²，住宅组团不低于0.5 m²。

●居住区公园面积应在2hm²以上，居住小区公园应在5000 m²以上。

●居住区绿地中的绿化种植面积，应不低于其用地总面积的75％。

11.5 附属绿地：市区内所有建设项目，均应按规划要求的建设指标配套附属绿地。城市小组团隔离带、低密度建设绿化缓冲区以及城市风廊区域的花园式单位等地块，要尽量提高绿地率。市区内建设工程项目安排配套绿化用地应符合下列规定：

●医院、休（疗）养院等医疗卫生单位，在新城区的不低于40％；在旧城区的不低于35％。

●高等院校、机关团体等单位，在新城区的不低于40％；在旧城区的不低于35％。

●经环境保护部门鉴定属于有毒有害的重污染单位和危险品仓库，不低于40％，并根据国家标准设置宽度不少于50m的防护林带。

●宾馆、商业、商住、体育场（馆）等大型公共建筑设施，建筑面积在20000m²以上的，不低于30％；建筑面积在20000 m²以下的，不低于20％。

●主干道规划红线内的，不低于20％；次干道规划红线内的，不低于15％。

●工业企业、交通运输站场和仓库，不低于20％；其他建设工程项目，在新城区的，不低于30％；在旧城区的，不低于25％。

●新建大型公共建筑，在符合公共安全的要求下，应建造天台花园。

●附属绿地的建设应以植物造景为主，绿化种植面积，不低于其绿地总面积的75％。

●城市主干道绿化带面积占道路总用地面积的比例不得低于20％；次干道绿化带面积所占比例不得低于15％；城市快速路和立交桥控制用地范围内，应兼顾防护和景观进行绿化。

公园水景

广东奥林匹克体育中心场馆绿化

●市区的道路绿化，应选择能适应本地条件生长良好的植物品种和易于养护管理的乡土树种。同时要巧于利用和改造地形，营造以自然式植物群落为主体的绿化景观。

11.6 生态景观绿地：它主要分布在市区的东北部与南部，对于维护城市生态平衡具有重要的作用。规划的基本要求是保护好自然水体、山林和农田等绿地空间资源，建立为保持生态平衡而保留原有用地功能的城市生态景观绿地，主要包括各类森林公园、自然保护区、风景名胜区、旅游度假区、生态农业旅游区等。

●森林公园：全市现有已批建森林公园45个，面积68422hm²。规划到2010年，全市森林公园调整并增加至52个，面积76487hm²，占市域面积的10.29%；2020年，全市森林公园总数达到62个，总面积96029.6hm²，占市域面积的12.91%。森林公园要优化整体环境，改造林相，提高林木覆盖率；要改善交通路网，按核心保护区、缓冲区和旅游区的不同要求，分级控制旅游人数，完善配套服务设施，发展与生态保护相适宜的旅游项目，如动、植物观赏，科普考察，避暑休闲，康体健身，森林浴等。要加快市域东南部生态防护林和北部生态公益林建设，由现有133700hm²发展到200700hm²，占林业用地面积65%以上。

●自然保护区：全市现有自然保护区有两处，即从化温泉自然保护区(2786hm²)和市区饮用水源一级保护区(132 hm²)。规划建设自然保护区5个，面积22067hm²，占市域面积的2.97%。其中主要包括：①大封门—大岭山自

然保护区(8653.3hm²)，保护主体为亚热带常绿阔叶天然林和国家级珍稀濒危保护动、植物；②北星自然保护区(228.3hm²)，保护主体为亚热带常绿阔叶林、针阔混交林及长颈长尾雉、蟒蛇、大壁虎、小灵猫等珍稀野生动物；③五指山自然保护区(200hm²)，区内有保存较好的亚热带常绿阔叶林、高山自然灌木林和国家一、二级保护动植物；④番禺新垦红树林、鸟类自然保护区(100hm²)，保护主体为珠江口湿地生态系统、红树林、浅海鱼虾和过冬候鸟。

●风景名胜区与旅游度假区：规划将重点建设南湖国家旅游度假区、白云山风景名胜区、芳村花乡生态旅游区、丹水坑风景旅游区、从化温泉旅游度假区、莲花山旅游风景区、番禺滨海休闲度假区、花都芙蓉嶂旅游度假区、花都九龙潭水上世界度假村、增城百花山庄旅游度假区等，使之成为都市生态旅游的基地。

●基本农田保护区与生态农业旅游区：市域农业发展要按照近郊、中郊和远郊"三个圈层"进行产业结构调整，逐步形成符合市场需求、各具特色的空间布局。按照广东省土地利用总体规划的要求，规划期内市域基本农田保护区的任务指标为1469km²；其中，中心城区的基本农田保护区任务指标为165.46km²。在市域范围内，要重点保护、建设海珠区万亩果园，瀛洲生态公园，长洲岛生态果园，芳村花卉博览园，以及番禺万顷荷香度假区，化龙农业大观园，横沥生态旅游度假农庄，增城仙村果树农庄，朱村荔枝世界，从化荔枝观光园等生态农业旅游区。要合理规划区内旅游路线，完善配套服务设施，充分发挥和利用农业绿地的生态旅游资源为市民与城市建设服务。

第十二条　城市绿地分期建设规划

12.1 近期(2001～2005年)，市区城市绿地建设的重点是进一步完善中心城区的绿地空间形态，规划年均增加公共绿地300hm²；主要包括：

●珠江沿岸节点绿地；

●新、旧城中轴线节点绿地；

●内环路节点绿地；

● 环城高速公路绿化隔离带;

● 华南快速路沿线绿化隔离带;

● 北二环高速公路绿化隔离带;

● 生态开敞区"亲民"绿地;

● 市区内按服务半径（300～500m）规划布局的公园及广场绿地

12.2 中期(2005～2010年)，市区园林绿化建设的对策为:

● 着重完善城市绿地空间主控框架形态;

● 新建绿地应在保证绿化的前提下配套相应的休闲功能;

● 多渠道争取绿化用地，除政府划拨外，亦可采用向农民长期租地等可行的方式;

● 长期控制与短期实施相结合;对于环城高速公路两侧绿化隔离带、北二环高速公路内侧300m外侧500m的绿化隔离带，进行长期控制，短期内分区段实施。

12.3 远期(2010～2020年)，城市绿化建设的目标是全面实施本规划所提出的绿色空间体系，提高城乡环境质量，按照"青山、碧水、蓝天、绿地、花城"的目标，把广州建设成为中国最适宜创业发展和生活居住的生态型山水城市。

第四章 城市绿化植物多样性规划

第十三条 城市绿化植物多样性规划原则与目标

13.1 规划原则:

(1)以南亚热带地带树种为主，适当引进外来树种，满足不同的城市绿化要求;

(2)生态功能与景观效果并重，兼顾经济效益;

(3)充分考虑广州的气候条件，突出观花、遮荫乔木，形成花城特色;

(4)适地适树，优先选择抗逆性强的树种;

(5)城市绿化的种植配置要以乔木为主，乔灌藤草相结合。

13.2 规划目标:

(1)培育广州的植物景观特色，满足市民文化娱乐、休闲、亲近自然的要求;

(2)优化城市树种结构，提高绿化植物改善城市环境的机能;

(3)引导城市绿化苗木生产从无序竞争进入有序发展;

(4)构筑城市绿色空间的艺术风貌，充分展现城市个性。

第十四条 城市绿化基调树种规划:

城市绿化基调树种，是能充分表现当地植被特色、反映城市风格、能作为城市景观重要标志的应用树种。规划选用19种乔木(南洋杉、白兰、樟树、大叶紫薇、尖叶杜英、木棉、红花羊蹄甲、洋紫荆、凤凰木、黄槐、细叶榕、高山榕、大叶榕、垂榕、非洲桃花心木、荔枝、人面子、芒果、扁桃)和2大类植物（棕榈类和竹类）作为基调树种加以推广应用。

第十五条 城市绿化骨干树种规划

城市绿化的骨干树种，是具有优异的特点、在各类绿地中出现频率较高、使用数量大、有发展潜力的树种。不同类型的城市绿地，一般应具有不同的骨干树种。主要包括:道路绿化树种、庭园树种、防护林树种、生态景观绿地树种(水土保持林、水源涵养林和生态风景林)、特殊用途树种(耐污染树种、森林保健树种、引蜂诱鸟树种、攀援植物种类、石场垦复绿化树种、绿篱树种、湿生和水生植物)。(品种名录详见规划说明书)

第十六条 城市绿化优选推广的新树种规划

为了体现广州花城四季有花的地带植物景观特色，在大量调查研究和长期引种驯化实验的基础上，规划优选一批冠幅优美、观花特性好的乔木树种加以推广，包括有开发潜力的野生地带树种和基本处于同一纬度的世界各国优秀树种。

16.1 近期推荐发展的行道树种有:红苞木、千年桐（广东油桐）、血桐、乐昌含笑、观光木、海南红豆、台湾栾树、小叶榄仁、黑板树（糖胶木）、黄钟花;

16.2 中期推荐发展的行道树种有:蝴蝶树、水黄皮、海南暗罗、山桐子、石碌含笑、多花山竹子、岭南山竹子、海南木莲、大头茶、依朗芏硬胶、无忧树、黄果垂榕、红花银桦;

街头小游园

荔湾区陈家祠交通绿化广场

800万棵，草皮约300hm²。相应的乔木苗生产苗圃面积应为100~150 hm²，灌木、草花生产苗圃面积应为150~250 hm²，草皮的生产苗圃面积应为300~400 hm²。市区生产绿地(苗圃)分成三大片布局：芳村区以生产灌木、草花为主，天河区和白云区东北部以生产乔木苗为主，番禺区以生产草皮和灌木为主。为提高广州城市绿化应用植物的多样性，近中期将重点培育三类园林绿化植物品种：(1)经过个别地段试种、已正常开花结果、景观效果和生长表现良好的新品种；(2)在单位附属绿地种植多年、景观效果和生长表现良好的新品种；(3)远期发展具有良好的观赏效果、应用潜力大、但未经试种的野生地带树种。

第十九条 园林绿化应用科学研究规划：城市绿化科研项目的选择，必须立足现实，坚持目的性、全面性和层次性的原则，有计划、有重点地进行研究。规划期内将主要开展园林绿化植物的选择和培育研究，(含抗污染绿化树种选择、优良绿化树种的选育、野生地带树种的开发、外地引进树种的栽培技术、特种绿地树种选育与栽培研究等)；园林绿化植物配置模式研究；绿化树种养护管理和病虫害防治研究；园林绿化树种结构、配置及效益研究。要充分发挥科研人员的作用，逐步把科研活动纳入正轨，确保城市绿化事业的健康发展。要定期开展园林绿化应用植物的项目研究，对城市绿化建设中的重大问题组织攻关。同时，要加强科研合作，建立和完善园林科研管理体系，推广应用先进、成熟的科研成果，促进科研与生产的良性循环。

第五章 城市古树名木保护规划

第二十条 指导思想与规划目标：古树名木是中华民族的宝贵财产，是活的文物。要通过科学规划，充分体现市区现存古树名木的历史、文化、科学和生态价值。要结合广州的实际情况，通过加强宣传教育，提高全社会保护古树名木的群体意识；要不断完善相关的法规条例，加大执法力度，推进依法保护。同时，通过开展有关古树保护基础工作及养

16.3 远期推荐发展的行道树种有：长蕊含笑、三角榄（华南橄榄）、菲律宾榄仁、星花酒瓶树、沙合树、库矢大风子、红桂木、港口木荷；

16.4 近期推荐发展的庭园树种有：大花五桠果（大花第伦桃）、毛丹、仪花、鱼木、野牡丹、石斑木、幌伞枫、董棕、玉叶金花、红花檵木、琴叶榕、红木（胭脂树）、柳叶榕、火焰木、美丽异木棉、蓝花楹、沙漠玫瑰、阑屿肉桂、红刺露兜；

16.5 中期推荐发展的庭园树种有：广西木莲、铁力木、马褂木（鹅掌楸）、铁冬青、福建柏、金花茶、青皮（青梅）、圆果萍婆、格木、大叶胭脂、桃金娘、红楠、深山含笑、红花油茶、杜英、长叶暗罗、泰国大风子、红叶金花、锡兰肉桂；

16.6 远期推荐发展的庭园树种有：金叶含笑、合果木（山白兰、二乔玉兰、红花木莲、梭果玉蕊、馨香木兰、六瓣石笔木、五列木、竹节树、银叶树、琼棕、面包树、长叶马胡油、桂叶黄梅、马来蒲桃。

第十七条 城市绿地乔木种植比例控制指标规划：为了有效遏制城市热岛效应的扩散蔓延，既要在建成区内加大绿地面积，也要在绿地中配置适当的树种、加大乔木种植比例以增加绿量，改善下垫面的吸热与反射热性状。根据有关的科学研究，单位面积城市绿地种植乔木的比例应为立木地径面积5.5m²/hm²以上，即乔木的种植密度应不低于175棵/hm²（以乔木地径平均25cm计算）。

第十八条 苗圃建设与苗木生产规划：据测算，广州市中心城区园林绿化建设所需乔木每年约为15万株，灌木约

住宅楼屋顶绿化

护管理技术等方面的研究，制定相应的技术规程、规范，建立科学、系统的古树名木保护管理体系，使之与广州历史文化名城与生态城市的建设目标相适应。

第二十一条 古树名木保护法规建设规划：

21.1 广州市中心城区有市政府颁令保护的在册古树名木共602株，现存544株。其中，生势较好的有405株、一般的有127株、差的有12株。属于一级古树名木共有34株。这些古树分属20个科30个属36个种，主要树种有细叶榕(257株)、大叶榕(80株)、樟树(70株)、木棉(56株)等。

21.2 专项立法：为使全市的古树名木管理纳入规范化、法治化轨道，要在广州市政府1985年5月颁布的《广州地区古树名木保护条例》和1996年广东省人大常委会颁布的《广州市城市绿化管理条例》的基础上，按照国家建设部2000年发布实施的《城市古树名木保护管理办法》，进一步完善保护法规，制订相应的实施细则，明确古树名木管理的部门、职责、保护经费来源及基本保证金额；制订可操作性强的奖励与处罚条款以及科学合理的古树名木保护技术管理规范。

21.3 宣传教育：要进一步加强对城市古树名木保护工作的宣传教育力度，利用电视、广播、报纸、书籍等传统媒体和互联网等信息化现代媒体，提高全社会的保护意识。要充分发动民间组织开展专题宣传教育活动，鼓励公众参与。

第二十二条 古树名木保护科学研究规划：要在现有的古树名木树龄鉴定和复壮技术两项科研成果的基础上，进一步开展有关古树名木的生理生态基础研究和养护管理技术的研究。近中期规划开展的古树名木科研项目包括：古树名木植物种群生态的研究、病虫害综合防治技术研究、生态学性状监控普查和综合复壮技术研究等。

第二十三条 古树名木保护管理措施规划：要在科学研究的基础上，总结经验，制定出市区古树名木养护管理的技术规范，使古树名木的养护管理逐渐走上规范化、科学化的轨道；要采取相应的复壮措施，抢救生势衰弱的古树；要组织专业队伍，持续开展白蚁综合治理，力求在2003年前基本控制白蚁的危害；要进一步清除古树周围的违章建筑，封补树洞及树枝截面，重设古树名木保护围栏与铭牌。对市区内未入册保护的古树名木，要定期组织全面调查，争取在规划期内将市区大部分地区的古树名木都列入法定保护范围，实施管养。

第二十四条 罗岗古树名木生态保护区规划：市、区两级政府有关部门要对白云区罗岗镇罗峰村境内的古荔枝树群实施有效保护，将该地区建成以古树名木和古窑遗址为主要内容的生态保护区，开展适度的生态旅游活动。区内规划建设的主要景区有：罗岗古窑遗址公园，罗岗香雪生态公园和罗峰山古荔枝公园。

第六章 附则

第二十五条 本规划内容由规划文本、说明书、规划图和附件四部分组成，经批准的规划文本与图件具有同等法律效力。

第二十六条 本规划由广州市城市绿化行政主管部门负责解释并组织实施。如需要对本规划中的内容进行调整或修改，应按有关的法定程序进行。

第二十七条 本规划经法定程序批准后，市有关行政主管部门应将规划内容依法纳入城市总体规划管理体系贯彻实施；并进一步完善有关的分区规划、详细规划和专项规划。

第二十八条 本规划自广州市人民政府批准之日起公布实施。

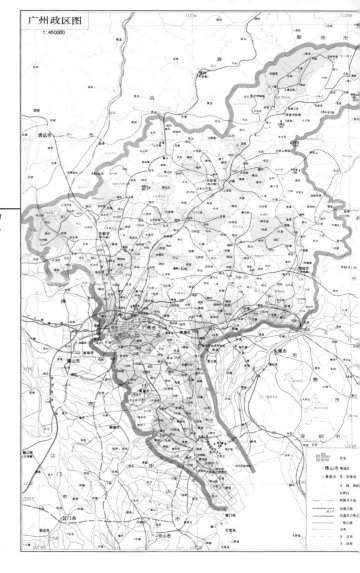

广州政区图
1:450000

规划说明书

第一章 自然地理与城市发展概况

第一节 自然地理状况

一、地理位置与人口分布

广州是广东省省会，全省政治、经济、科技、教育和文化的中心。广州市地处中国南方，广东省的中南部，珠江三角洲的北缘，接近珠江流域下游入海口。地理坐标为东经112°57′至114°3′，北纬22°26′至23°56′，东连惠州市博罗、龙门两县，西邻佛山市的三水、南海和顺德市，北靠清远市的市区和佛冈县及韶关市的新丰县，南接东莞市和中山市，隔海与香港、澳门特别行政区相望。由于珠江口岛屿众多，水道密布，有虎门、横门、磨刀门等水道出海，使广州成为中国远洋航运的优良海港和珠江流域的进出口岸。广州又是京广、广深、广茂和广梅汕铁路的交汇点和华南民用航空交通中心，因此又有中国"南大门"之称。

广州市域总面积为7434.4km²，占全省陆地面积的4.18%。其中，中心城区(老8区)面积为1443.6km²，占全市总面积的19.42%。据2001年4月广州市人口普查第二号公报的公布数据，广州市区(10区)人口为852.58万人，从化、增城两个县级市人口为141.72万人。

二、土地资源及利用条件

广州市域总面积为7434.4 km²，其中农业耕地面积1227km²，林业用地面积3092km²。广州市土地资源数量有限，但土地类型多样，适宜性广；地势自北向南降低，地形复杂；最高峰为北部从化市与龙门县交处的天堂顶，海拔为1210m。东北部为中低山区，中部为丘陵盆地，南部是沿海冲积平原，是珠江三角洲的组成部分。

由于受各种自然因素的互相作用，广州市域形成了多样

表C-1-1 广州市行政区划、土地面积及人口分布情况 (2000年)

	街道办事处 (个)	镇 (个)	土地面积 (km²)	人口 (万)	备注
越秀区	10	0	8.9	34.14	
东山区	10	0	17.2	55.63	
荔湾区	12	0	11.8	47.48	
海珠区	14	1	90.4	123.73	
天河区	14	2	108.3	110.93	
白云区	6	15	1042.7	174.87	
芳村区	5	1	42.6	32.38	
黄埔区	4	3	121.7	38.94	(含开发区)
番禺区	6	16	1313.8	163.14	
花都区	0	10	961.1	71.34	
合计	81	48	3718.5	852.58	

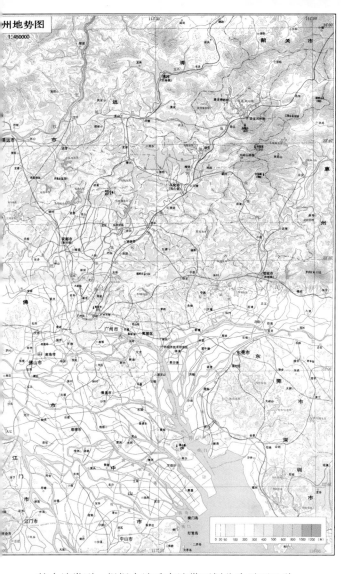

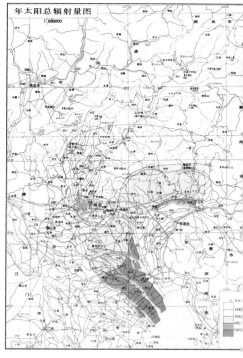

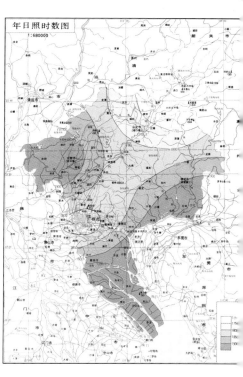

的土地类型，根据土地垂直地带可划分为以下几种：

1、中低山地——是海拔 400～500m 以上的山地，主要分布在广州的东北部山区，一般坡度在 20～25 度以上，成土母质以花岗岩和砂页岩为主。这类土地是重要的水源涵养林基地，宜发展生态林和水电。

2、丘陵地——是海拔 400～500m 以下垂直地带内的坡地，主要分布在山地、盆谷地和平原之间，在增城市、从化市、花都区以及市区东郊、北均有分布，成土母质主要由砂页岩、花岗岩和变质岩构成。这类土地可作为用材林和经济林生长基地。

3、岗台地——是相对高程 80m 以下，坡度小于 15 度的缓坡地或低平坡地。主要分布在增城市、从化市和白云、黄埔两区，番禺区、花都区、天河区亦有零星分布，成土母质以堆积红土、红色岩系和砂页岩为主。这类土地可开发利用为农用地，也很适宜种水果、经济林或牧草。

4、冲积平原——主要有珠江三角洲平原、流溪河冲积的广花平原、番禺沿海地带的冲积、海积平原。土层深厚，土壤肥沃，是广州市粮食、甘蔗、蔬菜的主要生产基地。

5、滩涂——主要分布在番禺区南沙、万顷沙、新垦镇沿海一带。

近年来，随着城市开发建设进程的加快，市区范围内的耕地呈迅速下降趋势，农田减少甚多，土地后备资源十分紧张。

三、气象与气候特征

广州地处南亚热带，属南亚热带典型的季风海洋气候。由于背山面海，海洋性气候特别显著，具有温暖多雨、光热充足、温差较小、夏季长、霜期短等气候特征。由于水热同期，非常有利于农林作物的生长，但受台风等自然灾害的威胁也较大，给工农业生产带来不利的影响。

(1)气温

平均气温：广州市域各地的年平均气温在 21.4～21.9℃之间，差别不大，分布规律为南高北低。夏季（7 月），气温最高，在 28.4～28.7℃之间。冬季（1 月），气温最低，在 12.4～13.5℃之间。

极端气温：广州年极端最高气温在 37.5～38.7℃之间；广州年极端最低气温在 0.4～2.6℃。每年广州日平均气温 ≥10℃ 的积温在 7350～7692℃ 之间，其地理分布是自南向北逐渐减少。

广州每年 12 月至次年 2 月均有可能出现寒潮，但 1 月份最为频繁。广州的霜冻年平均为 1.5～3 天。无霜期北部 290 天，南部 346 天。每年 11 月至次年 3 月均有可能出现，但多数出现在 1 月份。广州出现低温阴雨天气年概率为 72%，最长的一段低温阴雨天气为 25 天。倒春寒最长天数为 9.6 天。

（2）降雨

广州市域雨量充沛，年降水量为 1689.3～1876.5mm。因受地形影响，降水量分布是山区多于平原，北部多于南部。

广州降雨量四季变化明显，夏季最多，冬季最少。4～6 月份为前汛期锋面暴雨季节，各地月平均雨量在 229～

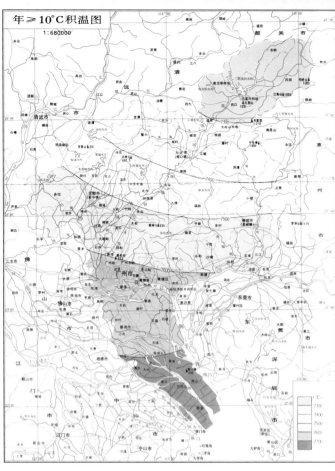

年≥10℃积温图
1:680000

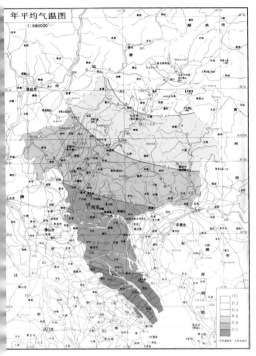

年平均气温图
1:680000

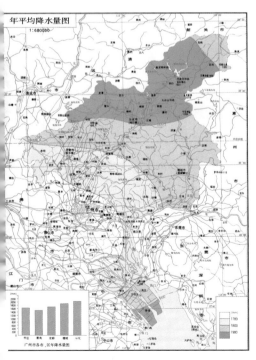

年平均降水量图
1:680000

361mm之间；2～3月和10～11月为春、秋季节，各地月平均雨量在36～114mm之间；12至翌年1月为大陆干冷气团影响的冬季，天气干燥，降水甚少，各地月平均雨量在24～50mm之间。每年除12月份，其他月份均有可能出现暴雨，但多数出现在4～9月份。每年农历"端午节"前后10天，广州出现暴雨以上降水可能性较大，年平均达0.8次。

（3）日照

广州光热资源充足，年平均日照时数为1875.1～1959.9小时，日照时数的等值线呈现东北——西南走向的槽状结构。由于广州市区的迅速发展，高楼林立，且有一定的大气污染，直接遮挡和削弱了部分光照。因此，广州市区的日照时数实际上成为全市的相对低值区，年太阳总辐射量为105.3～109.8千卡/cm²。

（4）蒸发量

广州市域春季因受阴雨天气与较低气温的影响，故蒸发量较少，其量在104～118mm之间；夏季因高温天气，蒸发量在一年中最高。冬季由于受偏北风的影响，在一年中气温最低，蒸发量颇少。

（5）湿度

广州位于南亚热带季风气候区，干湿季明显，年平均相对湿度值较高，一般为80%。其中，春季（4月）阴雨较多，是一年中相对湿度较大的季节；夏季（7月）与春季的分布趋势相似，但其值较之低2%左右；秋季（10月）开始进入干季，相对湿度普遍减少，约为75%；冬季（1月）是全年相对湿度最低的季节，介于70%～73%之间。

（6）风向

冬夏季风的交替是广州季风气候的突出特征。冬季的偏北风因极地大陆气团向南伸展而形成，干燥寒冷。夏季偏南风因热带海洋气团向北扩张所形成，温暖潮湿。夏季风转换为冬季风一般在9月份，而冬季风转换为夏季风多数在4月份。

广州每年5～12月均有可能受热带气旋（台风）的影响，其中7～9月份影响和侵袭的可能性较大，年平均3～4个。这些热带气旋多数来自西北太平洋，只有少部分发源于南海。据记载，台风影响广州的极大风速值为35.4m/秒（1964年），特大暴雨日雨量为322.4mm，总雨量为595.4mm（1965年）。

四、水文与水资源特征

（1）河流分布

广州市位于东江、西江和北江的下游，珠江三角洲的中北部，市域河流归属珠江水系。其中，东北部以山区河流为主，主要河流有流溪河、上游来自增江；还有白坭河等。南部则为珠江三角洲河网区，主要为西、北、东江下游和珠江前、后航道汇流交织成的河网。

全市集雨面积在2000km²以上的河流，有珠江、流溪河和增江。集雨面积在100～1000km²的小河支流有19条。河网区主要水道长416km，珠江前、后航道纵贯广州市中心城区。水道纵横交错，又使番禺区成为有名的水乡。珠江八大入口的三个口门——虎门、蕉门、洪奇沥，在广州市境内分别把河川径流注入伶仃洋。

（2）水资源

广州属南亚热带季风气候区，频临南海，雨量丰沛。地表径流由降水产生，属雨水补给型。全年多年平均径流量

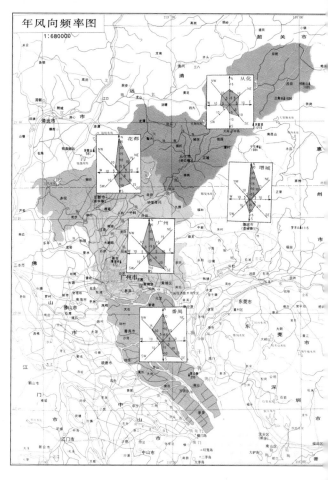

80.47亿立方米。广州市地处南方丰水区，属珠江水系河口区范围，过境水资源相对丰富，总量达1245亿立方米，为本地水资源的15倍。其中，东江北干流经增城市境204亿立方米；北江经芦苞、西南两闸和平洲水道、大石涌等流入广州水道共300亿立方米；西江、北江分别经思贤滘、甘竹滩和东海水道调节后，流入番禺河网水道共741亿立方米。另外，以虎门、蕉门、洪奇沥三个口门合计，年径流为1320亿立方米，占珠江水系八大口门总和的42.4%。

（3）水资源特征

广州本地水资源较少，人均占有量不高，本地水资源总量为81.29亿立方米。其中，地表水60.1亿立方米，浅层地下水20.37亿立方米，深层地下水0.82亿立方米。

全市水域面积744km²，占全市土地面积的10%。以河川径流量计，每平方公里有108.2万立方米，人均量1375m³，公顷均量49425m³。与广东全省平均相比，每平方公里占有量多6.3万立方米，人均量少1808m³，公顷均量少19830m³。

五、生物与矿产资源

广州市域的自然条件为多种生物栖息繁衍和作物种植提供良好的生态环境，生物种类繁多，生长快速。广州地带性植被为南亚热带季风常绿阔叶林，但天然林已极少，山地丘陵的森林都是次生林和人工林。

市域栽培作物具有热带向亚热带过渡的鲜明特征，是全国果树资源最丰富的地区之一，包括热带、亚热带和温带3大类、40科、77属、132种和变种共500余个品种，更是荔枝、橙、龙眼、乌（白）榄等起源和类型形成的中心地带。蔬菜一向以优质、多品种著称，共有14类近400个品种。花卉、盆景是广州市的特产，包括观花、观叶和观叶赏果三大类，主要有白兰、桂花、茉莉、米仔兰、含笑、剑兰、菊花、金桔、四季桔等共150余个品种。粮食、经济作物、畜禽、水产和野生动物种类也很多，且不乏名优特品种。

广州市域的地质构造相当复杂，有较好的成矿条件。目前已发现有52个矿种，探明或作远景评价的35种；主要产地396处，其中大、中型矿点17处。矿种包括黑色金属和冶金辅助原料、有色金属、贵重金属、稀土、稀有金属以及能源、化工、建筑材料等非金属矿种。其中，主要有煤、铁、铅、锌、稀土、瓷土、黄金、大理石、钽、坭等，尤以建设材料资源最为丰富。

建筑材料包括建筑石材、水泥石灰岩、水泥配料粘土、水泥配料砂岩、高岭土、霞石、正长石、钾长石、石墨、陶土、石英砂等。其中，建筑石料储量6.5亿立方米，河沙1.74亿立方米，装饰石材可采储量100万立方米。水泥石灰岩18处，探明储量3.699亿吨，品位平均含氧化钙51%；水泥配料粘土7处，探明储量294万吨；水泥配料砂2处，探明储量2443万吨。

六、市树、市花、市鸟

广州的市树和市花为同一树种：木棉。
广州的市鸟为画眉。

广州市花：木棉

第二节　社会经济发展

广州自1949年10月14日解放以来，经过50多年的建设、改革和发展，发生了历史性的深刻变化，经济和社会发展取得了令人瞩目的辉煌成就。

解放前夕，广州经济萧条、产业衰败、满目疮痍。解放后，广州人民在党的领导下团结奋斗，胜利完成了九个国民经济和社会发展的五年计划，取得了经济建设的辉煌成就。1999年国内生产总值达到2063.37亿元，按可比价格计算，比1949年增长210.6倍，平均每年增长11.3%。

1978年改革开放以来，广州充分运用国家给予的特殊政策和灵活措施，对外开放，对内搞活，实现了经济发展的大跨越，创造了广州有史以来经济发展最快、综合实力提高幅

东山湖公园

度最大的历史记录。1999年和1978年比较，国内生产总值增长15.3倍，年均增长14.2%；人均国内生产总值(GDP)从1978年的907元，增加到1999年的3.04万元，按当年平均汇率折算为3668美元，仅次于上海，居国内10大城市第二位。广州的综合经济实力显著增强，在国内十大城市中的位次排序从1978年的第六位跃升至第三位，仅次于上海和北京。

近年来，广州市委、市政府确立了"开拓进取，稳中求快，加强管理，有效增长"的经济发展思路，在"九五"期间大力推进经济体制和经济增长方式的根本性转变，进一步强化以发展为主题的战略思想，较好地解决了阻碍经济发展的各种突出问题，圆满地完成了"九五"计划。

"九五"期间广州的发展成就主要有：

1、城市综合经济实力明显增强

"九五"时期，广州经济运行进入"高增长、低通胀"的平稳发展轨道，综合经济实力不断增强，进一步巩固了作为华南经济中心城市的地位。2000年全市GDP2383.07亿元，比"八五"期末接近翻一番，人均GDP3.45万元，约合4175美元。年均经济增长率13.1%。三次产业比例由1995年的5.91:46.67:47.42调整到2000年的3.96:43.69:52.35；科技体制改革和科技成果产业化进程明显加快，科技进步对经济发展的推动作用逐步强化，科技进步对工业增长的贡献率达到48.1%,高新技术产品产值占工业总产值的15.78%。

2、城市形象和环境有较大改观

"九五"期间，广州城建投资610亿元，相当于前八个五年计划时期总和的三倍；通过有效实施"一年一小变、三年一中变"规划，城市基础设施、城市环境、城市景观建设取得了前所未有的成效，环境综合指数达到近十多年来的最好水平。2000年城镇居民人均公共绿地面积7.87m²，环境综合指标75.7分；番禺、花都撤市设区，为拉开城市布局、扩大城市容量创造了条件；城市管理体制改革取得突破性进展，城市管理法规逐步健全，城市综合治理成效显著，城市面貌

广园公路绿化带

变化日新月异。城市综合服务功能进一步增强，广州作为资金、人才、技术、信息等生产要素的区域配置中心地位日趋突出，有力支持了珠江三角洲工业化的进程和城市群的崛起。

3、社会主义市场经济体制初步建立

经过持续多年的改革开放，广州市已初步构筑起类型相对齐全、开放程度较高的市场体系框架，形成较为完善的市场运作机制，市场在资源配置中的基础性作用明显增强。政府职能转变、审批制度改革已进入实质性运作阶段，规范的分配制度和多层次的社会保障体系正在建立。国有大中型企业三年改革和脱困的目标提前实现，产权制度改革取得阶段性成效，成功地解决了困扰广州工业多年的标致汽车和乙烯工程两大难题，完成了一批大型国有企业的资产重组，国有经济逐步向关键领域和大企业集团集聚，企业的竞争实力进一步增强。非公有制经济发展迅速，2000年其增加值占全市GDP的比重由1995年的29%提高到33%，初步形成多种经济成分公平竞争、共同发展。

4、对外开放形成全方位、多层次、宽领域格局

2000年全市海关进出口总额233.81亿美元，相当于GDP的81.2%；实际利用外资31.15亿美元；全市三资企业达8000多家，外商投资领域及三次产业的大多数行业，全球前500位大型跨国公司中已有98家在广州投资。

5、社会事业正在向与经济协调发展的格局转变

人口自然增长率由1995年的6.25‰下降为2000年的4.51‰，适龄青年高等教育在学人数比重为46.2%,R&D（研究与开发）经费支出占GDP的比重达1.23%，各类独立研究开发机构191家，从事研究开发活动人员2.12万人，城市化水平达72.6%,信息化综合指数达57.5%。文化、艺术、出版、广播电视、卫生、体育等社会事业稳步发展，依法治市和思想道德建设工作取得了可喜成绩，城市整体文明程度不断提高。

6、城乡居民收入增长，生活水平实现初步富裕

2000年，城镇居民人均可支配收入13967元，农村居民人均纯收入6086元，均居全国十大城市前列；每百户家庭的彩电、冰箱、空调器拥有量均超过100台，每两户家庭

麓湖公园

拥有一台电脑，市区平均每人拥有一部固定电话或移动电话，人均社会消费品零售总额1.6万元；城市居民人均居住面积13.32m²，农村居民人均居住面积30.6m²，居民生存资料消费占比例明显下降，发展和享受资料消费逐年上升，恩格尔系数已由1995年的50.2%降为42.6%；城镇登记失业率3.15%，全市社会保险综合参保率为72.9%，全市居民平均预期寿命达到74.5岁。

2001～2005年的"十五"计划期间，广州将围绕建设现代化中心城区的总体战略部署，完成基本实现现代化的各项指标，经济增长、城市建设、社会发展要全面迈上新台阶，人民生活达到比较富裕的水平。要在发展中促进经济结构战略性调整，积极推进体制创新和科技创新，继续实施"外向带动"、"科教兴市"、"可持续发展"三大战略，积极推进国民经济和社会信息化，提高工业化水平，加快城市化、市场化、国际化进程，增强中心城市的综合竟争力，提高人民生活水平，正确处理好改革、发展与稳定的关系，建设良好的文明治法环境，促进物质文明和精神文明建设协调发展，推进经济和社会全面进步。

具体的社会经济发展规划指标是：

1、国民经济经济持续快速健康发展：经济结构调整取得明显成效，经济增长质量显著提高，2005年，GDP达到4880亿元，年均增长12%左右；人均GDP6.4万元，年均增长10%（可比价）；三次产业增加比例为2.5：42.5：55；高新技术产品产值占总产值的25%。

2、国民经济和社会信息化水平迈上新台阶：信息产业成为全市第一大支柱产业，信息基础设施在全国领先，信息化综合指数位于全国大城市前列，成为全国信息化发展环境最好、信息技术应用普及程度最高、信息消费能力最强的城市之一，构筑"数字广州"的基本框架，初步奠定广州作为国际化区域性信息中心的基础。2005年，信息产业增加值占GDP比重超过15%，因特网用户人数超过250万人，城镇人均信息消费占全部消费支出的比重超过10%，信息化综合指数80%。

3、城市建设和管理水平全面提高：城市综合服务功能进一步增强，山水生态城市框架基本确立，成为国内最适宜创业发展和生活居住的大城市之一。2005年，城市人均道路面积10m²左右；自然保护区覆盖率10%，建成区绿化覆盖率35%，城镇居民人均公共绿地面积10m²，环境综合指标90分；城市化水平81.5%。

4、社会主义市场经济体制日趋完善：市场经济运行机制更为健全，形成开放型经济发展格局，在更大范围和更深程度上参与国际经贸合作与竞争，成为国内经济国际化程度最高的城市之一。

5、以人为本的社会发展体系更加健全：市民整体素质和城市文明程度全面提高，民主法制建设取得较大进展，力争成为生态环境建设、精神文明建设和依法治市的先进城市。2005年末，总人口、常住人口分别控制在1130万人和768万人以内，年均人口自然增长率控制在6.8%以内；平均预期寿命75岁以上；R&D（研究与开发）经费支出占GDP的2%；市级财政支出中教育经费所占比重在15%以上，适龄青年高等教育在校学生比重54%；城镇登记失业率控制在4%以内；社会保险综合参保率超过95%。

6、人民生活整体迈向比较富裕阶段：城乡居民收入持续增长，生活质量进一步提高，人居环境明显改善。2005年，城镇居民人均可支配收入、农村居民人均纯收入分别达到22200元和9450元，扣除价格因素实际年均分别增长5.5%和5%；城市人均居住面积16m²，农村居住条件进一步改善；全市恩格尔系数38%；居民消费价格指数上升4%左右。

滨江绿化带

流花路浓荫

第三节 城市规划建设

一、城市历史沿革

广州已有四千多年的文明史。在新石器时代,这里的"百越"人创造了岭南地区的岭南文化。公元前214年,秦始皇统一岭南,设南海郡,郡治设在番禺,辖4县。郡尉任嚣筑"任嚣城",至今已有2225年历史。

公元前206年,赵佗建立南越国,建筑了"周十里"的赵佗城。公元前111年,汉平南越国,分南越国土为南海等九郡,南海郡治在番禺。公元前226年,三国东吴时期,孙权建立交、广二州,合浦以南为交州,以北为广州,广州之名由此而起。公元917年,刘䶮在广州建立大越国,国号为汉,史称南汉。

公元1757年,广州成为全国唯一的对外通商口岸,史称"一口通商"。"十三行"垄断了全国的对外贸易。公元1840年6月,英国发动侵华战争,派军舰封锁珠江口,第一次鸦片战争爆发,中国近代史开始。

1918年10月19日,广州市政公所发出第一号布告,宣布拆城墙、开马路。自此,广州的古城墙、城门全部拆毁,把旧城墙基辟为大马路。1921年2月15日,广州市政厅成立,孙科任广州市第一任市长,是为广州建市之始。1938年10月21日,日军占领广州,沦陷时期长达7年。1949年10月14日,广州解放。10月28日,广州市人民政府成立,叶剑英任市长。

1957年4月25日至5月25日,第一届中国出口商品交易会在广州中苏友好大厦举行。此后,每年都在广州举办春秋两届出口商品交易会。

二、城市风貌特色

广州是1982年国务院公布的第一批24个历史文化名城之一。其主要依据,一是建城历史悠久;二是岭南古都所在地;特别是被称为20世纪70年代和90年代全国十大考古发现之一的西汉南越王墓和南越国宫署及御花园遗址,堪称全国之最,媲美罗马古城;三是古代海上"丝绸之路"的发祥地和经久不衰的外贸港市;四是我国近现代革命的策源地,康有为在这里发动维新运动,孙中山在这里领导起义和三次在广州建立革命政权,张太雷、叶剑英等在这里领导广州起义并成立苏维埃政府。

广州历史文化名城的特点主要有:

(1)岭南古都。广州是三朝古都所在地:南越国,建于公元前206年,历93年;南汉国,建于公元917年,历55年;南明国,建于公元1646年,仅存40天。

(2)我国古代海上"丝绸之路"的发祥地和长盛不衰的外贸名城。留下了许多文物古迹和标志性建筑,如光孝寺、西来初地、华林寺、南海神庙、光塔、怀圣寺、清真先贤古墓、怀远驿、十三行、竹岗外国人墓地、巴斯教徒墓地、琶洲塔、海憧公园、陈家祠、中国出口商品交易会、东方宾馆、白天鹅宾馆等。广州先人的贡献为中华民族增了辉。在古代的江河交通经济和海洋交通经济时代,"越人善作舟",最早开拓了海上"丝绸之路"。汉代的广州已是全国九大都会之一;唐代《广州通海夷道》称广州为东方第一大港;明代的广州是我国朝贡贸易第一大港;清代的"十三行"、"一口通商",独揽全国外贸,广州一枝独秀。当时,广州在世界大城市中是位居前列的。

(3)中国近现代革命策源地和民主革命大本营。相关的文物古迹主要有:万木草堂、黄埔军校、孙中山大元帅府、黄花岗七十二烈士墓、中华全国总工会旧址、广州起义旧址、广

州起义烈士陵园、孙中山纪念碑、中山纪念堂。

(4)当代改革开放试验区的中心城市和窗口。广州是改革开放试验区，在我国改革开放中先走一步，实行"特殊政策，灵活措施"。1984年以来，国务院先后决定把广州列为对外开放的沿海城市之一、全国科技改革、金融体制改革和市场经济综合改革试点城市。国家还批准广州市兴办广州经济技术开发区、高新技术产业开发区、南沙经济技术开发区、广州保税区和广州出口加工区，进行全面的改革开放社会实践。

(5)岭南文化中心。广州作为岭南文化中心具有悠久的历史，距今四五千年的新石器时期开始，有建城前的百越文化、建城后的汉越文化融合和中西文化交融，一直绵延不断，形成了自己独特风格和鲜明的地域文化特色。从考古文物到文献记载，从历史遗址文化、建筑文化、民俗文化、园林文化、商业文化、宗教文化到各种文化艺术，都贯穿着一种开放的人文意识，特别是变更意识、商业意识和务实意识，反映出广州人的开放观念、兼容观念和改革观念。传统的文化艺术，从粤语、粤剧、广东音乐、广东曲艺、岭南画派、岭南诗歌、岭南建筑、岭南盆景、岭南工艺到岭南民俗，都反映出岭南文化的丰富内涵和独具一格、绚丽多姿的岭南地方特色。从岭南文明史开始，几千年来，广州一直是岭南地区的政治、经济、文化中心，是岭南文化的代表。

(6)著名的华侨城市和外贸港市。广州在历史上与各国往来密切，特别是近代以来，广州人出国经商、打工、留学者众，市民80%以上都有海外关系，尤其与港澳地区居民亲友关系更为密切。目前，全市共有海外华侨、外籍华人、港澳同胞135万人，分布在世界上一百多个国家和地区。侨眷、归侨和港澳亲属100多万人，这部份人占广州市人口的四分之一。华侨是广州的一大优势，广州引进的外资80%以上来自港澳地区，广州的外贸出口80%以上也经过港澳地区。此外，从古到今，广州一直都是中国进出口贸易的中心和商业繁华的都市。

三、城市规划简况

广州早在建城之始，南海郡尉任嚣就十分重视城址的选

陈家祠绿化广场

择。秦33年（公元前214年），任嚣在甘溪水道（即今仓边路所在地）以西的古番山和禺山上修筑南海郡治棗番禺城。当时，咸潮可涌至番禺城下，任嚣依山傍水筑城，既可防御外敌入侵，免受水患，又便于取得甘溪的淡水。

自任嚣建城后，2000多年来，广州城区一直在原城址的基础上逐步扩展，其中变迁较大的有五次：一是秦汉之际，赵佗称帝，号南越国，把任嚣城扩大到周长10km的大城，俗称"越城"或"赵佗城"；二是三国东吴时期，吴交州刺史步骘把交州治所从广信迁到南海郡，重修越城的西半部，并把城向北扩展；三是五代时期，刘龑将禺山凿平，把城垣向南扩展，称"新南城"，并在城内外大建离宫别苑；四是北宋庆历和熙宁年间，修筑三城合一，并向东面和北面扩展，把越秀山包在城内，嘉靖年间，在城南加筑外城。

广州历代城市建设布局有明确的功能分区，城垣用以保护官衙，现中山四、五路以北为官衙区，商业区多在城外。两晋南北朝期间，在城西始建佛寺。广州刺史署设在今广东省财政厅（唐为岭南道署，明为广东布政使司署）处，现北京路为当年城市的中轴线。随着海上贸易的发展，唐代在城西(现光塔街附近)辟建外国商人聚居区棗番坊。

宋代，广州的重要内港是东澳、西澳。东澳位于今清水濠一带，甘溪穿城而过，经东澳流出珠江，为宋代广州的盐码头；西澳在本城之南，即今南濠街一带，外国商船常停泊于此，是对外贸易的码头区，也是闹市区。宋代还在古西湖药洲（今教育南路南方戏院附近）改奉真观为怀远驿，专供外国使者、商人下榻和从事贸易活动。

明朝，由于古西湖及西澳逐渐淤塞，明永乐四年（1406），怀远驿馆迁至城西砚子步(今西关十八甫路怀远驿街附近)，城西（西关）沿西濠和下西关涌（又名大观河）两岸发展成为繁盛的商业区，城东(东关)也形成一条沿江向东伸展的街区，即今东华路以南的沿江一带，但面积不大。

清朝，广州西关平原日趋繁荣。康熙年间(1662～1722)，

半城青绿半城楼

麓湖花径

历史文化街区沙面岛绿化

因江岸不断向南伸展，清政府在怀远驿南面（今文化公园一带）修建十三行夷馆。咸丰年间（1851~1861）沙面成为英法租界，与此同时，利用西关农田建厂房，开辟街道，形成纺织工业区。工业、商业的发展，促进了住宅区的开辟，同治（1862~1874）、光绪（1875~1908）年间，富商在今宝华大街辟建街道呈方格状的新型住宅区，随后在上、下西关涌平原上陆续建宝源、宝贤、宝庆、逢源道呈方格状等住宅区，逐步形成晚清西关西部住宅区特色（俗称"西关大屋"）。城南商业区沿珠江两岸发展，居住区则在白鹅潭东岸洲头咀到龙溪乡之间（今大基头一带）辟建，其模式与西关相同。至清末，珠江沿岸平原区已尽数开辟。

民国21年（1932），广州市政府公布《广州市城市设计概要草案》，这是广州建市以来第一部正规的城市规划设计文件。在这之前，没有正式编制城市总体规划，历代均由地方长官按照一定的规制进行建设。

1952年，广州市政建设计划委员会提出两个都市规划总图方案，这是建国后城市总体规划编制工作的最早尝试。1954~1983年间，广州城市建设方针经历了7次变化，先后提出了14个城市总体规划方案，方案的变化主要在于城市性质、规模、空间布局、专项规划的广度与深度等方面。1984年9月18日，国务院批准了广州市城市总体规划，使之成为具有法律效力的城市建设发展蓝图。

国务院的批复明确指出：

1、广州市是广东省的政治、经济、文化中心，是我国的历史文化名城之一，又是我国重要的对外经济、文化交往中心之一，广州市的建设和各项事业的发展，要与对外开放政策相适应，要继承优秀历史文化传统，为人民创造良好的生产条件和生活环境。

2、要认真控制城市人口规模。严格控制城市人口的机械增长，控制市区人口规模要与城市布局的调整、发展与开辟经济技术开发区相结合，使市区人口和一部分企事业单位有计划地向郊区、近郊工业点和即将兴办的经济技术开发区疏散。要积极发展番禺、花县等小城镇。

3、广州市的经济发展，还应当同珠江三角洲其他城镇的经济发展规划紧密配合、相互协调，充分发挥广州中心城市的作用。

4、加强城市环境保护建设，改善居住条件。广州市是我国的南大门，城市环境要体现我国社会主义现代化建设的面貌。要大力加强城市基础设施的建设，整治市内排污河涌，抓紧工业"三废"治理，防止污染转移。要整顿市区沿江的建筑有关设施，在保证交通运输要求的前提下，搞好绿化、优美和丰富多彩的城市环境和城市面貌。

5、逐步解决城市的交通问题。当前应加强交通的管理和疏导，有计划地分散交通源，进一步对城乡道路、交通设施的建设及交通政策提出对策和规划，逐步实施。珠江河道、岸线要统一规划，加强管理、合理使用。任何有碍河道防洪、行洪的建筑和填占河道滩地建房的做法应予制止。

6、要加强对城市规划和建设的领导，加强管理工作。进一步编制和完善详细规划和专项规划，认真搞好经济技术开发区的规划和建设工作。各项建设要在城市规划指导下进行，城市规划区内的土地由城市规划部门实行统一的规划管理。驻穗党、政、军有关部门要模范地遵守城市规划和各项建设法规，服从城市规划管理，努力把广州市建设成为社会主义现代化城市。

1985~1990年间，随着改革开放的深入发展，广州市政府认真贯彻国务院批复精神，并在实施过程中，不断调整、充实和深化城市总体规划，使之适应改革开放形势发展的需要，更好地指导城市建设。主要内容有：

1、保持原国务院批复的广州市城市性质不变。

2、将规划的期限由原来2000年延长至2010年。调整城市规划区范围，除包括广州市8区4县（市）外，还将南海的黄岐、东莞的新沙划入规划区。

3、原城市总体规划确定旧城区（54.4km²范围）人口控制在200万人左右的原则保持不变，积极疏散旧城区人口，发展新区。规划至2010年，广州市区总人口将达460万人（其中非农业人口413万人），城市建成区人口控制在408万人；

绿染珠江

首次在城市总体规划中考虑流动人口（预计2010年达到150万人）对城市用地、城市基础设施和生活服务设施的要求。据此，调整城市用地规模，规划至2010年、城市用地发展区控制在555km²左右。

4、调整城市空间布局。城市用地除主要向东发展外，还向南、向北（在保护水源的前提下）发展。规划对原城市各组团的内容作了深化，即建立以中心区、东翼、北翼3大组团为构架，每一大组团又由几个不同功能的小组团构成的大都市的多层次空间布局结构。其中城市中心区大组包括：旧城区（越秀、东山、荔湾）、天河地区、海珠地区、芳村地区4个小组团。该大组团设有旧城中心和天河珠江新城两个中心，具有以政治、经济、文化、体育和对外交往为主，兼有工业、港口、生活等多种功能。东翼大组团包括黄埔区及白云区的一部分，拥有大沙地综合城市副中心区、黄埔开发区、广州经济技术开发区等3个相互联系的小组团。北翼大组团包括流溪河西北侧的雅瑶镇、神山镇、江高镇、蚌湖镇、人和镇及东南侧的新市镇、石井镇、同和镇、龙归镇、太和镇和广花平原地带。该大组团主要发展住宅和无污染的工业项目，以确保流溪河的水源不受污染。

5、在深化原各个专项规划的基础上，调整并增加了城市公共交通、快速轨道交通、旅游、商业网点、文教卫生、防灾、污水治理等专项规划。根据城市空间布局结构的新要求，重点深化城市道路交通规划和绿化生态环境规划，并对新机场的选址作了进一步分析论证。

1990年12月，广州市政府第86次常务会议讨论并原则通过《广州市城市总体规划调整、充实、补充和深化的报告》。

1990～2000年间，广州市进行了第2轮城市总体规划修编工作，但因种种原因，未获国务院批准。同期进行的《广州市土地利用总体规划》（1997～2010年），于2000年5月获国务院批准并贯彻实施。国土资源部的批复中指出："广州市是广东省省会，是中南地区重要的中心城市，随着人口增长和社会经济的发展，农用地与建设用地矛盾日益突出。为此，在土地利用上，必须坚持在保护中开发，在开发中保护的方针，采取有力措施，严格限制农用地转为建设用地，控制建设用地总量，对耕地实行特殊保护，积极推进土地整理和复垦，适度开发土地后备资源，加强生态环境建设，实现土地资源的可持续利用。到2010年，中心城城市建设用地规模控制在385km²以内。"

2000年6月，番禺、花都撤市设区。行政区划的调整为广州城市空间的拓展和城市的可持续发展提供了新的契机。为拓展广州市城市空间结构，并对城市规划的体系、层次和思想方法进行探讨，广州市政府于2000年6月邀请清华大学、中国城市规划设计研究院、同济大学、中山大学和广州市城市规划勘测设计研究院等五家国内著名规划设计单位开展了广州总体发展概念规划咨询活动。

2000年9月，市政府邀请全国规划、建筑、交通、生态专业的著名专家成功地召开了"广州城市总体发展概念规划咨询研讨会"，并结合五家规划咨询单位提出的规划概念与方案，对广州市整体的发展策略、思路及方向等重大问题进行了充分探讨，达成了以下方面的共识：

1、广州是华南地区的中心城市，还将面临持续快速增长，广州应当建设成为现代化国际性区域中心城市；

2、广州的发展应以区域的共生共荣为前提，加强区域分工与合作，形成区域合作的珠江三角洲"组合城市"，在区域整体协同发展中再创新优势；

3、广州应协调发展传统产业、高新技术产业和服务业，强化教育产业的地位，实行科教兴市；

4、城市空间结构应从单中心向多中心转变，采取"南拓、北优、东进、西联"的发展战略；

星河湾小区绿化

5、必须加强生态环境的保护与建设，重视北部山区、南部珠江口地区的生态维护以及城市组团间绿化生态隔离带的建设，把广州建设成为山水型生态城市；

6、要优先发展公共交通，重视城市轨道交通建设，完善高快速路与快速轨道构成的双快交通体系。

2000年10月，广州市城市规划局组建了专门的"广州城市总体发展战略规划深化工作组"，以城市土地利用、城市生态环境和城市综合交通这三个专题为核心、展开、深化并形成广州市长远发展战略与政策框架，从物质形态的角度为实现城市发展目标提供一个比较稳定的城市结构框架和可持续的生态发展模式。同时，面对城市的现实发展水平和现状建设条件，为广州大部分处于工业化中期地区的产业化水平提高、经济健康增长和社会稳定提供机会与保障，进而把可持续发展的理念落到实处；为将广州发展成为国际性区域中心城市、适宜创业发展和居住生活的山水生态城市提供政策引导和规划控制。

与此同时，由广州市发展计划委员会牵头，根据《广州市国民经济和社会发展第十个五年计划纲要》和市政府关于按照生态城市的概念建设山水生态城市的要求，进行了《广州市生态城市规划纲要》的研究和编制工作，为在2005年率先基本实现现代化，巩固和发展中心城市地位，进一步发挥其辐射和带动作用，探索一条既符合世界城市发展大趋势、又兼顾广州实际的城市发展道路。

本次城市绿地系统规划，就是在《广州市土地利用总体规划》(1997～2010年)的原则指导下，密切配合《广州市城市总体发展战略规划》(2001～2020年)和《广州市生态城市规划纲要》(2001～2020年)所进行的专项规划。本规划工作过程中的许多研究成果，也直接应用到了上述两个规划。

四、城市园林发展

广州的园林，始自2100多年前的南越宫苑。到南汉时达到全盛期，有宫殿园林26个。晚清时，白云山和石门风景区已有一定的建设。1911年，孙中山倡导植树造林，带头在黄花岗手植马尾松4株（今仍存活1株）。民国期间，广州的城市园林绿化始有规划。1918年，孙中山又将清明节定为植树节。到1949年，广州有观音山、汉民、中央和黄花岗等公园，面积共32.6hm²；行道树5200株，品种10多个，城市绿化覆盖率1.56%，城市人均公共绿地面积约0.3m²。

建国后，广州的城市园林绿化建设逐步走上"群众办绿"、"科技兴绿"和"依法治绿"的道路。建国初期，城市园林绿化工作由广州市工务局主管，设园林科负责。1956年3月，市政府成立了绿化工作委员会和广州市园林管理处，制定了园林绿化布局规划。1956～1961年，国家出现经济暂时困难，园林绿化事业受到一定影响。为促进绿化事业的发展，1963年3月，市政府召开绿化总结表彰和动员大会及各类绿化现场会，组织成立了群众性的学术团体－广东园林学会，交流、普及园林理论和科学知识，为政府当好参谋。1965年1月，广州市园林管理局成立，加强了政府对城市园林绿化建设工作的指导与管理。1966年，广州的城市绿化覆盖率达到了27.3%，居全国大城市第2位。

1966～1976年"文化大革命"期间，广州的城市园林绿化建设遭到严重破坏。1978年12月中共十一届三中全会后，园林绿化事业得以复苏。有关部门认真总结了以往城市园林绿化的工作经验，深入开展全民义务植树活动，加强公园和大型城市骨干绿地建设，推广垂直绿化，多种藤本植物，并提倡家庭种花，使广州逐步形成从公园到小区、平面到立体、从室外到室内的城市绿化体系。1987年，广州被评为全国绿化先进城市。1988年，全市范围内基本消灭了荒山。1990年，市政府提出整顿城市十大进出口的绿化建设方案，促进了全市如期实现绿化达标。在此期间，全市用于园林绿化方面的基本建设投资近亿元。1993年，广州市被评为全国城市绿化先进城市。

宜人的滨水游憩绿地

在依法治绿方面，1957年9月，市政府颁布《广州市保护绿化暂行办法》，1987年至1988年，经广州市人大常委会通过，市政府颁布了《广州市城市绿化管理规定》、《广州市公园管理规定》、《八年绿化广州市的标准和措施》。1995年11月，省人大常委会批准《广州市白云山风景名胜区保护条例》，于1996年3月1日起施行。1996年12月，省人大常委会批准了《广州市城市绿化管理条例》，并于1997年3月1日起实施。依据《条例》，进一步完善了市区审批砍移树木和绿化报建程序，加大查处破坏绿化行为的力度，切实保护古树名木，清理违章建筑还绿于民，使全市的园林绿化工作走上了法制化的道路。同时，编制并经市定额站审定了《广州市城市道路绿化养护管理质量标准》和《广州市城市道路绿化日常养护经费标准》等一系列行政规章，为加强城市绿化的社会化管理作好了准备。1997年12月，省人大常委会又批准了《广州市公园管理条例》，并于1998年3月1日起实施。

近年来，全市新建了一大批城市绿地，完成了新广从公路、机场路、黄埔大道、龙溪路、广中路等大批新、扩建道路配套绿化种植工程。如广州东站绿化广场、海珠东广场、英雄广场、东风路绿化整治、中山路整治、珠江两岸绿化整治、中山大道、广园东路及广深公路绿化等工作，使广州主干道绿化和十大进出口的绿化水平进一步提高；街头绿地的鲜花摆设工作也面貌一新。1998年后，广州的园林建设以较高的速度推进，大部分市区公园实施了"拆墙复绿"、"拆店复绿"，还绿于民，让公园景观融入街景。同时，新建了大批村镇公园，初步形成了功能合理、种类齐全、分布均匀的城市公园体系。

几十年来，广州的园林绿化部门继承和发扬岭南园林特色，营造了一批文化内涵丰富，地方特色鲜明，高水平的公园精品，如流花西苑、兰圃、草暖公园、云台花园、珠江公园、天河公园"粤晖园"、"粤秀园"等，表现出独特的岭南园林地方风格。

1998～2001年间，广州市全面实施了"一年一小变"、"三年一中变"的城市环境综合整治工程，使广州的园林绿化和城市面貌又上了一个新台阶。据统计，从1997年至2000年，全市建成区新增绿化覆盖面积2064hm²；城市绿化覆盖率和绿地率，分别从1997年的27.50%、25.33%增至2000年的31.60%、29.57%。新建公园18个，新增公共绿地850hm²，人均公共绿地从1997年的5.68m²增至2000年底的7.87m²。一大批高水平的城市园林绿化工程项目，使广州的面貌焕然一新，城市环境明显改善。用群众的话来说就是："天变蓝了，地变绿了，道路变宽了，花城变美了。"

2001年10月，第四届中国国际园林花卉博览会在广州举行，千年花城向世界展示了她迷人的风姿。2001年12月，广州市参加国际公园与康乐设施协会主办的"Nations in Bloom"国际竞赛，荣获铜奖，成为迄今为止世界上人口最多的"国际花园城市。"当月，广州市还荣获了国家建设部颁发的"中国人居环境范例奖"。

广州东站绿化广场

第四节　生态环境保护

广州在发展经济的同时，十分重视环境保护，实施可持续发展战略，致力于营造适宜创业发展和生活居住的生态城市，谋求经济和环境的协调发展。

广州市政府多年来坚持开展城市环境综合整治工作，每年均按照全市国内生产总值的2.2%投入环保建设，如2000

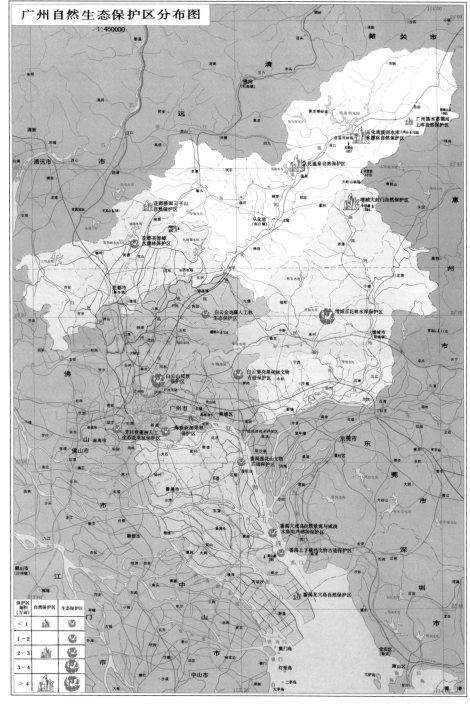

广州自然生态保护区分布图

1:450000

境质量得到有效控制，珠江(广州段)溶解氧等多项指标优于1999年，各项重金属以及氰化物、砷等有毒有害指标得到有效控制。从化流溪河水库水质优良，饮用水源得到有效保护；城区声环境质量连续7年提高，其中区域环境噪声继续优于功能区1类区昼间标准，道路交通噪声首次优于4类区（道路交通干线两侧区域）昼间标准；在2000年全国35个重点城市环境综合整治定量考核中，广州排名由1999年的第28位跃升为第7位，综合得分85.16分，比全国平均分高2.44分。

1998年后，广州市政府加倍重视环境保护，全力美化市容景观:清拆违法建筑1200多hm²，改造了三条商业步行街，对4000多栋沿街建筑物的立面和屋顶进行重新装饰美化，重新整饰和改造商业街区和陈旧楼宇。目前，广州市区的空气质量已达到国家二级标准，以优和良为主；空气污染指数在100以下的有207天，占98.6%；珠江水质已初步退浊还清，饮用水源水质达标率为98.3%；区域环境的噪声和道路噪声连续7年下降，仅为54.2分贝，达到国家要求。市民对城市环境质量的满意度不断提高。

近三年来，广州市政府为了营造绿色城市，投入城市园林绿化建设的资金约6.27亿元。以新、旧两条城市轴线和珠江岸线为主，构建"一横两纵"的城市景观体系塑造新的城市形象。从1998年起，启动了109项城市景观工程建设。重点建设了广州艺术博物馆、广东奥林匹克体育中心、广州体育馆等，正在大力推进广州新机场、广州国际会展中心、广州歌剧院和广州报业广场等一批大型标志性新建筑。同时，市政府还拿出一些城区中心的黄金地段开辟绿地，大手笔营造城市绿化景观新形象，先后新建了天河东站绿化广场(10hm²)、珠江公园(23hm²)、陈家祠绿化广场(2hm²)、白云山绿化休闲带(93hm²)、18.4km的珠江两岸景观绿化工程，以及广园东路、广州大道、沙河立交等几十项道路配套绿化工程。

为了保护广州的水资源环境，广州市于1996年成立了市政污水处理总厂，成为广州市污水治理的综合管理部门。目前，总厂属下有两座大型城市污水处理厂，出水水质均达到或优于设计标准值。其中，大坦沙污水处理厂1989年投

年就投入52亿元。通过道路桥梁、地铁、机动车污染控制治理，工矿企业污染源达标治理，生活污水处理厂、垃圾回收、填埋处理厂场等城市环境基础设施的建设，使城市环境面貌发生了巨大的变化，环境质量得到明显改善。2000年，城区空气质量状况以"良"为主，占全年城区空气质量的69.2%，没有出现中度以上的大气污染。空气质量各项指标年均值较1999年进一步下降，所有指标均优于国家或地方标准；水环

入运行,日处理污水能力33万吨;猎德污水处理厂2000年3月投入运行,日处理污水能力22万吨。2003年前,广州还将完成猎德厂二期工程、大坦沙厂三期工程、新建西朗污水处理厂和沥滘污水处理厂。届时,城市污水处理率将从现在的26.28%提高到67%左右。全市已建成垃圾压缩站40座、在建27座,已实行垃圾上门收集的居民户达95%;全市一、二级马路全部取消了垃圾桶存放点。

广州素有花城的美誉。随着城市建设的发展,各种体现都市人崇尚自然追求更高生活品味心态需求的山景、江景、绿色小区、明星楼盘,已成为城市的一道亮丽的风景线。

近年来,广州新建住宅区的园林景观都力求创新,各具特色,层次丰富多彩。大批园林设计师直接参与居住小区的规划设计,把景观设计意念变为社区的景观特色。如傍山而建、享受白云山景色的"云山板块";观赏珠水江景,自成风格的"华南板块";均以各自的景观建筑特点,营造优良的住区环境,合理规划和利用空间,最大限度地提高绿地率。通过山水景观,建筑小品,植物的乔木、灌木、花卉地被的合理配植,辅以人文景观有机结合,巧用中心花园与组团花园设置、支柱层绿化、天台花园等景观创造,为住户间的人际交流和提高生活质量提供优美的空间。同时,还注重保护原有的自然生态植被群落或建立相似的人工植被群落结构,提高住区的生态环境质量。

在绿色社区的建设中,一些与居民健康直接关联的技术得到推广应用。如直饮水系统、隔音玻璃、垃圾分类收集等。社区内的生活污水经处理净化后用于绿化,以节约水资源和减少对环境的污染;室外硬地多采用透水性强的环保材料。广州绿色社区人居环境的营造,正在努力追求"三忘"境界,即:"令居之者忘老,寓之者忘归,游之者忘倦"(明:文震亨《长物志》)。

广州市作为历史文化名城,其文物、古迹、古建筑构成了独特的城市生态景观,市域现有221处文物古迹。其中,纪念性文物古迹70处、宗教建筑24处、古建筑66处、艺术圣地8处、古遗址53处。已有11处确定为全国重点文物保护

单位,30处为省级文物保护单位,80处为市级文物保护单位,64处为广州市内部控制保护。

广州市中心城区现有林地面积292357hm²、生态公益林面积130937.6hm²。其中,特用林面积29959.7hm²,包括自然保护区129.1hm²、自然保护小区19828.1hm²、风景林8293.4hm²、其它特用林1709.1hm²;防护林面积100977.9hm²,包括水源涵养林68353.9hm²、水土保持林23853.2hm²、沿海防护林31hm²、其它防护林8739.8hm²。

广州是我国早期开发森林旅游的城市,中心城区现有森林公园7个,其中国家级2个、市级4个、区级1个,经营面积22726hm²;已建成自然风景区、生态农业庄园、动植物观赏游憩区等不同类型的生态旅游景区、景点24处。其中较著名的有:白云山风景区,位于城区北部山地,面积2180hm²,有保护完好的自然林和人工风景林、鸟类栖息地和能仁寺、九龙泉等名胜古迹和风景旅游点;流溪河森林公园,是国家十大森林公园之一;从化石门国家森林公园、广东树木公园、从化蓄能电站森林公园等。

目前,广州是全国卫生先进城市,全国林业生态先进城市,全国优秀旅游城市,广东省文明城市和国际花园城市,并连续23年保持着较高的经济增长速度,千年古城焕发着勃勃生机。进入21世纪,广州人民将继续解决经济社会发展与人口、资源、环境的矛盾,协调人与自然、社会三者之间的相互关系,保护生物多样性,提高城乡环境质量,按照"青山、碧水、蓝天、绿地、花城"的目标,把广州建设成为国内最适宜创业发展和生活居住的城市。

滨江绿带

天河公园鸟瞰

第二章
城市绿化现状调查分析

全面了解城市园林绿地的现状，是科学地编制城市绿地系统规划的基础。为此，我们采用卫星遥感与地面普查相结合的方法，动用了大量人力、物力和时间，对广州中心城区的各类绿地进行了全面调查。内容包括：绿地分布的空间属性、绿地建设与管理信息、绿化树种构成与生长质量、古树名木保护情况等。同时，还对广州市历年的热岛效应变化情况进行了分析，研究了1992～1999年间城市中心片区的热场分布与热岛强度，为中心城区绿地系统规划提供了重要的科学依据。在此基础上，对城市园林绿化现状的有关资料和影响因素进行了综合分析。

表 C-2-1 广州市城市绿地现状调查表

填报单位：_____ 地形图编号：_____

编号	绿地名称或地址	绿地类别类别	绿地面积（m²）	调查区域内应用植物种类		
				乔木名称	灌木名称	地被及草地名称

填表人：　　　　　　　　　　　联系电话：　　　　　　　　　　　填表日期：

表 C-2-2 广州市城市绿地调查汇总表

填报单位：

统计内容 ＼ 城市绿地分类	公共绿地公园	生产绿地	防护绿地	居住绿地	附属绿地	生态景观绿地
	G1	G2	G3	G4	G5	G6
面积(m²)						
区域内植物种类　乔木名称						
灌木名称						
地被及草地名称						

填表人：　　　　　　　　　　　联系电话：　　　　　　　　　　　填表日期：

说明：本表填报内容参照1999年建设部组织编制的《城市绿地分类标准》，将调查绿地类别分为：

G1 公共绿地(公园)：向公众开放，以游憩为主要功能，兼具生态、美化、防灾等作用的绿地。包括综合公园（市级、区级及居住区级公园）、专类公园（儿童公园、动物园、植物园、历史名园、风景名胜公园、游乐公园及其它专类公园）、带状公园、街旁游园；

G2 生产绿地：为城市绿化提供苗木、花草、种子的苗圃、花圃、草圃等圃地；

G3 防护绿地：出于卫生、隔离、安全要求，有一定防护功能的绿地。如卫生隔离带、道路防护绿地、城市高压走廊绿带、防风林、城市组团隔离带等；

G4 居住绿地：居住用地内的绿地，如居住小区游园、组团绿地、宅旁绿地、配套公建绿地等；

G5 附属绿地：公共设施用地、工业用地、仓储用地、对外交通用地、道路广场用地、市政设施用地、特殊用地中的绿地；包括公共设施用地绿地、工业用地绿地、仓储用地绿地、对外交通用地绿地、道路绿地、市政设施用地绿地、特殊用地绿地；

G6 生态景观绿地：位于城市建设用地以外，对城市生态环境质量、居民休闲生活、城市景观和生物多样性保护有直接影响的区域。如风景名胜区、水源保护区、森林公园、自然保护区、城市绿化隔离带、野生动植物园、湿地、山体、林地等。

图 C-2-1　广州市中心城区现状绿地信息正射影象图

第一节　城市绿地现状遥感调查技术报告（节选）

一、工作目标与技术路线

1、应用卫星遥感照片制作广州市绿地现状数字影像图

通过卫星遥感的方法，采集卫星照片资料并进行处理，利用 Landsat/TM 丰富的光谱信息和 SPOT/HRV 的高空间分辨率进行数据融合，制作广州市绿地现状数字影像地图。

2、城市绿地现状调查及数据处理

应用1995～1997年版本的市区1:10000地形图资料，以屏幕矢量化方法，提取现状城市绿地信息。同时，通过各区园林办、林科院热林所组织华南农业大学、仲恺农学院园林专业的学生按图进行城市园林绿地现状踏查，填写调查表（表C-2-1、C-2-2）。之后，根据市规划局现有的城市绿地信息资料和各区的现状踏查结果，对遥感方法所得的绿地数据进行分析纠错，将数据加工成地理信息数据。最后，运用地理信息系统专用软件对数据成果进行分类，分区计算各类绿地的面积，并将有关调查数据进行处理，制成专题图供规划人员使用。

3、城市热场分布变化的资料获取与分析

我们首先对卫星遥感数据预处理，将不同时期的遥感影像及专题图件进行匹配。然后，利用1992、1997和1999年不同的时期的Landsat/TM数据，采取地面温度反演技术提取市区地表热场分布特征信息。再利用时间系列的遥感图像及提取城市热岛分布信息，分析不同时期的热岛效应变化，提出影响城市热环境变化的相关因素。

二、用卫星遥感照片制作市区绿地分布数字影像图（略）

三、市区绿地现状调查与数据处理（略）

第二节　市区热场分布与热岛效应研究

一、热场分布变化的资料获取与分析（制作过程叙述略）

该项目的实践表明，以陆地卫星TM资料以及气象统计资料作为信息源，结合地图矢量信息，可以对城市热场分布状况进行动态监测和综合分析，不仅省时、省力、成本低，而且客观准确、科学性强，具有常规调查方法所不能比拟的优点。

表 C-2-3　　广州市中心城区现状绿地遥感调查统计表（单位：hm²）

绿地 区别	公共绿地 （公园）	附属 绿地	生产 绿地	生态景观 绿地	防护 绿地	居住 绿地	道路 绿地	农田	城市绿地合计 （不计农田）
东山区	112.89	197.21	0	0	1.42	26.02	18.11	0	355.66
荔湾区	49.88	25.53	0.98	0	1.54	6.72	10.57	0	95.22
越秀区	146.49	31.65	0	0	0	1.85	5.71	0	185.70
海珠区	223.54	352.77	23.71	1274.64	1.91	113.73	21.69	786.00	2012.00
天河区	818.05	879.03	44.24	3345.47	14.66	96.58	154.27	1650.60	5352.31
白云区	487.29	721.07	77.65	35359.35	481.31	60.40	63.62	19516.61	37250.69
黄埔区	39.76	273.49	3.70	2162.02	19.24	4.89	6.13	2456.95	2509.22
开发区	0	300.46	1.41	0	0.55	6.42	47.80	4139.00	356.64
芳村区	94.89	114.69	690.32	23.59	0	19.89	26.76	702.18	970.14
合计	1972.79	2895.9	842.01	42165.07	520.63	336.50	354.66	29251.34	49087.58

注：本表数据系根据1999年底广州中心城区遥感照片量算得出，与传统的累加统计数略有出入，仅作为规划绿地定位校核参考之用。

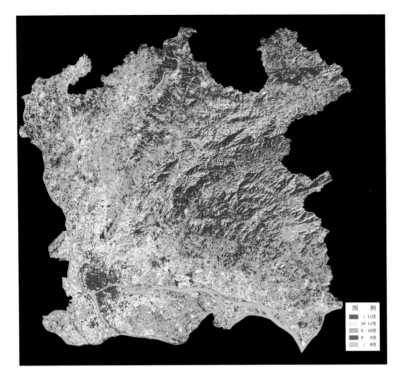

图 C-2-2 广州市地表热场分布图1 (1992.1.20)

第三节 市区园林绿化建设与管理现状

广州市中心城区包括越秀、东山、荔湾、海珠、天河、白云、芳村、黄埔(含开发区)8 个行政区，总面积 1443.6km²。2000 年，各区的园林绿化现状情况如下：(因本书篇幅所限，本节原有内容仅节选两个区作为示例)

一、荔湾区

1、现状概况：

荔湾区是广州市的老城区之一，建成区面积 11.8km²，人口 51.29 万，设 12 个街道办事处，人口密度为每平方公里 4.3 万人。2000 年底，建成区园林绿地面积 96hm²，绿地率 8.14%；绿化覆盖面积 177hm²，绿化覆盖率 15.0%。其中，城市公共绿地 62.79hm²，人均 1.22m²。区内有市级公园 1 个（文化公园）、区级公园 3 个（荔湾湖公园、沙面公园、青年公园），小游园 2 个，绿化广场 1 个，绿化道路 65 条。其它绿地则基本是以花坛、棚架形式分布于旧街窄巷，面积少而分散。就总体情况来看，区内现有绿化水平未能有效地改善市民的生活环境质量和促进城市生态环境良性循环，与建设商贸旅游区的荔湾区社会经济发展战略目标相比尚有差距。

2、存在问题：

● 全区公园和公共绿地布局不合理，基本集中在西面及沿江一带，且数量和规模不足，各项绿化指标远未达到国家规范要求的标准；

● 人口稠密，道路窄小，建筑物密度大、空间小，加上受旧城改造、市政建设的影响，街道两侧的单位附属绿地少，仅仅是见缝插绿；

● 区内道路绿化和防护绿地建设与改造缓慢，生产绿地严重不足。

二、天河区

1、现状概况

天河区位于老城区东部、珠江北岸，北靠凤凰山、火炉山，南临珠江，构成背山面水之势，是改革开放以来城市发展的新区，面积 108.3km²，人口 110.93 万，设 14 个街道办

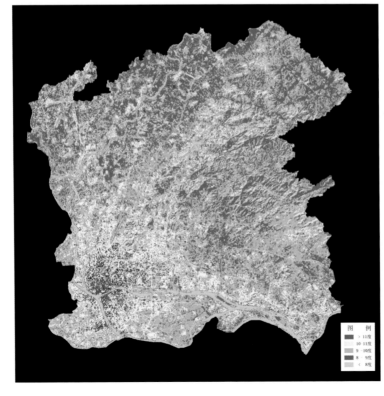

图 C-2-3 广州市地表热场分布图2 (1997.11.01)

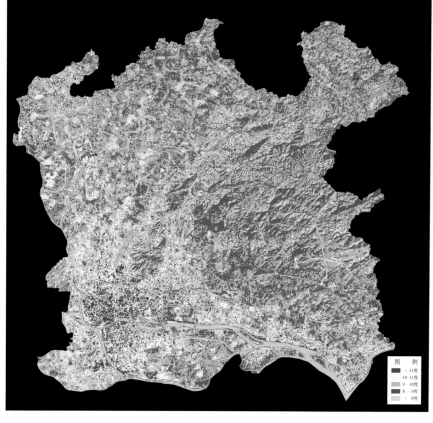

图 C-2-4 广州市地表热场分布图 3 (1999.12.09)

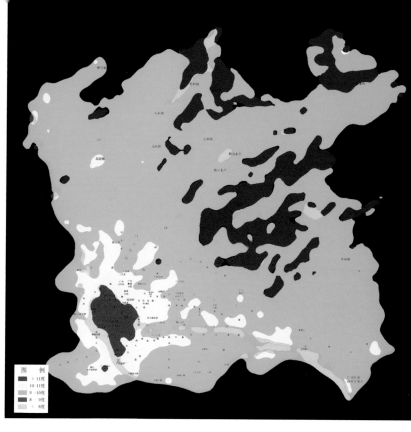

图 C-2-5 广州市中心城区热岛效应分布图 1 (1992.1.20)

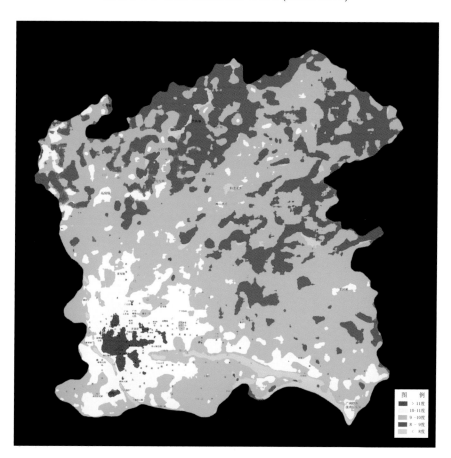

图 C-2-6 广州市中心城区热岛效应分布图 2 (1997.11.01)

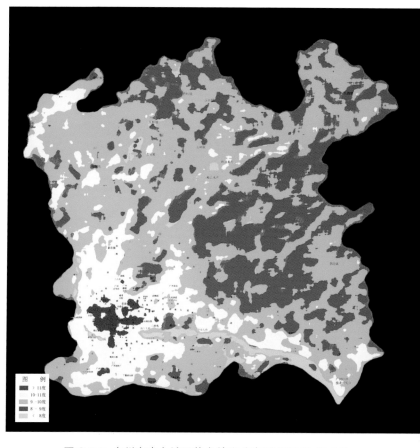

图 C-2-7 广州市中心城区热岛效应分布图 3(1999.12.09)

越秀山－中山纪念堂
绿轴鸟瞰

图 C-2-8 越秀区园林绿地现状图

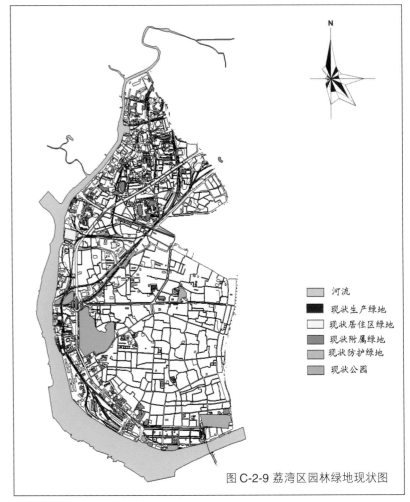

图 C-2-9 荔湾区园林绿地现状图

事处和2个镇。2000年底，城市建成区面积72.30km²，城市园林绿地面积2007hm²，绿地率27.76%；城市绿化覆盖面积2167hm²，绿化覆盖率29.97%；其中，公共绿地面积995.85hm²，按非农业人口47.60万人计，人均20.92m²。

区内园林绿地的分布情况大致为：

● 北部：位于广深高速公路以北，面积约68.5km²，基本保持原有森林和农田，自然生态环境较好，绿化覆盖率较高，为城区的天然绿色屏障。树种主要为马尾松、马占相思、桉树等，缓坡处多为竹林，局部有果林。林相较好的是箭箕窝水库周边及火炉山北坡，林分郁闭度达到0.5以上。此区内有面积287hm²的中国科学院华南植物园，引种亚热带植物千余种，是我国四大植物园之一。

● 中部：位于广深高速公路以南与广深铁路以北的范围，面积约38.28km²。此区内以科研单位和大专院校为主，单位附属绿地较多，绿化基础很好。西部有麓湖公园，东部有世界大观、航天奇观等旅游点，并有一些村镇公园穿插期间，如珠村公园、橄榄公园等。燕岭地区山林以松树为主，间种细叶桉和尾叶桉，林木生长良好，正拟建燕岭公园。

● 西南部：位于天河北路以南，珠江沿岸以北、广州大道以东，华南快速干线以西，面积约18.53km²。此区内建有纵横交错的道路绿地系统，如天河北路、天河路、天河东路、体育东路、体育西路、林和西路、麓湖路、天府路等八条绿化样板路，还有高标准的珠江沿岸景观绿带及珠江公园，初具花园城区的雏形。

● 东南部：位于华南快速干线以东及广深铁路以南，东至黄埔，南到珠江，面积约22.43km²，有员村工业区及天河高新技术开发区，也是城乡结合部地区的。此区内的园林绿地主要分布于中山大道及黄埔大道两边，主要的公共绿地有天河公园、杨桃公园等。其中，天河公园占地70.7hm²，为区级综合性公园。

2、存在问题：

● 城市绿地系统尚未形成完整的网络布局；虽然西南部建成区的各类绿地基本通过道路绿带连成网络，但东北及东南部的绿地联系较差，东西走向的中部存在着绿带断层，南北走向的绿带亦因纵向道路系统的不完善而缺乏。

图 C-2-10 东山区园林绿地现状图

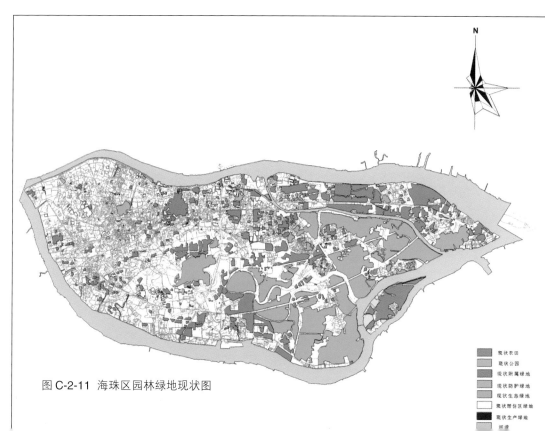

图 C-2-11 海珠区园林绿地现状图

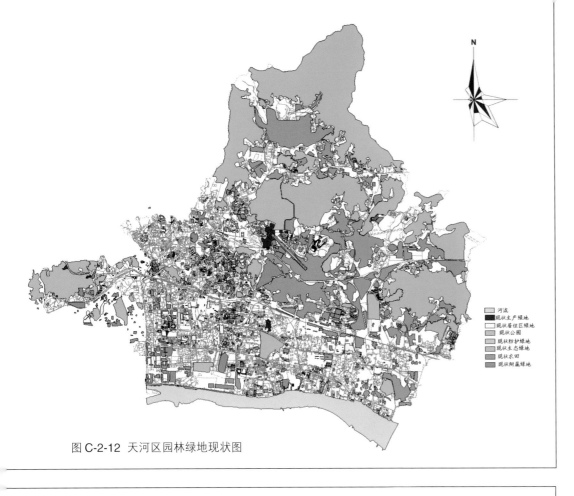

图 C-2-12 天河区园林绿地现状图

	河流
	现状生产绿地
	现状居住区绿地
	现状公园
	现状防护绿地
	现状生态绿地
	现状农田
	现状附属绿地

图 C-2-13 白云区园林绿地现状图

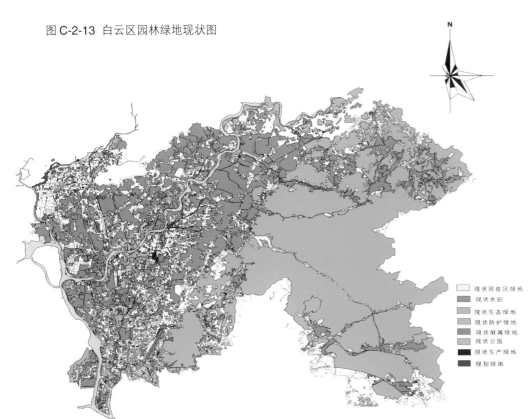

	现状居住区绿地
	现状农田
	现状生态绿地
	现状防护绿地
	现状附属绿地
	现状公园
	现状生产绿地
	规划绿地

● 绿化植物种类较单一；城郊山林的林分主要是松、桉类纯林，对病虫害防护功能较差，如凤凰山一带松林的病虫害就较严重。

● 防护绿地较少；除了黄埔大道及中山大道有绿化带外，其余路网缺乏通过规划而建设的防护林带。广汕、广从公路两侧及市区东北部山区内有若干几个石场破坏了山体及植被，急需整治。

● 公共绿地布局尚不够均匀；主干道路大型立交周围没有预留足够面积的绿地，交通枢纽节点的绿化条件较差。

九、园林绿化建设管理情况

广州的城市园林绿化实行市、区两级行政管理。市政府下设市政园林局(注：1996年前为市园林局，1996～2001与市政局合署办公，2001.8机构改革后叫现名)，各区政府属下的园林绿化管理办公室，是各区城市园林绿化行政主管部门，实施本区内公园、城市道路等园林绿化建设的属地管理。

A、各区园林绿化行政管理机构设置

广州市中心城区各行政区的园林办和绿委办均为两块牌子，一套人员，但情况略有不同(表C-2-4)

(一) 已定人员编制，副处级事业单位，实际在编人员未达到编制人数，有内设机构，如天河区、芳村区。

(二) 已定人员编制、副处级事业单位，实际在编人员未达到编制人数，无内设机构，如荔湾区、越秀区、白云区。

(三) 已定人员编制、园林办为副处级单位，绿委办为正科级事业单位，实际在编人员未达到编制人数，如黄埔区。

(四) 已定人员编制，未落实副处级的事业单位，在职人员未能落实级别，如东山区。

(五) 已定人员编制、副处级事业单位，只有少部分人员为编制内人员，多数人员人头经费暂由区财政局从城市维护费中支付，如海珠区。

B、各区园林绿化经费投入水平

1998～2000年，广州市中心城区由各区政府财政安排的园林绿化管理经费情况如(表C-2-5)

第四节 城市园林绿化现状综合分析

建国50多年来，广州的城市园林绿化事业取得了巨大的成就。特别是改革开放20多年来，广州的城市园林绿化建设虽然经历了一些波折，但在市委、市政府的正确领导和全市人民的努力下，发展势头强劲，数量和质量都有较大的提高。(见表C-2-6)

然而，在充分肯定成绩的同时，我们也要冷静地分析现存的问题和不足之处，主要表现在：

一、城市绿地建设方面

● 在整个中心城区内，园林绿地的布局尚不够均匀，未能形成有机的绿地生态系统。特别是越秀、荔湾等老城区内，建筑高度密集，集中式的绿地较少，人均公共绿地的数量较低；

● 市、区、村镇公园的数量结构不合理；市、区两级公园的数量与村镇公园相当，而大量村镇公园又不计入城市建设用地内，建设与管理质量都较粗放，基本无精品景点可言。

● 城市园林绿化建设的部分指标(绿化覆盖率和绿地率等)，与建设部制定的《城市绿化规划建设指标的规定》和国家园林城市的评选标准相比，尚有一定差距。

● 20世纪80～90年代中期，中心城区的建设普遍实施"见缝插楼"方针，使旧城区的居住人口越来越密集，园林绿化建设欠帐较多。城市热岛效应随建成区发展呈扩散趋势，影响范围越来越大。

● 城市建设用地中能用于园林绿化的后备土地资源缺乏，地价高昂；加上受国家严格控制大城市建设用地规模政策的影响，近郊农地转化为城市绿地困难重重。

● 市区内单位附属绿地的绿化建设发展不平衡，居住区级公园比较缺乏；城市建设与房地产开发过程中重建筑、轻绿化、侵占园林绿地的现象尚有发生。

● 城市绿化专业苗圃面积不足，城区园林绿化建设所需大规格苗木的本地自给率，近年来明显下降。目前，市区园林绿化所用苗木，大量来自南海、顺德、中山等珠江三角洲地区。

● 与国内外先进城市相比，市、区两级的城市绿化管理的总体水平尚不高，特别是信息化、专业化、社会化管理需进一步推进和提高。

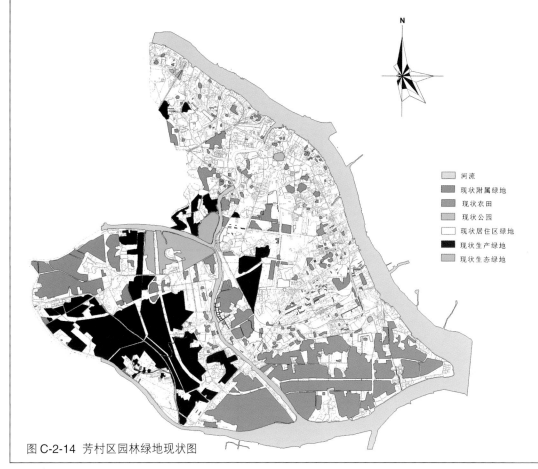

图 C-2-14 芳村区园林绿地现状图

图 C-2-15 黄埔区园林绿地现状图

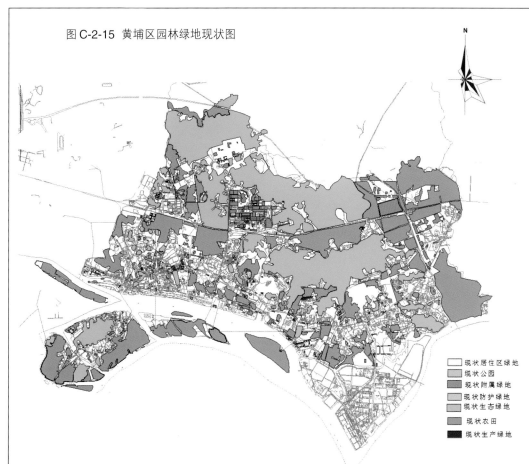

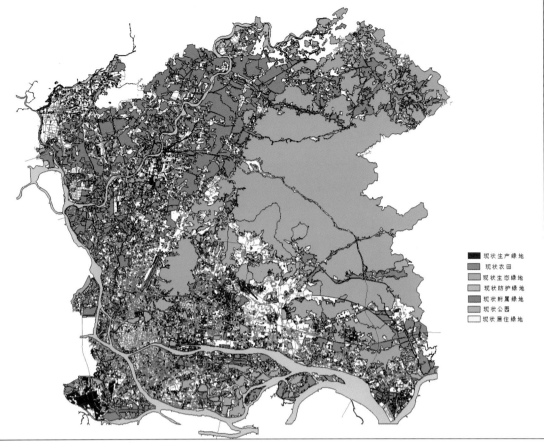

图 C-2-17　广州市中心城区现状绿地分布总图

图例：
- 现状生产绿地
- 现状农田
- 现状生态绿地
- 现状防护绿地
- 现状附属绿地
- 现状公园
- 现状居住绿地

图 C-2-16　开发区园林绿地现状图

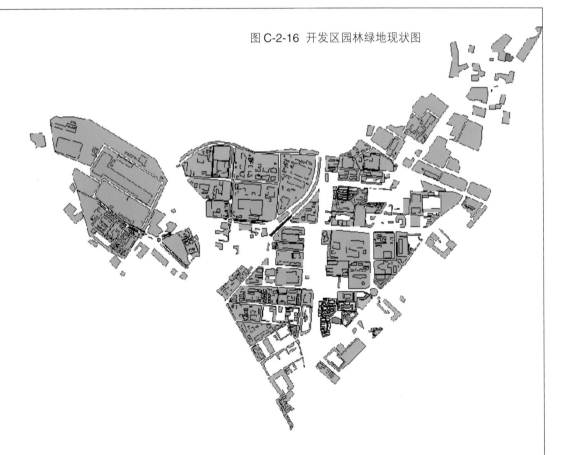

二、城市热岛效应方面

通过对TM陆地卫星反演的地表温度场分布情况进行分析，结果表明：

1）广州市城市中心区呈高温状况，是城市热岛的主要组成部分。尤其是荔湾区和越秀区等老城区，由水泥、瓦片等构建的建筑物、构筑物、道路、广场、大桥等城镇因子结构非常密集，加上人口集中造成的生活热源，构成了高温区的主导成分。城镇建筑密度以及楼层高度对热力分布也有很大关系。建筑密度越大、楼层越高，其热力越容易聚集，热岛强度也越大。因此，城市布局和建设等因素对热岛效应强度造成了直接影响。

热岛效应的形成，除了下垫面介质的主要作用外，城市特有热源状况也会加大、加深某些地区的热场强度。大型工厂是产生热源的重要因子，如广州钢铁厂四周就形成了一个孤立的热岛。而在植被覆盖茂密的山区和珠江及水库、湖泊区温度较低。城区中的公园、绿化带等对降低城市温度有很大的作用。越秀公园和流花湖公园对改善广州市中心区城市热场分布起了显著作用，其气候调节作用十分明显。从城市热环境总体评价来看，西北郊、东南郊优于西南郊和东北郊。大量树木和绿地对调节气温、净化环境、削弱城市热场、改善城市生态环境等，都起到了良好的作用。因此，保护现有城市绿地，扩大绿化覆盖率，对改善城市大气环境有良好的作用。城市绿地、水域以及合理规划城市建筑布局等措施，可以有效地降低城市热岛效应。

2）分析1992年、1997年和1999年不同时期城市热岛分布的变化，可以发现：1992年热岛集中且范围大，1997年和1999年热岛分布区域扩大，但单个面积较小。这是由于过去城区集中，老城区建筑密集，商业中心过于集中，道路狭窄，通风不畅，绿地面积较少。而在城市郊区，由于绿地面积较大，城市开发较少，故环境质量较高。随着城市的扩展，1997年和1999年的热岛分布区域变广，逐渐向外扩散。不过，由于城市道路的拓宽、注重城市绿化，以及多商业中心的形成，导致了热岛分布呈小而广的弥漫状态。由于城市绿化工作的加强，1999年较之1997年的单个热岛区域面积，又有进一步缩小的趋势。

越秀公园

表 C-2-6 广州市中心城区 1980-2000 年园林绿地指标增长情况

年份	建成区绿地面积（hm²）	建成区绿地率（%）	人均公共绿地面积(m²)
1980 年	3793	23.0	4.55
1990 年	3635	19.4	3.88
2000 年	8797	29.57	7.87

注：本表统计资料来源于广州市园林局绿化处

3）城市建筑的分布、商业网点的布局、城市道路的布局、绿地面积的大小等，是影响城市热环境的重要因子。绿地、水体的保护和扩展，可以显著改善城市大气环境质量。城市建筑容积率对城市大气环境有显著影响。所以，在城市发展过程中，必须考虑控制区域建筑容积率，合理规划，适当分散高层建筑和商业中心。商业区分流既方便了市民，也降低了热效应汇聚。拓宽道路不仅可以改善交通拥挤状况，同时能使气流通畅，将对道路上行驶的汽车所产生的 CO_2、CO 等排放物起到加速扩散、降解的作用。

三、城市绿化管理方面

1、城市绿地规划建设的前瞻性不足，绿地系统规划滞后，规划绿地控制乏力，常造成绿化美化工程计划与实施过程中的盲目性和随意性；特别是园林绿地建设中栽植的突击性与管护的滞后性形成了尖锐的矛盾。

2、城市园林绿化管理工作存在着"死角"和"盲区"，如大量村镇公园长期未纳入城市建设用地和公共绿地的管理体系，普遍存在着总体布局简单，游览内容贫乏，植物配置单调，施工技术粗糙等问题，且缺乏稳定的建设与管理经费，导致基础设施配套较差，景点水平和文化特色及游览舒适度均不理想。

表 C-2-4 广州市中心城区园林绿化行政管理机构设置情况

行政区	管理绿地面积（hm²）	机构状况		管理绿地范围
		事业编制	实有人员	
东山区	48.97	10	3	道路，区属东山湖公园
越秀区	43.98	7	6	道路，区属人民、儿童公园，街
荔湾区	60.42	10	8	道路，区属荔湾、青年、沙面等公园，街
海珠区	164.0	10	10	道路，区属晓港、海印、海幢等公园，街
白云区	38.34	10	14	道路，区属三元里、双桥公园，街
芳村区	45.97	9	12	道路，区属醉观公园
天河区	191.0	15	13	道路，区属天河公园
黄埔区	64.9	16	11	道路，区属蟹山、东苑、黄埔等公园
合 计	657.58			

表 C-2-5 广州市中心城区各区 1998－2000 年园林绿化管理经费情况

行政区	园林绿化管理经费(万元)			该经费所占当年本区城维费比例(%)		
	1998 年	1999 年	2000 年	1998 年	1999 年	2000 年
东山区	480	568.6	989.8	11.38	11.17	14.22
越秀区	464.4	695.3	899.6	10.0	11.8	14.7
荔湾区	941.94	886.68	967.84	18.62	14.81	14.59
海珠区	673	711	1027	12.75	10.43	11.14
白云区	495	747	694	12.4	15.0	12.5
芳村区	374.5	466	699.58	14.95	16.15	16.64
天河区	1150	1270	1900	20.91	19.0	19.59
黄埔区	458	708	992	18.6	28.0	28.3
合计	5036.84	6052.58	8169.82	平均 14.98	平均 15.8	平均 16.5

3、番禺和花都两个新区的园林绿化行政主管部门至今尚未明确到位，目前两区的市政园林局所负责的城市园林绿化管理工作仅局限于市桥、新华两个中心镇区，未能覆盖全区。

4、城市园林绿化管理的机械化、自动化、信息化水平较低，与广州的国际地位不太相称，大部分的绿化施工作业还是靠手工进行。

白云山山顶公园

表 C-2-7 广州市中心城区城市绿地现状分区汇总表 (2000 年)

行政区	建成区面积（hm²）	建成区绿地面积（hm²）	建成区绿地率（%）	建成区覆盖面积（hm²）	建成区绿化覆盖率（%）	公共绿地面积（hm²）	城市非农业人口（万人）	人均公共绿地面积（m²）
全市	29750	8797	29.57	9400	31.60	2704.93	343.88	7.87
东山区	1720	386	22.44	48127.97	196.86	59.70	3.30	
荔湾区	1180	96	8.14	177	15.00	62.79	51.29	1.22
越秀区	890	189	21.24	251	28.20	164.57	43.14	3.81
海珠区	4827	559	11.58	569	11.79	275.60	72.95	3.78
天河区	7230	2007	27.76	2167	29.97	995.85	47.60	20.92
芳村区	1820	456	25.05	527	28.96	109.86	14.61	7.52
白云区	8185	3821	46.68	3893	47.56	692.30	39.23	17.65
黄埔区（含开发区）	3898	1283	32.91	1335	34.25	207.10	15.36	13.48

5、随着城市绿化建设的发展，绿化面积不断增加，各区的园林绿化养护工作量及管理面积不断加大，而市、区两级财政对城市园林绿化维护管理的经费未能按比例递增，造成一些新建绿地陷入"有钱建、没钱养"的困境。

6、城市园林绿化管理的专业化、社会化程度尚不高，园林绿地的养护成本长期居高不下。市、区两级的园林绿化企事业单位与政府部门之间关系的体制改革尚任重道远。

7、目前，各区园林绿化管理部门对破坏绿化的案件均无执法权，执罚工作是由市城市管理综合执法支队直属一大队园林中队承担的。由于部分区城市执法中队偏重违法建、构筑物和建设工地的管理，忽视绿化违法案件的执罚；而市城监园林大队与各区园林办又联系较少，园林办与城市综合执法队伍在办案程序上衔接不紧，执罚后的结果往往不能得到及时反馈，增加了办案环节，不利于现场取证，加大了执罚难度。

8、个别区的园林绿化管理部门行政级别未落实，有的

白云山桃花涧景区

区园林办与绿委办合署办公后一直未理顺单位的级别，影响干部职工的工作情绪和待遇。

9、政府主管部门对城市绿化的植物保护工作重视不够，长期没有组织建立面向全市的园林绿化植物病虫害监测与防治机构，古树名木保护也存在着危机。例如，广州市政府近10多年来分三批颁令保护的在册古树名木共602株，现存544株，已死亡58株，超过存活数的10%。

10、城市园林绿化管理队伍中的优秀技师和技术工人新生力量较缺乏，如原来享誉全国、对广州现代园林绿化事业作出重大贡献的广州园林中专学校已停办了10年，造成一些操作性较强的园林绿化技术岗位(如高级花工、修剪工、假山工等) 后继乏人。广州的园林规划设计和园林科研水平10年前位居全国前列，如今已有较明显的退步趋势，较突出的表现是有关的设计与科研单位，近5年来专业成果获奖率(省部级以上)和中标率 (市场竞争力)有所下降。

云台花园

表 C-2-8　　广州市中心城区公园分布与建设概况

序号	公园名称	面积 (hm²)	公园类型	所在位置	主管部门	开放时间	水域面积 (hm²)	陆地面积 (hm²)	绿地面积 (hm²)	绿地率 (%)
1.	越秀公园	75.42	综合性	解放北路	市市政园林局	1951年	5.10	70.32	58.46	83
2.	流花湖公园	54.43	综合性	流花路	市市政园林局	1959年	32.54	21.89	19.47	89
3.	文化公园	8.70	综合性	西堤二马路	市市政园林局	1956年	0.14	8.56	1.31	15
4.	草暖公园	1.34	综合性	环市西路	市市政园林局	1987年	0.01	1.33	0.93	70
5.	东风公园	4.20	综合性	水荫路	市市政园林局	1997年	0.09	4.11	3.00	73
6.	珠江公园	23.00	综合性	珠江新城	市市政园林局	2000年				
7.	广州起义烈士陵园	18.00	纪念性	中山二路	市市政园林局	1957年	2.10	15.90	11.64	73
8.	中山纪念堂	6.36	纪念性	东风中路	市市政园林局	1931年		6.36	2.77	44
9.	黄花岗公园	12.91	纪念性	先烈中路	市市政园林局	1918年	0.38	12.53	10.82	86
10.	广州动物园	42.84	专类性	先烈东路	市市政园林局	1957年	1.70	41.14	36.73	89
11.	兰圃	3.99	专类性	解放北路	市市政园林局	1951年	0.67	3.32	2.72	82
12.	麓湖公园	205.12	综合性	麓湖路	市白云山管理局	1958年	21.01	184.11	171.59	93
13.	云台花园	12.00	主题公园	广园路	市白云山管理局	1995年	0.07	11.93	10.25	86
14.	雕塑公园	46.30	主题公园	下塘西路	市白云山管理局	1996年	0.40	45.90	32.20	70
15.	白云山山北公园	54.00	综合性	白云山	市白云山管理局	1958年	1.55	104.4	599.23	95
16.	白云山山顶公园	52.00	综合性	白云山	市白云山管理局	1958年				
17.	人民公园	4.46	综合性	公园路	越秀区建设局	1918年		4.46	3.20	72
18.	儿童公园	1.94	专类性	中山四路	越秀区建设局	1933年	0.02	1.92	0.73	38
19.	东山湖公园	33.11	综合性	东湖路	东山区建设局	1959年	20.91	12.20	8.61	71
20.	荔湾湖公园	27.80	综合性	龙津西路	荔湾区建设局	1959年	17.19	10.61	7.86	74
21.	青年公园	3.48	综合性	南岸路	荔湾区建设局	1989年		3.48	3.19	92
22.	海幢公园	1.97	综合性	同福中路	海珠区建设局	1933年		1.97	0.64	32
23.	晓港公园	16.66	综合性	前进路	海珠区建设局	1958年	4.39	12.27	10.32	84
24.	海印公园	3.45	综合性	滨江东路	海珠区建设局	1991年	0.01	3.44	3.18	92
25.	天河公园	78.79	综合性	员村	天河区建设局	1958年	9.70	69.09	66.72	97
26.	醉观公园	3.13	综合性	芳村花海街	芳村区建设局	1959年	0.35	2.78	2.30	83
27.	蟹山公园	3.83	综合性	黄埔蟹山路	黄埔区建设局	1958年	0.16	3.67	1.65	45
28.	黄埔东苑	4.64	综合性	黄埔大沙地	黄埔区建设局	1959年	1.50	3.14	1.60	51

东风公园

(续上表)

序号	公园名称	面积（hm²）	公园类型	所在位置	主管部门	开放时间	水域面积（hm²）	陆地面积（hm²）	绿地面积（hm²）	绿地率（%）
29.	黄埔公园	10.21	综合性	广深公路	黄埔区建设局	1999年	0.66	9.55	7.76	81
30.	三元里公园	0.79	纪念性	广花路	白云区建设局	1950年		0.79	0.48	61
31.	双桥公园	6.90	综合性	珠江桥中	白云区建设局	1997年		6.90	6.31	91
32.	沙面公园	1.64	综合性	沙面	沙面街办事处	1983年	0.01	1.63	0.81	50
33.	江高公园	4.26	村镇公园	江高镇	白云区江高镇	1992年		4.26	1.90	45
34.	泉溪公园	1.00	村镇公园	江高镇	白云区江高镇	1998年		1.00	0.90	90
35.	庆丰公园	1.00	村镇公园	石井镇	白云区石井镇	1998年		1.00	0.90	90
36.	蚌湖公园	0.60	村镇公园	湖镇	白云区蚌湖镇	1993年	0.01	0.59	0.46	78
37.	白象岭公园	17.30	村镇公园	蚌湖镇	白云区蚌湖镇	1997年	1.05	16.25	15.37	95
38.	南村公园	1.06	村镇公园	南村	白云区龙归镇	1992年	0.06	1.00	0.80	80
39.	钟落潭公园	1.12	村镇公园	钟落潭镇	白云区钟落潭镇	1992年	0.03	1.09	0.90	83
40.	凤凰山公园	20.00	村镇公园	九佛镇	白云区九佛镇	1997年		20.00	18.14	91
41.	南湾公园	0.85	村镇公园	南基村	黄埔区南基村	1992年	0.04	0.81	0.54	67
42.	圣堂山公园	3.60	村镇公园	长洲岛	黄埔区长洲镇	1997年	1.07	2.53	1.77	70
43.	南洲公园	0.60	村镇公园	长洲岛	黄埔区长洲镇	1997年	0.26	0.34	0.25	74
44.	元岗公园	1.25	村镇公园	元岗村	天河区元岗村	1992年	0.80	0.45	0.32	71
45.	杨桃公园	15.30	村镇公园	东圃镇	天河区东圃镇	1997年	0.47	14.83	13.93	94
46.	黄村东公园	2.50	村镇公园	东圃镇	天河区东圃镇	1997年	0.99	1.51	0.90	60
47.	橄榄公园	28.23	村镇公园	吉山村	天河区吉山村	1998年	0.15	28.08	26.12	93
48.	仑头公园	0.75	村镇公园	仑头村	海珠区	1997年	0.01	0.74	0.57	77
49.	小洲公园	0.70	村镇公园	小洲村	海珠区小洲村	1997年		0.70	0.25	74
50.	瀛洲生态公园	142.00	村镇公园	小洲村	海珠区小洲村	1998年	28.00	114.00	88.92	78
51.	土华公园	1.01	村镇公园	土华村	海珠区	1997年		1.01	0.86	85
52.	新爵公园	0.80	村镇公园	东朗村	芳村区	1998年		0.80	0.68	85
53.	张村公园	0.75	村镇公园	张村	白云区石井镇	1999年				
54.	槎龙公园	2.20	村镇公园	石井镇	白云区石井镇	1999年				
55.	人和新村公园	1.50	村镇公园	人和镇	白云区人和镇	1999年	0.06			
56.	罗岗香雪公园	80.00	村镇公园	罗岗镇	白云区罗岗镇	2000年				

东山湖公园

(续上表)

序号	公园名称	面积 （hm²）	公园类型	所在位置	主管部门	开放 时间	水域面积 （hm²）	陆地面积 （hm²）	绿地面积 （hm²）	绿地率 （%）
57.	长湴公园	10.67	村镇公园	长湴村	天河区长湴村	1999年	0.70			
58.	长湴新村公园	0.55	村镇公园	长湴村	天河区长湴村	1999年				
59.	西朗永西公园	0.50	村镇公园	芳村区西朗	芳村区西朗村	1999年				
60.	夏良公园	1.70	村镇公园	夏良村	白云区龙归镇	2000年				
61.	世界大观	48.00	主题公园	大观路	天河区东圃镇	1995年	6.20	41.80	15.00	36
62.	华南植物园	300.00	专类性	龙洞镇	中科院植物研究所	1957年	8.00	292.00	283.22	97
63.	广东树木公园	18.78	专类性	广汕路	广东省林科院	1998年	0.16	18.62	14.96	80
64.	天鹿湖郊野公园	147.00	郊野公园	联和镇	黄陂农工商公司	1997年	0.38	146.62	145.33	99
65.	淞沪抗日烈士陵园	5.61	纪念性	先烈路沙河顶	市民政局	1933年		5.28	3.30	63
66.	东征烈士陵园	7.00	纪念性	长洲岛	市文化局	1926年		7.00	3.50	50
67.	东方乐园	23.99	游乐公园	新广从路	市旅游局	1985年	0.80	23.19	3.60	16
68.	南湖乐园	24.80	游乐公园	同和镇	省旅游局	1985年	0.63	24.17	16.02	66
69.	航天奇观	21.31	主题公园	大观路	青少年科教中心	1997年		21.31	12.79	60
70.	丹水坑公园	72.00	风景名胜	广深公路	黄埔区南岗镇	1997年	3.00	69.00	65.00	94
71.	宏城公园	6.60	综合性	二沙岛	市城建总公司	2000年				
72.	云溪生态公园	93.60	综合性	广从路边	市白云山管理局	2000年				
	合　计	1931.57								

注：本表统计资料来源于广州市园林局公园处

表 C-2-9　广州市政府颁令保护的三批古树名木现存数量(株)

树龄 100－200 年古树	442
树龄 200－300 年古树	69
树龄 300 年以上古树	14
名 木	19
总 计	544

表 C-2-10　近年来广州市区在册古树名木死亡情况

区 属	数 量 (株)
东 山 区	5
越 秀 区	3
荔 湾 区	44
天 河 区	1
黄 埔 区	5
合 计	58

广州市中心城区绿地系统卫星遥感影像图

(数据来源：中国科学院遥感卫星地面站　Spot:1999.11 Landsat:1999.12)

第三章
城市绿地系统总体布局

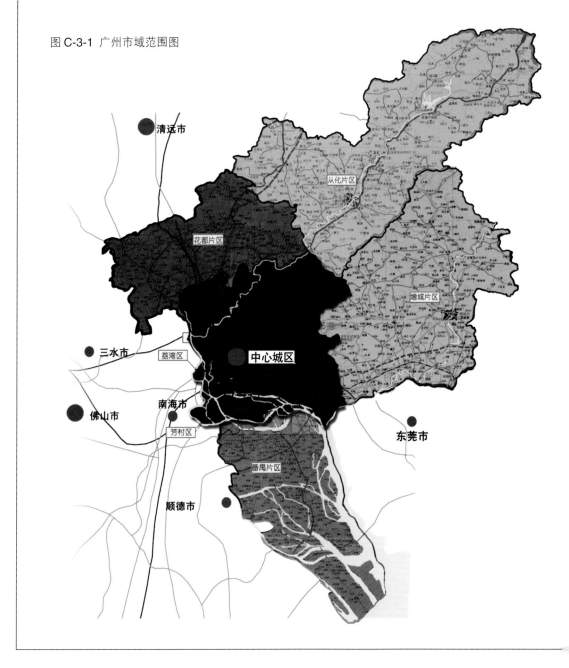

图 C-3-1 广州市域范围图

第一节 规划目标、依据与原则

一、城市发展目标

充分发挥中心城市政治、文化、商贸、信息中心和交通枢纽等城市功能，坚持实施可持续发展战略，实现资源开发利用和环境保护相协调，巩固、提高广州作为华南地区的中心城市和全国的经济、文化中心城市之一的地位与作用，使广州在21世纪发展成为一个繁荣、高效、文明的国际性区域中心城市；一个适宜创业发展和居住生活的山水型生态城市。

二、城市规划目标

广州21世纪城市规划的目标主要有：

● 应对中国城市化快速增长的形势，统筹广州市域的整体发展，采取适当的跨越式发展模式逐步调整城市空间结构，完善城市功能，促使城市由单中心向多中心转变，促进产业化水平的提高和经济健康增长，并保持社会稳定。在新的起点上实现市域的要素市场、产业发展、重大基础设施建设、环境资源的保护和开发、城市空间发展的一体化。

● 以生态优先和区域可持续发展为前提，充分保护和合理利用自然资源，维护区域生态环境的平衡。

● 适应广州中心城市建设和发展的要求，加强政府对建设用地的控制与管理，确保城市不断增长的工业、办公、商业、住房、道路、绿地及其他主要社会经济活动的需要。合理确定城市容量、土地使用强度，控制人口密度，保障社会公共利益，统筹兼顾公共安全、卫生、城市交通和市容景观的要求，确保城市长远发展的需要及基础设施供应，提升城市的发展潜质。

● 保护历史文化名城，在发展中保持城市文化特色，提升城市的文化品质。加强中心镇、村建设，提升全市城市化水平和质量，推进城乡协调发展。

● 加强对生态用地的控制和管理，形成良好的市域生态结构。改善并严格控制城市水源与森林等生态保护区，加强环境保护工作，积极整治大气、水体、噪声、固体废物污染源，搞好污水、固体废物、危险品及危险装置的处理和防护工作，提升广州市的生态环境品质。

● 保护具有重要历史意义、文化艺术和科学价值的文物古迹、历史建筑和历史街区，保护具有本地特色的历史文化名城资源，在发展中保持和提升广州的城市文化特色与品质。

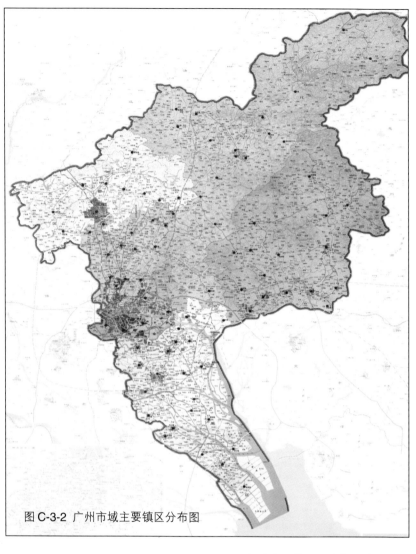

图 C-3-2 广州市域主要镇区分布图

● 加强城市基础设施建设，完善各项配套设施。特别是要建成一个大容量、环境上可接受、既节省能源又安全便捷的客货运输系统，以增强城市综合功能。

● 制定一个适应社会主义市场经济和城市快速发展要求的规划实施策略，加强城市规划的可操作性。

三、城市绿地系统规划目标

在21世纪，广州城市绿地系统规划的基本思路可以概括为："云山珠水环翡翠，古都花城铺新绿"；规划目标是"翠拥花城"。即：

● 充分利用广州山水环抱的自然地理条件，按照生态优先的原则和可持续发展的要求，构筑城市生态绿地系统的空间结构；

● 发展各城市组团之间的绿化隔离带，实施"森林围城"和"山水城市"建设战略；

● 构筑"青山、碧水、绿地、蓝天"的景观格局，将广州建设成为国内最适宜创业和居住的国际化、生态型华南中心城市。

四、规划依据（同规划文本，略）

五、规划范围与期限

广州市域面积7444km²，包括十个行政区和两个县级市，

其中，荔湾、越秀、东山、天河、海珠、芳村、黄埔、白云八个区统称为"中心城区"，面积1444km²。

本次绿地系统规划的年限与《广州市城市建设总体战略规划》一致，为2001～2020年。

六、规划原则（同规划文本，略）

第二节　市域绿地系统布局结构

一、城市空间结构发展概略

21世纪的广州，必须确立"生态优先"的城市建设战略，寻求一种既能应对发展挑战又能解决环境问题的城市发展模式。以广州市域丰富的地形地貌，"山、城、田、海"并存的自然基础，构建"山水城市"的框架，最大限度地降低开发与资源保护的冲突，减低对自然生态体系的冲击。构筑生态廊道，保护"云山珠水"，营造"青山、名城、良田、碧海"的生态城市。

1、城市功能分区

今后20年，广州市将按照"合理布局、优化结构、增强功能、组团发展"的要求，调整城市布局，重点向东、向南发展，建设以城市快速道路主骨架路网连接，以岭南自然景观为特点，充分体现历史文化名城内涵，多中心、多组团的山水生态城市。

城市的功能分区规划为：

● 完善中心区大组团（旧城区和天河区、芳村区、白云区南部），作为综合性核心城区。内环路以内及沿线区域，突出政治、文化、商贸、旅游中心和传统历史人文景观保护功能；内外环路之间，为高新技术、教育科研、商贸金融、生活居住、体育休闲功能区；外环路以外，除适当保留部分工业区外，主要作为居住区、旅游度假区和自然生态区，通过逐步疏解旧城区交通和人口，有计划分期外迁污染企业，合理控制建筑密度和容积率，提高绿地率，改善城市环境。

● 优化中心区大组团西部（芳村区、荔湾区、白云区西部）的功能结构，通过充分发挥高速公路、轨道交通等基础设施的辐射作用，加强与南海、佛山等周边地区的联合，促进经济社会共同发展。

● 发展东翼大组团（黄埔－新塘－荔城地区），强化制造业基地功能：以广州经济技术开发区为依托，以黄埔和增城为腹地，积极引入高新技术产业，在加强饮用水源保护的前提下，继续发展工业、港口运输业、仓储业，以及休闲观光和特色农业。

● 加快建设南翼大组团（番禺区）。按期建设生态城市的要求，科学规划城市路网和绿地系统，在石基－东涌地区高标准规划建设现代化滨海新中心城区。在东部珠江口滨海地带，规划建设广州大学园区。完善大石－市桥地区的现代化居住区组团规划建设，以轨道交通三号线和城市快速为纽带，引导接纳旧城区的部分功能、产业和人口，形成生活居住、休闲度假、商贸旅游中心功能区。

● 积极推进南沙新城区和龙穴岛深水港区建设，着重发展国际港口贸易和现代物流产业、高新技术信息产业和现代适用技术工业、金融商贸和旅游服务业，将南沙地区建设成为产业布局合理、经济辐射能力强、基础设施配套、自然环境优美的现代化生态型新城区，成为外向型经济发达、经济创造力和活力较强、现代物流业、临海工业和信息科技产业发达、综合服务功能强大的珠江三角洲新型经济增长中心。

● 调控发展北翼组团（花都区、从化市、白云区北部）：围绕白云国际机场和广州铁路北站的迁址建设，增强交通枢纽、生态屏障功能，侧重发展航空和铁路运输业、现代物流业、特色旅游业、无污染轻工业、都市型农业，保护、发展林业和粮食、水果种植业，适度发展房地产。

2、城市发展方向

国务院 2000 年 6 月对广州行政区划的调整，解决了城市向南发展的政策门槛，使广州有可能从传统的"云山珠水"的自然格局跃升为具有"山、城、田、海"景观特色的大山大水格局，为建设生态安全的国际性区域中心城市提

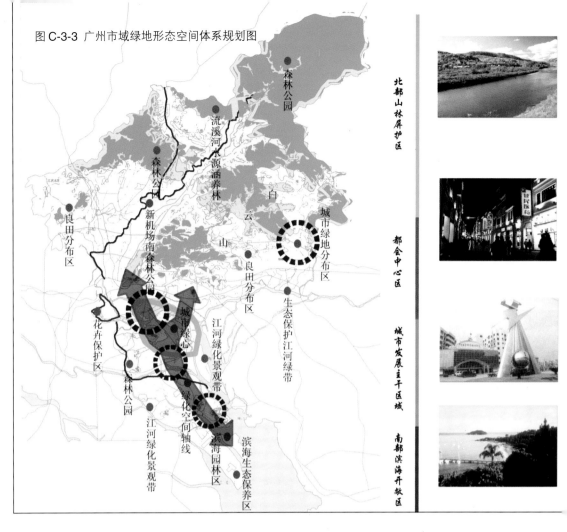

图 C-3-3 广州市域绿地形态空间体系规划图

供了历史性机遇。

广州未来的城市发展，要采取"有机疏散、开辟新区、拉开建设"等措施，力争优化结构、保护名城，形成具有岭南文化特色的国际性城市形象。按照《广州市城市建设总体战略规划》，城市发展空间布局的基本取向为：南拓、北优、东进、西联。

南拓：广州南部地区具有广阔的发展空间，未来大量基于知识经济和信息社会发展的新兴产业、会议展览中心、生物岛、大学园区、广州新城等，都将布置在南部地区，使之成为完善城市功能结构，强化区域中心城市地位的重要区域。

北优：广州北部是城市主要的水源涵养地，应当通过优化地区功能布局与空间结构，搞好新白云国际机场的建设，适当发展临港的"机场带动区"，建设客流中心、物流中心。

东进：以广州珠江新城（中央商务区）的建设拉动城市发展重心向东拓展，将旧城区的传统产业向黄埔－新塘一线迁移，重整东翼产业组团，利用港口条件，在东翼大组团形成密集的产业发展带。

图 C-3-4 广州市域生态绿地规划结构图

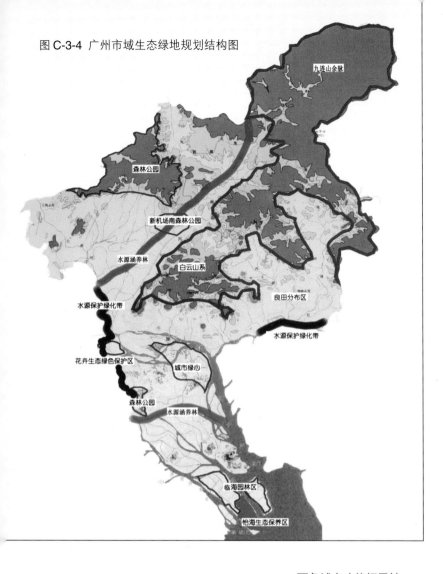

西联：广州西部直接毗邻佛山、南海等城市，应加强同这些城市的联系与协调发展，协调广佛都市圈的建设，同时对西部旧城区进行内部结构的优化调整，保护名城，促进人口和产业的疏解。

3、城市空间结构

广州未来的城市空间结构规划为"以山、城、田、海的自然格局为基础，沿珠江水系发展的多中心组团式网络型城市"。其中包括：

● **两条城市功能拓展轴**

①东进轴：规划以珠江新城和天河中心商务区拉动城市商务中心功能东移，形成自中心城区、珠江新城、黄埔工业带向新塘方向的传统产业"东进轴"。该区目前尚有200km²的土地储备，有良好的交通及基础设施条件，产业开发已经有相当的基础。

②南拓轴：地铁四号线和京珠高速公路的定线，串联了一批基于知识经济和信息产业的新兴产业区，从广州科学城、琶洲国际会展中心、广州生物岛、广州大学园区到广州新城、南沙经济技术开发区、南沙新港，可以提供约200km²区位优良的城市用地储备。

● **三条沿江城市发展带**

珠江呈枝状蜿蜒流过广州，提供了得天独厚的沿江发展的城市景观。"江城一体"，是广州主要的城市风貌特色之一。规划将重点开发三条城市空间沿江发展带，即：沿珠江前航道发展带(约432km²)、沿珠江后航道发展带(约163km²)和沿沙湾水道发展带(约184km²)，将城市发展从注重沿路商业发展为主转向提升沿江生活环境质量，把珠江景观资源与广州市民的日常生活密切联系起来，使之成为令人向往、富有特色的城市生活中心。

4、市域人口分布

广州市域适宜总人口约1200~1500万人。城镇总人口约1100万人，其中约900万人分布在主要沿江城市发展带，约150万人分布在花都、增城、从化三个片区中心及南沙重点发展区，约50万人分布在其它城镇。具体的人口与建设用地分布如下：

沿珠江前航道的发展带，含荔湾、越秀、东山、天河、白云、海珠和黄埔区原规划发展带，规划总人口480万。旧城区人口基本不再增加，东翼组团考虑土地扩展、功能置换和人口自然增长，安排增加80万人。

沿珠江后航道的发展带，含芳村、番禺大石居住区组团和广州大学园区，规划总人口160万人。

沿沙湾水道的发展带，为广州新城主要发展地区，含番禺中心区，规划总人口180万人。

花都、增城、从化三个片区中心及南沙重点发展区约150万人，其中，新华－40万人，荔城－30万人，街口－25万人，南沙－55万人；

市域其它城镇规划人口为50万人。

二、市域生态绿地系统布局

为实现广州城市空间结构的新发展，应当积极地利用九连山、南昆山、白云山和珠江水系建立山水相间的城市开敞空间体系。广州未来的城市空间结构，应当包括城市实体空间系统（城市组团）、城市绿地系统、城市综合交通体系和城市基础设施体系四大部分。其中的后两个体系是支撑体系，前两个是城市形态要素的主体。绿地系统作为与城市实体空间相对应的城市形态构成要素，对改善和保障城市的运行效益和生活质量，具有十分重要的意义。

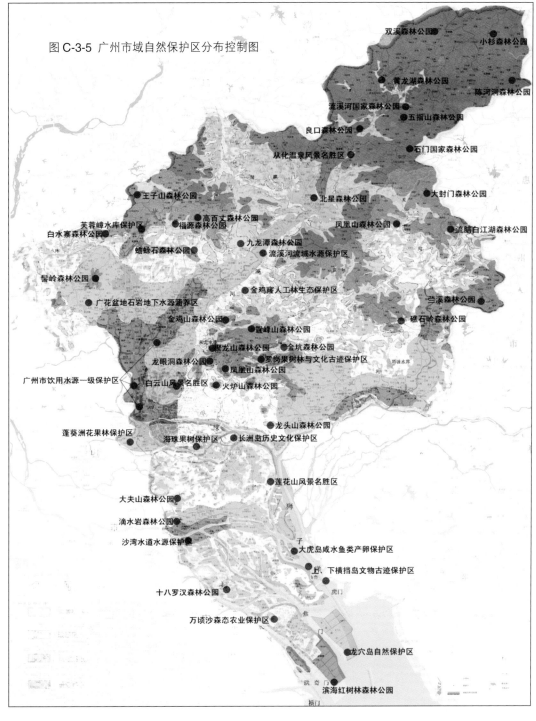

图 C-3-5 广州市域自然保护区分布控制图

1、市域绿地空间形态

广州市域的绿地，从大的形态上可划分四个部分：

1）北部山林保护区，包括花都、从化、增城三个组团，绿地内容主要有森林公园、自然保护区、水源涵养林等，是实现"森林围城"战略的关键地区。

2）都会中心区，包括中部、东部、西北部等三大组团，是广州的历史、文化、政治、经济中心，已有多年的建设历史。其绿地系统建设应注重空间秩序的建立与人居环境的营造，并结合历史文化及休闲旅游加以发展。

3）都市发展主干区域，包括市桥、南沙两大组团，为低密度的开敞建设区，应注意建设江海生态景观绿带及组团绿化隔离带。按照建设生态城市的要求，城市功能区之间设置生态隔离带，道路和城区建设尽量维护原有的自然地貌特征与生态平衡。工业区、出口加工区、科技园区等坚持高标准规划、高标准建设、高标准管理，建成生态园区。加强生态环境保护与治理，使城市建设与环境承载力相适应，保持城市可持续发展。

4）南部滨海开敞区，绿地形态主要有滨海生态保养区、滨海园林区和都市型生态农业区等。要结合南沙地区"水道众多，河网纵横"的自然地理特征，进行组团式、生态型的城市空间建设布局，以河网水系及滨江绿化带、道路绿化带、公园、自然保护区等为架构，形成绿域、良田、碧水、通海的生态环境格局。

白云山与珠江是广州最重要的城市空间和景观构成要素。要充分保护和利用好这一山一水，并将其作为城市绿色空间发展的基本脉络。规划在广州市中心城区以海珠区果树保护区、番禺北部农业生态保护区为"都市绿心"，以白云山脉、珠江水脉、生态绿脉为基本生态要素，形成都市绿心、楔形山体绿地、农业生态控制区、结构性生态控制区、城市园林绿地系统与江河水网相结合的"绿心加楔形嵌入式"生态绿地系统。

2、市域生态廊道布局

为维护广州市域的生态平衡，应基于区域与城市生态环境自然本底及其承载能力，选择适合于区域与城市的生态结构模式，从水源保护区、自然保护区、生态人文景观保护区、农田生态保护区、森林资源保护区、海域生态保护区六个方面进行生态绿地布局。规划以山、城、田、海的自然特征为基础，构筑"区域生态环廊"、建立"三纵四横"的"生态廊道"，建构多层次、多功能、立体化、网络式的生态结构体系，

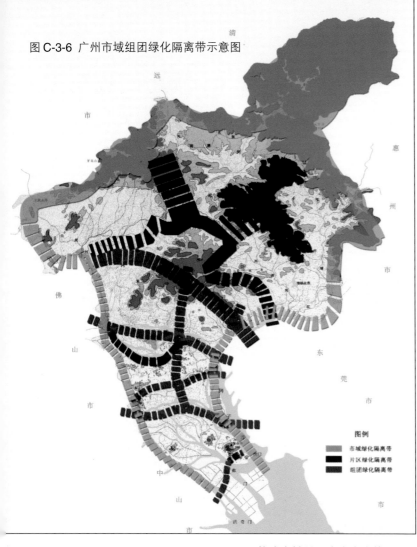

图 C-3-6 广州市域组团绿化隔离带示意图

图例
市域绿化隔离带
片区绿化隔离带
组团绿化隔离带

表 C-3-1　广州市生态环境建设目标体系规划

指标名称	单位	建议目标值	1999 年现状 *
大气环境质量		符合 GB3095 – 96 标准	
水环境质量		符合 GB3838 – 88 标准	
声环境质量		符合 GB3096 – 93 标准	
城市污水处理率	%	≥ 70	13.96
生活垃圾无害化处理率	%	100	100
机动车尾气达标率	%	≥ 90	80.3
建成区绿地率	%	35	27.25
建成区绿化覆盖率	%	40	29.34
建成区人均公共绿地	m²/ 人	≥ 10	7.39
自然保护区覆盖率	%	10	5.22
森林覆盖率	%	45	41.5
生态农业推广覆盖面	%	100	
水土流失治理率	%	100	
环保投资指数	%	2.5	2.05
公众对生态环境的满意度	%	80	

* 数据来源：《广州市统计年鉴（1999 年)》，《广州市环境保护十五规划》。

构成市域景观生态安全格局。

"区域生态环廊"：即要在广佛都市圈外围，通过区域合作建立以广州北部连绵的山体，东南部（番禺、东莞）的农田水网以及顺德境内的桑基鱼塘，北江流域的农田、绿化为基础的广州地区环状绿色生态屏障－生态环廊，从总体上形成 "区域生态圈"。由于广州东北部山体自东北向西南延伸至环廊内，而接南海的珠江水系则自珠江口向西北直入环廊，从而使山水相互融合贯通。为此，必须严格保护北部地区的九连山余脉－桂峰山、三角山、天堂顶、帽峰山、白云山等一系列山地丘陵和植被，严格保护整个珠江水系及其沿岸地区，沙湾水道以及以南地区的沙田耕作区、江口和滩涂湿地。

"三纵"，即三条南北向的生态廊道，自西向东依次为：

● 西部生态廊道南起洪奇沥水道入海口，穿过滴水岩、大夫山、芳村花卉果林区，北接流溪河及北部山林保护区；

● 中部生态廊道南起蕉门水道入海口，经市桥组团与广州新城之间生态隔离带、小洲果园生态保护区，向北延伸至世界大观以北山林地区；

● 东部生态廊道南起珠江口，经海鸥岛、经济技术开发区西侧生态隔离带至北部山林地区。

东部生态廊道和西部生态廊道基本沿市域东西行政边界，主要作用是保护广州市域城市发展。中部生态廊道则位于旧城发展区和新城发展区之间，主要作用是在旧城和新城发展区之间形成一条南北向的生态隔离带。

"四横"，即四条东西向生态廊道，自北向南依次为：

● "江高 — 新塘生态廊道"，沿华南路西北段与规划的珠三角外环之间的生态隔离带向东延伸至新塘南岗组团东北部山林地区；

● "大坦沙 — 黄埔新港生态廊道"，以珠江前、后航道及滨江绿化带为主，顺珠江向东西延伸；

● "钟村 — 莲花山生态廊道"，西起大石、钟村镇西部的农业生态保护区，经以飞龙世界、香江动物园、森美反斗乐园为基础的中部山林及基本农田保护区，向东经化龙农业大观、莲花山，延伸至珠江；

● "沙湾 — 海鸥岛生态廊道"，沿沙湾水道和珠三角环线及其以南大片农田。

"江高 — 新塘生态廊道"主要作为中心城区与花都新机场和增城的隔离带，保护广州城市发展"大坦沙 — 黄埔新港生态廊道"主要作用在于隔离中心城市各组团"钟村 - 莲花山生态廊道"位于中心城市和南部新城之间，主要作用是在中心城市和新城之间形成一条东西向的生态隔离带；"沙湾 — 海鸥岛生态廊道"主要作用为保护市域的城市发展，控制城市的无限制蔓延。

另外，在"区域生态环廊"和"三纵四横"基础上，规划打通汇集到珠江、沙湾水道、市桥水道等密布城乡地区的河网水系形成网状的"蓝道"系统，加之城市基础设施廊道、防护林带、公园等线状和点块状的生态绿地，共同构成了多层次、多功能的复合型网络式生态廊道体系，形成了"山水中有城市，城市中有山水"，"山 — 水 — 城"一体化的城乡景观生态格局。

3、城市组团绿化隔离带布局

市域城市组团的绿化隔离带包括：

1）沿广州市界与其他城市隔离的山体、农田、沿江绿化带

2）大片区之间由山体、沿江绿化带、农田、大型绿地构成的绿化隔离带；

3）以"三纵四横"为主体构成的都会区小组团绿化隔离带，以及南沙片区内部、南沙经济技术开发区与黄阁镇之间的绿化隔离带。

番禺大石组团与中心组团之间、大石组团与新造大学园区之间、市桥中心组团与广州新城之间的绿化地带，是保证南翼地区不蔓延发展所必需的生态隔离绿带，不得再进行开发，已经建成的地区不得再改、扩建。

沿珠江后航道城市发展带与沿沙湾水道发展带之间、番禺区与南海、顺德之间的广大农业地区，必须严格保护现有的基本农田，避免两条发展带之间出现连绵发展地区。除原村庄居住用地仍然保留以外，不得再进行开发，已经建成的

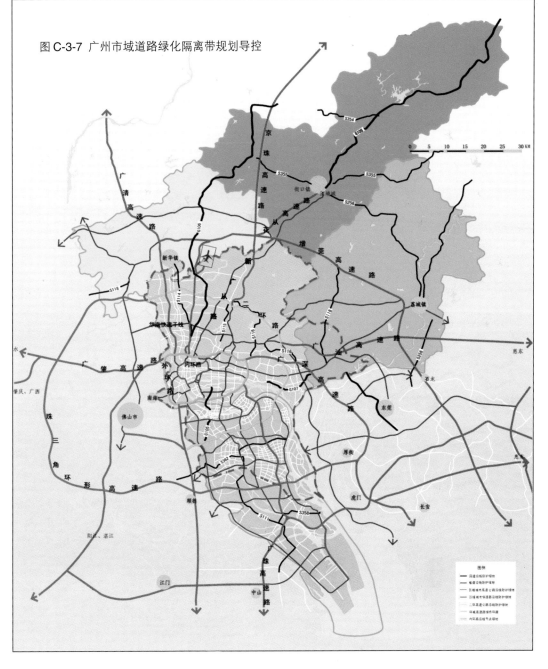

图 C-3-7 广州市域道路绿化隔离带规划导控

其他项目不得再改、扩建，逐步进行生态恢复。考虑到本地区城市化以村镇经济为主要动力，针对现状农村地域工业化过于分散的问题，在保证村镇经济适度发展的前提下，加大力度实现集约建设。

4、市域生态环境建设要求

城市的可持续发展必须以环境的可持续发展为前提和保障。在维持区域自然生态系统支撑能力的基础上，通过建构合理、稳定的自然生态体系，引导区域及城市用地和空间资

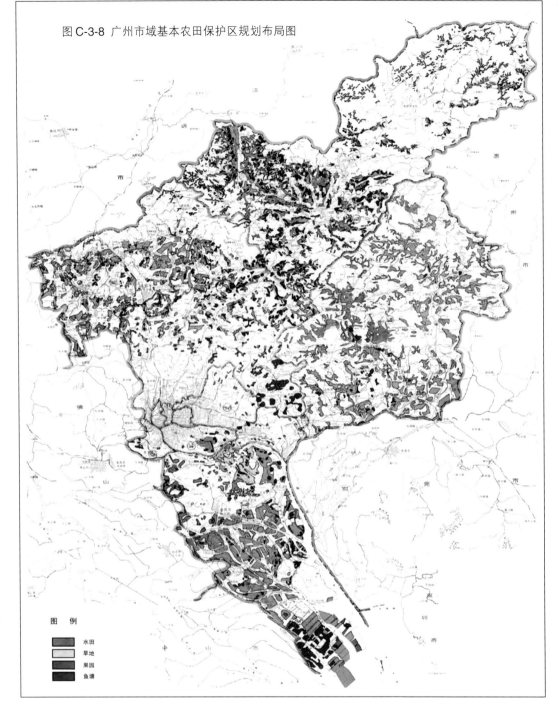

图 C-3-8 广州市域基本农田保护区规划布局图

图例

- 水田
- 旱地
- 果园
- 鱼塘

活动的支持能力，威胁着发展的可持续性。因此，必须通过合理规划，从整个珠江三角洲的区域和生态环境系统整体高度，达成城市建设与区域生态的协调，形成区域城乡生态的良性循环，促进城市可持续发展。

广州的城市规划与建设，应当充分满足生态平衡和生态保护要求，尽量降低建筑密度和容积率、拓展城市公共活动空间、增加市区公园与绿地等措施实现生态环境的改善，营造良好的生活社区。规划建设具有园林艺术和岭南风格特色、人文景观与自然景观形神相融的山水城市，加大环境保护的投资力度。

要有效控制对传统农业耕作区、自然村落、水体、丘陵、林地、湿地的开发，尽量保持原有的地形地貌、植被和自然生态状况，营造良性循环的生态系统，保护和改造"绿脉"，建设好城市北部的生态公益林、森林公园、流溪河防护林、天河绿色走廊，建立和完善城市组团之间、城市功能区之间的生态隔离带。推广生态农业，提高警惕农田防护林网建设质量和防护效益。建设白云山、珠江两岸及流溪河沿岸为主的风景游览景观生态体系，加快中心城区内园林绿化改造和绿化广场、绿岛、街心花园建设，推进道路绿化、居住区绿化和房顶绿化工程。形成以中心城区的公园、绿地、路网绿化为"内圈"，远郊水源涵养林、自然保护区等生态公益林为"外圈"的生态布局。

要坚持资源合理开发和永续利用，对重大的经济政策、产业政策进行环境影响评估，有效防止城市化建设过程中的生态破坏。提倡对资源的节约和综合利用，鼓励应用高技术、新能源、新材料，推进清洁生产和ISO14000标准，鼓励绿色产业的发展。加强重要生态功能的生态保护，防止生态破坏和功能退化。继续加强对流溪河、东江北干流和沙湾水道饮用水源的保护，严格禁止在水源保护区内设置废水排水口；对蕉门水道进行控制性保护。水资源的开发利用坚持开源与节流并重。开展城市天然河涌和人工湖泊的生态维护。形成生态资源与生态旅游相互促进的良性循环模式，对过度开发的旅游资源进行生态恢复和重整。加强石矿场整治垦复，合

源的合理配置，使城市与自然的关系重新走上协调发展的轨道，是本次规划关注的重点之一。

广州市北依白云山，南临珠江。"云山珠水"为广州2000多年的发展提供了长盛不衰的地理基底，创造了富有岭南特色的舒适的城市生活环境。快速经济增长、快速城市化打破了广州城市与自然之间的平衡，削弱了区域生态系统对城市

理开发利用滨海滩涂，保护海洋与渔业资源。保护生物物种资源的多样性和生物安全。

5、市域生态分区规划

生态分区是在对广州城市生态环境现状分析得出的生态敏感性的基础上，进行生态环境的政策区划，从而引导城市发展与城市建设合理有序地进行。生态敏感性是指在不损失或不降低环境质量的情况下，生态因子对外界压力或外界干扰适应的能力。通过对广州市域地质构造、基本农田、山地森林资源、水源保护区、地形地貌条件、用地类型及生物多样性等自然生态方面因素分析，并对单因素进行分级，加权叠加、聚类，在空间上加以综合，形成生态敏感性评价，以此为依据划分出四类敏感区：最敏感区、敏感区、低敏感区和非敏感区。

市域生态敏感性评价结果表明，广州主要的生态敏感（保护）地带位于市域的中北部与南部。因此，应在北部山区，中部的西、中、东三个方向实施有效的生态保护，进行森林生态系统的建设，充分发挥森林的保土涵水及生物多样性保护功能，为城市内部的生态环境改善创造良好的区域环境基底。同时，在南部沙田地带除了局部地段进行开发之外，南部水网、农田及河口湾地带的滩涂湿地，生物多样性极为丰富的地带，也应加以保护，不宜作为密集的城市用地发展。此外，市域内的基本农田保护区也是重要的生态绿地，应予充分保护。

为确保形成广州市域内南北保护的生态格局，市域的生态政策区划规划分为三类地区：生态保护区、生态控制区和生态协调区。

①生态保护区：是绝对保护、禁止开发建设的地区。该区涵盖了广州市的自然保护区、人文景观保护区和自北向南延伸的中、低山林地，以及重要的水源涵养地、基本农田保护区、饮用水二级以上的保护区以及城市组团间的结构性生态隔离带。

该类地区的生态敏感性很高，外来干扰不仅对其自身结构、功能影响反应剧烈，甚至有可能波及其它地区，对整个市域生态系统造成破坏。因此，城市建设不得占用该区范围内任何用地，对在该区内的村庄或工矿用地应逐步搬迁，并作好生态恢复工作。由于该区内的自然生态资源影响范围涉及广州市域甚至范围更大的周边地区，故对本区影响不大的自然生态要素亦应加以维育，以期整体生态条件得以保护。

②生态控制区：以生态自然保护为主导，可以适度地、有选择地进行建设的地区。该区属临近自然保护区或与山体、林地、河流水体毗邻地区以及一般耕地，所处位置地势较高或与整体生态维育紧密相关的用地以及现状建成区中生态结构不合理的地区。该类地区原则上以保护为主，但因用地本身也较适宜作城市发展用地，故需对其使用进行合理引导，严格控制人口规模和建设强度，不得进行房地产开发和工业建设。该区应在尊重和保护自然环境的前提下，可适度地、有选择地进行村镇建设活动。

该类地区生态敏感性较强，对维护最敏感区的功能以及整体生态效果起重要的支持和维护作用，故开发建设亦应慎重对待。在该区周围应规划出一定范围用地，作为对区域城乡生态安全格局起重要作用的地带严加控制，以防可建设用地过度开发或开发范围过大而破坏了区域生态环境。要加大对该区内建设规模和强度的控制力度，不得进行房地产开发和工业建设，村镇建设也不宜过大过密，应强调相对集中的发展模式。在该控制区内，对新功能区确定和土地利用必须慎重选择，积极引导及调整区内产业结构，发展生态型产业，严格杜绝污染严重、能耗大的企业在该区落户。该区内的基本农田保护区、林地、园地、水系等开敞空间系统，应从规划上加以控制，使之与城市绿地系统形成功能互补的联系网络。

③生态协调区：适于进行建设，但必须重视与生态协调的地区。该区基本涵盖了绝大部分现状建设区以及适宜开发建设的生态非敏感区或低敏感区。

该类地区虽然处于生态非敏感或低敏感地区，但城市建设仍应重视和强调生态环境的建设，处理好城市建设与环境承载力的协调关系，保持人工与自然环境的协调发展。特别是在城市发展中应加强对环境容量的研究，切忌出现透支环境容量的过度开发行为。城市建设区应强调生态补偿和绿

流溪河水源保护区

图 C-3-9 广州中心城区绿地形态分析图

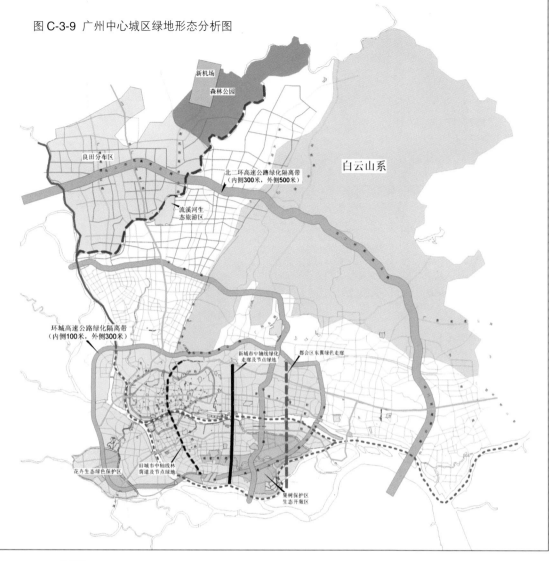

新机场

森林公园

白云山系

良田分布区

北二环高速公路绿化隔离带
（内侧300米，外侧500米）

流溪河生
态旅游区

环城高速公路绿化隔离带
（内侧100米，外侧300米）

新城市中轴线绿化
走廊及节点绿地

都会区东翼绿色走廊

旧城市中轴线林
荫道及节点绿地

果树保护区
生态开敞区

花卉生态绿色保护区

图例

珠江上游水质保养绿化带

核心城区绿地空间序列区

珠江沿岸绿化带及节点绿地

低密度发展绿化区

流溪河沿岸生态保护休憩带

良田分布区

城市绿色项链

· 246 · 案例C 广州市城市绿地系统规划

化、净化，与总体生态环境建设应相辅相成、同步进行。滨海地区或珠江水系两侧用地用于城市建设时，应加强滨水地带绿化建设，美化岸线景观，严防水体污染。

6．市域生态保护区规划

在市域生态保护方面，要保证生态主廊道范围内的生态用地不被侵占；控制海涂围垦，保留珠江口广阔的水面与滩涂、湿地资源；保护沿海水生生态环境和红树林生态系统；合理开发海岛，保护海洋渔业资源。建设绿化隔离带，提高绿化覆盖率。加快石场垦绿化工程建设，提高森林质量。

规划在流溪河、东江、沙湾水道三个水源保护区种植水源保护涵养林，在从化市东北部、花都区北部、番禺区西部设森林公园；在新机场以南设城市森林公园；番禺南部滨海地区设红树林保护区；将海珠区东南部和番禺区东北部规划为"都市绿心"。市域东部、西北部为基本农田保护区。

市域生态保护区主要规划绿地如表 C-3-2。

7．市域主干道路绿化带

广州市域范围内的国道、省道、高速公路、城市快速路，均应在道路两侧因地制宜地设置一定宽度的绿化隔离带，具体指标要求如表 C-3-3 所示。

8．市域滨水地区绿带

在广州市域范围内，除了要对水库、湖泊周边林地、绿地进行保护外，还应当在重要河流沿线建设带状绿地，宽度控制如表 C-3-4 所示。

9．市区重点景观绿地控制

在市区范围内，规划对主要城市公园、文物古迹和重要旅游点附属绿地进行控制 (表 C-3-5)。此外，城市每条行政街道或每个建制镇，均要建设一块面积大于 3000m² 的公共绿地。

10．城市绿化指标规划

按照建设部颁布的《国家园林城市评选标准》、2001年《国务院关于加强城市绿化工作的通知》精神和《广东省城市绿化条例》的有关文件规定，贯彻"高起点、高标准"、"总体规划，分步实施"的原则，实事求是，量力而行。广州中心城区绿化建设的总体指标规划为：2005年，建成区绿地率、绿化覆盖率和人均公共绿地面积分别达到33%、35%和10m²；2010年，上述指标分别为35%、40%和15m²；2020年，上述指标要分别为37%，42%和18m²，达到中等发达国家城市绿化建设的先进水平。市域其他地区的绿地率、绿化覆盖率、人均公共绿地面积指标，应分别达到(表C-3-6)的要求。

第三节　中心城区绿地系统布局

广州市中心城区包括荔湾、越秀、东山、天河、海珠、芳村、黄埔(含开发区)、白云八个行政区，总面积1444km²，现状人口618万（第五次全国人口普查统计数据，2000年）。其中，环城高速公路以内区域称为"核心城区"，荔湾、越秀、东山三区称为"旧城中心区"。

表 C-3-2　广州市域主要生态保护区绿地规划

区域名称	自然保护区名称	所在地名称	占地面积(hm²)	区域名称	自然保护区名称	所在地名称	占地面积(hm²)
中心城区	广州市饮用水源一级保护区	西村、江村石门等	132.0	从化市	黄龙湖森林公园	从化市黄龙带	4637.0
	白云山风景名胜区	白云区	2088.0		流溪河国家森林公园	从化市黄竹朗	9182.7
	聚龙山森林公园	白云区太和镇	1247.3		石门国家森林公园	从化市桃园镇	2636.0
	金鸡山森林公园	白云区太和镇	1055.3		从化温泉风景名胜区	从化市温泉镇	2786.0
	南塘山森林公园	白云区	342.7		小杉森林公园	从化市吕田镇	1125.0
	白兰花森林公园	白云区	254.7		五指山森林公园	从化市良口镇	1416.0
	帽峰山森林公园	白云区太和镇	4153.3		良口森林公园	从化市良口镇	424.7
	金鸡窿人工林生态保护区	白云区	359.0		陈禾洞森林公园	从化市吕田镇	867.0
	罗岗果树与文物古迹保护区	白云区	2000.0		北星森林公园	从化市城郊镇	2115.3
	龙眼洞森林公园	天河区沙河镇	442.3		双溪森林公园	从化市东明镇	1284.7
	凤凰山森林公园	天河区渔沙坦、柯木塱	800.0		风云岭森林公园	从化市街口镇	466.7
	火炉山森林公园	天河区岑村	600.0		望天西顶森林公园	从化市牛头镇	1160.0
	天鹿湖森林公园	天河区	300.0		马仔山森林公园	从化太平	214.7
	广东树木公园	天河区	58.8		凤凰湖森林公园	从化江浦	657.3
	海珠果树保护区	海珠区	1333		大尖山森林公园	从化灌村	734.0
	葵蓬洲花果林保护区	芳村区	175.0		南大湖森林公园	从化桃园	98.1
	龙头山森林公园	黄埔区南岗镇	335.0		达溪森林公园	从化良口	2250.7
	长洲岛历史文化古迹保护区	黄埔区	2000.0		三村森林公园	从化良口	2301.3
	小　计		17676.4		狮象森林公园	从化吕田	2365.3
番禺区	莲花山风景名胜区	番禺区莲花山	300.0		丹竹坑森林公园	从化东明	724.0
	沙湾水道水源保护区	番禺区沙湾镇	484.0		桂峰山森林公园	从化吕田	1668.0
	大夫山森林公园	番禺区大乌岗	600.0		鸭塘森林公园	从化乐民	690.7
	滨海红树林森林公园	番禺区新垦镇	1000.0		茂墩湖森林公园	从化牛头	1269.3
	大虎岛咸淡水鱼类产卵场保护区	番禺区	760.0		银林湖森林公园	从化神岗	976.0
	上、下横档岛文物古迹保护区	番禺区	115.0		沙溪湖森林公园	从化太平	1124.0
	滴水岩森林公园	番禺区沙湾镇	153.3		云台山森林公园	从化桃园	264.7
	十八罗汉森林公园	番禺区潭洲镇	333.3		龙潭湖森林公园	从化市	618.7
	虎门炮台文物保护区	南沙	200.0		新温泉森林公园	从化市	1134.7
	市桥北城森林公园	市桥镇	50.0		通天蜡烛森林公园	从化东明	980.0
	小　计		3995.6		小　计		46172.6
花都区	王子山森林公园	花都区梯面镇	3200.0	增城市	凤凰山森林公园	增城市派潭镇	798.7
	蕉石岭森林公园	花都区	418.7		白水寨森林公园	增城林场	228.7
	九龙潭森林公园	花都区北兴镇	6589.7		百花森林公园	增城市	1812.0
	蟾蜍石森林公园	花都区花东镇	1478.0		兰溪森林公园	增城市正果镇	4306.7
	丫鬟岭森林公园	花都区新华镇	1133.3		白洞森林公园	增城市	873.3
	福源湖森林公园	花都区花山镇	1500.0		白江湖森林公园	增城市梳脑林场	733.0
	高百丈森林公园	花都区梯面镇	567.0		金坑森林公园	增城市镇龙镇	504.0
	芙蓉嶂水库水源林保护区	花都区芙蓉镇	920.0		大封门森林公园	增城市派潭镇	6020.0
	广花盆地石岩地下水源涵养区	花都区	500.0		联安湖森林公园	增城市福和镇	4084.0
					南香山森林公园	增城市新塘镇	1613.3
	小　计		16306.7		小　计		20973.7

表 C-3-4　广州市域滨水绿化带规划指标

河流名称	绿化带宽度（m）
珠江前航道	广州大桥以东100-300m，以西30-50m
珠江后航道	50－300
沙湾水道	100－300
焦门水道	100－300
洪奇沥水道	100－300
东江	100－300
流溪河	100－300
巴江	100－300
增江	100－300

表 C-3-6　广州市域城市绿化指标规划(2020 年)

区　域	绿地率（%）	绿化覆盖率（%）	人均公共绿地（m²）
中心城区	37	42	18
番禺片区	38	43	18
花都片区	38	43	18
从化片区	36	40	16
增城片区	36	40	16

表 C-3-3　广州市域主干道路绿化带规划指标

类别	道路名称	隔离绿带宽度（m）
国道	G105	50
	G106	50
	G107	50
省道	S111	50
	S114	50
	S115	50
	S116	50
	S118	50
	S256	50
	S354	50
	S355	50
	S358	50
	S362	50
高速公路	环城高速路	50
	二环高速路	内侧300，外侧500
	广清高速路	100－200
	机场高速路	50－100
	京珠高速路	100－200
	花从高速路	100－200
	增莞高速路	100－200
	广惠高速路	100－200
	广深高速路	100－200
	广珠高速路	100－200
城市快速路	内环路	30（节点绿地）
	华南快速干线	50－100
	广汕公路	50－100
	广源快速路	50－100
	迎宾路－南沙大道	50－100
	新广从快速路	50－100
	其他	50－100

一、中心城区绿地系统布局模式

广州市中心城区绿地系统的规划布局模式可以概括为四句话："一带两轴、三块四环；绿心南踞，绿廊导风；公园棋布，森林围城；组团隔离，绿环相扣。"

一带两轴，三块四环：

● "一带"，即沿珠江两岸开辟 30～80m 宽度的绿化带，使之成为市民休闲、旅游、观光的胜地，体现滨水城市的景观风貌；

● "两轴"，即沿着新、老城市发展轴集中建设公共绿地，以期形成两条城市绿轴。其中，老城区的绿轴宽度规划为 50～100m，新城区的绿轴宽度规划为 100～200m；

● "三块"，即分布在中心城区边缘的三大块楔形绿地，即：白云山风景区、海珠区万亩果园和芳村生态农业花卉生产区；它们是广州中心城区的"绿肺"；

● "四环"，即沿着城市快速路系统建设一定宽度的防护绿带，作为城市组团隔离带和绿环风廊。其中：内环路 10～30m、外环路 30～50m、华南快速干道及广园东路 50～100m、北二环高速公路 300～500m。

绿心南踞，绿廊导风：

在中心城区的东南部的季风通道地区，规划预留控制和建设巨型绿心，包括海珠果树保护区、小谷围生态公园、新造－南村－化龙生态农业保护区等，总面积达180km²。同时，沿着城市主干道两侧建设一定宽度的绿地，使之成为降低热岛效应、改善生态条件的导风廊道。

公园棋布，森林围城：

以公园为主要形式大量拓展城市公共绿地，使城市居民出户500～800m之内就能进入公园游憩，让"花城"美誉名副其实，造福于民。在市区的西北和东北部，规划以现有林业资源为依托，建设好水源保护区与森林游憩区。同时，在南部平原水网地区，大力推动海岸防护林、农田防护林网与生态果林区的建设，使之成为城市的南片绿洲。

表 C-3-5　广州市区重点景观绿地控制规划

地 区	类 型	名 称
中心城区	主要城市公园	白云山风景区(含麓湖公园)
		荔湾湖公园
		流花湖公园
		越秀公园
		珠江公园
		天河公园
		广州动物园
		华南植物园
		人民公园
	文物古迹附属绿地	黄花岗公园
		陈家祠广场
		中山纪念堂前绿地
		广州起义烈士陵园
		南海神庙前绿地
		清真先贤古墓
		西堤绿化广场(附近有沙基惨案纪念碑、粤海关大楼等)
		琶洲塔公园
		广东人民抗英斗争烈士纪念碑绿地
		古海岸遗址绿地
		沙面岛绿地
		赤岗塔公园
	重要旅游景点附属绿地	南湖国家旅游区
		罗岗古树保护区
		广州世界大观
		广州航天奇观
番禺区	主要城市公园	星海公园
		大夫山森林公园
	文物古迹附属绿地	虎门炮台（番禺部分）
		莲花山
		余荫山房
		留耕堂前绿地
	重要旅游景点附属绿地	香江野生动物世界
		长隆夜间动物世界
		化龙农业大观园
		内伶仃旅游风景区
花都区	主要城市公园	秀全公园
		天马河公园
	重要旅游景点附属绿地	芙蓉嶂水库
		盘古王公园
		九湾潭水库

图 C-3-10　广州中心城区绿地主控体系分析图

图例　■主要绿地　━流溪河水源保护绿化带　━珠江上游水质保养绿化带　■城市组团绿化隔离带　□水域　---行政区界　■城市低密度发展绿化缓冲区

图 C-3-11　广州中心城区生态绿地导向图

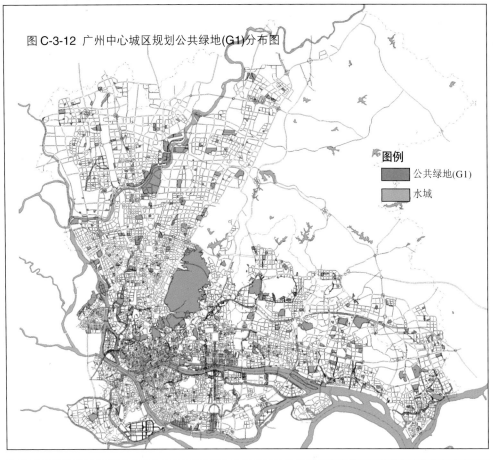

图 C-3-12 广州中心城区规划公共绿地(G1)分布图

图例
- 公共绿地(G1)
- 水域

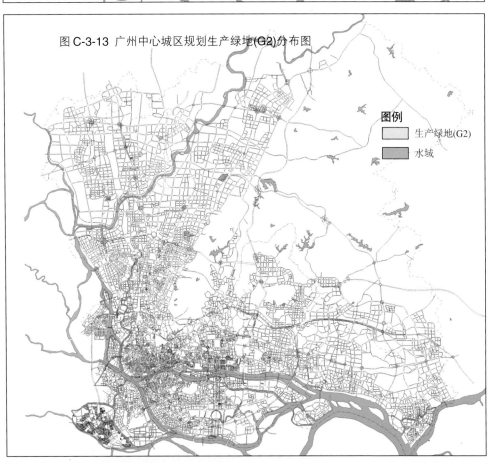

图 C-3-13 广州中心城区规划生产绿地(G2)分布图

图例
- 生产绿地(G2)
- 水域

组团隔离，绿环相扣：

规划在整个城市的各组团之间预留和建设较宽阔的绿化隔离带。同时，要将市区周边的山林、河湖景观引进城市，充分体现山水城市的特色。在河湖水体、公路铁路两旁，要按标准设立防护林带。在城市东北部、西部、北部、南部，要结合郊区大环境绿化，把丘陵、平原、河涌、道路绿化和公共绿地连结成网，组成系统，实现绿树成荫、鲜花满城的生态绿地系统。

二、中心城区绿地系统布局原则

● 作为形成"人居环境范例城市"的要素，绿地布局除了要满足总体环境容量外，还通过控制绿地服务半径，打通绿地空间界面等方法，使绿地走近生活，让市民走近绿地；

● 结合绿地空间序列要求与指标要求确定绿地布局，使城市绿地构成一定的空间序列。既有主控框架的空间序列，也有局部地区的空间序列；

● 在绿地布局时，应与城市文物古迹、历史文化区、传统商业区、城市生长形态相复合；

● 在分期建设中，要使每一建设时期的新建绿地适应城市空间拓展的需求，保持动态均衡。

● 本规划绿地选址产生依据：分区规划控制的绿地，规划管理部门长期控制的绿地，近年来市规划局组织的各类专项规划或重点地区城市设计所控制的绿地，基本上均以纳入。

三、中心城区绿地系统主控框架

中心城区绿地系统的主控框架，规划为"一带、两轴、三块、四环"。

● "一带"，指珠江（含多条岔流及支流）两岸的沿江绿带及其各区段的节点绿地。

● "两轴"，指广州市新、旧两条南北向城市发展轴线空间序列构成中的绿化林荫道、节点绿化广场。这两条轴线北端以白云山南麓相联系，南端以珠江后航道相联系。

● "三块"，指由北部白云山、东南部果园保护区及城市绿心、西南部的花卉保护区及城市隔离绿地构成的、三面楔入城市的生态景观绿地。

● "四环"，指沿着广州市四条重要环状道路的绿化布局，自内而外分别是内环路的出入口节点绿地、环城高速公路两侧的绿化隔离带、与点、面状绿地、华南快速路绿化隔离带及北二环高速公路内侧300m外侧500m的绿化隔离带。

中心城区的绿地系统景观构架规划为：

● 保护"越秀山－中山纪念碑－中山纪念堂－市政府大楼－人民公园－起义路－海珠广场"的城市传统中轴线；

● 逐步建设"燕岭公园－铁路东站－中信广场－天河体育中心－珠江新城－琶洲岛－海心沙新客运港"城市新中轴线。

● 整治美化珠江两岸，建设风光旖旎的珠江风景旅游河段；

● 综合规划沿江出海口岸线，解决好人文景观、河港生产运输与自然风光的融洽和谐，形成城市中轴线与珠江构成的"一横两纵"城市景观构架。

● 合理调整白云山风景区的林相结构，沿山麓建设绿化休闲带，增强其自然生态功能；

● 充分借助云山、珠江、滨海衬托的特色优势，重点建设一批标志性建筑和高水平的绿地，构筑城市新景观，提升城市的文化艺术品位。

四、中心城区绿地系统形态构成

广州市中心城区绿地系统整体空间布局呈现点、线、面、环相结合的形态。

点状绿地，大都集中在核心城区之中，也被称做城市"绿色钻石"，是城区中各类中小型绿地的分布区域，如小型公园、小游园、道路节点绿地和花园式单位等。

线状绿地，是指两条"城市绿轴"、"一江两岸"、"城市风廊"及城市快速路(广源东路等)带状绿地，亦称"绿色项链"。通过线状绿地的穿插联系，将各类城市绿化空间序列有条理地组织起来，充分利用白云山系和珠江的自然环境资源。

面状绿地，是指核心城区绿地空间序列区、东北部的白云山系、东南部果园保护区、西南部的花卉生产区、西北部的基本农田保护区、森林公园以及东部和北部的低密度发展绿化区。

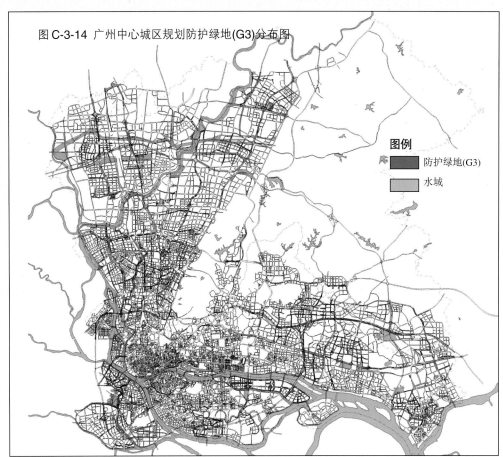

图 C-3-14 广州中心城区规划防护绿地(G3)分布图

图例
- 防护绿地(G3)
- 水域

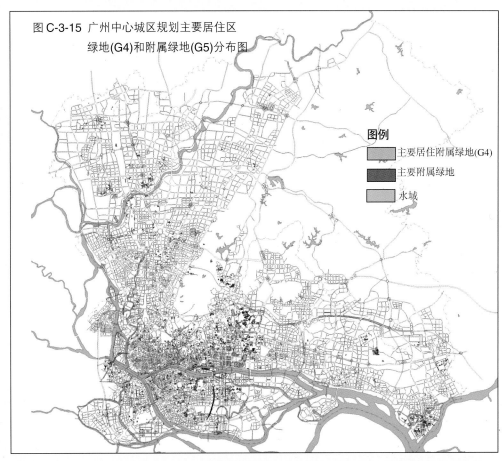

图 C-3-15 广州中心城区规划主要居住区绿地(G4)和附属绿地(G5)分布图

图例
- 主要居住附属绿地(G4)
- 主要附属绿地
- 水域

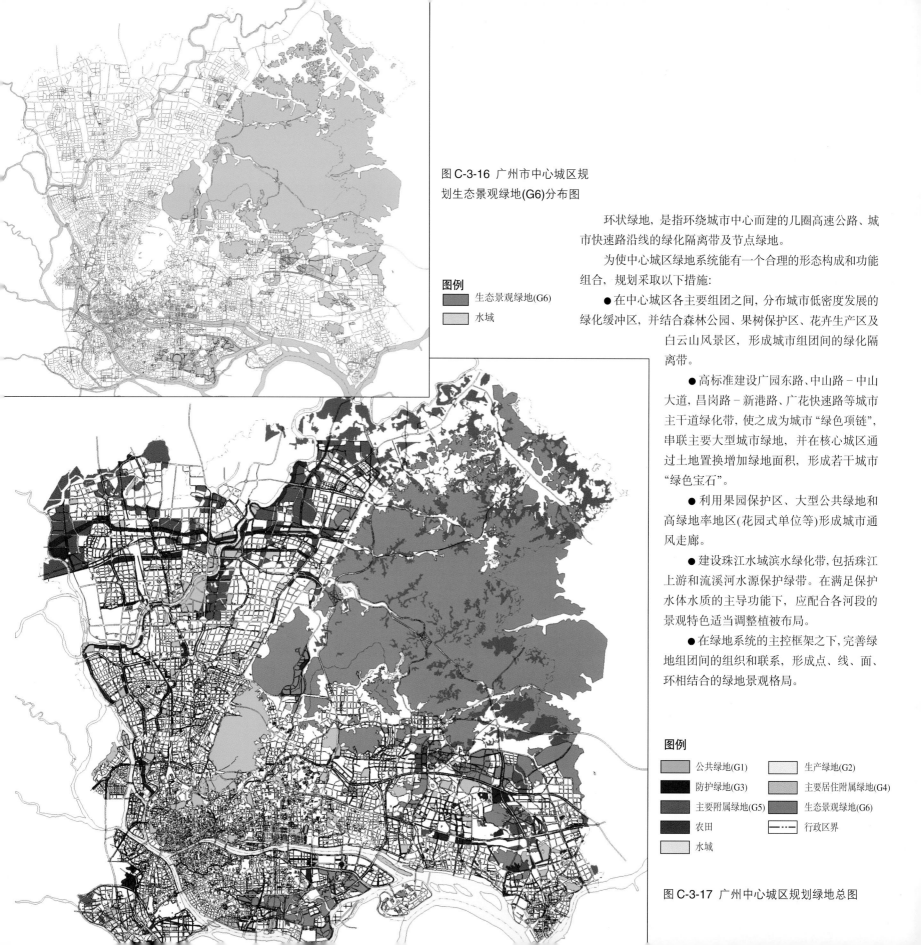

图 C-3-16 广州市中心城区规划生态景观绿地(G6)分布图

图例
■ 生态景观绿地(G6)
□ 水域

环状绿地，是指环绕城市中心而建的几圈高速公路、城市快速路沿线的绿化隔离带及节点绿地。

为使中心城区绿地系统能有一个合理的形态构成和功能组合，规划采取以下措施：

● 在中心城区各主要组团之间，分布城市低密度发展的绿化缓冲区，并结合森林公园、果树保护区、花卉生产区及白云山风景区，形成城市组团间的绿化隔离带。

● 高标准建设广园东路、中山路－中山大道，昌岗路－新港路、广花快速路等城市主干道绿化带，使之成为城市"绿色项链"，串联主要大型城市绿地，并在核心城区通过土地置换增加绿地面积，形成若干城市"绿色宝石"。

● 利用果园保护区、大型公共绿地和高绿地率地区(花园式单位等)形成城市通风走廊。

● 建设珠江水域滨水绿化带，包括珠江上游和流溪河水源保护绿带。在满足保护水体水质的主导功能下，应配合各河段的景观特色适当调整植被布局。

● 在绿地系统的主控框架之下，完善绿地组团间的组织和联系，形成点、线、面、环相结合的绿地景观格局。

图例
■ 公共绿地(G1)　　　□ 生产绿地(G2)
■ 防护绿地(G3)　　　■ 主要居住附属绿地(G4)
■ 主要附属绿地(G5)　■ 生态景观绿地(G6)
■ 农田　　　　　　　---- 行政区界
□ 水域

图 C-3-17 广州中心城区规划绿地总图

第四章
城市园林绿地建设规划

第一节　园林绿地分类发展规划

一、公共绿地

根据广州市城市绿地系统规划的目标与原则，确定市区公共绿地的规划策略如下：

● 充分利用市区土地的自然条件，因地制宜地大力发展公共绿地，形成城市的绿色空间秩序和重要景观节点。

● 充分考虑公共绿地合理的服务半径，力求做到大、中、小均匀分布，尽可能方便居民使用。根据广州市区的现状条件，本规划确定市级公园服务半径为2000m，区级公园服务半径为1000m，居住区级公园和街道小游园为300～500m。

● 公共绿地的设施内容，应考虑各种年龄、爱好、文化、消费水平的居民需要，力求达到公共绿地功能的多样性。

在充分保护和利用好现有市区公共绿地的前提下，新增公共绿地的布局规划要求为：

（1）在珠江前、后航道布局节点绿地，在前航道广州大桥以东和后航道还须形成连续绿化带，宽度为100～300m；

（2）在流溪河城市建成区段要形成100～300m宽的绿化带，在建成区主要河涌形成30m宽的绿带；

（3）在旧城区中轴线分布节点绿地，在新城市中轴线形成连续绿廊；

（4）将白云山风景区逐步建成城市公园群，在海珠果园保护区、芳村花卉保护区边缘地带，适量建成若干以自然景观为主的生态型公园；

（5）在市区内环路沿线出入口10～50m范围内建设节点绿地，处于建成区内的高速公路、快速路入口建设节点绿地，沿线建设宽度为50～100m的绿化带。城市主干道每隔500～1000m建设节点绿地；

（6）在重要文物古迹和城市广场附近增辟公共绿地；

（7）每个行政区都要建设1～3个面积达30000m²以上的中心公园，每个行政街、镇区要建设一个面积3000m²以上的中心绿地；

（8）建成区内的公路、铁路、高速公路、快速路、高压走廊沿线建设公共绿地；

各类城市公园建设用地指标，应当符合国家行业标准的规定。街道小游园建设的绿化种植用地面积，不低于小游园用地面积的70%；游览、休憩、服务性建筑的用地面积，不超过小游园用地面积的5%。

城市公共绿地的规划建设，应以植物造景为主，适当配置园林建筑及小品。到规划期末，全市的各类公园总数要达到200个。(有关的城市公园发展总体规划应在本规划的指导下另行编制)

二、生产绿地

生产绿地是指专为城市绿化而设的生产科研基地，包括苗圃、花圃、草圃、药圃以及园林部门所属的果园与各种林地。由于生产绿地担负着城市绿化工程供应苗木、草坪及花卉植物等方面的任务，因此，一个城市生产绿地的建设质量，会直接影响该城市的园林绿化效果。

按照建设部《城市绿化规划建设指标的规定》(建城[1993]784号文件)，城市生产绿地的面积应占建成区面积的2%以上。因此，本次规划安排的生产绿地主要分布在海珠、芳村、黄埔、白云四个行政区内，面积达建成区面积的2%以上(包括一部分以绿化苗木生产为主业的农业用地)。

华南植物园龙洞琪林景区

表C-4-2　广州市区各类用地绿地率规划指标

用地类别		绿地率	备注
一类居住用地		>45%	
二类居住用地		>30%	
旧城改建		>20%	
行政办公用地		>30%	
商业、金融用地		>25%	新建宾馆>45%
体育用地		>40%	
医疗卫生用地		>45%	疗养院>50%
教育科研用地		>40%	
一类工业用地		>25%	
二类工业用地		>30%	
三类工业用地		>45%	
市政设施用地		>30%	
特殊用地		>30%	
仓储用地		>20%	
其它用地		>25%	
道路	主干道	20%	道路红线范围内
	次干道	15%	

三、防护绿地

防护绿地是指为改善城市自然环境和卫生条件而设置的防护林地。如城市防风林、工业区与居住区之间的卫生隔离带，以及为保持水土、保护水源、防护城市公用设施和改善环境卫生而营造的各种林地。

广州市在经济建设和城市建设高速度发展过程中取得了巨大成就，同时也出现了十分严峻的环境问题。大气、水体、土壤、噪声等方面的污染威胁正日趋严重，对生态环境与经济建设都造成了一定影响。因此，规划在市区的不同地段设置不同类型的防护绿地，以充分发挥绿地的防护功能，减轻有害因子对城市环境的破坏。主要是沿建成区外围的公路、铁路、高速公路、快速干道、高压走廊、河涌沿线建设防护绿地；在主要工厂、仓库与城市其他区域间建设防护绿地。

市区城市防护绿地的设置，应当符合下列规定：

● 城市干道规划红线外两侧建筑的退缩地带和公路规划红线外两侧的不准建筑区，除按城市规划设置人流集散场地外，均应用于建造隔离绿化带。其宽度分别为：城市干道规划红线宽度26m以下的，两侧各2m至5m；26m至60m的，两侧各5m至10m；60m以上的，两侧各不少于10m。公路规划红线外两侧不准建筑区的隔离绿化带宽度，国道各20m，省道15m，县（市）道各10m，乡（镇）道各5m。

● 在城市高速公路和城市立交桥控制范围内，应当进行绿化。

● 高压输电线走廊下安全隔离绿化带的宽度，应按照国家规定的行业标准建设，即：550千伏的，不少于50m；220千伏的，不少于36m；110千伏的，不少于24m。

● 沿穿越市区主要水系河涌两岸防护绿化带宽度各不少于5m，江河两岸防护绿化带宽度各不少于30m；

● 城市水源地水源涵养林宽度各不少于100m，流溪河两岸饮用水体防护绿化带宽度各为100m至300m。

● 珠江广州河段的防护绿化，必须符合河道通航、防洪、泄洪要求，同时还应满足风景游览功能的需要。

● 铁路沿线两侧的防护绿化带宽度每侧不得小于30m。

城市避灾减灾，是防护绿地的重要功能之一。根据国家的《防震减灾法》，规划从发挥城市绿地的防灾、减灾作用的角度出发，进行减灾绿地布局，并纳入城市防灾、减灾规划，以期形成完善的城市防灾、减灾体系。

广州市区处于珠江水系的密集地带。滨水地区的带状绿地，既是市区的城市特色景观之一，又是结合防汛、防台风的河岸堤防。在滨水绿带的规划设计建设中，要结合滨河道路的建设，兼顾考虑市民的游憩使用要求和美化城市景观的功能，结合布置防汛、防风设施，发挥堤岸防风林和水土保持绿地的作用。尤其是珠江景观绿带的规划建设，既要考虑绿化景观美化功能和游人亲水、近水的活动要求，又要结合防洪设施，满足抗灾要求，达到足够的安全系数。同时，针对可能发生的地震及震灾后引起的二次灾害，规划利用城市广场、绿地、文教设施、体育场馆、道路等基础设施的附属绿地，建立避灾据点与避灾通道，完善城市的避灾体系。

四、居住区绿地

根据广州市区的建设现状及发展目标，本规划确定了城市居住区绿地的绿地率规划指标。如表C-4-1,C-4-2所示。在实际建设中，除按规划所确定的绿地率标准实施外，还要大力提倡垂直绿化与屋顶绿化，以在尽量少占土地的情况下增加城市绿量。

居住区绿地的规划设计，要严格遵循国家颁布的《城市居住区规划设计规范》(GB50180-95)，按局部建设指标要求配套。除了要满足规划绿地率的指标外，还应达到国家技术规范中所规定的居住区绿地建设标准，即：

● 居住区绿地率应 > 30%，其中10%为公共绿地；居住区、居住小区和住宅组团，在新城区的，不低于30%；在旧城区的不低于25%。其中公共绿地的人均面积，居住区不低于1.5m²，居住小区不低于1m²，住宅组团不低于0.5m²。

● 居住区公园面积应在2hm²以上。

表C-4-1　广州市区居住区绿地率规划指标

类　别	国外城市	广州
多层住宅(4－6层)	54－62%	>30%
高层住宅(8层以上)	62－80%	>40%
低层、花园式住宅	80%	>45%

居住小区公园

- 居住小区公园应在 5000m² 以上。
- 居住区绿地绿化种植面积，不低于其绿地总面积的75%。

五、附属绿地

广州市区内所有建设项目，均应按规划要求的局部建设指标配套附属绿地。城市小组团隔离带、低密度建设绿化缓冲区以及城市风廊所经过的花园式单位等要尽量提高绿地率。

市区内建设工程项目均应安排配套绿化用地，绿化用地占建设工程项目用地面积的比例，应当符合下列规定：

- 医院、休（疗）养院等医疗卫生单位，在新城区的，不低于40%；在旧城区的，不低于35%。
- 高等院校、机关团体等单位，在新城区的，不低于40%；在旧城区的，不低于35%。
- 经环境保护部门鉴定属于有毒有害的重污染单位和危险品仓库，不低于40%，并根据国家标准设置宽度不少于50m的防护林带。
- 宾馆、商业、商住、体育场（馆）等大型公共建筑设施，建筑面积在20000m²以上的，不低于30%；建筑面积在20000m²以下的，不低于20%。
- 主干道规划红线内的，不低于20%；次干道规划红线内的，不低于15%。
- 工业企业、交通运输站场和仓库，不低于20%。
- 其他建设工程项目，在新城区的，不低于30%；在旧城区的，不低于25%。
- 新建大型公共建筑，在符合公共安全的要求下，应建造天台花园。
- 附属绿地的建设应以植物造景为主，绿化种植面积，不低于其绿地总面积的75%。

市区道路绿化，既要注重其美化功能，形成主要道路的绿化特色；又要注重其综合生态效益，形成多功能复合结构的绿色网络。新建、改建的城市道路、铁路沿线两侧绿地规划建设应当符合下列规定：

1. 城市道路必须搞好绿化。其中主干道绿化带面积占道路总用地面积的比例不得低于20%，次干道绿化带面积所占比例不得低于15%。

2. 城市快速路和城市立交桥控制范围内，进行绿化应当兼顾防护和景观。

具体规划措施为：

- 市区重点路段美化与市域道路普遍绿化相结合。
- 主要干道两侧树种的选择及种植方式，除突出道路绿化的生态及防护作用外，应结合重点地段加以美化，使之各具特色。
- 市区的道路绿化，应主要选择能适应本地条件生长良好的植物品种和易于养护管理的乡土树种。同时，要巧于利用和改造地形，营造以自然式植物群落为主体的绿化景观。

六、生态景观绿地

广州市区的生态景观绿地主要分布在中心城区的东北部与南部，对于维护城市生态平衡具有重要的作用。其基本规划要求是保护好自然水体、山林和农田等绿地空间资源，建立为保持生态平衡而保留原有用地功能的城市生态景观绿地。这类绿地一般面积较大，既是城市固碳制氧、补充新鲜空气的源地，又是风景名胜或自然保护区，并有利于提高全市域的绿地率和绿化覆盖率。

1、森林公园

广州市域目前已经建成开放的森林公园有3个，即：流溪河国家森林公园、广东树木公园(天河)和番禺大夫山森林公园，总面积9841.5hm²。正在建设的森林公园有火炉山等9个，建设面积13454.5hm²。已完成总体规划待建的森林公园有花都区的九龙潭森林公园等19个，规划建设面积27418.7hm²。全市现已建成、在建和待建的森林公园面积达50714.7hm²，占市域面积的9.0%。

为发挥森林在陆地生态系统中的主体作用，要在加强保护、建设北部山林地的基础上，从优化城市生态环境出发，加

大夫山森林公园

快东南部防护林、自然保护区的建设。近中期规划加大生态公益林建设力度，由现有的1337km²发展到2007km²，占林业用地面积达到65%以上。远期规划全市森林公园总数将达62个，总面积96029.6hm²。为此，需新增规划建设森林公园31个，面积45314.9hm²。全部建成后，森林公园面积将占市域国土总面积的12.91%。

根据广州市森林分布和森林环境质量因素，结合地方经济发展战略规划，新规划的森林公园将以新机场南侧城市森林公园和从化为重点，兼顾各区（市）、区合理布局。

市域森林公园要优化整体环境，改造林相，提高森林覆盖率，改善交通路网。按核心保护区、缓冲区和旅游区的不同要求，分级控制各区旅游人数。完善旅游配套设施，推出与生态保护相适宜的旅游项目，如动植物观赏、登山探险、科普考察、避暑休闲、康体健身、森林浴、森林狩猎等。

2、自然保护区

自然保护区是植物、动物、微生物及其群体天然的贮存库，有助于水土保持、涵养水源、改善环境，维持生态平衡，同时是进行科学研究的天然实验室，也是向人们普及自然知识和宣传自然奥秘的博物馆。广州市2000年前建立的自然保护区有两处：从化温泉自然保护区(面积2786hm²)和广州市饮用水源一级保护区(面积132hm²)。

规划新建自然保护区4个：

●大封门—大岭山自然保护区，规模8653.3hm²，是保护得较好自然亚热带常绿阔叶林，据初步调查有98科168属409种植物品种，有国家级珍稀濒危保护植物8种(野茶树、格木、观光木、粘木等)；森林动物有属国家一级保护动物的巨蜥、蟒蛇等。

●北星自然保护区，规划面积228.3hm²，主要保护亚热带常绿阔叶林、针阔混交林，区内动、植物资源丰富，有国家一级保护植物柏乐树，国家二级保护植物的黑桫椤、毛叶茶、苏铁蕨等；珍稀野生动物有国家一级保护动物长颈长尾雉、蟒蛇，国家二级保护动物大壁虎、小灵猫等。

●五指山自然保护区，规划面积200hm²；区内有保存较好的典型的亚热带绿阔叶林、高山自然灌木林；动植物资源丰富，同样有国家一、二级保护动植物。

●番禺新垦红树林、鸟类自然保护区，规划面积100hm²，主要保护对象为红树林及其聚集的数量众多的浅海鱼虾和过冬候鸟。

3、风景名胜区与风景旅游度假区

广州市现已建成的风景名胜区主要有三处：

●白云山风景区，面积2088hm²；

●番禺莲花山风景区，面积300hm²；

●从化温泉风景区(在从化森林公园范围内)。

在规划期内，要继续重点建设好南湖国家旅游度假区、白云山风景区、从化省级温泉旅游度假区、莲花山旅游风景区、芙蓉嶂旅游度假区、九龙潭水上世界度假村、丹水坑风景旅游区，使之成为都市生态旅游基地。

对市域风景名胜区与风景旅游度假区的规划要求是：优化现有生态环境，在风景区内种植各种风景观赏树，提高绿地覆盖率。景区内建筑物要与自然环境相协调，建筑物的风格、造型、色彩、用材要体现地方和自然特色，突出接近自

表C-4-3　广州市森林公园建设规划

地区	森林公园数量（个）					森林公园面积	
	合计	已建成	在建	待建	规划	面积(km²)	占国土面积(%)
从化市	29	1	2	1	25	444	22.51
增城市	12		1	4	7	214	12.29
花都区	7		1		6	107	11.13
番禺区	4	1			3	24	1.82
白云区	5		1		4	117	11.22
天河区	4	1	3			21	14.21
黄埔区	1		1			33	2.70
合　计	62	3	9	18	32	960	12.91

绿荫休闲道

然、回归自然的主题。完善区内的各项基础设施、服务设施，为游客提供更好的游住条件和所在地域生产的绿色食品和旅游商品。在风景旅游区内设置生态环境教育基地，寓教育于旅游度假之中。结合风景旅游区的特点，推出新的旅游产品，观光旅游和休闲度假旅游同步发展，开展登山野营、水上娱乐、健身疗养、休闲度假、体验民俗风情等各种回归大自然的生态旅游活动。

规划期内，广州市中心城区将重点建设：

● 芳村"千年花乡"生态旅游区：发展花卉交易中心，建设较大规模的花卉博览园，兼顾花卉生产与旅游观光，进一步提升广州"花城"的旅游形象。

● 南湖国家旅游度假区：按度假区总体发展规划，根据形势的变化，调整、充实和完善度假区内旅游项目，将其建设成为名符其实的国家级旅游度假区。

● 白云山风景名胜区：在坚持"山上多树，山下多园"建设原则的基础上，根据地形地貌，完善区内旅游娱乐项目，充实岭南文化内涵，提高文化品位，增强吸引力。

（1）大力发展风景林，提高景区绿化覆盖率。要严格保护古树名木，因地制宜地配植花灌木、地被和爬藤植物；道路两旁形成多层次林带，减轻公路对风景区山体整体性的破坏；摩星岭景区以观叶类、观花类植物为主，五雷岭地区以经济林为主，鸣春谷区种植护坡植物，爬地植物和攀援植物，摩星岭以东，密植松林，恢复白云松涛景观。

（2）改造林相，增强森林景观的观赏性。将白云山林分改造成为具有岭南地域特色、多品种、多色彩、多层次、多结构、多功能的观赏风景林。

（3）开发适宜的娱乐活动项目，丰富游客的游憩生活内容，继续提高白云山风景区的知名度。

（4）新建沟谷雨林、蝴蝶园、生态公园、黄婆洞水库等景点。

● 番禺滨海休闲度假区：充实和完善香江野生动物国、长隆夜间动物世界、森美反斗乐园、留耕堂、莲花山风景区、宝墨园的文化内涵，逐步开发建设化龙农业大观园、万顷水乡度假区、南沙综合旅游区、横沥生态旅游度假区、内伶仃旅游度假区等，将其建设成为水乡风光旅游休闲度假区。

● 花都森林休闲度假区：充实和完善芙蓉旅游度假区、圆玄道观、洪秀全故居、九龙潭水上世界度假村的项目内容和配套设施，开发建设资政大夫祠、王子山森林公园、梯面旅游区、盘古王公园等景区（点），将其建设成为自然风景休闲度假区。

● 从化绿色温泉度假区：充分利用本区内二个国家级森林公园和多个省、市级森林公园的绿色森林环境，开发休闲度假旅游。重点开发良口新温泉，改造和完善老温泉旅游区，形成独具特色的广州旅游绿色温度度假区。

● 增城郊野旅游度假区：充实和完善金坑森林公园、百花山庄、源章度假山庄、何仙姑庙、太阳城娱乐中心等旅游区的项目内容，重点开发高滩温泉、畲族风情等旅游资源，将本区建成为多功能郊野娱乐度假区。

通过以上规划建设，广州市的森林公园、自然保护区和风景区的绿地面积达到1014km²，占市域国土总面积的13.64%。

4、基本农田保护区与生态农业旅游区

市域农业发展要按照"三个圈层"的构思进行调整，逐步形成各具产业特色的空间布局。

● 第一圈层是近郊（白云、天河、海珠、黄埔、芳村），侧重以蔬菜、花卉、林果、草坪等绿色园艺产业为主，适当发展健身、休闲、体验型农业，近郊及卫星城、城市饮用水源流域限制发展畜牧水产业和对城市有较大污染的其他产业。

● 第二圈层是中郊（番禺、花都、从化和增城靠近广州中心区的村镇及白云区的边远村镇），突出种养业和多种经营，因地制宜地选择发展优质谷和蔬菜业、林果业、花卉园艺业、畜牧业、水产业、种子种苗业和观光休闲农业等七大主导产业，以及农产品加工和流通业。重点抓好增城、番禺的优质米基地，花都、从化的蔬菜基地，番禺、花都的花卉基地，从化、增城的水果基地，增城、花都的畜牧基地，番禺的水产基地。

● 第三圈层是远郊（外围其他村镇），发展名特优稀土特

广州花卉博览园（芳村）

表C-4-5 广州市中心城区近期绿地建设指标(2002-2003年)

规划新建	绿地面积(hm²)
东山区	30.6
荔湾区	28.0
越秀区	19.9
海珠区	111.6
白云区	24.7
天河区	26.9
黄埔区	72.4
芳村区	356.1
合计	669.9

产品、反季节农业、特色农业、生态农林业、休闲度假农业和速生丰产林，重点抓好从化和增城的生态林、商品林、毛竹、特色水果、特种种养业基地建设。

按照广东省土地利用总体规划的要求，规划期内市域基本农田保护区的任务指标为1469 km²；其中，中心城区的基本农田保护区任务指标为165.46 km²。在市域范围内，要重点保护、建设海珠区万亩果园、瀛洲生态公园、长洲岛生态果园、芳村花卉博览园，以及番禺万顷荷香度假区、化龙农业大观园、横沥生态旅游度假农庄、增城仙村果树农庄、朱村荔枝世界、从化荔枝观光园等生态农业旅游区。要合理规划区内旅游路线，完善配套服务设施，开通城区到景点的旅游专线，沿途设置明显的标志，方便游人通行。要建立科普教育设施，向游客介绍农业科普知识，在区内设置必要的休息、娱乐设施及参与性强的旅游活动，突出回归自然和参与性强的特点；如开发岭南佳果园或四季果园，发展岭南水乡养殖基地，建立无公害蔬菜种植基地等。充分发挥和利用农业绿地的生态旅游资源为市民与城市建设服务。

第二节 园林绿地分期建设规划

近期(2001～2005年)中心城区园林绿化建设的目标是进一步完善中心城区的绿地空间形态。规划年均增加公共绿地

表C-4-4 广州市中心城区分期绿化建设指标规划

规划期	绿地率 (%)	绿化覆盖率 (%)	人均公共绿地 (m²)
基年(2000)	29.57	31.6	7.87
近期(2005)	33	35	10
中期(2010)	35	40	15
远期(2020)	37	42	18

（注：表中2000年的人均公共绿地面积，是按中心城区建成区范围内非农业人口343.88万人的统计数计算。）

300hm²，建设的重点是：

● 珠江沿岸节点绿地；

● 新、旧城中轴线节点绿地；

● 内环路节点绿地；

● 环城高速公路绿化隔离带；

● 华南快速路沿线绿化隔离带；

● 北二环高速公路绿化隔离带；

● 生态开敞区"亲民"绿地；

● 市区内按服务半径（300～500m）规划布局的公园及广场绿地；

中期(2005～2010年)中心城区园林绿化建设的对策是

● 着重完善城市空间主控框架形态

● 新建绿地应在保证绿化的前提下赋予一定的休闲功能；

● 采用多种方式获得绿化用地，除政府划拨用地外，可以采用向农民租地等可行的方式；

● 长期控制与短期实施相结合。对环城高速公路两侧绿化隔离带、北二环高速公路内侧300m、外侧500m的绿化隔离带进行长期控制，短期内分区段实施。如局部地段短期内实施确实困难，要积极创造条件，待时机成熟后实施。

远期(2010～2020年)，中心城区园林绿化建设的目标是全面实施本规划所提出的绿色空间体系，提高城乡环境质量，按照"青山、碧水、蓝天、绿地、花城"的目标，把广州建设成为中国最适宜创业发展和生活居住的生态型山水城市。

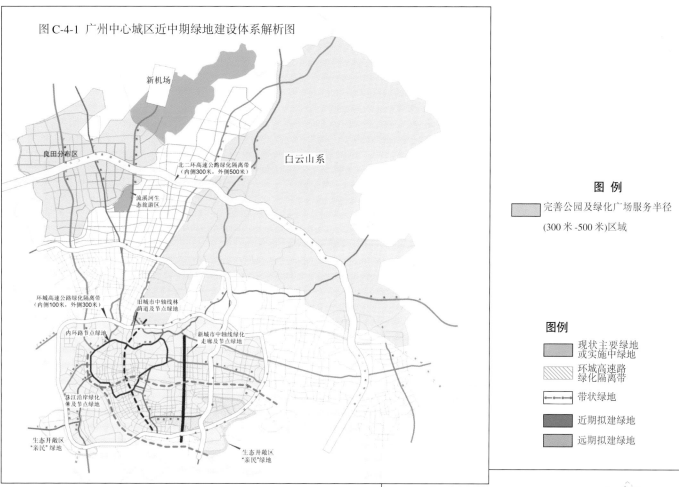

图 C-4-1 广州中心城区近中期绿地建设体系解析图

新机场

良田分布区

北二环高速公路绿化隔离带
（内侧300米，外侧500米）

白云山系

流溪河生
态旅游区

环城高速公路绿化隔离带
（内侧100米，外侧300米）

旧城市中轴线林
荫道及节点绿地

内环路节点绿地

新城市中轴线绿化
走廊及节点绿地

珠江沿岸绿化
带及节点绿地

生态开敞区
"亲民"绿地

生态开敞区
"亲民"绿地

图 例

完善公园及绿化广场服务半径
（300米-500米）区域

图 例

现状主要绿地
或实施中绿地

环城高速路
绿化隔离带

带状绿地

近期拟建绿地

远期拟建绿地

广州天河花会

图 C-4-2 广州中心城区近中期绿地建设规划图

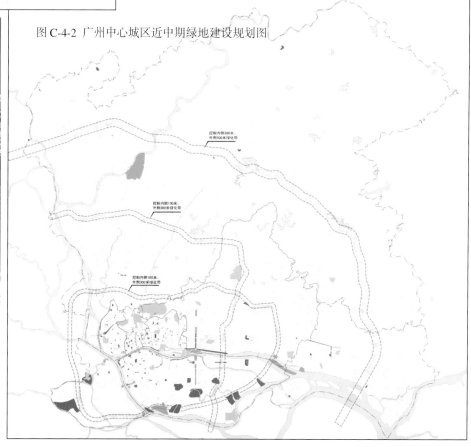

控制内侧300米，
外侧500米绿化带

控制内侧100米，
外侧300米绿化带

控制内侧100米，
外侧300米绿化带

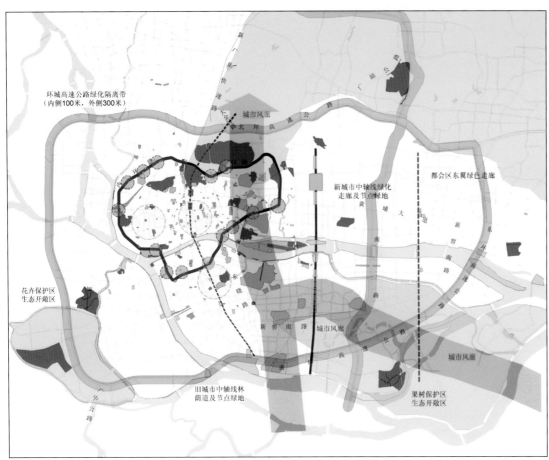

图 C-4-3 广州核心城区近中期绿地建设体系解析

图例　　旧城区营造人居　　　　　花园式单位　　　　　珠江沿线绿
　　　　环境绿地集中区域　　　　　　　　　　　　　　带及节点

　　　　内环路节点绿地　　　　　河涌沿岸绿化　　　　　城市风廊

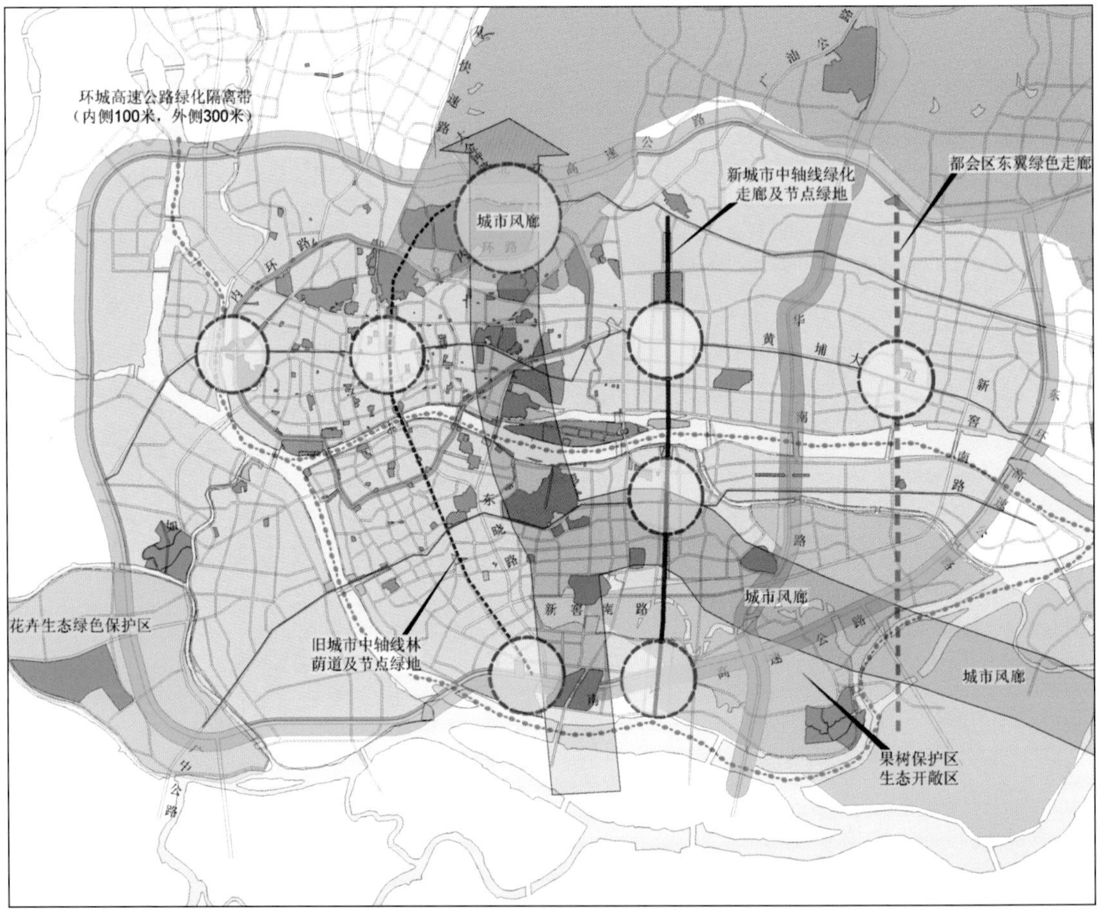

图 C-4-4 广州核心城区绿地结构图(重点建设)

图例　　城市绿色项链　　　　　花园式单位

　　　　珠江沿线绿化　　　　　城市风廊
　　　　带及节点绿地

白云山风景区植被景观

第五章
城市绿化植物多样性规划

第一节　工作内容与现状调查分析

一、工作内容

广州市中心城区绿化植物多样性规划主要包含三方面的工作内容：

1、中心城区（含经济开发区）范围内全部园林绿地的现状植被调查；

2、在实地调查并查阅国内外有关文献资料的基础上，进行市区园林绿化植物应用现状分析；

3、在组织专家充分论证的基础上，按照实际需要提出市区园林绿化应用植物多样性规划。

在规划工作中，针对市民和媒体普遍关心的城市绿地乔灌比问题也进行了研究。由于有些居住区和单位附属绿地（尤其是一些工厂）虽然绿地率指标达到了标准，但绿地上却是以草本植物为主，仅象征性地点缀几棵乔木，绿地的生态效益较差。为此，本规划中提出了居住区和单位附属绿地应参照的乔木种植适宜比例指标，供城市园林绿化管理部门作为监督管理依据。

此外，本规划还筛选推荐了一批树冠、花色均比较优美的乔木新品种，包括具有开发潜力的地带树种和基本处于同一纬度的世界各国优秀树种。其中，近期拟推广的树种，都是经过在城市中心区地段（道路或街头绿地）已种植多年、景观与生态功能表现较好的品种；中期拟发展的树种，是在公园或单位附属绿地里试种、已正常开花结果的品种。远期拟发展的树种，是应用潜力大、但未经试种的野生地带树种，要经过数年驯化后才能推广应用。

二、现状分析

广州市中心城区绿地现状调查的统计结果表明，全市园林绿地应用的绿化植物共有1007种。其中：乔木399种，灌木243种，草本365种。市区各类园林绿地调查统计的乔木总计1,794,455株（华南植物园和白云山风景区除外）。广州中心城区绿化植物应用种类汇总情况如表C-5-1所示。

1、市区园林绿地常用植物分析

按照应用数量和出现频率来排序，市区园林绿地里常用的乔、灌、草植物品种分别见表C-5-2、表C-5-3和表C-5-4。排名前10位的乔木树种分别为：细叶榕＞芒果＞大叶榕＞垂叶榕＞白兰＞鱼尾葵＞木麻黄＞假槟榔＞大王椰子＞海南蒲桃，即使排名第10的海南蒲桃，其数量比例也高达2.5%。在广州市栽培应用的399个乔木树种中，这10个树种占总种植数量的49.2%，而其它389个树种的种植数量仅占种植总数的50.8%。这种情况产生的直接后果，就是绿地中生物多样

表 C-5-1　广州市中心城区园林绿化应用植物调查数据汇总表

区　别	白云区	天河区	海珠区	黄埔区	荔湾区	芳村区	东山区	越秀区	开发区	全市
科　数	97	105	97	80	92	99	105	111	67	
种　数	397	503	500	261	444	463	416	484	224	1007
乔木(种)	205	217	247	144	181	181	195	210	102	399
灌木(种)	106	140	146	77	161	132	131	150	76	243
草本(种)	86	146	129	44	102	150	90	124	46	365

表 C-5-2　广州市中心城区城市绿化常用乔木品种

序号	种名	科名	数量(棵)	数量比例(%)	出现频率(%)
1	细叶榕	桑科	58484	7.8	33
2	芒果	漆树科	52578	7.0	24
3	大叶榕	桑科	46195	6.1	38
4	垂叶榕	桑科	43566	5.8	16
5	鱼尾葵	棕榈科	40830	5.4	17
6	白兰	木兰科	35833	4.8	29
7	木麻黄	木麻黄科	27284	3.6	33
8	假槟榔	棕榈科	24469	3.3	19
9	大王椰子	棕榈科	22364	2.9	13
10	海南蒲桃	桃金娘科	18769	2.5	12
11	桂花	木犀科	17834	2.4	15
12	阴香	樟科	18026	2.4	5
13	构树	桑科	16133	2.2	14
14	高山榕	桑科	16384	2.2	9
15	南洋杉	南洋杉科	15590	2.1	17
16	蒲葵	棕榈科	15353	2.1	9
17	白千层	桃金娘科	14957	2.0	6
18	红花羊蹄甲	苏木科	13276	1.8	11
19	木棉	木棉科	11161	1.5	22
20	麻楝	楝科	11396	1.5	8
21	黄槐	苏木科	8693	1.2	5
22	橡胶榕	桑科	8217	1.1	13
23	鸡蛋花	夹竹桃科	8213	1.1	14
24	石栗	大戟科	7787	1.0	12
25	大叶紫薇	千屈菜科	6806	0.9	7
26	荔枝	无患子科	6753	0.9	2
27	洋紫荆	苏木科	5817	0.8	5
28	非洲桃花心木	楝科	5470	0.7	2
29	龙柏	柏科	5351	0.7	5
30	水松	杉科	5252	0.7	0.5
31	苦楝	楝科	5137	0.7	11
32	龙眼	无患子科	4745	0.6	6.5
33	人面子	漆树科	4468	0.6	2
34	樟树	樟科	3473	0.5	3
35	凤凰木	苏木科	2703	0.4	4

性景观比较单调，并成为影响市区绿地植被群落不稳定的一个主要因素。

在应用较多的这些乔木树种中，细叶榕、大叶榕、芒果、白兰、垂叶榕、南洋杉、红花羊蹄甲、桂花、高山榕等树种，是优良的观花、观叶树种，作为广州的传统树种，仍有继续推广的市场潜力。木麻黄是优良的沿海防护林树种，1950～1960年代由政府号召、发动群众在城市广泛种植，当时并未经过科学的规划与筛选，作为城市园林绿化树种，它的景观和生态效果都欠佳。广州的市树－木棉，数量占总数的1.5％，排在第19位；出现频率为22%，排在第5位，作为市树，其数量和频率都需要增加。银桦生长快，树形优美，即能作庭园树，又适于行道树，但前些年由于某些并不充分的理由，被限制发展，今后需要重新推广应用。

棕榈植物，其独特的树姿，极赋岭南风情，是传统的岭南园林中必不可少的。但近年来有点趋于泛滥，在应用树种排名前16位树种中，有4种是棕榈科植物。广州地处南亚热带，具有漫长、炎热的夏季，太阳辐射强烈，高大、浓荫的乔木，对于市民的户外活动有很重要的意义。广州市区大气中的含尘量高，需要叶面积指数高、树冠浓密的乔木来滞尘，而棕榈科植物在这两方面正好是弱势，应当只作为配景树种种植，不适宜作行道树大量推广。

尾叶桉和马占相思，在城市边缘地带的公路进出口有大量种植。作为先锋树种，它们在郊区公路沿线的早期绿化中起了重要的作用，但目前已出现老化和衰退迹象，而且不耐寒，遇到较强的寒流易受冻害，需要配置华南地区地带树种来逐步替代。

由于长期以来政府部门没有提出系统、科学的绿化树种规划，城市绿化苗木的生产、种植基本都处于自发、无序的状态，盲目性很大。近年来，广州市区绿地建设所用的苗木，70%以上来自周边的南海、中山、顺德和佛山等地区，甚至远达湛江、广西、福建、湖南和海南等地。这种苗木供应现状，导致园林部门不能按规划大胆设计，只能是找到什么种什么，也使得长途运输苗木种植的苗木成活率和景观效果大打折扣，既增加了城市绿地的建设成本，亦不利于生产绿地的发展。近年出现的无计划用苗和滥用棕榈植物的情况，既与一些苗木商利用媒体夸张炒作有关，也反映出政府部门对城市绿化的树种选择工作指导不力。

排名前10位的灌木种类依种植数量和出现频率为：福建茶>九里香>假连翘>大红花>黄榕>红背桂>希美丽>山指甲>勒杜鹃>米兰（表C-5-3）。在243种灌木类植物中，这10个树种的种植数量高达全市灌木植物总数的70.2%。从空间上看，上述灌木树种的推广应用在地域和规模上是不均衡的。传统树种福建茶和九里香，在各行政区内都有普遍的种植，其中既有社会认知的原因，也因其具有适应性强、生长快、耐修剪等优良性状，今后的绿化应用仍会相当普及。而假连翘、黄榕和希美丽等较新的灌木植物，能在较短的时间内得到广泛认同和推广，与其粗生、耐修剪有相当关系。黄榕的质感，希美丽和假连翘的色泽，均表明园林绿地中的优良灌木品种，应该具有适应性强、观赏性状突出、栽培养护管理简单等特点。

在地被与草本植物方面，调查结果表明：台湾草、蟛蜞菊、白蝴蝶、沿阶草和美人蕉的种植数量占总数的77.9%以上（表C-5-4）。其中，台湾草的应用比例高达56.1%，出现频率为22%，而其它品种的种植数量均低于总数的10%。特别是台湾草、白蝴蝶和美人蕉这3种草本植物，在广州的应用频率最高。调查中还发现，对地被类中的蕨类植物和耐荫植物开发应用还很不够。

2、市区园林绿地的乔木密度分析

对于城市绿地中植被生物量在何种密度下具有森林的实质，即森林小气候，美国林学家Rowantree提出："森林需要有一定的地域范围和生物量的密度，森林的生物量密度指标可用单位面积土地所具有的立木地径面积表示，而森林所具有的地域范围则从生物量积累所表现出的对生态环境的影响来考虑。如果一地域具有5.5m²/hm²以上的立木地径面积，它将影响风、温度、降雨和野生动物的生活，表明这块地具有了森林小气候。"在现状调研的六类城市绿地中，公园、防护绿地、生态景观绿地、居住区绿地和单位附属绿地都有可能达到这一标准。

据抽样调查，广州市区10~15年生的乔木地径平均为20cm。若以此为计算依据，要达到Rowantree提出的具有森林小气候的绿地的乔木密度，至少应为175棵/hm²。

调查结果分析显示，在各类绿地中，公园（华南植物园和白云山风景区除外）的乔木密度最高，为522棵/hm²，平均

表 C-5-3　广州市中心片区城市绿化常用灌木品种

序号	种名	科名	数量(棵)	数量比例(%)	出现频率(%)
1	福建茶	紫草科	476020	21.1	21
2	九里香	芸香科	209660	9.3	27
3	假连翘	马鞭草科	187194	8.3	18
4	大红花	锦葵科	141924	5.9	29
5	黄榕	桑科	128491	5.7	17
6	红背桂	大戟科	77825	3.4	15
7	希美丽	茜草科	77368	3.4	7
8	山指甲	木犀科	71325	3.2	7
9	勒杜鹃	紫茉莉科	51836	2.3	22
10	米兰	楝科	46784	2.1	25
11	变叶木	大戟科	44372	1.9	14
12	海桐	海桐花科	34544	1.5	12
13	鹅掌藤	五加科	29293	1.3	5
14	棕竹	棕榈科	22567	1.0	14
15	朱蕉	龙舌兰科	22061	0.9	13
16	茶花	茶科	20591	0.9	1
17	苏铁	苏铁科	18377	0.8	21
18	红桑	大戟科	17877	0.8	4
19	马缨丹	马鞭草科	13927	0.6	3
20	杜鹃	杜鹃花科	13499	0.6	5
21	散尾葵	棕榈科	13421	0.6	15
22	狗牙花	夹竹桃科	13389	0.6	5
23	四季含笑	木兰科	9188	0.4	8
24	美丽针葵	棕榈科	7520	0.3	9
25	茉莉花	木犀科	6079	0.2	2

表 C-5-4　广州市中心片区城市绿化常用草本品种

序号	种名	科名	种植数量(m²)	数量比例(%)	出现频率(%)
1	台湾草	禾本科	3875290	56.1	22
2	白蝴蝶	天南星科	658911	9.5	13
3	美人蕉	美人蕉科	202940	2.9	13
4	蟛蜞菊	菊科	484658	7.0	3
5	沿阶草	百合科	162830	2.4	7
6	蚌兰	鸭趾草科	73363	1.1	4
7	满天星	千屈菜科	47323	0.7	6
8	文殊兰	石蒜科	23484	0.3	1
9	海芋	天南星科	19936	0.3	3
10	大叶红草	苋科	19865	0.3	1

表 C-5-5　广州市中心城区各类绿地乔木分布状况表

绿地类型	绿地面积 (hm²)	乔木株数 (棵)	平均地径 (cm)	乔木密度 (棵/hm²)	疏密度 (m²/hm²)
公园	1973	1029879	20	522	16.4
居住区	336.5	85539	13	254	3.4
附属绿地	3251	421496	20	129.7	4.1

注：表中地径为抽样调查结果。

表 C-5-6　广州市中心片区城市绿化树木生长健康状况评价(%)

生长状况	东山区	越秀区	开发区	芳村区	海珠区	白云区	天河区	黄埔区	荔湾区	总评
健康	91.9	74.0	68.3	64.5	64.0	59.0	53.0	50.7	42.9	62.2
一般	7.3	25.7	30.8	33.7	34.5	40.1	44.8	47.7	54.7	36.6
差	0.8	0.3	0.8	1.8	1.2	0.8	1.8	1.6	2.1	1.2

红桂木(Cassia roxburghii)

立木地径面积16.4m²/hm²；居住区绿地乔木平均密度为254棵/hm²，乔木地径低于其它绿地的平均水平，为13cm，平均立木地径面积为3.4 m²/hm²；单位附属绿地乔木平均密度为129.7棵/hm²，平均立木地径面积4.1 m²/hm²。(详见表C-5-5)

从现状看，只有公园绿地发挥了森林的功能；附属绿地中的乔木密度需要增加；居住区绿地中虽然乔木密度较高，但由于以未成年小树为主，疏密度仅为3.4 m²/hm²，要等5年以后才能发挥森林小气候的功能。此外，目前城市新建居住区绿地中的棕榈科植物占了很大的比例，虽然形成了较好的景观效果，但棕榈植物的树冠小，叶面积指数低，蔽荫、滞尘等防护功能较弱，今后要适当控制种植比例。

3、市区园林绿地树木的健康状况评价

城市树木的健康状况，是衡量城市绿地质量的一个重要指标。它能反映各类立地类型是否选择了适当的树木种类、以及树木的养护管理状况等。据调查结果分析，市区绿化树木的健康状况总体良好。其中，生长健康的乔木占62.2%，中等水平的占36.6%，生长状况差的占1.2%。生长健康的灌木占74.4%，中等的占25.1%，差的只占0.5%。

从各区情况来看，东山区树木健康状况最好，生长健康的达91.9%；荔湾区最差，生长健康的树木只有42.9%；其它各区生长健康的树木都在50%以上（表C-5-6）。究其原因，荔湾区有污染的工厂较多，人口又高度密集，大型的煤厂、水泥厂造成空气中的含尘量很高，大多数树木叶片上滞留了一层厚厚的灰尘。调查中也发现，石栗的耐尘性能最好。因此，建议今后在粉尘污染严重的地区多种植石栗。

从树种构成来分析，中心城区大多数常用树种生长健康状况良好（见表C-5-7）。其中，木麻黄、阴香、水松的生长健康状况不佳，健康的比例分别为36.4%、38.2%、18.9%。究其原因，木麻黄不太适宜城市的环境；阴香作行道树时表现很好，但大量种植在公园里的片林，由于初期种植密度大，又没有及时疏开，生存空间受到压抑，故生长状况差。水松是国家二级保护植物，近年来在珠江三角洲多处出现大片死亡的现象，据专家分析是因水污染所致。这说明水松的

耐污染性不强，宜用落羽杉和池杉来替代。

第二节　城市绿化植物多样性规划

一、规划原则与目标

1、规划原则：

(1) 以南亚热带地带树种为主，适当引进外来树种，满足不同的城市绿化要求；

(2) 生态功能与景观效果并重，兼顾经济效益；

(3) 充分考虑广州的气候条件，突出观花、遮荫乔木，形成花城特色；

(4) 适地适树，优先选择抗逆性强的树种；

(5) 城市绿化的种植配置要以乔木为主，乔灌藤草相结合。

2、规划目标：

按照适地适树的原则，对广州城市园林绿化主要应用植物品种作出科学规划和特色设计，重塑"花城"形象，营造蕴涵岭南园林文化的现代城市绿地景观，促进城市环境可持续发展。

(1) 培育广州的植物景观特色，满足市民文化娱乐、休闲、亲近自然的要求；

(2) 优化城市树种结构，提高绿化植物改善城市环境的机能；

(3) 引导城市绿化苗木生产从无序竞争进入有序发展；

(4) 构筑城市绿色空间的艺术风貌，充分展现城市个性。

二、基调树种规划

城市绿化基调树种，是能充分表现当地植被特色、反映城市风格、能作为城市景观重要标志的应用树种。根据广州的历史与现状，规划选用19种乔木和2大类植物（棕榈类和竹类）作为基调树种加以推广应用(表C-5-8)。

三、骨干树种规划

城市绿化的骨干树种，是具有优异的特点、在各类绿地中出现频率较高、使用数量大、有发展潜力的树种。不同类

型的城市绿地，一般应具有不同的骨干树种。

1、道路绿化树种

A、行道树种

行道树是发挥城市绿地美化街景、纳凉遮荫、减噪滞尘等功能作用的重要因素，还有维护交通安全、保护环境卫生等多方面的公益效用。由于道路的立地条件相对较差，路面热辐射使近地气温增高，空气湿度相对低，土壤成分复杂、透水透气性差，汽车尾气中的污染物浓度高，所以行道树的选择要求相对苛刻。主要有：

1) 树干挺拔、树形端正、体形优美、枝叶繁茂、蔽荫度好。

2) 对环境适应性强、易栽植、耐修剪、易萌生。

3) 抗逆性强，特别是要求抗NO_x、SO_2、Pb、粉尘等能力强、耐风、耐寒、耐旱、耐涝、耐辐射，病虫害少。

4) 以地带树种为主，适当使用已经受一个生长周期以上表现良好的外来树种。

5) 长寿树种与速生树种相结合，以常绿树种为主，适当搭配落叶树种。

6) 深根性、花果无污染，且高大浓荫与美化、香化相结合。

B、停车场绿化树种

树种选择要求：

1) 抗氮氧化物能力强；

2) 以常绿树种为主，落叶期较集中；

3) 易管理、低维护。

C、公路、铁路、高速干道绿化树种

公路、铁路和高速干道的树种选择，要同时考虑交通安全机能、环境保护机能和美化机能。

从交通安全方面考虑的原则：

[1] 诱导视线：为了使驾驶人员预知前方道路的线形，宜选择与周围的植被不同，或树冠线能清楚的指示方向的树种。

[2] 遮光：中央分割带需遮挡迎面而来的刺眼灯光，宜选择常绿灌木。

[3] 缓冲：在护栏处，为了缓冲脱离车道的车辆，宜选择常绿、萌生力强的小乔木和灌木。

从环境保护、美化和栽培管理方面考虑的原则：

[1] 防护：隔音、防火、防烟、减尘。

[2] 绿荫：在休息、服务站区内的停车场、人行道及广场，选择高大浓荫的树种。

表 C-5-7　广州市中心片区城市绿化常用树木生长健康状况评价

序号	种名	科名	健康 %	中等 %	较差 %
1	凤凰木	苏木科	86.4	13.4	0.2
2	橡胶榕	桑科	77.6	21.9	0.4
3	细叶榕	桑科	75.7	24.1	0.1
4	人面子	漆树科	75.7	23.8	0.4
5	荔枝	无患子科	74.6	21.2	4.2
6	石栗	大戟科	72.4	26.3	1.4
7	垂榕	桑科	71.8	28.0	0.2
8	黄槐	苏木科	70.6	27.7	1.7
9	白兰	木兰科	70.1	28.8	1.0
10	苦楝	楝科	69.6	29.9	0.5
11	蒲葵	棕榈科	69.3	29.9	0.8
12	非洲桃花心木	楝科	67.9	32.1	0
13	龙柏	柏科	67.5	32.0	0.5
14	大叶紫薇	千屈菜科	66.4	32.8	0.8
15	假槟榔	棕榈科	66.4	32.7	0.8
16	海南蒲桃	桃金娘科	63.2	35.7	1.0
17	大叶榕	桑科	62.8	35.5	1.7
18	洋紫荆	苏木科	62.0	38.0	0
19	芒果	漆树科	61.8	37.2	1.0
20	麻楝	楝科	59.8	38.4	1.8
21	白千层	桃金娘科	59.2	39.9	0.9
22	樟树	樟科	58.9	41.0	0.1
23	高山榕	桑科	58.3	41.1	0.6
24	红花羊蹄甲	苏木科	57.8	41.0	1.2
25	木棉	木棉科	56.6	42.5	0.9
26	鸡蛋花	夹竹桃科	56.5	43.3	0.2
27	构树	桑科	55.9	41.2	2.9
28	鱼尾葵	棕榈科	55.4	41.7	2.9
29	龙眼	无患子科	53.2	42.0	4.8
30	南洋杉	南洋杉科	52.6	46.2	1.2
31	大王椰子	棕榈科	52.3	45.5	2.2
32	桂花	木犀科	45.9	51.3	2.8
33	阴香	樟科	38.2	60.2	1.6
34	木麻黄	木麻黄科	36.4	62.7	0.82
35	水松	杉科	18.9	80.8	0.2

乐昌含笑(Michelia chapensis)

表C-5-8　广州市中心城区城市绿化基调树种规划

序号	种　名	科　属	学　名	主要用途
1	南洋杉	南洋杉科	Araucaria heterophylla	庭荫树
2	白兰	木兰科	Michelia alba	行道树，庭荫树
3	樟树	樟科	Cinnamomum camphora	庭荫树
4	大叶紫薇	千屈菜科	Lagerstroemia speciosa	行道树，庭荫树
5	尖叶杜英	杜英科	Elaeocarpus apiculatus	行道树，庭荫树
6	木棉	木棉科	Bombax malabaricum	行道树，庭荫树
7	红花羊蹄甲	苏木科	Bauhinia blakeana	行道树，庭荫树
8	洋紫荆	苏木科	Bauhinia variegata	行道树，庭荫树
9	凤凰木	苏木科	Delonix regia	庭荫树
10	黄槐	苏木科	Cassia surattensis	行道树，庭荫树
11	细叶榕	桑科	Ficus microcarpa	行道树，庭荫树
12	高山榕	桑科	Ficus altissima	行道树
13	大叶榕	桑科	Ficus virens	行道树
14	垂榕	桑科	Ficus benjamina	行道树
15	非洲桃花心木	楝科	Khaya senegalensis	行道树，庭荫树
16	荔枝	无患子科	Litchi chinensis	果树，庭荫树
17	人面子	漆树科	Dracontomelon duperreanum	行道树，庭荫树
18	芒果	漆树科	Mangifera indica	行道树，庭荫树
19	扁桃	漆树科	Mangifera persiciformis	行道树
20	棕榈类	棕榈科		庭荫树
21	竹类	禾本科		庭荫树

注：本表的树木品种是按照植物科属分类顺序排列。

[3] 坡面保护：为防止坡面表土侵蚀，需选择抗逆性强和萌生力强的灌木和地被植物。

[4] 速生的先锋外引树种与中速、慢速生长的地带树种相结合。

（道路绿化树种规划详见表C-5-9，5-10，5-11。）

2、庭园树种

包括公园、广场、街头绿地、住宅区和单位附属绿地。在公园内，植物占地比例最大，一般为公园陆地总面积的70%，是影响公园环境和面貌的主要因素。居住区和单位附属绿地注重要求植物具有保健、遮荫、防尘、减噪、调节气温、增加空气湿度等功能。植物的选择遵循以下原则：

(1) 满足生态和景观功能的要求，达到遮荫、抗污、减噪、防尘、美化、季相明显的效果。

(2) 以地带树种为基调树种，保留古树名木和原有树种，引进外来树种。

(3) 注重植物的造景特色，根据植物不同的形态、色彩、风韵塑造园林绿地的景观特色。

(4) 具有生态保健功能的树种。

绿地的降温增湿效果是由植物从根部吸收水分通过叶面蒸腾而来，蒸腾量大，降温增湿效果就好，这与环境温度、叶面温度和叶面积大小有关，不同的树种，具有不同的叶面积大小和蒸腾强度。广州常见的几个树种中，白兰具有最大的叶面积指数和最大的蒸腾强度（表C-5-12），其它几个树种的指标也较高，都适于作为庭园树种。

对于绿地的空气清洁度，不同绿化结构类型具有不同的效果。以乔灌草三层结构类型的空气负离子浓度最高，空气清洁度最好（表C-5-13），所以，居住区和单位附属绿地的建设应以乔木为主，植物配置要做到乔灌藤草相结合。

空气质量评价指标C_i的等级：轻污染：$0.3>C_i>0.2$；中污染：$0.2>C_i>0.1$；重污染：$C_i<0.1$

（庭园树种规划详见表C-5-14）

3、防护林树种（表C-5-15）

防护林包括防风林、防火林和减噪隔音林等。防风林以抗风种类为主，防火林以防火种类为主，水网地区防护林以

城市绿化花木种苗新品种的工厂化培育

耐湿树种为主，减噪隔音树林需浓密树冠的种类。减噪隔音树林吸收音量的能力，因林分结构而异，具有上、中、下垂直结构的林分，吸收噪音的效果最好。理想的减噪隔音林应该是立木度、郁闭度、疏密度均匀的壮龄常绿复层林。减噪隔音林的构造模式：上层木10以上，中层木5~10，下层木5以下，底下为茂密的地被物。

防护林树种选择的原则：

[1] 深根性或侧根发达，以地带树种为主。

[2] 耐污染能力强，能吸收有毒物质。

[3] 避免选择易受蛀干害虫的感染的树种，以乔木为主，乔灌草相结合。

4、生态景观绿地树种

生态景观绿地的应用树种宜以生态功能为主，兼顾美化功能，主要包括以下几类：

A、水土保持林和水源涵养林

树种选择的原则：

(1) 为增加林地的透水功能，需选择树根多、伸长范围大、且深根性树种，以阔叶树为主，选配针叶树。

(2) 为改善土壤的构造，宜选用落叶量多且叶落后不易散碎不易流失的树种，较厚的落叶层能缓和降雨在地表的流失。

(3) 为抑制林地的表面蒸发，应选郁闭度高的树种，即常绿、树冠大的树种。

(4) 尽量营造复层混交林，速生树种与慢生树种相结合，阳性树种与阴性树种相接合，深根性树种与浅根性树种相结合，针叶树与阔叶树相结合。

B、生态风景林

生态风景林，是按照风景林设计要求营造的专用林种。它不同于一般的防护林，不同于森林公园，也不同于山地原野的郊游林，虽有人工设计，却能展现自然式的外貌。

生态风景林可分为近景林、中景林和远景林。近景林要求有不断变化的单元，有丰富的色彩、形态变换和季相变化，需充分运用观花、观叶、观姿的乔灌木；中景林要求和谐地衬托近景林，需配置具色彩（花、叶）、季相变化鲜明

表 C-5-9　广州市中心城区行道树种规划(节选)

序 号	种 名	科 名	形 态	学 名
1.	大叶榕	桑科	乔木	Ficus virens
2.	细叶榕	桑科	乔木	Ficus microcarpa
3.	高山榕	桑科	乔木	Ficus altissima
4.	木棉	木棉科	乔木	Bombax malabaricum
5.	白兰	木兰科	乔木	Michelia alba
6.	红花紫荆	苏木科	乔木	Bauhinia blakeana
7.	樟树	樟科	乔木	Cinnamomum camphora
8.	洋紫荆	苏木科	乔木	Bauhinia variegata
9.	扁桃	漆树科	乔木	Mangifera persiciformis
10.	芒果	漆树科	乔木	Mangifera indica
11.	蝴蝶果	大戟科	乔木	Cleidiocarpon cavaleriei
12.	萍婆	梧桐科	乔木	Sterculia nobilis
13.	海南蒲桃	桃金娘科	乔木	Syzygium cumini
14.	南洋楹	含羞草科	乔木	Albizia falcata
15.	麻楝	楝科	乔木	Chukrasia tabularis
16.	人面子	漆树科	乔木	Dracontomelon duperreanum
17.	大叶紫薇	千屈菜科	乔木	Lagerstroemia speciosa
18.	石栗	大戟科	乔木	Aleurites moluccana
19.	莫氏榄仁	使君子科	乔木	Terminalia muelleri
20.	阴香	樟科	乔木	Cinnamomum burmannii
21.	铁刀木	苏木科	乔木	Cassia siamea
22.	双翼豆	苏木科	乔木	Peltophorum pterocarpum
23.	印度紫檀	蝶形花科	乔木	Pterocarpus indicus
24.	小叶榄仁	使君子科	乔木	Terminalia mantaly
25.	秋枫	大戟科	乔木	Bischofia polycarpa
26.	尖叶杜英	杜英科	乔木	Elaeocarpus apiculatus
27.	多花山竹子	藤黄科	乔木	Garcinia multiflora
28.	蝴蝶树	梧桐科	乔木	Heritiera parvifolia
29.	红苞木	金缕梅科	乔木	Rhodoleia championii
30.	非洲桃花心木	楝科	乔木	Khaya senegalensis

表 C-5-10　广州市中心城区停车场绿化树种规划

序号	种 名	科 名	形态	学 名
1.	海南蒲桃	桃金娘科	乔木	Syzygium cumini
2.	尖叶杜英	杜英科	乔木	Elaeocarpus apiculatus
3.	水石榕	杜英科	乔木	Elaeocarpus hainanensis
4.	山杜英	杜英科	乔木	Elaeocarpus sylvestris
5.	假萍婆	梧桐科	乔木	Sterculia lanceolata
6.	黄槿	锦葵科	乔木	Hibiscus tiliaceus
7.	高山榕	桑科	乔木	Ficus altissima
8.	南洋楹	含羞草科	乔木	Albizia falcata
9.	腊肠树	苏木科	乔木	Cassia fistula
10.	菠萝蜜	桑科	乔木	Artocarpus heterophyllus
11.	细叶榕	桑科	乔木	Ficus microcarpa
12.	乌榄	橄榄科	乔木	Canarrium pimela
13.	黄皮	芸香科	乔木	Clausena lansium
14.	麻楝	楝科	乔木	Chukrasia tabularis
15.	鱼尾葵	棕榈科	乔木	Caryota ochlandra

表 C-5-11　广州市中心城区公路、铁路、高速干道绿化树种规划

序号	种 名	科 名	形态	学 名
1.	白千层	桃金娘科	乔木	Melaleuca leucadendra
2.	红千层	桃金娘科	乔木	Callistemon rigidus
3.	柠檬桉	桃金娘科	乔木	Eucalyptus citriodora
4.	阴香	樟科	乔木	Cinnamomum burmannii
5.	麻楝	楝科	乔木	Chukrasia tabularis
6.	落羽杉	杉科	乔木	Taxodium distichum
7.	非洲桃花心木	楝科	乔木	Khaya senegalensis
8.	黄槐	苏木科	乔木	Cassia surattensis
9.	羊蹄甲	苏木科	乔木	Bauhinia purpurea
10.	火力楠	木兰科	乔木	Michelia macclurei

(接继表 C-5-11)

序号	种 名	科 名	形态	学 名
11.	乐昌含笑	木兰科	乔木	Michelia chapensis
12.	秋枫	大戟科	乔木	Bischofia polycarpa
13.	樟树	樟科	乔木	Cinnamomum camphora
14.	海南蒲桃	桃金娘科	乔木	Syzygium cumini
15.	黄槿	锦葵科	乔木	Hibiscus tiliaceus
16.	千年桐	大戟科	乔木	Aleurites montana
17.	南洋楹	含羞草科	乔木	Albizia falcata
18.	尖叶杜英	杜英科	乔木	Elaeocarpus apiculatus
19.	构树	桑科	乔木	Broussonetia papyrifera
20.	蒲葵	棕榈科	乔木	Livistona chinensis
21.	黄花夹竹桃	夹竹桃科	灌木	Thevetia peruviana
22.	夹竹桃	夹竹桃科	灌木	Nerium indicum
23.	紫薇	千屈菜科	灌木	Lagerstroemia indica
24.	野牡丹	野牡丹科	灌木	Melastoma candidum
25.	马缨丹	马鞭草科	灌木	Lantana camara
26.	桃金娘	桃金娘科	灌木	Rhodomyrtus tomentosa
27.	海桐	海桐花科	灌木	Pittosporum tobira
28.	大红花	锦葵科	灌木	Hibiscus rosa-sinensis
29.	九里香	芸香科	灌木	Murraya exotica
30.	红果仔	桃金娘科	灌木	Eugenia uniflora
31.	红背桂	大戟科	灌木	Excoecaria cochinchinensis
32.	红桑	大戟科	灌木	Acalypha wikesiana
33.	米兰	楝科	灌木	Aglaia odorata
34.	杜鹃花	杜鹃花科	灌木	Rhododendron simsii
35.	软枝黄蝉	夹竹桃科	灌木	Allemanda cathartica

的乔木；远景林要求自然化程度最高，景观自然、粗犷，树冠重叠起伏，可与山地原野的郊游林功能相结合。

（生态景观绿地规划树种详见表 C-5-16、5-17）

5、特殊用途树种

A、耐污染树种（表C-5-18）：能耐空气污染，或能吸收有毒气体、吸滞粉尘、净化空气、释氧量较高的树种。树种选择原则：

(1) 以抗逆性强的树种为主，并针对污染源的不同，选择不同的树种。

(2) 以地带树种为主，合理使用外来树种：地带树种因经过了长期自然的选择，对当地的土壤和气候条件有了很强的适应性，而且易成活。对于已有多年栽培历史、已适应当地土壤和气候条件的外来树种，也可搭配使用。

(3) 速生树种与慢生树种相结合

(4) 注意树种之间的比例：以乔木为主，适当配置落叶树种，因落叶树每年换一次新叶，对有毒气体和粉尘抵抗力较强。

B、森林保健树种（表C-5-19）：主要是指通过香气和芬多精的散发对人体有保健功能的树种，在森林休闲旅游地区的绿化中具有重要的生态作用。特别是对于森林公园的森林浴区，宜选择具有保健功能、能散发对人体健康有益气味的树种。

C、引蜂诱鸟树种（表C-5-20）：植物能通过花蜜、果实引诱野鸟和昆虫蝶类。这些昆虫、野鸟的诱引与保育，是休闲保健森林的重要经营项目。

D、攀援植物类（表C-5-21）

垂直绿化是通过攀援植物在建筑墙面、拱门、藤廊等处的生长，覆盖其表面，达到绿化的效果。垂直绿化具有良好的景观效益和生态效益，可以塑造具有特色的景观。建筑物墙面绿化可以减少噪音，夏季减少墙面温度，降低室内温度。

攀援植物选择的原则：

● 木本或多年生草本，具有永久性绿化的可能性；

● 生育旺盛，被覆迅速；

● 形态、绿化姿态美观；

● 强健而容易维护管理，病虫害少。

● 增殖容易而有市场前途；

● 耐旱且在瘠薄地生长良好；

E、石场垦复绿化树种（表C-5-22）

广州市区内有几百个大小采石场。按照市政府的整治部署，大部分已经关闭。但是，遗留下来的基址多数是未风化的基岩，植被恢复困难。主要存在三方面的问题：第一是土质太差：因采石而损及地基，出现陡峭的坡面，这种急倾斜的面对于植物的种植有很大的困难。第二是土壤结构：无土壤的岩石具有很少甚至没有细土，这样就缺少细土应保持的营养成分和水分。第三是地质问题：有时在还原性环境下的未风化岩石，由于出现在地表上而被置于氧化状态下，产生强酸性化的问题。所以，石场垦复除了要采取工程措施外，还要选择合适的植物。选择原则是：

● 在绿化垦复初期，以本地草与外来草相结合。

● 以固氮类植物作为先锋种，以改变初期土壤条件。

● 速生树种与慢生树种结合种植，尤其要选择本地带植被群落自然演替系列种中的先锋树种。

● 选择耐干旱脊薄的花卉，作为垦复地被的辅助配置。

F、绿篱树种（表C-5-23）

树种选择原则：以灌木为主，枝叶致密，小叶，常绿、耐修剪、萌生能力强，耐污染。

G、湿生和水生植物（表C-5-24）

湿生植物是能耐水湿、有的还能生长在水中的陆生植物，水生植物包括浮水植物、挺水植物、沉水植物三类。水生植物的选择要求能净化水体，使水保持清洁，避免富营养

表 C-5-12　广州市区几个常见树种的叶面积指数和蒸腾强度

树　种	白兰	细叶榕	大叶榕	木棉	石栗	阴香	羊蹄甲	夹竹桃
叶面积指数 m²/m²	22.51	16.21	15.99	20.82	17.05	11.11	8.58	2.84
叶片蒸腾强度 g/m².h	43.57	42.08	19.00	23.89	36.34	12.32	25.35	17.43
绿地蒸腾强度 g/m².h	980.76	682.12	303.81	497.39	619.60	136.88	217.5	49.50

表 C-5-13　广州市部分居住区内不同植被结构与空气清洁度的关系

绿地种植结构类型		负离子浓度个/cm³	正离子浓度个/cm³	空气质量评价指标
三层	乔灌草结合型	377	376	0.38
双层	平均	234	302	0.18
	乔灌结合型	275	384	0.20
	乔草结合型	220	256	0.19
	灌草结合型	206	265	0.16
	平均	189	253	0.14
单层	单层阔叶树	266	364	0.19
	单层针叶树	200	248	0.16
	单层灌木型	200	260	0.15
	单层草本型	134	194	0.09

资料来源：刘志武

化；可给水体提供大量氧气，促进形成良性循环的水生生态系统。

四、优选推广的园林绿化新树种

为了体现广州花城四季有花的地带植物景观特色，在大量调查研究和长期引驯化实验的基础上，本规划优选了一批冠幅优美、观花特性好的乔木树种建议推广。其中，包括有开发潜力的野生地带树种和基本处于同一纬度的世界各国优秀树种。这些推荐树种，将分期在市区推广应用。

1、近期推荐发展的行道树树种

[1] 红苞木（Rhodoleia championii）：金缕梅科常绿乔木。树冠成球形，花期冬季，花顶生、红色，开花时满树红花，极为灿烂。适宜近期发展。

美丽异木棉（Chorisia speciosa）

火焰木（Spathodea campanulata）

表C-5-14　广州市中心城区主要庭园树种规划

序号	种名	科名	形态	学　名	序号	种名	科名	形态	学　名
1	苏铁	苏铁科	灌木	Cycas revoluta	30	红楠	樟科	乔木	Machilus thunbergii
2	罗汉松	罗汉松科	乔木	Podocarpus macrophyllus	31	华润楠	樟科	乔木	Machilus chinensis
3	竹柏	罗汉松科	乔木	Podocarpus nagi	32	鱼木	白花菜科	乔木	Crateva religiosa
4	鸡毛松	罗汉松科	乔木	Podocarpus imbricatus	33	南天竹	小檗科	灌木	Nandina domestiea
5	南洋杉	南洋杉科	乔木	Araucaria heterophylla	34	大叶紫薇	千屈菜科	乔木	Lagerstroemia speciosa
6	肯氏南洋杉	南洋杉科	乔木	Araucaria cunninghamii	35	紫薇	千屈菜科	灌木	Lagerstroemia indica
7	金钱松	松科	乔木	Pseudolarix amabilis	36	勒杜鹃	紫茉莉科	灌木	Bougainvillea glabra
8	柳杉	杉科	乔木	Cryptomeria	37	银桦	山龙眼科	乔木	Grevillea robusta
9	落羽杉	杉科	乔木	Taxodium dischum	38	大花五桠果	五桠果科	乔木	Dillenia turbinata
10	池杉	杉科	乔木	Taxodium ascendens	39	红木	胭脂树科	乔木	Bixa orellana
11	水松	杉科	乔木	Glyptostrobus pensilis	40	红花天料木	天料木科	乔木	Homalium hainanense
12	水杉	杉科	乔木	Melasequoia glyptostroboides	41	油茶	茶科	乔木	Camellia oleifera
13	扁柏	柏科	乔木	Platycladus orientalis	42	茶花	茶科	灌木	Camellia japonica
14	龙柏	柏科	乔木	Sabina chinensis	43	红花油茶	茶科	乔木	Camellia semiserrata
15	圆柏	柏科	乔木	Sabina chinensis	44	蒲桃	桃金娘科	乔木	Syzygium jambos
16	白玉兰	木兰科	乔木	Michelia alba	45	柠檬桉	桃金娘科	乔木	Eucalyptus citriodora
17	乐昌含笑	木兰科	乔木	Michelia chapensis	46	水翁	桃金娘科	乔木	Cleistocalyx conspersipunctatum
18	火力楠	木兰科	乔木	Michelia macclurei	47	红千层	桃金娘科	乔木	Callistemon rigidus
19	荷花玉兰	木兰科	乔木	Magnolia grandiflora	48	番石榴	桃金娘科	乔木	Psidium guajava
20	深山含笑	木兰科	乔木	Michelia maudiae	49	桃金娘	桃金娘科	灌木	Rhodomyrtus tomentosa
21	观光木	木兰科	乔木	Tsoongiodendron odorum	50	白千层	桃金娘科	乔木	Melaleuca leucadendra
22	二乔玉兰	木兰科	乔木	Magnolia soulangeana	51	串钱柳	桃金娘科	乔木	Callistemon rigidus
23	四季含笑	木兰科	灌木	Michelia figo	52	红果仔	桃金娘科	灌木	Eugenia uniflora
24	鹅掌楸	木兰科	乔木	Liriodendron chinense	53	海南蒲桃	桃金娘科	乔木	Syzygium cumini
25	鹰爪	番荔枝科	藤本	Artabotrys hexapetalus	54	莫氏榄仁	使君子科	乔木	Terminalia muelleri
26	樟树	樟科	乔木	Cinnamomum camphora	55	阿珍榄仁	使君子科	乔木	Terminalia arjuna
27	肉桂	樟科	乔木	Cinnamomum cassia	56	小叶榄仁	使君子科	乔木	Terminalia mantaly
28	阴香	樟科	乔木	Cinnamomum burmannii	57	水石榕	杜英科	乔木	Elaeocarpus hainanensis
29	潺槁树	樟科	乔木	Litsea glutinosa	58	尖叶杜英	杜英科	乔木	Elaeocarpus apiculatus

野牡丹（Melastoma candidum）

（续上表）

序号	种名	科名	形态	学名
59	假萍婆	梧桐科	乔木	Sterculia lanceolata
60	翻白叶	梧桐科	乔木	Pterospermum heterophyllum
61	苹婆	梧桐科	乔木	Sterculia nobilis
62	木棉	木棉科	乔木	Bombax malabaricum
63	美丽异木棉	木棉科	乔木	Chorisia speciosa
64	瓜栗	木棉科	乔木	Pachira macrocarpa
65	黄槿	锦葵科	乔木	Hibiscus tiliaceus
66	大红花	锦葵科	灌木	Hibiscus rosa-sinensis
67	一品红	大戟科	灌木	Euphorbia pulcherrima
68	乌桕	大戟科	乔木	Spium sebiferum
69	山乌桕	大戟科	乔木	Spium discolor
70	红背桂	大戟科	灌木	Excoecaria cochinchinensis
71	石栗	大戟科	乔木	Aleurites moluccana
72	蝴蝶果	大戟科	乔木	Cleidiocarpon cavaleriei
73	秋枫	大戟科	乔木	Bischofia javanica
74	枇杷	蔷薇科	乔木	Eriobotrya japonica
75	石楠	蔷薇科	乔木	Photinia serrulata
76	红叶李	蔷薇科	乔木	Prunus cerasifera
77	桃花	蔷薇科	乔木	Prunus salicina
78	台湾相思	含羞草科	乔木	Acacia confusa
79	美蕊花	含羞草科	灌木	Calliandra haematocephala
80	孔雀豆	含羞草科	乔木	Adenanthera pavonina
81	朱缨花	含羞草科	灌木	Calliandra suriamensis
82	白花羊蹄甲	苏木科	乔木	Bauhinia acuminata
83	铁刀木	苏木科	乔木	Cassia siamea
84	美丽决明	苏木科	乔木	Cassia spectabilis
85	双荚槐	苏木科	灌木	Cassia bicapsularis
86	红花紫荆	苏木科	乔木	Bauhinia blakeana
87	洋紫荆	苏木科	乔木	Bauhinia variegata

序号	种名	科名	形态	学名
88	凤凰木	苏木科	乔木	Delonix regia
89	无忧树	苏木科	乔木	Saraca chinensis
90	腊肠树	苏木科	乔木	Cassia fistula
91	黄槐	苏木科	乔木	Cassia surattensis
92	龙牙花	蝶形花科	乔木	Erythrina coasallodendron
93	降香黄檀	蝶形花科	乔木	Dalbergia odorifera
94	刺桐	蝶形花科	乔木	Erythrina variegata
95	海南红豆	蝶形花科	乔木	Ormosia pinnata
96	花梨木	蝶形花科	乔木	Dalbergia odorifera
97	鸡冠刺桐	蝶形花科	乔木	Erythrina crista-galli
98	金脉刺桐	蝶形花科	乔木	Erythrina indica var. picta
99	枫香	金缕梅科	乔木	Liquidambar formosana
100	红花继木	金缕梅科	灌木	Loropetalum chinense
101	米老排	金缕梅科	乔木	Mytilaria laosensis
102	红苞木	金缕梅科	乔木	Rhodoleia championii
103	黄杨	黄杨科	灌木	Buxus microphylla
104	垂柳	杨柳科	乔木	Salix babylonica
105	杨梅	杨梅科	乔木	Myrica rubra
106	朴树	榆科	乔木	Celtis sinensis
107	细叶榕	桑科	乔木	Ficus microcarpa
108	大叶榕	桑科	乔木	Ficus virens
109	菠萝蜜	桑科	乔木	Artocarpus heterophyllus
110	菩提榕	桑科	乔木	Ficus religiosa
111	橡胶榕	桑科	乔木	Ficus elastica
112	高山榕	桑科	乔木	Ficus altissima
113	黄榕	桑科	灌木	Ficus microcarpa cv."Golden Leaf"
114	垂榕	桑科	乔木	Ficus benjamina
115	桂木	桑科	乔木	Artocarpus lingnanensis
116	无花果	桑科	乔木	Ficus carica

马来蒲桃（Eugenia malaccense）

（续上表）

序号	种名	科名	形态	学　名
117	琴叶榕	桑科	乔木	Ficus lyrata
118	铁冬青	冬青科	乔木	Ilex rotunda
119	黄皮	芸香科	乔木	Clausena lansium
120	九里香	芸香科	灌木	Murraya exotica
121	乌榄	橄榄科	乔木	Canarium pimela
122	米仔兰	楝科	灌木	Aglaia odorata
123	麻楝	楝科	乔木	Chukrasia tabularis
124	非洲桃花心木	楝科	乔木	Khaya senegalensis
125	龙眼	无患子科	乔木	Dimocarpus longan
126	荔枝	无患子科	乔木	Litchi chinensis
127	鸡爪槭	槭树科	乔木	Acer palmatum
128	三角枫	槭树科	乔木	Acer buergerianum
129	扁桃	漆树科	乔木	Mangifera persiciformis
130	芒果	漆树科	乔木	Mangifera indica
131	人面子	漆树科	乔木	Dracontomelon duperreanum
132	喜树	紫树科	乔木	Camptotheca acuminata
133	南洋参	五加科	灌木	Polyscias guilfoylei
134	幌伞枫	五加科	乔木	Heteropanax fragrans
135	杜鹃	杜鹃花科	灌木	Rhododendron simsii
136	人心果	山榄科	乔木	Manilkara zapota
137	朱砂根	紫金牛科	灌木	Ardisia crenata
138	金英树	黄褥花科	灌木	Galphima glauca
139	灰莉	马钱科	灌木	Fagraea ceilanica
140	尖叶木犀榄	木犀科	灌木	Olea cuspidata
141	桂花	木犀科	乔木	Osmanthus fragrans
142	茉莉花	木犀科	灌木	Jasminum sambac
143	狗牙花	夹竹桃科	灌木	Ervatamia divaricata
144	海芒果	夹竹桃科	乔木	Cerbera manghas
145	黄蝉	夹竹桃科	灌木	Allemanda neriifolia
146	鸡蛋花	夹竹桃科	乔木	Plumeria rubra

序号	种名	科名	形态	学　名
147	夹竹桃	夹竹桃科	灌木	Nerium indicum
148	盆架子	夹竹桃科	乔木	Winchia calophylla
149	黄梁木	茜草科	乔木	Anthocephalus chinensis
150	栀子花	茜草科	灌木	Gardenia jasminoides
151	吊瓜树	紫葳科	乔木	Kigelia aethiopica
152	蓝花楹	紫葳科	乔木	Jacaranda auctifolia
153	炮仗花	紫葳科	藤本	Pyrostegia venusta
154	黄钟花	紫葳科	灌木	Stenolobium stans
155	火焰木	紫葳科	乔木	Spathodea campanulata
156	菜豆树	紫葳科	乔木	Radermachera sinica
157	金脉爵床	爵床科	灌木	Sanchezia nobilis
158	驳骨丹	爵床科	灌木	Justica gendarussa
159	假连翘	马鞭草科	灌木	Duranta repens
160	马缨丹	马鞭草科	灌木	Lantana camara
161	龙舌兰	龙舌兰科	灌木	Agave americana
162	海枣	棕榈科	乔木	Phoenix dactylifera
163	董棕	棕榈科	乔木	Caryota urens
164	皇后葵(金山葵)	棕榈科	乔木	Arecastrum romanzoffianum
165	大王椰子	棕榈科	乔木	Roystonea regia
166	美丽针葵	棕榈科	灌木	Phoenix roebelinii
167	三药槟榔	棕榈科	乔木	Areca triandra
168	散尾葵	棕榈科	乔木	Chrysalidocarpus lutescens
169	蒲葵	棕榈科	乔木	Livistona chinensis
170	鱼尾葵	棕榈科	乔木	Caryota ochlandra
171	老人葵	棕榈科	乔木	Washingtonia filifera
172	琴丝竹	禾本科	乔木	Sinocalamus affinis
173	佛肚竹	禾本科	乔木	Bambusa ventricosa
174	黄金间碧玉竹	禾本科	乔木	Bambusa vulgaris

台湾栾树
(Koelreuteria formosana)

沙漠玫瑰 （Adenium obesum）

[2] 千年桐（广东油桐）（Aleurites montana）：大戟科落叶乔木。树冠呈水平状展开，层层有序，枝叶浓密、耐旱、耐脊薄。花期春季，花色雪白，盛开时满树繁花，清丽壮观。适宜近期发展。

[3] 血桐（Macaranga tanarius）：大戟科常绿乔木。树冠伞形，绿荫遮天。性强健、耐旱、耐脊薄，生长快。冬至春季开花，苞片黄绿色。适宜近期发展。

[4] 乐昌含笑（Michelia chapensis）：木兰科常绿乔木。树冠卵形或圆球形，枝叶浓密，生长迅速，对土壤要求不严，抗性较强。适宜近期发展。

[5] 观光木（Tsoongiodendron odorum）：木兰科常绿乔木。树冠卵形，枝叶浓密，生长较快。果形奇特，既能观形又能观果。适宜近期发展。

[6] 海南红豆（Ormosia pinnata）：蝶形花科常绿乔木。树干圆球形，一年抽梢2~3次，嫩叶粉红色或褐红色，枝叶浓密，抗性强，生长较快。适宜近期发展。

[7] 台湾栾树（Koelreuteria formosana）：无患子科落叶乔木，原产于台湾，秋季开花，圆锥花序，顶生，花冠黄色。蒴果三瓣片合成，呈膨大气囊状，粉红色至赤赫色，甚为美观。性强健、耐旱、抗风，生长快。适宜近期发展。

[8] 小叶榄仁（Terminalia mantaly）：使君子科落叶乔木，原产于热带非洲。侧枝轮生，呈水平展开，树冠层次分明，形似人工修剪成型，风格独特。适宜近期发展。

[9] 黑板树（糖胶木）（Alstonia scholaris）：夹竹桃科常绿乔木，原产于印度、马来西亚、菲律宾。枝条展开呈水平状，层层有序，树形优美。适宜近期发展。

[10] 黄钟花（Tecoma stans）：紫葳科常绿灌木，原产于南美洲。树形美观，性强健。几乎全年开花不断，花顶生，花冠黄色、成簇，极为灿烂。适宜近期发展。

2、中期推荐发展的行道树树种

[1] 蝴蝶树（Heritiera parvifolia）：梧桐科常绿乔木。树

表 C-5-15　广州市中心城区防护林树种规划(节选)

序号	种名	科名	林中位置	学名
1	水松	杉科	上层	Glyptostrobus pensilis
2	水杉	杉科	上层	Metasequoia glyptostroboides
3	池杉	杉科	上层	Taxodium ascandens
4	落羽杉	杉科	上层	Taxodium distichum
5	麻楝	楝科	上层	Chukrasia tabularis
6	红千层	桃金娘科	上层	Callistemon rigidus
7	白千层	桃金娘科	上层	Melaleuca leucadendra
8	马占相思	含羞草科	上层	Acacia mangium
9	大叶相思	含羞草科	上层	Acacia auriculiformis
10	尾叶桉	桃金娘科	上层	Euucalyptus urophylla
11	柠檬桉	桃金娘科	上层	Eucalyptus citriodora
12	构树	桑科	上层	Broussonetia papyrifera
13	塞楝	楝科	上层	Khaya senegalensis
14	细叶榕	桑科	上层	Ficus microcarpa
15	红锥	壳斗科	上层	Castanopsis hystrix
16	黧蒴	壳斗科	上层	Castanopsis fissa
17	红苞木	金缕梅科	上层	Rhodoleia championii
18	石笔木	茶科	上层	Tutcheria spectabilis
19	樟树	樟科	上层	Cinnamomum camphora
20	阴香	樟科	上层	Cinnamum burmannii

表 C-5-16　广州市中心城区水源涵养林和水土保持树种规划(节选)

序号	种名	科名	形态	学名
1	水翁	桃金娘科	乔木	Cleistocalyx operculatum
2	马占相思	含羞草科	乔木	Acacia mangium
3	台湾相思	含羞草科	乔木	Acacia confusa
4	大叶相思	含羞草科	乔木	Acacia auriculiformis
5	丝毛相思	含羞草科	乔木	Acacia holosericea
6	镰刀叶相思	含羞草科	乔木	Acacia harpophylla
7	红胶木	桃金娘科	乔木	Tristania conferta
8	半枫荷	梧桐科	乔木	Pterospermum heterophyllum
9	红锥	壳斗科	乔木	Castanopsis hystrix
10	黧蒴	壳斗科	乔木	Castanopsis fissa
11	大头茶	茶科	乔木	Gordonia axillaris
12	荷木	茶科	乔木	Schima superba
13	红荷木	茶科	乔木	Schima wallichii
14	火力楠	木兰科	乔木	Michelia macclurei
15	乐昌含笑	木兰科	乔木	Michelia chapensis
16	深山含笑	木兰科	乔木	Michelia maudiae
17	千年桐	大戟科	乔木	Aleurites montana
18	青皮	龙脑香科	乔木	Vatica mangachampoi
19	岭南槭	槭树科	乔木	Acer palmatum
20	石栎	壳斗科	乔木	Lithocarpus glaber

海南木莲（Manglietia hainanensis）

红花木莲（Manglietia insignis）

表C-5-17　广州市中心城区生态风景林树种规划(节选)

序号	种名	科名	形态	学　名
1	华润楠	樟科	乔木	Machilus chinensis
2	樟树	樟科	乔木	Cinnamomum camphora
3	阴香	樟科	乔木	Cinnamomum burmannii
4	潺槁树	樟科	乔木	Litsea glutinosa
5	火力楠	木兰科	乔木	Michelia macclurei
6	乐昌含笑	木兰科	乔木	Michelia chapensis
7	深山含笑	木兰科	乔木	Michelia maudiae
8	观光木	木兰科	乔木	Tsoongiodendron odorum
9	白玉兰	木兰科	乔木	Michelia alba
10	降香黄檀	蝶形花科	乔木	Dalbergia odorifera
11	海南红豆	蝶形花科	乔木	Ormosia pinnata
12	马占相思	含羞草科	乔木	Acacia mangium
13	红绒球	含羞草科	灌木	Calliandra surinamensis
14	双翼豆	苏木科	乔木	Peltophrum pterocarpum
15	红花紫荆	苏木科	乔木	Bauhinia blakeana
16	黄槐	苏木科	乔木	Cassia surattensis
17	凤凰木	苏木科	乔木	Delonix regia
18	洋紫荆	苏木科	乔木	Bauhinia variegata
19	红花油茶	茶科	乔木	Camellia semiserrata
20	尖叶杜英	杜英科	乔木	Elaeocarpus apiculatus
21	枫香	金缕梅科	乔木	Liquidambar formosana
22	红苞木	金缕梅科	乔木	Rhodoleia championii
23	海南蒲桃	桃金娘科	乔木	Syzygium cumini
24	非洲桃花心木	楝科	乔木	Khaya senegalensis
25	麻楝	楝科	乔木	Chukrasia tabularis
26	香椿	楝科	乔木	Toona sinensis
27	大叶紫薇	千屈菜科	乔木	Lagerstroemia speciosa
28	花叶假连翘	马鞭草科	灌木	Duranta repens cv. 'variegata'
29	马缨丹	马鞭草科	灌木	Lantana camara
30	鱼尾葵	棕榈科	乔木	Caryota ochlandra

冠近球形，嫩叶浅绿色，随风摇弋，风一吹，似数百只蝴蝶在枝头颤动。生长快，抗性强。适宜中期发展。

[2] 水黄皮（Pongamia pinnata）：蝶形花科常绿乔木。树冠伞形，叶翠绿油亮，抗风、耐荫。花期秋季，总状花序腋生，花冠蝶形，淡紫红色或粉红色。适宜中期发展。

[3] 海南暗罗（Polyaltha laui Merr）：番荔枝科常绿乔木。主干挺直，侧枝纤细下垂，树冠成塔形，叶面油亮，树姿飒爽。性强健，耐旱。适宜中期发展。

[4] 山桐子（Idesia polycarpa）：大风子科落叶乔木。叶片心形，叶柄褚红色，树形优美。雌雄异株，雄花绿色，雌花紫色，花期春季。果实成熟时鲜红色，果串壮观美丽，是观果珍品。适宜中期发展。

[5] 石碌含笑（Michelia shiluensis）：木兰科常绿乔木。树冠圆球形，枝叶浓密，生长较快，抗性强。适宜中期发展。

[6] 多花山竹子（Garcinia multiflora）：藤黄科常绿乔木。树冠呈水平展开，层层相叠。生长迅速，抗性强。花白色，果熟时黄色，可食用。适宜中期发展。

[7] 岭南山竹子（Garcinia oblongifolia）：藤黄科常绿乔木。树冠及生长特性与岭南山竹子相似。

[8] 海南木莲（Manglietia hainanensis）：木兰科常绿乔木。树冠近球形，生长快，抗性强。花期春至夏季，花白色，清香可人。适宜中期发展。

[9] 大头茶（Gordonia axillaris）：茶科常绿乔木。树干通直，冠近球形。花期冬至春季，花冠白色，素雅美观。适宜中期发展。

[10] 依朗芷硬胶（Mimuops elengi）：山榄科常绿乔木，原产于热带亚洲。树冠圆球形，树形优美，结果时满树挂满红色的小果，可食。性强健，生长快。适宜中期发展。

[11] 无忧树（Saraca indica）：苏木科常绿乔木，原产于印度、马来西亚。树形优美，花橙黄或橙红，小花数十朵密生成圈，着生于成熟的老枝干，奇特脱俗。适宜中期发展。

[12] 黄果垂叶榕（Ficus benjamina）：桑科常绿乔木，原产于印度、菲律宾。树形美观，果球形或卵形，黄至橙红色，

二乔玉兰
（Magnolia soulangeana）

表 C-5-18　广州市中心城区抗大气污染绿化树种规划(节选)

序号	种 名	科 名	学 名	对大气污染的抗性						
				So$_2$	Cl$_2$	HF	Hg	NH$_2$	O$_3$	粉尘
1	印度橡胶榕	桑科	Ficus elastica	强	强					强
2	高山榕	桑科	Ficus altissima	强	强	强		强		
3	花叶橡胶榕	桑科	Ficus elastica var. variegata	强	强	强				
4	细叶榕	桑科	Ficus microcarpa	强	强	强		强		强
5	木麻黄	木麻黄科	Casuarina equisetifolia	强	中	中				
6	海南红豆	蝶形花科	Ormosia pinnata	强	强	中				
7	肉桂	樟科	Cinnamomum cassia		强					
8	樟树	樟科	Cinnamomum camphora	强	强	强		强		强
9	阴香	樟科	Cinnamomum burmannii	强	强	强				强
10	大叶相思	含羞草科	Acacia auriculiformis	强	强	中				
11	樟叶槭	槭树科	Acer cinnamomifolium	强	强					
12	臭椿	苦木科	Ailanthus altissima	中	强	强		中	强	强
13	合欢	含羞草科	Albizzia julibrissin	强	强					
14	构树	桑科	Boussonetia papyrifera	强	强	中				
15	蚬木	椴树科	Burretiodendron hsienmu		强	中				
16	鱼尾葵	棕榈科	Caryota ochlandra	强	强	中				
17	散尾葵	棕榈科	Chrysalidocarpus lutescens	强	强	中				
18	柚子	芸香科	Citrus grandis	强	强	中				
19	黄皮	芸香科	Clausena lansium	强	强					
20	丝棉木	卫矛科	Euonymus bungeanus	中	强	中		强		中
21	白蜡	木犀科	Fraxinum chinensis	强	强	强	强		强	强
22	桂木	桑科	Artocarpus lingnanensis	强	中					
23	人心果	山榄科	Manikara zapota	强	强					
24	苦楝	楝科	Melia azedarach	强	中	中		中		
25	依朗芷	山榄科	Mimusops elengi	强	强	中				强
26	桑树	桑科	Morus alba	强	中	强				强
27	菩提榕	桑科	Ficus religiosa	中	中	强		中		强
28	大叶榕	桑科	Ficus virens	中	弱	中		中		强
29	环纹榕	桑科	Ficus annulata	强	中					
30	美丽枕果榕	桑科	Ficus drupacea var.glabrata	强	中					强

表 C-5-19　广州市中心城区森林保健树种规划(节选)

序号	种名	科名	学名	功能
1	白玉兰	木兰科	Michelia alba	挥发香气
2	四季含笑	木兰科	Michelia figa	挥发香气
3	茉莉花	木犀科	Jasminum sambac	挥发香气
4	黄栀子	茜草科	Gardenia jasminoides	挥发香气
5	桂花	木犀科	Osmanthus marginatus	挥发香气
6	夜香花	茄科	Cestrum nocturnum	挥发香气
7	荷花玉兰	木兰科	Magnolia grandiflora	挥发香气
8	黄玉兰	木兰科	Michelia champaca	挥发香气
9	白千层	桃金娘科	Melaleuca leucadendra	挥发香气
10	樟树	樟科	Cinnamomum camphora	挥发香气
11	银杏	银杏科	Ginko biloba	散发芬多精
12	柳杉	杉科	Crytomeria fortunei	散发芬多精
13	杉木	杉科	Cunninghamia lanceolata	散发芬多精
14	日本扁柏	柏科	Chamaecyparis obtusa	散发芬多精
15	金钱松	松科	Pseudolarix amabilis	散发芬多精

幌伞枫（Heteropanax fragrans）　　董棕（Caryota urens）

表 C-5-20　广州市中心城区引峰诱鸟树种规划(节选)

序号	种名	科名	诱鸟因子	学名
1	樟树	樟科	果	Cinnamomum camphora
2	杨梅	杨梅科	果	Myrica rubra
3	菩提榕	桑科	果	Ficus religiosa
4	笔管榕	桑科	果	Ficus wightiana
5	山樱花	蔷薇科	果	Prunus macrophylla
6	面包树	桑科	果	Artocarpus altilis
7	秋枫	大戟科	果	Bischofia javanica
8	芒果	漆树科	果	Mangifera indica
9	银杏	银杏科	果	Ginkgo biloba
10	构树	桑科	果	Broussonetia papyrifera
11	黄皮	芸香科	果	Clausena lansium
12	人心果	山榄科	果	Manikara zapota
13	番石榴	桃金娘科	果	Psidium guajava
14	海桐花	海桐花科	花蜜	Pittosporum tobira
15	山麻黄	榆科	花蜜、果	Trema orintalis
16	锡兰橄榄	橄榄科	花诱蝶	Elaeocarpus serratus
17	黄槿	锦葵科	花诱蝶	Hibiscus tiliaceus
18	台湾相思	含羞草科	花诱蝶、鸟	Acacia confusa
19	直干相思	含羞草科	花诱蝶、鸟	Acacia auriculiformis
20	厚皮香	茶科	花蜜	Ternstroemia gymnanthera

表 C-5-21　广州市中心城区攀援植物种类应用品种规划(节选)

序号	种名	科名	学名
1	爬墙虎	葡萄科	Pathenocissus tricuspidata
2	薜荔	桑科	Ficus pumila
3	紫藤	蝶形花科	Wisteria sinensis
4	野蔷薇	蔷薇科	Rosa laevigata
5	常春藤	五加科	Hedera helix
6	猕猴桃	猕猴桃科	Actinidia chinensis
7	葡萄	葡萄科	Vitis vinifera
8	珊瑚藤	蓼科	Antigonon leptopus
9	鸟萝	旋花科	Quamoclit pennata
10	勒杜鹃	紫茉莉科	Bougainvillea glabra
11	炮仗花	紫葳科	Pyrostegia ignea
12	凌霄花	紫葳科	Tecomeria capensis
13	金银花	忍冬科	Lonicera japonica
14	南蛇藤	蝶形花科	Derris alborubra
15	扶芳藤	卫矛科	Euonymus fortunei
16	南五味子	五味子科	Kadsura longipedunculata
17	大血藤	大血藤科	Sargentodoxa cuneata
18	拔契	拔契科	Smilax china
19	木通	木通科	Akebia trifoliata
20	绿萝藤	天南星科	Scindapsus aureus
21	青龙藤	葡萄科	Parthenocissus laetivirens
22	猫爪藤	紫葳科	Macfadyena ungins-cati
23	大花老鸦嘴	爵床科	Thunbergia grandiflora
24	硬枝老鸦嘴	爵床科	Thunbergia erecta
25	鹰爪花	番荔枝科	Artabotrys hexapetalus
26	美丽桢桐	马鞭草科	Clerodendrun speciossium
27	夜香花	萝摩科	Telosma cordata
28	非洲茉莉	萝摩科	Stephanotis floribunda
29	美丽马兜铃	马兜铃科	Aristolochia elegans
30	龙吐珠	马鞭草科	Clerodendrum thomsonae

观姿赏果两相宜。适宜中期发展。

[13] 红花银桦（Grevillea banksii）：山龙眼科常绿乔木，原产于澳洲。花期春至夏季，总状花序顶生，花橙红或深红。花叶均美观。适宜中期发展。

3、远期推荐发展的行道树树种

[1] 长蕊含笑（Michelia longistamina）：木兰科常绿乔木。树冠圆球形，树形美观，性强健。适宜远期发展。

[2] 三角榄（华南橄榄）（Canarium bengalense）：橄榄科常绿乔木。树干通直，树冠圆球形，枝叶整齐浓密。适宜远期发展。

[3] 菲律宾榄仁（Terminalia calamansanai）：使君子科落叶乔木，原产于热带亚洲。侧枝轮生，呈水平展开。树形优美、耐旱、抗风。适宜远期发展。

[4] 星花酒瓶树（Brachychiton discolor）：梧桐科常绿乔木，原产于澳洲，夏季开花，花冠裂片呈星形，粉红色，吼部暗红色，花姿极为美艳。树姿优美。适宜远期发展。

[5] 沙合树（虎拉）（Hura crepitans）：大戟科常绿乔木，原产于热带美洲。树冠伞形，生长快，枝叶葱翠绿荫。花冠矛状，红色，花期春至夏季。适宜远期发展。

[6] 库矢大风子（Hydnocarpus kurzii）：大风子科常绿乔木，原产于热带亚洲。枝叶下垂，新叶呈红褐色，树形美观，风姿优雅。适宜远期发展。

[7] 红桂木（Cassia roxburghii）：苏木科落叶乔木，原产于印度、斯里兰卡。花冠浓桃红色，雄蕊黄色。花期夏季。适宜远期发展。

[8] 港口木荷（Schima superba var.kankaoensis）：茶科常绿乔木，原产于台湾。干形优美，花期夏季，花冠黄白色，具香气。树姿洁净优雅。适宜远期发展。

4、近期推荐发展的庭园树种

[1] 大花五桠果（大花第轮桃）（Dillenia turbinata）：五桠果科常绿大乔木。树冠呈卵形，叶片大，花也大，白色，果红色。适宜近期发展。

[2] 毛丹（Phoebe hungmaoensis）：樟科常绿大乔木。树冠呈水平状展开，枝叶浓密，冠形优美，花白色。最适于孤植作庭荫树。适宜近期发展。

[3] 仪花（Lysidice rhodostegia）：苏木科常绿乔木，国

表 C-5-22　广州市中心城区采石场垦复绿化植物规划(节选)

序号	种 名	科 名	学 名
1	斜叶榕	桑科	Ficus gibbosa
2	薜荔	桑科	Ficus pumila
3	高山榕	桑科	Ficus altissima
4	细叶榕	桑科	Ficus microcarpa
5	凌霄	紫葳科	Campsis grandiflora
6	菜豆树	紫葳科	Radermachera sinica
7	尾叶桉	桃金娘科	Eucalyptus urophylla
8	大叶桉	桃金娘科	Eucaluptus robusta
9	马占相思	含羞草科	Acacia mangium
10	大叶相思	含羞草科	Acacia auriculiformis
11	台湾相思	含羞草科	Acacia confusa
12	勒仔树	含羞草科	Mimosa sepiaria
13	胡枝子类	蝶形花科	Lespedega spp
14	仪花	苏木科	Lysidice rhodostegia
15	山苍子	樟科	Litsea cubeba
16	木姜子类	樟科	Litsea spp
17	任豆	含羞草科	Zenia insignis
18	苦楝	楝科	Melia azedarach
19	山楝	楝科	Aphanamixis polystachya
20	印度楝	楝科	Azadirachta indica
21	黄杞	胡桃科	Engelhardtia roxburghiana
22	山乌桕	大戟科	Sapium discolor
23	乌桕	大戟科	Sapium sebiferum
24	荷木	茶科	Schima superba
25	裂叶山龙眼	山龙眼科	Heliciopsis lobata
26	南酸枣	漆树科	Choerospondias axillaris
27	宝巾类	紫茉莉科	Bougainvillea spp
28	山鸡血藤	蝶形花科	Millettia dielsiana
29	夹竹桃	夹竹桃科	Nerium indicum
30	爬墙虎	葡萄科	Parthenocissus himalayana
31	悬钩子类	蔷薇科	Rubus spp
32	香根草	禾本科	Vetiveria zizanioides
33	马缨丹	马鞭草科	Lantana camara

蓝花楹（Jacaranda acutifolia）　　　面包树（Artocarpus altilis）

表C-5-23　广州市中心城区绿篱树种规划

序号	种名	科名	学　名
1	大红花	锦葵科	Hibiscus rosa-sinensis
2	红背桂	大戟科	Excoecaria cochinchinensis
3	变叶木类	大戟科	Codiaeum spp
4	双荚槐	苏木科	Cassia bicapsularis
5	红花继木	金缕梅科	Loropetalum chinese var.rubrum
6	黄杨	黄杨科	Buxus microphylla
7	雀舌黄杨	黄杨科	Buxus bodinieri
8	九里香	芸香科	Murraya exotica
9	四季米兰	楝科	Aglaia duperreana
10	米兰	楝科	Aglaia odorata
11	鹅掌藤类	五加科	Schefflera spp
12	狗牙花	夹竹桃科	Ervatamia divaricata
13	栀子花	茜草科	Gardenia jasminoides
14	大花栀子	茜草科	Gardenia grandiflora
15	狭叶栀子	茜草科	Gardenia stenophylla
16	龙船花类	茜草科	Ixora spp
17	希美丽	茜草科	Hamelia patens
18	福建茶	紫草科	Carmona microphylla
19	驳骨丹	爵床科	Adhatoda ventricosa
20	可爱花	爵床科	Eranthemum pulchellum
21	金脉爵床	爵床科	Sanchezia nobilis
22	马缨丹类	马鞭草科	Lantana spp
23	假连翘类	马鞭草科	Duranta spp

家三级保护植物。花瓣紫红色，树形优美。适宜近期发展。

[4] 鱼木（Crateva religiosa）：白花菜科落叶乔木。干通直，树冠伞形，花期春季，花瓣黄白色，开花时花满枝头，娇艳灿烂。适宜近期发展。

[5] 野牡丹（Melastoma candidum）：野牡丹科常绿小灌木。花盛期在夏季，花瓣呈粉红、紫红或白色，金黄色的雄蕊，娇羞美丽。适宜近期发展。

[6] 石斑木（Photinia benthamiana）：蔷薇科常绿灌木。花期夏季，花淡紫红色，秀丽雅致。适宜近期发展。

[7] 幌伞枫（Heteropanax fragrans）：五加科常绿乔木。复叶着生于枝条顶部，似旧时皇帝幌伞，树形独特，与众不同。适宜近期发展。

[8] 董棕（Caryota urens）：棕榈科常绿乔木，国家二级保护植物。干形通直，叶片大，树形独特美观。适宜近期发展。

[9] 玉叶金花（Mussaenda pubescens）：茜草科常绿蔓性灌木，夏至秋季开花，花冠黄色，叶状萼片白色，姿态优雅。适宜近期发展。

[10] 红花檵木（Loropetalum chinense）：金缕梅科常绿灌木。耐修剪，叶片和枝条常年褐红色，花期夏、秋、冬三季，花瓣桃红色。适宜近期发展。

[11] 琴叶榕（Ficus lyrata）：桑科常绿乔木，原产热带非洲。叶片大，提琴形，树姿洁净青翠，冠形优美。适宜近期发展。

[12] 红木（胭脂树）（Boxa orellana）：胭脂树科落叶灌木，原产热带美洲。花顶生或腋生，粉红色，花期夏至秋季。花后结果球形，成熟时鲜红色，极具观赏价值。适宜近期发展。

[13] 柳叶榕（Ficus celebensis）：桑科常绿小乔木，原产热带亚洲。枝条细软，叶片下垂，风姿独特。适宜近期发展。

[14] 火焰木（Spathodea campanulata）：紫葳科常绿乔木，原产热带非洲和美洲。花顶生，圆锥花序，花瓣红或橙红，浓艳如火，花期冬初至春末。适于片植。适宜近期发展。

[15] 美丽异木棉（Chorisia speciosa）：木棉科落叶乔木，原产巴西、阿根廷。秋季开花，花淡紫红色，花开时花多叶

无忧树（Saraca indica）

少，堪为庭园树佳丽。适宜近期发展。

[16] 蓝花楹（Jacaranda acutifolia）：紫葳科落叶乔木，原产巴西。春至夏季开花，花顶生，圆锥花序，花冠兰紫色，优美绮丽。适宜近期发展。

[17] 沙漠玫瑰（Adenium obesum）：夹竹桃科肉质小灌木，原产东非洲。花顶生，聚伞花序，花瓣5枚，桃红、深红、粉红，花期春至秋季，姿美色艳。适宜近期发展。

[18] 阑屿肉桂（Cinnamomum kotoense）：樟科常绿小乔木，原产台湾阑屿岛。叶浓绿富光泽，冠形独特。适宜近期发展。

[19] 红刺露兜（Pandanus utilis）：露兜树科常绿灌木或小乔木状，原产太平洋群岛。叶螺旋生，剑状长披针形。基干具多数支柱根，状似章鱼，极为独特。性强健，耐旱也耐荫。适宜近期发展。

5、中期推荐发展的庭园树种

[1] 广西木莲（小木莲）（Manglietia tenuipes）：木兰科常绿乔木。树叶浓绿，树冠圆球形，整齐美观。适宜中期发展。

[2] 铁力木（Mesua nagassarium）：藤黄科常绿乔木。嫩叶粉红色。花大，黄白色。干形挺直，树冠塔形，冠形优美。适宜中期发展。

[3] 马褂木（鹅掌楸）（Liriodendron chinensis）：木兰科落叶乔木，国家三级保护植物。树冠卵形，叶片似鹅掌，优雅独特。适宜中期发展。

[4] 铁冬青（Ilex rotunda）：冬青科常绿乔木。树冠伞形，果秋季，熟时满树挂满黄或红色的小果，甚为壮观。适宜中期发展。

[5] 福建柏（Fokienia hodginsii）：柏科常绿乔木，国家三级保护植物。树冠塔形，生长较快。适宜中期发展。

[6] 金花茶（Camellia chrysantha）：茶科常绿灌木，国家一级保护植物。花期夏季，花瓣金黄色，娇艳灿烂，茶花中的精品。适宜中期发展。

[7] 青皮（青梅）（Vatica mangachampoi）：龙脑香科常绿乔木，国家二级保护植物。树干挺直，叶片纤细雅致，嫩

表 C-5-24　广州市中心城区湿生和水生植物应用品种规划

序号	种 名	科 名	类型	学 名
1	水松	杉科	湿生	Glyptostrobus pensilis
2	落羽杉	杉科	湿生	Taxodium distichum
3	池杉	杉科	湿生	Taxodium ascandens
4	垂柳	垂柳科	湿生	Salix babylonica
5	水翁	桃金娘科	湿生	Cleistocalyx operculatus
6	水石榕	杜英科	湿生	Elaeocarpus hainanensis
7	柳叶桢楠	樟科	湿生	Machilus salicina
8	水蒲桃	桃金娘科	湿生	Syzygium jambos
9	洋蒲桃	桃金娘科	湿生	Syzygium samarangense
10	垂枝红千层	桃金娘科	湿生	Callistemon salignus
11	红千层	桃金娘科	湿生	Callistemon rigidus
12	白千层	桃金娘科	湿生	Melaleuca leucadendrona
13	麻竹	禾本科	湿生	Dendrocalamus latiflorus
14	青皮竹	禾本科	湿生	Bambusa textilis
15	野芋	天南星科	湿生	Colocasia antiquorum
16	芦苇	禾本科	湿生	Zizania caduciflora
17	宽叶水腊烛	香蒲科	挺水	Typha latifolia
18	水昌蒲	天南星科	挺水	Acorus calamus
19	石昌蒲	天南星科	挺水	Acorus gramineus
20	金钱蒲	天南星科	挺水	Acorus gramineus.var. pusillus
21	水葫芦	雨久花科	挺水	Eichornea crassipes
22	水腊烛	香蒲科	挺水	Typha angustifolia
23	水浮莲	天南星科	挺水	Pistia stratiotes
24	箭叶雨久花	雨久花科	挺水	Monochoria hastata
25	雨久花	雨久花科	挺水	Cyperus alternifolius
26	水毛花	雨久花科	挺水	Cyperus papyrus
27	野慈姑	雨久花科	挺水	Cyperus haspan
28	泽泻	泽泻科	挺水	Alisma plantago-aquatica
29	慈姑	泽泻科	挺水	Sagittaria sagittifolia
30	伞草(水草)	莎草科	挺水	Cyperus alternifolius
31	莲	睡莲科	挺水	Nelumfo nucifera
32	菱	菱科	浮叶植物	Trapa bicornis
33	睡莲	睡莲科	浮叶植物	Nymphaea tetragona

山桐子(Idesia polycarpa)

血桐(Macaranga tanarius)

叶淡红色。适宜中期发展。

[8] 圆果萍婆（Sterculia scaphigera）：梧桐科常绿乔木。树冠卵形，枝叶清秀，生长快。适宜中期发展。

[9] 格木（Erythrophleum fordii）：苏木科常绿乔木，国家三级保护植物。树冠圆球形，枝叶整齐，叶片被厚蜡质，充满光泽。适宜中期发展。

[10] 大叶胭脂（Artocarpus lingnanensis）：桑科常绿乔木。树冠卵形，枝叶浓绿密集，果熟时黄红色，可食、美观。适宜中期发展。

[11] 桃金娘（Rhodomyrtus tomentosa）：桃金娘科常绿灌木，花腋生，两朵对生，密布枝条上，花瓣5枚，桃红或粉红，雄蕊多数，黄色的花药，极美艳。花期春至夏季。适宜中期发展。

[12] 红楠（Machilus thunbergii）：樟科常绿大乔木。枝叶浓密，极耐荫，新叶暗红色，冠形优美。适宜中期发展。

[13] 深山含笑（Michelia maudiae）：木兰科常绿乔木。树冠卵形，花期冬季，花白色，开花时满树雪白，玉树临风。适宜中期发展。

[14] 红花油茶（Camellia semiserrata）：茶科常绿小乔木。树冠圆球形，花红色，观形又观花。适宜中期发展。

[15] 杜英（高山望）（Elaeocarpus japonicus）：杜英科常绿乔木。生长迅速，树冠呈叠状展开。秋季换叶时，老叶锈红色，可作为红叶树种。适宜中期发展。

[16] 长叶暗罗（Polyalthia longifolia）：番荔枝科，常绿乔木。主干挺直，侧枝纤细下垂、密集，树冠整洁美观，呈锥形或塔状，风格独特，适宜丛植或列植作园景树。适宜中期发展。

[17] 泰国大风子（Hydnocarpus anthelmintica）：大风子科常绿乔木，原产热带亚洲。树冠卵形，枝叶浓密，冠形优美。适宜中期发展。

[18] 红叶金花（Mussaenda erythrophylla）：茜草科半落叶灌木，原产西非。小花金黄色，萼片艳红或粉红，花期夏至秋季，缤纷美艳。适宜中期发展。

[19] 锡兰肉桂（Cinnamomum zeylanicum）：樟科常绿乔木，原产斯里兰卡。幼叶暗红色，树形优美，枝叶芳香。适宜中期发展。

6、远期推荐发展的庭园树种

[1] 金叶含笑（Michelia foveolata）：木兰科常绿乔木。叶背面金色，风一吹，金光闪闪。冠形优美。适宜远期发展。

[2] 合果木（山白兰）（Paramichelia baillonii）木兰科常绿乔木。树冠呈圆球形，枝叶浓密，树形优美。适宜远期发展。

[3] 二乔玉兰（Magnolia soulangeana）：木兰科常绿小乔木。树叶淡绿色，花期夏季，花瓣粉红色，清新娇艳。适宜远期发展。

[4] 红花木莲（Manglietia insignis）：木兰科常绿乔木，国家三级保护植物。树冠圆球形，花红色，大而带香气，庭园树种的精品。适宜远期发展。

[5] 梭果玉蕊（Barringtonia macrostachya）：玉蕊科常绿乔木。花期春季，花序长3~5，花大、白色，极为壮观。树形别致优雅。适宜远期发展。

[6] 馨香木兰（Magnolia odoratissima）：木兰科常绿乔木，国家三级保护植物。干通直，树冠圆球形，花白色，大而清香。适宜远期发展。

[7] 六瓣石笔木（Tutcheria hexalocularia）：茶科常绿乔木，国家三级保护植物。树冠卵形，姿态优雅。花大，果似蜜桃。适宜远期发展。

[8] 五列木（Pentaphylax euryoides）：五列木科常绿乔木。一年抽两至三次新梢，新梢和嫩叶均为鲜红色，似红花开满枝头。适宜远期发展。

[9] 竹节树（Carallia brachiata）：红树科常绿小乔木。树冠呈水平状展开，层层有序，冠形独特优雅。适宜远期发展。

[10] 银叶树（Heritiera littoralis）：梧桐科常绿乔木。树冠卵形，叶正面绿色，叶背面银色，风一吹，银光闪烁。适宜远期发展。

[11] 琼棕（Chuniophoenix hainanensis）：棕榈科常绿灌木，国家三级保护植物。树形秀丽多姿。适宜远期发展。

[12] 面包树（Artocarpus altilis）：桑科常绿大乔木，原

产热带亚洲。果球形或椭圆形、肥大肉质状，成熟呈黄色，可烧烤食用，味如面包，树形优美，适宜作为园景树。适宜远期发展。

[13] 长叶马胡油（Madhuca longifolia）：山榄科常绿乔木，原产热带亚洲。干形挺直，树冠卵形，枝叶浓密，树形优美。适宜远期发展。

[14] 桂叶黄梅（Ochna kirkii）：金莲木科常绿灌木或小乔木，原产热带非洲。花瓣鲜黄色，结果后，萼片变为鲜红色，果实成熟由绿转乌黑，造型酷似米老鼠头部，极富观赏价值。适宜远期发展。

[15] 马来蒲桃（Eugenia malaccense）：桃金娘科常绿中乔木，原产马来西亚。花期春至夏季，聚伞花序，花冠鲜红色，果实倒圆锥形，红色或淡黄色，可食用。成树健壮，花姿美妍，适宜远期发展。

五、居住区和单位附属绿地乔木种植的适宜比例指标

广州作为特大城市，热岛效应比较严重。为了有效遏制热岛效应的扩散蔓延速度与范围，既要在城市建成区内加大绿地面积，也要在绿地中配置适当的树种以增加绿量，改善下垫面的吸热与反射热性状。因此，加大乔木的种植比例，对于城市绿化而言十分重要。

国家建设部和各城市都制定了各类绿地的绿地率指标，但对于绿地内乔木的种植数量和比例还没有成文的规定，给园林管理部门对各类型绿地的管理和监督带来一定的困难。目前，有些居住小区和单位附属绿地（尤其是一些工厂）其绿地率指标虽然达到了标准，绿地内却以种植草本植物为主，仅象征性地点缀几棵乔木，生态功能较差。所以，本规划特别提出有关绿地中乔木的适宜种植比例指标，作为城市园林绿化管理部门进行监督管理的依据。

对于各类绿地单位面积种植乔灌草的比例，美国学者Rowantree近年来提出了树冠覆盖率的概念，建议城市的树冠覆盖率应达到40%，居民区和商业区外围的树冠覆盖率应达25%，郊区应达到50%。目前，广州和国内其他城市的绿地率控制指标是：居住区不低于30%，单位附属绿地

广西木莲(Manglietia tenuipes)

30%~50%，与美国学者提出的标准尚有一定的差距。在这30%~50%的绿地面积中，要达到Rowantree提出的标准（5.5m²/hm²以上的立木地径面积），即乔木的种植密度应不低于175棵/hm²（以乔木地径平均25cm计算），才能产生森林小气候的效应。

第三节 苗圃建设、苗木生产规划

广州市中心城区近中期公共绿地的年增量约为300~500hm²，按乔木175棵/hm²的数量计，则公共绿地乔木的年需量为52500~87500棵/年；灌木一般占绿地面积的1/3，按0.6的株行距计（点植和绿篱的平均值），每公顷8333棵，则公共绿地灌木的年需量为249.99~416.65万棵/年；草地一般也占绿地面积的1/3，每公顷3000 m²，则公共绿地草皮年需量为90~150hm²。单位附属绿地和居住区绿地所需的乔木、灌木、花草的数量基本与公共绿地相等。所以，广州市中心城区城市园林绿化乔木的年需量约为15万棵/年，灌木年需量约为800万棵/年，草皮年需量约为300hm²/年。

一、苗圃建设规划

按照国家建设部规定，城市的园林绿化苗圃用地应占城市建成区面积的2%。根据近中期广州中心城区城市绿化苗木的年需量（包括每年新增加的绿地和原有绿地的维护），生产这些乔木苗的苗圃面积应为100~150 hm²，生产灌木、草花的苗圃面积应为150~250 hm²，生产草皮的苗圃面积应为300~400 hm²。

本规划所提出的生产绿地(苗圃)布局主要分成三大片：西南部的芳村区以生产灌木花草为主，天河区的东北部和白云区东北部以生产乔木苗为主，东南部的番禺区以生产草皮和灌木为主。

二、苗木生产规划

乔木苗的生产可分成小苗、中苗和大苗，小苗生产用地约占乔木苗圃总面积的15%，以营养袋苗为主；中苗生产用

小叶榄仁(Terminalia mantaly)

柳叶榕（Ficus celebensis）　　长叶暗罗（Polyalthia longifolia）　　红叶金花（Mussaenda erythrophylla）

鱼木（Crateva religiosa）

地约占乔木苗圃总面积的30%，以地苗种植为主；大苗生产用地约占乔木苗圃总面积的55%，全部为地苗种植。

为了提高广州城市绿化树种的种类多样性，近中期发展的园林绿化树种在传统绿化树种的基础上，重点培育以下三类：（表C-5-25）

（1）经过个别地段试种，已正常开花结果、景观效果和生长表现良好的新品种；

（2）在单位附属绿地种植多年、景观效果和生长表现良好的新品种；

（3）远期发展具有良好的观赏效果、应用潜力大、但未经试种的野生地带树种。

第四节　　园林植物应用科学研究规划

一、研究的任务和目的

园林绿化应用植物的科学研究，是城市绿化建设的基础工作之一，具有重要的科学和实用意义。其研究的对象，是用于城市园林绿化建设的各类树种及其相关环境所组成的生态系统。工作的重点，是针对城市园林建设中有关绿化树种及其构成的生态系统，围绕景观生态学、植物生态学、森林生态学、植物病理学、保护生态学、城市环境生态学等方面的理论问题开展研究，解决生产实践中所面临的各种难题，为城市园林规划设计、绿化工程的具体实施以及改善人居生态环境等工作提供科学依据。

二、研究的优选项目

城市园林绿化应用植物的科研项目选择，必须立足现实、结合城市园林建设，坚持目的性、全面性和层次性的原则，有计划、有重点地进行研究。规划期内将主要开展以下工作：

1、园林绿化植物的选择和培育研究

● 抗污染绿化树种选择研究

大气污染，通常指空气中分布的有害气体和颗粒物积累到正常的大气净化过程所不能消除的浓度，以致有害于生物和非生物。大气污染的日趋严重对工农业和社会经济的可持续发展产生破坏性的严重影响，对园林绿化植物也产生明显的伤害（如黄化、生长不良、破坏叶片组织、引起叶片枯焦脱落、导致植物死亡等），影响园林绿化植物及其系统各种效益的发挥并造成经济损失。

但是，大气污染引起植物的不同形式和不同程度的伤害，在植物种间或品种间有着明显的差异，有些植物对某些大气污染物是敏感的，而另一些具有一定的抗性。因此，通过研究可选育出能在大气污染环境中顽强生长的园林绿化植物抗性种类，并以此来指导城市园林建设，为城市和工矿污染区的防污绿化提供优良材料和科学依据，提高园林绿化植物及其形成的人工生态系统的生态环境效益，维护其景观效益等。选择和培育抗大气污染植物特别是抗污染树种，具有重大的社会意义、生态学意义和巨大的经济效益。

广州市区的大气污染以酸雨（主要是硫化物、氮化物等）、尘埃和汽车尾气为主，噪声污染也比较严重。因此，在抗污染植物选择和培育研究中，应重点针对主要污染源，通过对污染环境中植物表现的调查、栽培试验或人工熏气、浸叶试验等方法，进行抗污染绿化树种的选择研究。

● 优良绿化树种的选育研究

随着人们物质和文化生活水平的不断提高及商品经济的飞速发展，对园林绿化植物品种的要求也在不断提高。人们不仅要求园林植物发挥绿化、美化环境作用，而且要求他们在改善环境、保护环境和建立新的生态系统平衡方面作出贡献。因此，园林绿化植物的优良品种，应该具有优良的生态性状，并有良好的观赏价值。同时，还应把抗性、适应性和速生性作为鉴定的重要条件。

广州市区目前应重点开展用于道路绿化、公园景点的优良树种的选育研究。在研究中，应重视种质资源收集和研究（这是选育工作的物质基础），突出抗性育种和适应商品生产的育种，适应社会需求，探索良种选育研究的新途径、新技术，如植物体细胞杂交和转基因等。

●野生地带树种的开发研究

广州地处南亚热带海洋性季风气候带、四季温和、雨量充沛，自然条件优越，原生植被为亚热带常绿阔叶林，优势种以壳斗科、茶科、樟科、金楼梅科为主，伴生有无患子科、梧桐科、大戟科、桃金娘科等植物种类，许多野生植物本身就有很高的观赏价值，有些可作为园林植物育种的杂交亲本。

广州的城市园林绿化，应努力体现岭南风格，选用的植物宜以亚热带特色植物为主。从现状调查资料看，地带树种应用所占的比例比较高。而且许多试种成功的地带树种（如小叶榕、大叶榕、樟树等），表现出良好的生态性状。野生地带树种的开发，应成为广州市园林绿化树种研究的重要内容。特别是抗污染树种和优良绿化树种的选育，都应着眼于选用地带树种。

●外地引进树种的栽培研究

外引树种在广州市城市园林绿化建设中起着比较重要的作用。现状调查资料表明，从热带地区引进的一些树种（如大王椰子、扁桃、芒果、蝴蝶果等），从亚热带引进的一些树种（如乐昌含笑、红花檵木等）和从国外引进的一些树种（如南洋杉等）都在广州市表现良好。因此，引种是丰富广州市区园林绿化植物种资源迅速而有效的一个重要途径。

由于被引种的原生生境、气候和土壤等自然条件与引种区有一定的差异，所以被引进树种在应用推广前必须进行栽培试验研究，将从国外或国内其它地区引进的园林绿化植物品种或类型，在本地区进行试栽（特别是要在特定的城市环境中进行试栽），以鉴定其适应性和栽培价值，从中优选出可直接利用的品种进行繁殖推广。有些树种，还需要经过驯化、通过遗传性状的改变来适应新环境。

●特种绿地树种选育与栽培研究

特种绿地树种，如前所述，包括屋顶绿化植物、垂直绿化植物、池塘水面绿化植物、阳台和窗口绿化植物、室内绿化植物、石场垦复植物、垃圾填埋场植物、护坡植物等，随着社会发展、人们生活水平的提高和社会需求的增加，这些特种绿地在城市园林中将越来越发挥重要的作用，根据广州城市发展现状及其特色来看，城市高楼大厦林立、众多的道

红刺露兜（Pandanus utilis）

琴叶榕（Ficus lyrata）

胭脂树（Boxa orellana）

路和硬质铺装取代了自然土地和植物，在城市水平方向发展绿地越来越困难，必须向立体化空间绿化寻找出路。所以，屋顶绿化植物和垂直绿化植物的选育及栽培研究，应是该类研究的重点。

2、园林绿化植物的配置模式研究

自然界中的生态因子不是孤立地对植物发生作用，而是综合在一起影响植物的生长发育。植物间的生物遗传特性不同、生活习性不一，因此，正确了解和掌握园林绿化植物生长发育与外界因子的相互关系，着实掌握各植物的各种特性，是进行园林绿化植物配置模式研究最基本的前提。

●总体布局和配置

园林植物的总体布局和配置，在城市园林建设中至关重要。首先，要研究并形成对广州城市园林规划和实践有指导意义的理论框架，然后根据城市生态系统理论、景观生态理论、生物多样性理论、环境保护理论、植物种群和群落生态学理论等研究整个城市的绿化植物总体布局和配置问题。例如，选择什么样的树种及怎样的配置，才能使广州市城市园林整体布局具有岭南风格及具有南亚热带特色？如何应用生物多样性理论做指导，确定绿化布局、树种和数量、植物群落分布格局等？如何利用景观生态学的斑块理论和边缘效应理论，对城市中心区较大面积的专用绿地进行布局？等等。

●特定种植类型的配置模式

针对某些具体的绿地类型，根据其地形、土壤及其周围生态环境等条件，怎样利用生态学、生物学原理，合理地选择园林绿化植物(特别是选用具有建群性、乡土性、观赏性及强抗性的树种)；以及如何利用所选树种建立最佳的配置模式，使之植物配置形式与景观美学价值、与生态环境价值有机结合，使各种植物及整体的美学价值淋漓尽致地发挥出来，在空间布局上实现植物的多样性和景观的多样性，实现植

黄果垂榕(Ficus benjamina)

海南红豆(Ormosia pinnata)

被层次的多样性和综合效益的多样性。

在各类型的植物配置模式研究中，应重点研究斑块状(如公园、广场绿地等)和线状(如道路绿地等)的种植配置模式，研究怎样应用植物群落种间关系理论配置各类树种及其栽培数量。研究如何利用生态学中廊道、结构与斑块的关系确定绿地形式及树种选择；如何根据噪声传播路径及尘埃运动轨迹的波浪式特点，设计和配置乔灌草各层次的结构，等等。

3、园林植物养护管理和病虫害防治研究

园林植物养护管理质量的好坏，直接影响到植物的生长发育，也影响到它们对大气污染及病虫害的抵抗能力。园林植物的养护管理研究，应重点针对广州市的基调树种和骨干树种及其构成的主要系统进行，使园林绿化植物管护做到科学化、定量化。

表C-5-25　广州市中心城区适宜重点发展的苗木品种规划(节选)

序号	种　名	科　名	发展期限	类型	学　名
1	尖叶杜英	杜英科	近期	新品种	Elaeocarpus apiculatus
2	海南红豆	蝶形花科	近期	新品种	Ormosia pinnata
3	千年桐	大戟科	近期	新品种	Aleurites montana
4	乐昌含笑	木兰科	近期	新品种	Michelia chapensis
5	观光木	木兰科	近期	新品种	Tsoongiodendron odorum
6	大花五桠果	五亚果科	近期	新品种	Dillenia turbinata
7	仪花	苏木科	近期	新品种	Lysidice rhodostegia
8	鱼木	白花菜科	近期	新品种	Crateva religiosa
9	红花继木	金缕梅科	近期	新品种	Loropetalum chinense
10	红花油茶	茶科	近期	新品种	Camellia semiserrata
11	野牡丹	野牡丹科	近期	新品种	Melastoma candidum
12	杜英	杜英科	近期	新品种	Elaeocarpus japonicus
13	石斑木	蔷薇科	近期	新品种	Photinia benthamiana
14	幌伞枫	五加科	近期	新品种	Heteropanax fragrans
15	董棕	棕榈科	近期	新品种	Caryota urens
16	桃金娘	桃金娘科	近期	新品种	Rhodomyrtus tomentosa
17	深山含笑	木兰科	近期	新品种	Michelia maudiae
18	台湾栾树	无患子科	近期	新品种	Koelreuteria formosana
19	小叶榄仁	使君子科	近期	新品种	Terminalia mantaly
20	黑板树	夹竹桃科	近期	新品种	Alstonia scholaris

由于园林绿化应用植物易受病虫害的影响，其花朵或叶片上只要有一点病斑虫洞，马上就会影响其品质，降低观赏和经济价值。在实践中，病虫害的预防措施比病虫害发生后的治疗更为重要。园林绿化植物病虫害防治研究重点应放在对主要病虫害的发生原因、侵染循环及其生态环境、害虫的生活习性研究等方面，以掌握危害时间、危害部位、危害范围等规律，从而采取最有效的方法进行防治。

4、园林植物应用结构、配置及效益研究

园林绿化植物及其配置构成的各类植被系统具有各种效益，如净化空气、减轻污染和尘埃、调节气候、调节城市系统CO_2的平衡、缓解城市"热岛效应"、美化和改善环境、保护土壤和水质、保护物种、防风避灾等，并为城市居民创造安逸、舒适、优美、有益健康的游憩环境。

然而，到目前为止，这些效益大都只是些定性的概念，定量标准较少。因此，有必要对一些主要园林绿化植物及一些主要园林生态系统的各种效益(生态、景观、保健等)进行详细研究，确定效益评价的指标体系，建立综合评价的模型，为城市园林建设服务。

三、园林植物应用科学研究的组织管理

为了保证有关科研计划的实施，要加强领导，充分发挥科研人员的作用，逐步把科研活动纳入城市园林建设的轨道上来以确保城市绿化事业的健康发展。要定期设立和开展一些园林绿化树种的项目研究，对城市园林中的一些重大问题组织重点攻关。同时，要加强科研合作。广州有许多大专院校和科研机构，在园林绿化应用树种研究方面具有一定的优势和实力。应当充分利用这些科研机构的力量，进行科研合作攻关，解决城市绿化建设中遇到的有关理论和实践问题。

在具体工作中，要努力做好以下几方面的工作：

● 培养一支专业门类齐全、敬业高效的科研人才队伍，保证园林科学研究能可持续发展；

● 争取政府有关部门的重视，在人力、物力、财力等方面支持相应的科学研究项目；

● 建立和完善园林科研管理体系；

● 结合实际制定计划，推广应用先进、成熟的科研成果，促进科研与生产的良性循环。

图 C-6-1　442 号细叶榕

第六章
城市古树名木保护规划

广州是一座两千多年的历史文化名城，有许多珍贵的古树名木。广州市政府于1985年颁布了《广州地区古树名木保护条例》，以法律的形式确定了古树名木保护工作的地位，并颁令保护第一批古树名木209株。此后，又分别于1995年、1999年颁令保护第二、三批古树，分别为139和254株。同时，政府有关部门还加强了对古树名木保护的基础工作研究，采取一系列复壮、补洞、白蚁防治等技术措施保护现存的古树名木。然而，由于古树已届高龄，生长转入了缓慢衰老阶段。其寿命除了受遗传特性的制约以外，还受到自然与人为等破坏因素的影响。因此，广州市区内政府颁令保护的古树，每年都有3～5株死亡；而未颁令保护古树的生死情况则无记载，其生存条件受到更多的威胁。

保护好古树名木，不仅是社会进步的要求，也是保护城市生态环境和风景资源的要求，更是历史文化名城的应做之举。所以，全面地了解和掌握现存古树名木的生长状况，制定其保护规划，将有利于在科学和法律支持下对广州市的古树名木实施更有效的保护。

表 C-6-1　广州市各行政区在册古树名木数量统计

区　属	现存	死亡	总数
东山区	72	5	78
越秀区	107	3	110
荔湾区	183	44	227
海珠区	25	0	25
天河区	16	1	17
白云区	12	0	12
黄埔区	111	5	116
芳村区	17	0	17
合　计	544	58	602

第一节　市区古树名木保护现状调研

一、市区在册古树名木的基本情况

至2000年12月为止，广州市政府已颁令保护的在册古树名木共602株，现存544株（各区古树名木的数量见表C-6-1，名录见附表一）。其中，生势较好的有405株（占75%）、一般的有127株（占23%）、差的有12株（占2%）。属于一级古树名木（指树龄在300年以上，或珍贵稀有、具有重要历史价值和纪念意义的树木）共有34株（附表二）。这些古树分属20个科30个属36个种，主要的树种有细叶榕(257株)、大叶榕(80株)、樟树(70株)、木棉(56株)等（附表三）。

图 C-6-2　227 号菩提榕

二、危害古树生存的因子及分析

古树在长期的生长过程中，饱经沧桑，其生命力逐渐减弱，抗逆性下降，其生存受到自然力、人为破坏等多方面因素的影响，主要有：

1、立地环境差

（1）古树周围缺少绿地。

现场调查结果表明：市区内很多古树的树干周围被水泥板完全覆盖，土壤的透气、透水性差，雨水无法渗入，更无法施肥，因而导致古树的生势日渐衰弱。例如：黄埔区双沙第二合作社门前442号细叶榕（图C-6-1），其树干周围已完全被水泥板封住，枝少叶黄，树势衰弱。

（2）树身周围的空间被侵占。

国家建设部《城市古树名木保护管理办法》规定："严禁在树冠垂直投影以外5m的范围内堆放物料、挖坑取土兴建临时设施建筑、倾倒有害污水、污物垃圾、动用明火或排放烟气"。然而，由于各种原因，广州市区有14%的在册古树周围空间不同程度地被建筑物所侵占。有的连树干或树枝都

图 C-6-3　白蚁危害　　　　　　　图 C-6-4　榕透翅毒蛾　　　　　　图 C-6-6　偏冠

表 C-6-2　危害广州市区古树的主要病虫害

树种	病虫害	
樟树	枝枯病	Cytosporella cinnamomi Turconi
	潺槁凤蝶	Chilasa clytia L.
	樟密樱天牛	Mimothestus annulicornis Pic
	黑体网蓟马	Helionothrips aino (Ishida)
	樟白轮盾蚧	Aulacaspis yabunikkei Kuwana
	白蚁	Coptotermes formosanus Shiraki
细叶榕	腐朽病	Auricularia auricula (L.et Haok) Underw
	灰白蚕蛾	Ocinara Varians Walker
	榕透翅毒蛾	Perina nuda Fabricius
	榕管蓟马	Gynaikothrips uzeli Zimm
	白蚁	Coptotermes formosamus Shiraki
大叶榕	枝枯病	Diplodia sp
	叶斑病	Phyllosticta fici Bres
	褐斑病	Cercospora fici Heald et Wolf
	炭疽病	Colletotrichum gloeosporiodes (Penz.) Sacc
	长尾粉蚧	Pseudococcus longispinus (Targ.)
木棉	褐斑病	Phyllosticta sp.
	木棉小绿叶蝉	Empoasca sp.
	眉斑楔天牛	Glenea cantor (Fabricius)
白兰	白兰台湾蚜	Formosaphis micheliae Takahashi
	考氏白盾蚧	Pseudaulacaspis cockerelli (Cooley)
	麻斑樟凤蝶	Graphium doson Felder

被利用来搭棚建屋。例如：盘福路双井街227号的菩提榕，树干完全被建筑物所包围（图C-6-2）。这些建筑物，侵占了古树枝叶的伸展空间，严重影响了古树的生存环境，也影响了城市的景观。

2、病虫危害

古树的树龄较高，生长势已走下坡路，抗性较差。在适宜的条件下，古树一旦遭受病虫危害严重，长势会更加衰弱。广州市区古树上常见的病虫害有20多种（见表C-6-2），其中头号劲敌就是家白蚁（图C-6-3），该虫繁殖快，为害重，使树干逐渐被蛀空、腐朽，甚至造成全株枯死。

据调查统计，现存古树受白蚁为害率约18%，若不采取有效的措施，受害古树的生长将受到严重的影响。另外，毒蛾（图C-6-4）的为害也比较严重，沙面的几株细叶榕叶片在几天内就被吃得精光（见广州日报2000/11/1）。

3、树干空洞、切口未能及时封补

古树已经历了百年以上的生长，由于病虫害的侵入或者其它原因，树干的木质部常会腐烂形成一些孔洞。这些孔洞以及自然折断或人为修剪留下的切口，很容易成为病虫害侵入的窗口（图C-6-5），导致树洞不断扩大，树干中空。其结果，一方面影响古树水分、养分的吸收，导致生长不良，另一方面树干的机械支撑力减弱，一旦遇较强的外力，即折断倒伏，引到死亡。据统计，有1.5%在册古树有腐朽树洞。

4、树冠不平衡

古树偏冠(图C-6-6)，主要是由于建筑物压迫、某侧的根部被切或某侧枝干枯萎，也有风力、光照等人为或自然因素造成。由于树冠不均匀，树体呈倾斜状态，容易倒伏。沙面大街的古树普遍倾斜15～25度，沙面北街的古树，有不少向河涌方向倾斜。101号等古树，就是因此原因而倒伏死亡。

5、受台风、雷击等自然力破坏

广州每年7～9月台风活动较频繁，古树由于树高、体大、枝干脆弱，极易受到台风的破坏。据统计，1985年以来仅沙面地区因台风而倒伏死亡的古树有9株。芳村区341号细叶榕（图C-6-7），就因为被台风刮倒，只好截去枝叶重新种

图C-6-7　台风破坏导致截枝重植(341号)

图C-6-8　雷击破坏导致树顶折断(358号)

图C-6-9　雷击破坏导致树顶折断(3号)

图C-6-5　树洞

植。另外，雷击对古树生存的威也非常大。例如光孝寺内的阴香（编号98），就是被雷击而死亡，黄村358号木棉（图C-6-8）连续二次被雷击断枝干，南海神庙内3号古木棉（图C-6-9、图C-6-10）在2000年4月28日被雷击断树顶，树干开裂。

6、人为因素破坏

有些单位保护古树的意识薄弱，加上绿化执法力度不够强，使得一些古树名木不断遭到人为的破坏。例如沙太路31号古樟，树龄已近400年，是广州最古老的樟树之一。10年前，它被围困在违章建筑里，城市绿化部门花巨资拆房清障，才使这棵古樟重获新生。但是，近年来施工的沙河立交，使这株古樟又受到严重威胁：先是施工排栅围着古樟，加上粉尘、污水的污染，使古樟奄奄一息。排栅拆除后，施工单位分别在南面、东面的树冠投影边缘开挖了达5～6m的深沟（图C-6-11），古樟的大量树根被挖断（图C-6-12），使这株古樟面临雪上加霜的生存困境，后来在绿化部门的大力救护下，才使这棵古樟基本恢复正常生长。

三、市区古树名木保护工作概况

古树名木是国家的宝贵遗产。人类活动及城市环境的变迁，对古树的生存造成了一定的不良影响。为了保护这些宝贵的资源，多年来广州市政府部门已做了大量的工作。

1、制定古树名木保护管理条例：近20年来，市政府颁布了一系列有关古树名木保护的管理条例，主要有：《广州地区古树名木保护条例》（穗府[1985]46号）、《城市古树名木保护管理办法》（建城[2000]192号）。另外，《广州市城市绿化管理条例》（1998年6月颁布实施）第22条明确规定：在树冠边缘外3m范围内为保护范围，在树干边缘外5m范围，应设置保护措施，第25条还对违法行为的处罚作出了详细规定。这些法规条例，为进行市区古树名木保护工作提供了基本的法律依据。

2、开展古树名木保护基础研究：1984～1985年，市园

林局组织广州园林科研所等单位开展了市区古树树龄鉴定的研究，为确定古树的保护级别提供了科学依据。1999年，又组织广州园林科研所开展了"广州市古树名木养护复壮技术研究"，着重研究了改善古树立地条件、修补树洞、病虫害防治等古树复壮的技术方法，对市区古树名木的养护复壮工作起到一定的指导作用。

3、开展树龄鉴定、建档等工作：市园林局先后三次（1985、1995、1999年）组织有关部门对广州市的古树名木进行调查、树龄鉴定、定级编号、建立档案等工作，并设立标记铭牌，落实养护责任单位。广州市现存的在册古树名木全部建立了档案，分别由各区园林办、绿委办主管。市园林局绿化处每年还组织两次检查，及时进行处理所发现的问题。

4、安排古树名木保护专用经费：市园林局每年都要从城市维护费中拨出100多万元专款用于古树名木保护。主要工作有：建设古树名木围栏、扩大绿地、支撑、补洞、白蚁防治以及病虫害防治等。不过，从目前情况来看，这些经费远远不够。

图C-6-10　雷击破坏导致树皮开裂(3号)

5、采取技术措施保护古树名木：

（1）改善立地条件

清理古树名木周围的混凝土，扩大树干周围的绿地面积，更换表层泥土，加强施肥，促使根系在适宜的土壤环境中生长。

（2）拆除古树周边的违章建筑

例如：天河区园林办管辖的黄村350号古木棉，以前被许多临建及猪圈、烟囱所包围。2000年7月，黄村村委会花费100多万元将其周边的临时建筑全部铲除，并扩大了保护绿地（图C-6-13、C-6-14）。

（3）治理白蚁

荔湾区的沙面岛四周环水，建筑物多为砖木结构，白蚁危害很严重，受害率一度达90%。市园林局1993年投入了2万元对白蚁进行整治，1999年后又投入十几万元全面治理白蚁，使沙面的古树名木受害率降低到1.7%，防治效果十分明显。

（4）建立防护围栏

图C-6-11　古樟树冠边缘的深沟

图C-6-12 古樟大量树根被切断

图C-6-13 整治前的350号古木棉生存环境

图C-6-14 整治后的350号古木棉生存环境

图C-6-15 围栏

图C-6-16 引气根

广州市现存在册古树中，有293株已建立了防护围栏（图C-6-15），占总数的54%，对防止古树遭受破坏起到了一定的作用。

（5）人工引气根入土，促进古树复壮。

这种措施对榕树是是十分有效的，榕树的气根发达，在古榕漫长的岁月中可多次取代原主干成为新主干。用人工的方法牵引气根下地，使其快速生长成为支柱根，既可支撑树体，又能提高古树吸收养分的能力（图C-6-16）。现存的在册榕树中已采取此种措施有44株，占榕树总数的12.4%。

（6）及时修补树洞

一般是采用特殊的填补材料（弹性环氧树脂与水泥、沙和水按一定的比例混合而成）封涂伤口，填补树洞，效果良好。例如，在沙面地区，1992年就有112株古树进行了修补树洞工作。

（7）均衡树冠，防止倒伏

对偏冠较轻的古树名木，通常采用修复整树的办法来均衡树冠；部分树干严重倾斜的，多采用钢筋混凝土桩柱支撑，或将支柱仿制成树干（图C-6-17）。据统计，广州市区已采用该措施的在册古树有20株。

四、古树名木保护工作中存在的问题

古树名木保护工作，需要得到全社会的关心和支持。在过去几年里，广州市在这方面做了许多工作，也取得了一定成绩，但仍然存在着不少问题。主要有：

1、执法力度不够：古树保护虽然已有法可依，但由于管理部门的执法力度不够，使得人为破坏的现象难以控制，严重危害古树的生长。例如：市某党校为建新楼，竟然不惜向古树动刀大截枝（图C-6-18）。

2、保护经费不足：这是古树保护中一个比较突出的问题。由于保护管理经费不足，市区古树名木日常的除虫灭病、施肥、修建围栏、复壮等养护工作较难落到实处。古树名木周围保护范围内的建筑物，也无法全面清除。随着颁令保护的在册古树进一步增多，经费不足的问题将会更显突出。

3、树龄鉴定、古木定级等保护工作进展缓慢：从1985年至2000年，15年内全市只进行了三次树龄鉴定，共颁令保护602株古树，仅为广州市现有古树名木中的一小部分。据调查，仅老市区范围内就至少还有上万株古树等待树龄鉴定和定级保护。

4、各区对申报古树名木的积极性不高：原因有两方面，一是申报的古树越多，承担的责任也越大，而一旦发生问题，就会引致诸多麻烦；二是各区园林办、绿委办的人手、经费不足，本身的工作任务又重，再加上可用的保护经费很少，很难将工作做得圆满。

5、白蚁防治工作的覆盖面太窄：目前，市区古树名木的白蚁防治工作仅是在沙面地区开展试点，大部分地区的古树还没有专业队伍进行跟踪防治。

五、市区未入册古树名木的调查

本次规划的调查范围，主要集中在城市建设用地规划区内。据统计，在黄埔、白云、荔湾、越秀、天河、东山、芳村等七个区内，共发现未入册大树约1000株（详见附表四有38个树种），还未完全包括海珠区万亩果园、白云区罗岗镇、黄埔区南岗镇的古果树。主要情况如下：

1、未入册保护的古树名木数量众多

本次规划调查结果初步表明，市区未入册的古树名木数量众多，远远超过已入册的古树名木，且分布广。保守估计，市区约有数万株古树有待鉴定和保护。其中，以罗岗、新滘等地的古树分布最为集中。

白云区罗岗镇，自古以来一直保留着种植荔枝的传统。在当地，百年以上的荔枝树数量大，分布广。据镇政府同志的估计，全镇约有数万株百年以上的古荔。而据市园林科研所的调查，仅罗峰寺至望梅亭一带（约20hm²）就有479株（图C-6-19）。在国内城市近郊，如此高密度的古树群落是十分罕见的。此外，黄埔笔岗村大坑荔枝保护区，也集中了数以万计的古荔枝树。

图 C-6-17 支撑

图 C-6-18 为建新楼而被大截枝的 34 号高山榕

图 C-6-20 广惠高速公路劈开罗岗香雪公园

海珠区瀛洲生态公园，占地 142hm²（2130亩），遍植杨桃、龙眼、荔枝等果树。随机调查几亩，发现每亩约 20～30 株，照此推算，估计该生态公园有古树约 4 万余株，这个数量也只是海珠区万亩果园的五分之一。

2、古树名木生存环境危机四伏

上述经调查认定需要保护的大树，由于未经树龄鉴定，尚未纳入法定的古树名木保护范围内，因而也没有采取相应的养护管理措施。它们的生存，正遭受着许多自然和人为因素的干扰，受到极大的威胁。

首先，市政建设施工造成的破坏影响最为突出。例如，正在兴建中的广惠高速公路，将罗岗香雪公园一分为二（图C-6-20）。为了给它让路，砍了近 2000 株的荔枝树，其中的大部分都是古树(图C-6-21)。此举不但严重影响当地的旅游景观，破坏了生态环境，更是对古树群落的致命打击。这条路的走向，虽然遭到村民和区人大的强烈反对，但由于各种原因，始终未能改变现状。

其次，人为砍伐难以控制。瀛洲生态公园内有上万株古果树。调查组于 2000 年 12 月 11 日调查时，发现该公园正组织农民砍伐古树（图C-6-22、C-6-23)，已砍倒了数百株。村镇公园的管理部门竟然置法规而不顾，带头砍伐古树，此景实在令人触目惊心！假如附近农民起而效之任意砍伐，后果不堪设想。

再次，病虫的危害也较严重。如罗岗的古荔枝树由于受白蚁为害，有一些仅剩树皮（图C-6-24)，还有白榄、乌榄，也遭受白蚁的为害，而木虱的为害几乎造成了它们的灭顶之灾。另外，在一些乡村，村民将古树作为风水树来朝拜（图C-6-25)，在树头周围烧香燃烛，一旦发生火灾将严重危及古树的生存。

因此，加快进行市区未入册古树名木的调研、鉴定和颁令审批工作，把它们列入法律保护范围，已是一件刻不容缓的重要工作。

第二节 城市各类古树名木保护规划

一、规划的依据、指导思想和总体目标

古树名木是中华民族宝贵的财产，是活的文物，历史的见证。保护好古树名木，对于开展文化科学研究和开展旅游事业都有重要的意义。根据《广州地区古树名木保护条例》的规定，制定古树名木保护规划，就是为了从理论上、实践上指导全市古树名木的保护工作。

古树名木保护规划，要充分体现市区现存古树名木的历史价值、文化价值、科学价值和生态价值。要结合广州的实际情况，通过加强宣传教育，提高全社会保护古树名木的群体意识；要不断完善相关的法规条例，加大执法力度，逐渐形成依法保护的工作局面。同时，要通过开展有关古树保护基础工作及养护管理技术等方面的研究，制定相应的技术规程规范，建立科学、系统的古树名木保护管理体系，使之与历史文化名城与生态城市的城市建设目标相适应。

二、已颁令的古树名木保护规划

1、立法规划

广州市现行的相关法规条例—《广州地区古树名木保护条例》，是市政府1985年5月6日颁布的。同时，又有由建设部2000年发布实施的《城市古树名木保护管理办法》。前者共5条，分别对古树的所属权、保护的方法、管理单位、经费来源等作了一般的规定，内容比较简单，不易操作，特别是缺乏处罚方面的条款；后者共21条，也是一些原则性的条款。另外，《广州市城市绿化管理条例》中的第22、25条对古树名木保护也作了些规定。由于上述法规条例中许多条款不够细化，为使全市的古树名木管理纳入规范化、法治化轨道，要进一步完善法规和制订相应的实施细则。特别要增加以下内容：

（1）明确古树名木管理的部门及其职责；

（2）明确古树名木保护的经费来源及基本保证金额；

（3）制订可操作性强的奖励与处罚条款；

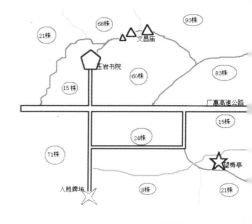

图 C-6-19 罗峰寺－望梅亭古荔枝树分布示意图

图C-6-21 胸径80cm的荔枝树头

图C-6-22 已砍倒的龙眼古树

图C-6-23 砍伐现场

图C-6-25 风水树

图C-6-24 仅剩树皮的荔枝树

（4）制定科学、合理的技术管理规程规范。

2、宣传规划

要加大古树名木保护的宣传力度，利用各种手段提高全社会的保护意识。

（1）利用传统媒体进行宣传

目前，电视、广播、报纸等仍然是覆盖面最广的媒体，可以在这类媒体上开辟古树名木宣传专栏，内容包括古树名木趣谈、保护常识等，另以新闻报道的形式对古树名木保护的动态、破坏古树名木的行为等给予及时报道，引起全社会的关注，起到舆论监督作用。必须加强城市绿化主管部门与新闻单位的联系，共同推进古树名木保护工作。

（2）利用电子媒体进行宣传

信息高速公路的建立和电脑的不断普及，为古树名木保护通过互联网进行宣传奠定了基础。2000年初建立的广州园林绿化信息网（图C-6-26），在网上开设了古树名木保护的网页，通过互联网传播古树保护的知识。已开辟的栏目有"古树趣谈"等，并将第三批颁令保护的古树名木图片资料全部上网。今后，要在网页栏目设置、内容等方面进一步充实完善，增设"羊城古树大家谈"、"古树报料"（让市民可将本地未挂牌的古树名木信息通过网络报告给绿化部门）等栏目。另外，网站还要尽快将第一、二批的古树图片资料组织上网。

（3）编写书籍宣传

广州市目前还没有关于古树名木的科普专著。因此，有必要组织专家编写相关书籍，在广大市民中普及古树名木的

图C-6-26

知识。规划在2001～2003年，由城市绿化主管部门组织专家撰写科普著作—《羊城古树风韵》，介绍广州市的古树名木概况、有关典故、历史传说、民间趣闻、保护知识等，增加市民对广州古树名木的了解，激发群众爱护古树名木的热情。2003～2008年，进一步组织专家进行调研，撰写科学专著《广州古树名木保护研究》，系统介绍广州古树名木的树龄鉴定、树种构成、气候与社会环境变迁影响等，涉及生态学、物候学、历史学、树木学等多学科研究领域，具有较高的学术价值。

（4）开展现场宣传

1)在公园、广场公众场所派发宣传传单、举行咨询活动、举办讲座等。

2)利用古树的围栏、铭牌进行宣传。目前，市区古树名木的保护围栏多用方钢简单焊接而成，投入虽少，但维护费用较大，也达不到宣传的目的。参考外地城市的经验，如兰州的古树围栏用水泥倒制而成（图C-6-27），并将古树铭牌和宣传标语都刻写在上面，一举两得，值得借鉴。对于一些有历史纪念意义的古树名木，可增加铭牌的内容，强化宣传效果。

（3）利用民间组织开展宣传。如荔湾区"绿色使者协会"成立了古树大树保护组织，通过举办古树知识讲座等活动（图C-6-28），向全区市民提出保护古树（大树）的倡议（图C-6-29）。同时，他们还将该区的古树名木分别交给学校进行监护。这些做法，不但是生动的宣传教育方式，也能以实际行动保护古树。城市绿化主管部门可根据实际情况，定期举办一些现场的宣传活动，让更多的市民走进古树名木保护的行列中。

3、科学研究规划

目前，广州古树名木的科研成果主要有树龄鉴定及复壮技术两项，但对古树名木的生理与环境适应性等方面则缺乏系统的研究，更没有制定市区古树名木管理的技术规范。因此，需要开展有关古树名木的基础研究及养护管理技术的研究，制定广州古树名木管理技术规范，使养护管理工作走向规范化、合理化和科学化。

图C-6-27 可供借鉴的兰州市区古树名木保护围栏样式

图C-6-28 荔湾区绿色使者协会举办讲座

近中期规划开展的古树名木科研项目主要有：

（1）广州古树种群生态研究（2001~2010年）。

古树名木是在特定环境条件下形成的生态景观，并与周围植被组成了一个小生态群落。研究这种群落的生态，旨在弄清相关植物种群的生态习性、功能以及相互影响，特别是其它植物对古树生长的影响，为古树名木保护在植物配置方面提供依据。这项研究应包括以下的内容：

1）调查古树名木的科群分布及其在植物地理学上的意义；

2）调查古树名木伴生植物的种群分布，摸清相互间的影响关系；

3）提出古树名木伴生植物的配置原则和方法，兼顾古树名木保护与发挥植被生态效益。

（2）古树名木病虫害综合防治技术研究（2001~2005年）。

据初步调查，危害市区古树名木的病虫害主要有白蚁、毒蛾等20多种。目前采用的防治方法，是以喷洒化学农药为主，造成的环境污染较大，常引起市民的不满。古树的树体一般又比较大，防治上有一定困难。开展这项研究，旨在解决有效防治病虫害与减轻农药污染的矛盾；包括的内容有：

1）调查市区古树名木主要病虫害的种类，研究其发生、消长的规律，确定防治的适应期。对重点对象实施监测，探索建立预测预报体系。

2）筛选高效、低毒、生物型的农药。

3）针对重要的病虫害，研究其生物防治的途径及方法。

4）针对不同的病虫害，研究相应的防治技术方法和专用器械。

（3）古树名木综合复壮技术研究（2001~2008年）。主要内容有：

1）古树生态环境的调查。内容包括古树群体或单株生长的地理环境，土壤状况、植被情况及古树的生长势等，确定标准样株，制定指示古树生长的参数。

2）古树营养状况的调查。研究古树的营养状况对指导古树的营养管理具有重要的现实意义。通过该项调查研究，可全面掌握广州市古树营养状况，制定不同树种的古树的正常的养分含量，使古树的营养实现量化的管理。研究思路是选择主要树种，采集土样、叶样，测定营养元素的含量，对古树的营养状况进行分级并定出相应的参数。同时，开展施肥方法的研究，开发适合古树施肥的技术和工具。

图C-6-29 小学生向市民发出保护古树倡议

表C-6-3 市区生势衰弱的古树名木一览

编号	树种	生长地点	现状情况
182	樟树	沙面北街东起五十八正对65号西	枝小、少、发黄，有桑寄生，树干的一侧有火烧的痕迹。
258	细叶榕	西湾路1号广雅中学教学大楼左侧	叶黄，枝少，营养不良
274	扁桃	龙津东路荔湾湖公园半岛	位于烧烤场旁，叶片下垂、脱落。
341	细叶榕	芳村区信义会木材仓库	台风吹倒后全部截枝，重新种。
358	木棉	黄村、珠村铁路边	受雷击两次，树皮纵裂。
365	大叶榕	长洲深井圣堂山公园凌氏墓道后	树干南侧有蚁道，根裸露，叶片有虫害
411	细叶榕	黄船江边西路路西面3株中一株	主干已废，气根更新未跟上
442	细叶榕	大沙镇双沙第三合作社门前	主干废，地面全被水泥封密，无法更新。
457	细叶榕	大沙镇文元禾场街3号房	分枝废，大部分已被锯掉。
471	大叶榕	南教村渡口，靠北一株	树干被临建包围。
526	细叶榕	西村增步大街1号之一侧	曾因违建造成树干畸形
540	细叶榕	沙面大街59号	处于树干更新期。

图 C-6-30　中山纪念堂的云石铭牌

广州市古树名木
树名：白兰花　编号：71
科属：木兰科，含笑属
学名：**Michalia alba DC.**
胸径：**90cm**　　树龄：65
保护级别：一级
管理单位：中山纪念堂
广州市人民政府
1985年3月2日
爱护古树　人人有责

图 C-6-31　广州市区古树名木

图 C-6-32　特别宣传样式

3）提出综合复壮技术措施。即制定古树生长的量化标准，从生理生态、营养管理、病虫害控制等方面提出古树名木的综合复壮技术。

4、养护管理规划

古树名木的养护管理，是一项长期性的艰苦工作。广州市区在册的古树名木中，已有一部分采取了保护措施，但对相当一部分古树的保护力度仍不够。因此，绿化部门应在调查和科研的基础上，根据有关条例和（法规），分期将这项工作落在实处。

（1）制定广州市古树名木养护管理技术规范

要在科学研究的基础上，总结经验，制定出市区古树名木养护管理的技术规范，使古树名木的养护管理逐渐走上规范化、科学化的轨道。

（2）抢救生势衰弱的古树

根据初步调查，市区内已颁令保护的古树名木有12株生势衰弱（详见表C-6-3）。对其衰弱的原因，要作进一步的调查分析，并采取相应的复壮措施。主要措施有：

1）调查立地环境。对树干外缺乏绿地的，要清除混凝土，扩大绿地面积（树干周围5m），拆除树干周围的违章建筑（保护范围为树冠投影外5m）。

2）调查土壤及古树叶片的营养状况。对缺乏营养的，可有针对性的补充肥料；对土质较差、板结的，应在古树周围适当进行松土或培土。

3）调查病虫的危害情况，及时进行防治。

4）调查其它的影响因素，如主干的完整性、气根（榕树）的生长情况等，分别采取引气根下地，封补树洞的复壮措施。

（3）持续开展白蚁综合治理的工作

白蚁是危害广州市区古树名木最严重的一种害虫，危害面广，虫穴隐蔽，较难根治。目前，各区的古树名木都不同

表 C-6-4　广州市在册古树名木受白蚁危害情况

区属	白云	东山	黄埔	荔湾	天河	越秀	总数
数量(株)	1	7	2	21	1	66	98

程度地受到白蚁的危害（表C-6-4，附表五）。对此，城市绿化主管部门应给予充分重视，组织专业队伍进行防治。各区园林绿化管理部门要对区内的古树的受害情况进行监测，发现问题立即处理，力求在2003年前基本控制白蚁的危害。

规划在2001～2003年，各区园林管理部门要对管辖区内古树名木的受害情况进行调查摸底，确定防治的对象，建立防治档案，确定责任人，并组织专业防治队伍对白蚁进行综合治理。2003年后，转入定期检查防治，对有虫的要继续采取防治措施，保证防治效果保持在95%上。

（4）清除古树周围的违章建筑

目前，市区在册保护的古树名木中，周围有危害古树生长建筑物的有174株，根据《广州市城市绿化管理条例》第22条规定：在树冠边缘外3m范围内为保护范围，在树干边缘5m范围，应该设置保护措施。对这些古树周围的违章建筑应予拆除，扩大绿地面积；若绿地面积无法达到标准的，可在地面铺设透气材料；而对于一些立即拆除有实际困难的，要考虑采取补救措施（这种类型的古树有约100株，见附表六）。要使这一工作得以顺利进行，除了保证必要的经费外，园林绿化部门与相关的执法部门要紧密配合。按照规划，2001～2003年首先应拆除一批已严重阻碍古树名木生长的违章建筑，（详见附表七）；2003～2005年，继续拆除其余的违章建筑，（详见附表八）。

（5）封补树洞及树枝截面

在册的古树名木有树洞的，大部分近年来已进行了封补；尚未处理的，应由各区园林绿化部门指派专业队伍按照有关方法进行封补。

（6）重设古树名木保护围栏与铭牌

市区古树名木现有铭牌多用铁皮做成，面积太小，内容简单，又易生锈。第一、二批颁令保护的古树，铭牌上的文字是用油漆写成，第三批古树的铭牌上的文字是用油性笔书写，字体不规范，字迹容易脱落。铭牌的制作不够美观，固定的方式欠稳固。今后，园林绿化部门要改进铭牌设置。选用美观耐用的材料来制作铭牌。如中山纪念堂的古树铭牌是

图 C-6-33 罗岗古荔枝树群远眺

用 40cm × 60cm 的云石制成（图 C-6-30）。铭牌的内容应充实，增加树种方面的科普知识；有纪念意义的古树名木，还可以增加历史文化方面的内容以强化宣传效果。重新设置的铭牌，可参照图 C-6-31、C-6-32 的样式。

（7）其他

针对古树名木保护工作中存在的其它问题(如偏冠等)，建议有关部门采取建立支撑、引气根落地、适地施肥等综合技术措施来解决。

三、未入册的古树名木保护规划

由于市区未入册的古树名木远多于在册的数量，根据《广州地区古树名木保护条例》的规定，应当"对本地区所有古树名木要做好标志、挂上牌子"，进行有效地保护。因此，市、区两级园林绿化部门应全面调查市区范围内古树名木的实际数量，每年组织专业队伍调查鉴定2000株以上，争取在规划期内将市区大部分地区的古树名木都列入法定保护范围，并有针对性制定综合养护管理的技术措施。主要的工作规划如下：

1、对2000年现状调查所列出的大树进行树龄鉴定，并按古树名木的申报程序进行评定、申报。基本步骤为：大树调查-树龄鉴定-颁令保护-按古树保护管理办法实施保护-落实养护管理的责任人（单位），定期养护。

2、各区园林绿化部门要对辖区内的大树进行自查(对象一般为胸径80cm以上或树态苍老的大树，生长较慢的树种(如荔枝)，则调查胸径40cm以上的大树)，并将调查结果上报城市绿化主管部门，再由市、区园林绿化部门组织专家进行树龄鉴定后申报。

3、开展花都、番禺新区的古树名木调查鉴定、颁令保护工作。

4、开展从化、增城地区古树名木的调查鉴定、颁令保护工作。

第三节　罗岗古荔枝树群生态保护区规划

白云区罗岗镇的古荔枝树群，主要分布于罗峰村境内，包括竹松、坑村、龙田、坑围等12个自然村，占地约3万亩。

其中，胸径超过40cm的荔枝树（树龄可能达到100年以上）有数万株之多。仅罗峰山一带（面积约80hm²）的古荔枝树就超过1000棵。最老的一棵（有记载）树龄，已有800多年。百年以上的更是不计其数。除众多古树外，还有不少古迹。具有代表性的有玉岩书院、罗峰寺等，均为市级保护文物。此外，在罗岗镇龟岗和马隆地区（北二环22标段区间），发现了两座先秦时期的馒头窑，填补了先秦时期广州人如何烧陶、制陶无从考证的历史空白。在距馒头窑50m处，还发现了宋代的砖窑。另有5个唐代的魂瓶和两座南朝墓。目前，在这一地区共挖掘出3000多平方米的古遗址。因此，为保护珍贵的古树、古迹，规划将这一地区建成以古树名木和古窑遗址为主要内容的生态保护区，开展适度的生态旅游活动。区内的主要景区规划有：

1、罗岗古窑遗址公园；

2、罗岗香雪生态公园；

3、罗峰山古荔枝公园。

其中，罗峰山古荔枝公园以罗峰寺一带为主，面积约80hm²。该景区的历史景点有罗峰寺、玉岩书院、罗岗香雪等，现有古荔枝树约2000株。

具体的工作内容规划如下：

2001～2002年，调查古荔枝树群（包括其它的古树）数量、分布、树龄结构、生势等，确定古树保护范围，设立古树保护标记，绘制罗岗地区古树名木分布图；（图C-6-34是调查组初步绘制的罗峰寺至望梅亭一带的古荔枝树分布图），并将百年以上的大树列为市级古树名木保护的范围。

2002～2003年 制定古树保护复壮的技术措施，组织责任单位实施。

2003～2020年 分期完成古树生态保护区的规划与建设。

图 C-6-34　罗峰寺至望梅亭一带的古荔枝树分布图

附表一　广州市区现存在册古树名木名录(节选)

批次	编号	区属	树种	胸径	树龄	生 长 地 点	生势
1	1	黄埔区	木棉	123	225	南海神庙内东边一株	中
1	2	黄埔区	木棉	120	225	南海神庙内西边一株	中
1	3	黄埔区	木棉	124	205	南海神庙后边	中
1	6	黄埔区	海红豆	80	285	南海神庙浴日亭东	中
1	7	黄埔区	朴树	60	125	南海神庙后	中
1	8	黄埔区	山牡荆	55	115	南海神庙后	中
1	9	东山区	樟树	80	125	中山二路市十六中男厕所对面	好
1	10	东山区	大叶榕	150	205	中山三路北横街一间巷 1 号	中
1	11	东山区	樟树	116	175	烈士陵园内正门对着语录牌后面墙边上	好
1	12	东山区	楸枫	111	175	陵园西路	好
1	13	东山区	木棉	115	165	越秀路省演出公司宿舍(教 1、2 号)之间	好
1	14	东山区	木棉	105	125	越秀路省演出公司文艺楼一栋 101 号东	好
1	15	东山区	木棉	91	125	越秀路省演出公司文艺楼四栋楼梯边	中
1	51	东山区	樟树	120	165	东风中路党校内南三楼宿舍前	好
1	54	越秀区	大叶榕	160	235	东风中路 531 号东侧	中
1	55	越秀区	木棉	110	115	越秀山五层楼小卖部旁	中
1	71	越秀区	白兰	130	80	中山纪念堂西侧	好
1	72	越秀区	白兰	120	80	中山纪念堂东侧	好
1	87	越秀区	菩提榕	110	135	六榕寺内六祖堂右侧	好
1	88	越秀区	菩提榕	170	215	光孝寺内六祖堂前	好
1	91	越秀区	诃子	80	115	光孝寺大殿后	中
1	92	越秀区	秋枫	100	135	光孝寺西铁塔东北	好
1	93	越秀区	细叶榕	120	>370	光孝寺大殿前西南角	好
1	97	越秀区	大叶榕	120	95	光孝寺内西塔西南	好
1	175	荔湾区	细叶榕	140	195	沙面公园西起四十六	好
1	188	荔湾区	樟树	71	175	沙面北街东起九十	好
1	189	荔湾区	樟树	73	175	沙面北街东起九十一	中
1	190	荔湾区	樟树	70	175	沙面北街东起一０一正对 97 号	中
1	201	海珠区	菩提榕	195	345	海幢公园花圃内	好
1	203	海珠区	斜叶榕	360	>400	海幢公园西，海珠区文化局	好
1	204	海珠区	鹰爪		375	海幢公园管理室前门	好
1	205	海珠区	苹婆	65	130	河南宝岗路二街口邓氏宗祠内(海珠区结核病防治所)	中
1	206	天河区	木棉	12	25	植物园水榭前叶剑英手植	好
1	207	天河区	青梅	15	40	植物园右侧董必武手植	好

（续上表）

批次	编号	区属	树种	胸径	树龄	生 长 地 点	生势
1	208	天河区	青梅	13	40	植物园左侧朱德手植	好
1	209	天河区	人面子	48	43	植物园办公室内院	好
2	216	东山区	铁刀木	96	109	中山四路农民运动讲习所内	好
2	217	东山区	菩提榕	119	133	中山四路农民运动讲习所内	好
2	231	越秀区	龙眼	70	113	光塔路光塔寺内庭	中
2	274	荔湾区	扁桃	116	114	龙津东路荔湾湖公园半岛	差
2	278	荔湾区	假柿树	105	135	沙面东桥头	中
2	282	荔湾区	扁桃	83	145	沙面大街49号（沙面三街口）	中
3	349	白云	芒果	103	260	石井镇夏茅小学内	好
3	350	白云	细叶榕	191	320	新市镇长虹村陈家祠堂北30m	好
3	362	天河	细叶榕	164	>161	车陂公园外围边	中
3	363	天河	大叶榕	146	>130	车陂村车陂卫生院河对面靠东一株	中
3	364	天河	大叶榕		>130	车陂坑边大街1号对面，桥头一株	中
3	365	黄埔	大叶榕	148	100	长洲深井圣堂山公园凌氏墓道后	差
3	366	黄埔	华南皂荚	91	150	长洲深井圣堂山公园凌氏墓道西	差
3	367	黄埔	山牡荆	98	210	长洲深井圣堂山公园凌氏墓道东	差
3	406	黄埔	台湾相思	107	150	同上，八柱长方亭东面	差
3	450	黄埔	格木	81	170	大沙镇姬堂加庄山脚三株中间一株	好
3	460	黄埔	荔枝	139	200	南岗镇笔岗荔枝保护区大坑	好
3	475	芳村	九里香	45	230	醉观公园内	好
3	476	芳村	木棉	118	160	龙溪村河边，梁氏宗祠西面	中
3	486	海珠	细叶榕	105	>170	龙潭小学舞台上	中
3	487	海珠	细叶榕	106	>170	龙潭小学166号南边	中
3	488	海珠	木棉	138	120	龙潭东约，北帝庙西面两株南一株	中
3	580	越秀	水翁	100	100	光孝寺铁香炉东北角	好
3	586	越秀	人面子	100	170	人民公园内市政府东侧门对面	好
3	587	越秀	大叶榕	110	120	盘福路双井街小学门口北面	中
3	596	白云	南洋杉	8	8	大金钟路鸣泉居碧波楼荣毅仁手植	好
3	597	白云	南洋杉	8	8	大金钟路鸣泉居碧波楼邹家华手植	好
3	598	白云	木棉	5	5	大金钟路鸣泉居碧波楼杨尚昆手植	好
3	599	白云	木棉	5	5	大金钟路鸣泉居碧波楼乔石手植	好
3	600	白云	香椿	3	3	大金钟路鸣泉居碧波楼田纪云手植	中
3	601	白云	白兰	5	5	大金钟路鸣泉居碧波楼丁关根手植	好
3	602	白云	荷花玉兰	5	5	大金钟路鸣泉居碧波楼廖汉生手植	好

附表二　广州市区一级古树名木保护名录

批次	编号	区属	树种	胸径	树龄	生 长 地 点	生势
1	69	越秀	大叶榕	320	>300	应元路市二中学后山顶	好
1	93	越秀	细叶榕	120	>370	光孝寺大殿前西南角	好
1	200	荔湾	樟树	184	>300	沙面四街北面	好
1	203	海珠	斜叶榕	360	>400	海幢公园西，海珠区文化局	好
3	468	芳村	细叶榕	165	>300	南教村小学涌对岸，广宁坊86号	中
1	26	东山	大叶榕	248	310	黄花公园横门内西墙边	好
1	27	东山	皂荚	105	330	黄花公园横门内土岗上（西边）	好
1	73	越秀	木棉	190	300	中山纪念堂后门内管理室西边	好
1	201	海珠	菩提榕	195	330	海幢公园花圃内	好
1	202	海珠	菩提榕	223	330	海幢公园前门北	好
1	204	海珠	鹰爪		360	海幢公园管理室前门	好
3	350	白云	细叶榕	191	320	新市镇长虹村陈家祠堂北30m	好
3	351	白云	大叶榕	137	310	新市镇长虹村仙师宫西南面	好
3	352	白云	大叶榕	230	310	新市镇长虹村仙师宫东南面	好
1	206	天河	木棉	12	10	植物园水榭前叶剑英手植	好
1	207	天河	青梅	15	25	植物园右侧董必武手植	好
1	208	天河	青梅	13	25	植物园左侧朱德手植	好
2	345	越秀	橡树	14	10	流花西苑内英女皇手植树	中
2	346	东山	马尾松	60.5	96	黄花岗七十二烈士墓右侧	好
2	347	东山	细叶榕	145	79	黄花岗七十二烈士墓右侧林森手植	好
2	348	东山	细叶榕	84	79	黄花岗七十二烈士墓左侧吴景濂手植	好
3	596	白云	南洋杉	8	8	大金钟路鸣泉居碧波楼荣毅仁手植	好
3	597	白云	南洋杉	8	8	大金钟路鸣泉居碧波楼邹家华手植	好
3	598	白云	木棉	5	5	大金钟路鸣泉居碧波楼杨尚昆手植	好
3	599	白云	木棉	5	5	大金钟路鸣泉居碧波楼乔石手植	好
3	600	白云	香椿	3	3	大金钟路鸣泉居碧波楼田纪云手植	中
3	601	白云	白兰	5	5	大金钟路鸣泉居碧波楼丁关根手植	好
3	602	白云	荷花玉兰	5	5	大金钟路鸣泉居碧波楼廖汉生手植	好
3	449	白云	格木	108	170	大沙镇姬堂加庄山脚三株靠南一株	好
3	450	白云	格木	81	170	大沙镇姬堂加庄山脚三株中间一株	好
3	451	白云	格木	108	170	大沙镇姬堂加庄山脚三株靠北一株	好
1	91	越秀	诃子	80	100	光孝寺大殿后	中
1	205	海珠	苹婆	65	115	宝岗路二街口邓氏宗祠内(海珠区结核病防治所)	中
3	349	白云	芒果	103	260	石井镇夏茅小学内	好

附表三　广州市区现存古树名木科属统计表

科	树种	学　名	株数				
			100-200年	200-300年	300年以上	名木	合计
南洋杉	南洋杉	Araucaria cunninghamii Sweet				2	2
松	马尾松	Pinus massoniana Lamb.				1	1
木兰	荷花玉兰	Magnolia grandiflora L.				1	1
	白兰	Michelia alba DC.	1			3	4
番荔枝	鹰爪	Artabotrys hexapetalus (L.f.) Bhan.			1		1
樟	樟	Cinnamomum camphora (L.) Presl	60	8	1		69
	假柿	Litsea monopetala Pers.	3				3
桃金娘	红鳞蒲桃	Syzygium hancei (Hce.) Merr. et Perry	1				1
	水翁	Cleistocalyx operculatus Roxb.	1				1
	桉树	Eucaiyptus Spp.	1				1
使君子	诃子	Terminalia chebula Retz	1				1
梧桐	苹婆	Sterculia mobilis Smith	1				1
木棉	木棉	Bombax malabaricum DC	44	8	1	4	57
大戟	秋枫	Bischofia javanica Bl.	10	1			11
含羞草	海红豆	Adenanthera pavonina L.	1				1
	台湾相思	Acacia comfusa Merr.	1				1
苏木	格木	Erythrophleum fordii oliv	3				3
	铁刀木	Cassia siamea Linn.	1				1
	华南皂荚	Gleditsia fera (Lour.) Merr.	1	1	1		3
壳斗科	橡树	Quercus robur L. (Peduncuiata Oak)				1	1
榆	朴树	Celtis sinensis Pers.	1				1
桑	大叶榕	Ficus virens var. Sublanceolata	57	20	4		81
	菩提榕	Ficus religiosa L.	2	5	2		9
	细叶榕	Ficus microcarpa L. f.	232	22	3	2	259
	斜叶榕	Ficus gibbosa Bl.			1		1
	高山榕	Ficus altssima Bl.	7				7
芸香	九里香	Murrya exotia L.		1			1
楝	香椿	Toona sinensis (A.Juss) M.T.Roem				1	1
无患子	荔枝	Litchi chinensis Sonn.	1	1			2
	龙眼	Dimocarpus longan Lour.	3				3
漆树	芒果	Mangifera indica.	2	1		1	4
	扁桃	Mangifera persiciformis C.Y.Wa et T.L. Ming	4				4
	人面子	Draecontomelon dav. (Blanco.)	1			1	2
龙脑香	青梅	Vatica astrotricha Hance				2	2
马鞭草	山牡荆	Vitex quinata (Lour.) F.N.WilS.	2	1			3
	合计		442	69	14	19	544

光孝寺古榕

附表四 广州市区待鉴定大树调查名录(节选)

序 号	树名	树高(m)	胸径(m)	生势	生 长 地 点
荔 1	大叶榕	14.0	0.80	中	昌华街冲边一马路 11 号
荔 2	细叶榕	19.0	1.00	中	昌华街冲边横街 30 号
荔 3	大叶榕	18.0	0.85	中	多宝路 62 号 2 幢
荔 188	细叶榕	12.0	0.86	好	富力路西焦煤场
东 1	细叶榕	17.0	1.10	好	东山区东湖街东湖公园老年人活动中心
东 2	细叶榕	15.0	1.10	好	东山区东湖街东湖公园老年人活动中心
东 3	细叶榕	15.0	1.50	中	东山区东湖街东湖公园老年人活动中心
东 38	细叶榕	12.5	1.05	好	文德路第二十五中学
天 1	大叶榕	14.0	1.80	好	解放军体育学院
天 2	细时榕	6.0	1.26	好	天河北路广东省地方税务局
天 3	细时榕	6.0	1.05	好	天河北路广东省地方税务局
天 4	大叶榕	37.0	0.86	中	39479 部队
天 32	南洋楹	30.0	1.20	好	广州珠州电信设备有限公司
黄 1	木棉	21.0	0.90	好	长洲村口榕村头塘边
黄 2	芒果		0.86	好	黄埔军校孙中山故居
黄 3	细叶榕	15.0	0.88	中	黄埔军校本部西侧
黄 55	鸡旦花	9.0	0.90	好	长洲镇将军山恒星里 4 号
白 1	乌榄	5.0	0.85	中	罗岗镇萝峰寺玉岩书院荔枝山小溪源头
白 2	木棉	20.0	0.75	好	罗岗镇香雪公园萝峰寺文昌庙西侧
越秀 1	大叶榕	12.0	1.20	中	盘福路医国后街 (金融大厦北侧)
越秀 2	细叶榕	12.0	1.00	好	光塔路光塔寺内
越秀 3	苹婆	9.0	0.80	好	光塔路光塔寺内
越秀 7	大叶榕	15.0	1.50	中	惠福路五仙观西侧民居内
芳村 1	木棉		0.90	好	芳村区毓灵桥头
芳村 2	细叶榕		1.00	好	芳村区堤岸东街
芳村 3	细叶榕		1.10	好	芳村区堤岸东街

附表五　　广州市区受白蚁危害的古树名录(节选)

批号	编号	区属	树种	胸径	树龄	生 长 地 点
1	10	东山	大叶榕	150	205	中山三路北横街一间巷1号
1	18	东山	木棉	90	125	越秀路省演出公司科技一栋101南侧小园内
1	54	越秀	大叶榕	160	235	东风中路531号东侧
1	56	越秀	木棉	100	135	越秀山纪念碑东南方向
1	68	越秀	细叶榕	132	255	越秀山中山纪念碑佛山前
1	69	越秀	大叶榕	320	>300	应元路市二中学后山顶
2	308	荔湾	樟树	83	135	沙面南街30号前
2	309	荔湾	樟树	86	135	沙面南街34号前靠东一株
2	311	荔湾	樟树	70	135	沙面南街沙面公园正门东面
2	312	荔湾	樟树	99	159	沙面南街58号门前左侧
3	352	白云	大叶榕	230	310	新市镇长虹村仙师宫东南面
3	360	天河	大叶榕	185	>130	车陂村车陂卫生院河对面
3	374	黄埔	细叶榕	146	160	长洲下庄福聚坊13巷19号对面北
3	388	黄埔	木棉	125	180	黄埔军校38211部队俱乐部路对面
3	506	东山	细叶榕		>131	美华中路1号-1, 老干活动室门口
3	507	东山	樟树	111	160	美华中路1号-1, 199号的南面
3	508	东山	樟树	140	60	美华中路1号-1, 老干室南侧西1株
3	509	东山	樟树	105	160	美华中路1号-1, 老干室南侧西2株
3	516	东山	大叶榕	140	>170	黄华路省党校内图书馆前

附表六　　广州市区受违章建筑危害生长的古树名木调查清单(节选)

批号	编号	区属	树种	胸径cm	树龄	生 长 地 点
1	13	东山区	木棉	115	165	越秀路省演出公司宿舍(教1、2号)之间
1	15	东山区	木棉	91	125	越秀路省演出公司文艺楼四栋楼梯边
1	17	东山区	木棉	98	125	越秀路省演出公司北近实验中学后
1	34	东山区	高山榕	110	135	黄华路省党校内新一楼对面
1	35	东山区	细叶榕	122	175	黄华路省党校内行政处左侧通路旁第二株
1	51	东山区	樟树	120	165	东风中路党校内南三楼宿舍前
1	73	越秀区	木棉	190	315	中山纪念堂后门内管理室西边
1	75	越秀区	大叶榕	150	255	市政府后院
2	237	越秀区	菩提榕	170	210	朝天路朝天小学操场内近校门第一株
2	283	荔湾区	细叶榕	108	157	沙面大街1号左侧
2	284	荔湾区	细叶榕	146	157	沙面大街3号前
2	295	荔湾区	樟树	100	170	沙面大街22号
2	296	荔湾区	樟树	76	118	沙面大街53号门前
2	313	荔湾区	樟树	130	152	沙面一街3号北侧
2	316	荔湾区	樟树	101	145	沙面一街翠洲园门前
2	317	荔湾区	樟树	88	134	沙面二街球场前第一株(靠沙面南街第一株)
2	318	荔湾区	樟树	90	143	沙面二街(与沙面南街交界处第一株)
2	320	荔湾区	樟树	57	105	沙面二街幼儿园前右一株
3	375	黄埔	细叶榕	111	>200	长洲金洲大道565号
3	376	黄埔	细叶榕	115	>170	长洲38209部队, 营房西侧
3	386	黄埔	木棉	134	220	黄埔军校38209部队俱乐部
3	387	黄埔	木棉	113	220	黄埔军校38210部队俱乐部前

闹市浓荫寻幽处

附表七　广州市区首批周围应拆除建筑的古树名木清单(节选)

批号	编号	区属	树种	胸径	树龄	地　点
1	10	东山	大叶榕	150	205	中山三路北横街一间巷1号
1	19	东山	木棉	91	125	越秀路省演出公司传达室
1	54	越秀	大叶榕	160	235	东风中路531号东侧
1	81	越秀	细叶榕	140	205	儿童公园办公室侧
2	272	荔湾	细叶榕	120	125	龙津西路泮溪五约内街44号对面
2	312	荔湾	樟树	99	159	沙面南街58号门前左侧
2	341	芳村	细叶榕		202	芳村信义会木材仓库
2	344	芳村	大叶榕		153	石围塘东街15号
3	362	天河	细叶榕	164	>161	车陂公园外围边
3	421	黄埔	细叶榕	130	>130	华穗陶粒厂内，路北面
3	422	黄埔	细叶榕	112	>160	华穗陶粒厂内，大排档内
3	485	海珠	细叶榕	140	>140	龙潭小学操场厕所边
3	489	海珠	木棉	108	120	龙潭东约，北帝庙西面两株北一株

附表八　广州市区第二批周围应拆除建筑的古树名木清单(节选)

批号	编号	区属	树种	胸径	树龄	生 长 地 点
1	9	东山区	樟树	80	125	中山二路市十六中男厕所对面
1	18	东山区	木棉	90	125	越秀路省演出公司科技一栋101南侧小园内
1	59	越秀区	木棉	100	115	越秀山纪念碑厕所后侧
1	69	越秀区	大叶榕	320	>300	应元路市二中学后山顶
1	70	越秀区	细叶榕	160	195	应元路市二中学门口
1	82	越秀区	木棉	140	195	儿童公园大滑梯右侧
2	266	荔湾区	细叶榕	112	128	中山七路陈家祠后院
2	279	荔湾区	大叶榕	162	160	沙面东桥头花圃内
3	427	黄埔	细叶榕	140	>140	华穗陶粒厂西州监督站前北1
3	430	黄埔	细叶榕	146	>160	横沙环村路水满基1号
3	481	海珠	大叶榕	137	100	同福中396号红会医院内
3	505	东山	细叶榕	147	>130	美华中路1号-1左侧

规划附件

附件一：中心城区分区绿化规划纲要

城市园林绿化是反映城市文明程度、发达水平和人民生活质量的重要标志，良好的生态环境和具有地方特色的园林绿化是现代化国际大都市必备的特征之一。为提高中心城区绿地系统规划的可操作性，本规划在编制过程中，充分听取了各区政府和园林绿化主管部门的意见，并多方汇集有关的绿地建设信息到市城市规划设计部门进行整合和优化，形成了各区园林绿化建设规划。

在规划编制中，首先对有关的指标体系进行了研究，确定了中心城区园林绿化建设的总体规划指标为：2005年，建成区绿地率、绿化覆盖率和人均公共绿地分别达到33%、35%和10 m²。2010年，上述指标分别达到35%、40%和15 m²。2020年，上述指标分别达到37%、42%和18 m²。

中心城区分区绿化建设的规划指标详见表C-7-1。本规划特别强调：旧城中心区要进一步拆除违章建筑，恢复和扩大绿地，提高绿地率；要结合旧城区更新，完善居住绿地和附属绿地布局，建设一批能够体现城市绿地空间秩序的标志性绿化广场。同时，要依法保护好古树名木。

（因篇幅所限，本书仅摘要选录分区绿化规划纲要的部分内容作为示例）

一、越秀区，绿地规划建设的主题是"山水相连"，重点是沿旧城市中轴线规划建设公共绿地，新建儿童公园及一批结合历史文物古迹的绿化广场，恢复海珠广场西广场绿地，完善"珠海丹心"特色城市景观。近期内每条行政街均规划种100株大胸径的乔木，全民义务植树的重点地区在桂花岗。该区园林绿化建设的规划指标为：2005年建成区绿地

图 C-7-1 广州中心城区分区界限示意图

图例 —·—·— 行政边界线　───── 行政规划边界　[B-17] 分区规划编码

表 C-7-1 广州市中心城区园林绿化建设规划指标一览表

区名	2005 年			2010 年			2020 年		
	绿地率(%)	绿化覆盖率(%)	人均公共绿地 (m²)	绿地率(%)	绿化覆盖率(%)	人均公共绿地 (m²)	绿地率(%)	绿化覆盖率(%)	人均公共绿地 (m²)
荔湾区	23	25	5	25	28	7	30	35	8
越秀区	27	29	6	30	35	9	32	36	10
东山区	28	30	6	30	35	9	32	37	10
海珠区	33	35	7	35	40	14	35	40	20
天河区	38	40	17	40	43	20	40	45	23
芳村区	36	38	10	38	45	18	40	45	23
白云区	41	43	16	42	48	23	45	50	25
黄埔区	38	40	13	40	46	20	42	48	25
合计平均	33	35	10	35	40	15	37	42	18

（注：本表指标数均指城市建成区规划范围，黄埔区的指标含开发区。）

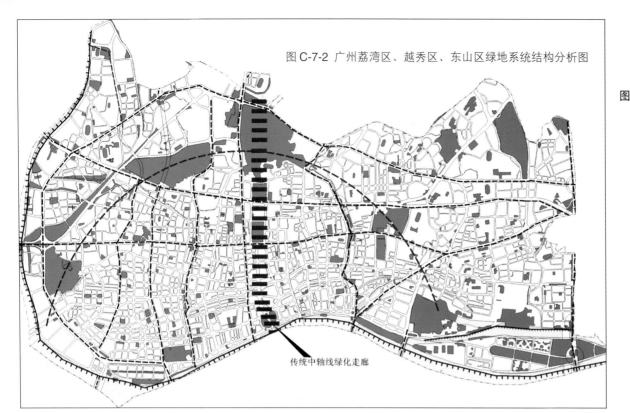

图 C-7-2 广州荔湾区、越秀区、东山区绿地系统结构分析图

图例

绿地

珠江沿岸滨水工程绿化景观带

城市主要道路绿化隔离带

铁路绿化隔离带

扇形城市开敞空间环

河涌沿岸休闲绿化带

行政区界

水域

传统中轴线绿化走廊

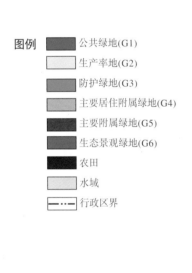

图例

公共绿地(G1)

生产率地(G2)

防护绿地(G3)

主要居住附属绿地(G4)

主要附属绿地(G5)

生态景观绿地(G6)

农田

水域

行政区界

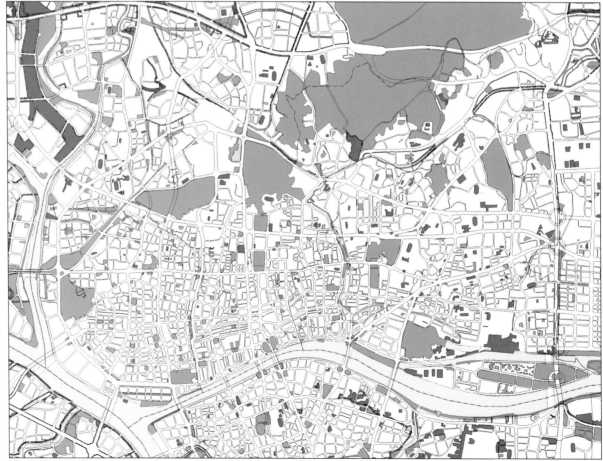

图 C-7-3 广州荔湾区、越秀区、东山区绿地分类布局图

率、绿化覆盖率和人均公共绿地分别达到27%、29%和6 m²，2010年上述指标分别达到30%、35%和9 m²，2020年上述指标分别达到32%、36%和10 m²。

二、**荔湾区**，绿地规划建设的主题是"古珠添绿"，重点是维护并强化"西关荔湾"的独特地域风情，努力改善区内生态环境质量，为建设荔湾商贸旅游区奠定基础。规划结合重要的历史文物古迹建设绿化广场和街头绿地，将沙面岛辟为具有欧陆风情、幽静典雅、适合外事旅游的公园区。近期内重点绿化项目规划有：新建华林寺和西场绿化广场、增步公园；扩建或改造陈氏书院绿化广场、荔湾湖公园、文化公园、沙面公园；完善康王路、荔湾路、华贵路、丛桂路、东风西路、中山七路、中山八路、西湾路、驷马涌、荔湾涌等道路绿化；搞好荔港南湾、富力广场、金花小区、世纪广场等新建居住小区、住宅组团的配套绿化。该区园林绿化建设的规划指标为：2005年建成区绿地率、绿化覆盖率和人均公共绿地分别达到23%、25%和5 m²，2010年上述指标分别达到25%、28%和7 m²，2020年上述指标分别达到30%、35%和8 m²。

三、**东山区**，绿地规划建设的主题是"文化绿心"，重点规划建设珠江沿岸的公共绿地，恢复历史建筑街区的附属绿地，将若干大型单位附属绿地改造成公共绿地，并建设一批绿化广场。规划近期建设英雄广场、东山公园、白云路鲁迅广场、省博物馆广场、五羊新城广场；中期建设东山宾馆、三寓宾馆、花园酒店前广场、白云宾馆前广场、兴中会坟场、大沙头广场、万木草堂、农讲所、广州图书馆绿化广场；远期建设先烈南广场、省人大前广场、东濠涌原能化工厂绿地、总工会旧址前广场、珠光广场和中山一路小游园。该区园林绿化建设的规划指标为：2005年建成区绿地率、绿化覆盖率和人均公共绿地分别达到28%、30%和6 m²，2010年上述指标分别达到30%、35%和9 m²，2020年上述指标分别达到32%、37%和10 m²。

四、**海珠区**，绿地规划建设的主题是"绿轴交汇"，重点规划建设旧城市中轴线节点绿地、新城市中轴线绿化带和珠江沿岸景观绿带，并要保护好以瀛洲生态公园为主体的市区东南部万亩果园，作为中心城区三大楔形生态绿地之一。要结合高绿地率地区和花园式单位的建设，构建市区常年主导风向的"城市风廊"。要加强城乡接合部的公共绿地建设，实现村村有公园；近中期将规划建设庄头公园、瑞宝公园、南洲公园。扩大历史文化古迹周边绿化用地，建设赤岗塔公园、琶洲塔公园、邓家祠前、元帅府侧、海幢公园北门至滨江西路段的绿化广场，开发有科研价值的七星岗古海岸遗址公园。该区园林绿化建设的规划指标为：2005年建成区绿地率、绿化覆盖率和人均公共绿地分别达到33%、35%和7 m²，2010年上述指标分别达到35%、40%和14 m²，2020年上述指标分别达到35%、40%和20 m²。

五、**天河区**，绿地规划建设的主题是"生态绿廊"，重点规划建设宽度100~200m的新城市中轴线绿廊、珠江沿岸景观绿地、都会区中部生态走廊，并保护好北部山林地，进行适量的林相改造。绿色走廊的空间结构包括：绿心：东北部林地，实际面积约30km²；绿脉：由南向北的7条主要河涌绿带组成，总长约68km；绿基：星罗棋布的城市公园和绿色小区；绿轴：纵横交错的绿色道路网络，如东西向的珠江水道、滨江大道、黄埔大道、广深铁路、北环高速公路等，南

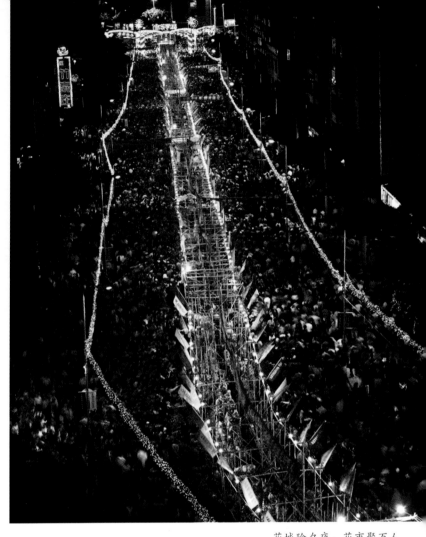

花城除夕夜，花市聚万人

天河公园南门景区

宝墨园观鱼

北向的广州大道、华南快速干线、东环高速公路、珠吉公路等。北部低山丘陵山林区的林相改造，要以营造岭南乡土树种的阔叶片林为主，建立优质高效的多功能城市景观防护林体系。该区园林绿化建设的规划指标为：2005年建成区绿地率、绿化覆盖率和人均公共绿地分别达到38%、40%和17 m²，2010年上述指标分别达到40%、43%和20 m²，2020年上述指标分别达到40%、45%和23 m²。

六、芳村区，绿地规划建设的主题是"水秀花香"，重点规划建设蓬葵生态保护区和城西花卉基地，作为市界的绿化隔离带和中心城区三大楔形绿地之一，加强珠江、花地河沿岸带状绿地布局。近期要将芳村大道建成"花卉之乡、盆景之地"的代表性景观路。沿珠江岸线规划50m宽环岛路，将珠江景色引入区内，并串连江边的各种绿地，构成亮丽的滨江风景线。花地河两岸规划实施各50m宽的带状绿地。继续完善醉观公园，加快葵蓬生态公园和花卉博览园的建设，开发生态旅游；加大对区内几个污染严重的厂矿企业的绿化建设与管理力度。该区园林绿化建设的规划指标为：2005年建成区绿地率、绿化覆盖率和人均公共绿地分别达到36%、38%和10 m²，2010年上述指标分别达到38%、45%和18 m²，2020年上述指标分别达到40%、45%和23 m²。

七、白云区，绿地规划建设的主题是"云山绿谷"，重点规划建设中心城区三大楔形绿地之一的白云山风景区，流溪河沿线100~300m绿带，村镇公园、高速公路和快速公路绿化隔离带，并要保护好白云山系的山林地、北部临近花都片区的农田，建设一批苗木基地。要充分调动社会各方面的绿化积极性，实行公共绿地、专用绿地、家庭种养等多种形式共同发展。规划期内，要实现每个街镇有公园，每个村子有公园的建设目标，成为广州市建设山水城市的样板区。要将城市园林与郊区林业的发展结合起来统筹布局，相互促进，建立与自然地域属性一致、生长稳定、生态功能显著的森林植被系统。该区园林绿化建设的规划指标为：2005年建成区绿地率、绿化覆盖率和人均公共绿地分别达到41%、43%和16 m²，2010年上述指标分别达到42%、48%和23 m²，2020年上述指标分别达到45%、50%和25 m²。

八、黄埔区(含开发区)，绿地规划建设的主题是"产业绿洲"，重点规划建设长3.2km、宽80m的大沙地生活区防护林带和作为中部生态廊道的组团绿化隔离带。同时，要保护好北部山林地，进一步完善居住区的绿地布局。2005年前将规划建设荔枝公园、杜鹃公园等7个公园；2010年前将规划建设文冲公园、姬堂公园等6个公园；2020年前将规划建设加庄公园、社坛公园等9个公园。新村建设规划应预留30%以上的绿化用地；旧村、内街要提倡"见缝插绿"，推广垂直绿化，提倡利用阳台进行家庭绿化以增加绿化覆盖面积，彻底改变"城中村"的环境面貌。位于本区的东南部的经济技术开发区，绿地系统布局要做到城区外大环境绿地与城区内中小型绿地相结合、历史文物保护与园林绿化建设相结合、线型绿带与块状绿地相结合，全面提高城市绿量。近期，要实施东区的孔石山公园建设。中期，将沿广深高速铁路、广园东路延伸路段开辟大规模的绿化带，并逐步建设东部住宅区内约21.6hm²的附属绿地。该区园林绿化建设的规划指标为：2005年建成区绿地率、绿化覆盖率和人均公共绿地分别达到38%、40%和13 m²，2010年上述指标分别达到40%、46%和20 m²，2020年上述指标分别达到42%、48%和25 m²。

图例

- 公共绿地(G1)
- 生产率地(G2)
- 防护绿地(G3)
- 主要居住附属绿地(G4)
- 主要附属绿地(G5)
- 生态景观绿地(G6)
- 农田
- 水域
- 行政区界

图 C-7-4 广州海珠区绿化规划图

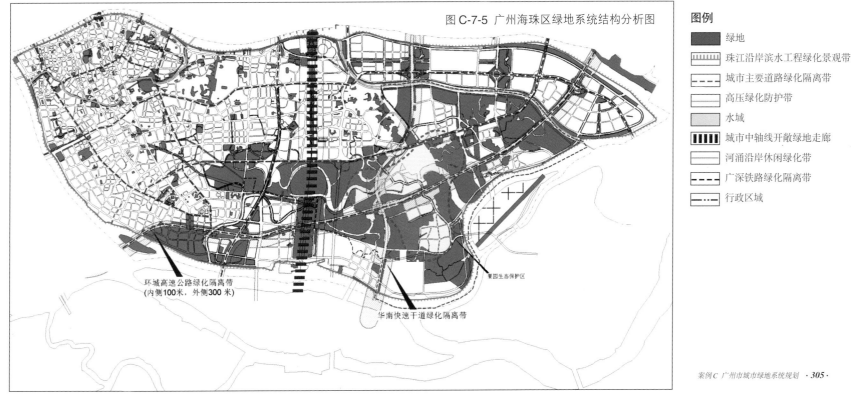

图 C-7-5 广州海珠区绿地系统结构分析图

图例

- 绿地
- 珠江沿岸滨水工程绿化景观带
- 城市主要道路绿化隔离带
- 高压绿化防护带
- 水域
- 城市中轴线开敞绿地走廊
- 河涌沿岸休闲绿化带
- 广深铁路绿化隔离带
- 行政区域

环城高速公路绿化隔离带
(内侧100米,外侧300米)

华南快速干道绿化隔离带

果园生态保护区

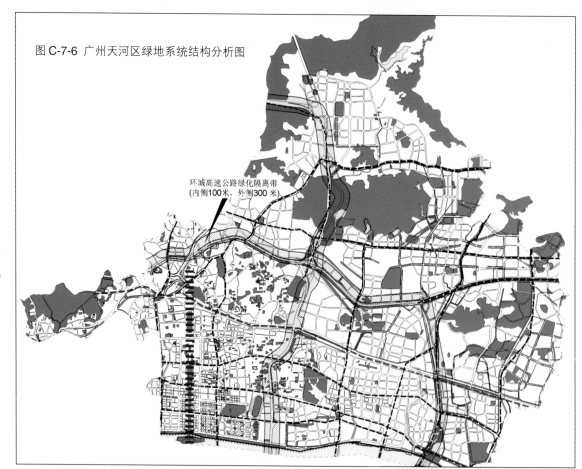

图 C-7-6 广州天河区绿地系统结构分析图

环城高速公路绿化隔离带
(内侧100米，外侧300米)

图例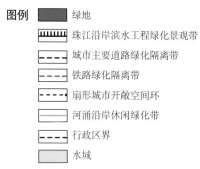
- 绿地
- 珠江沿岸滨水工程绿化景观带
- 城市主要道路绿化隔离带
- 铁路绿化隔离带
- 扇形城市开敞空间环
- 河涌沿岸休闲绿化带
- 行政区界
- 水域

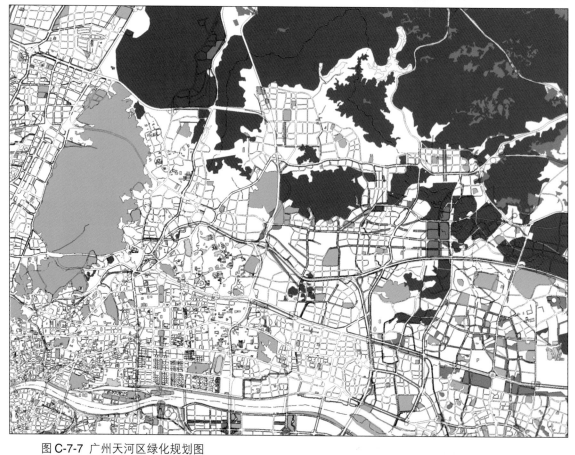

图例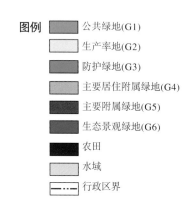
- 公共绿地(G1)
- 生产率地(G2)
- 防护绿地(G3)
- 主要居住附属绿地(G4)
- 主要附属绿地(G5)
- 生态景观绿地(G6)
- 农田
- 水域
- 行政区界

图 C-7-7 广州天河区绿化规划图

图例

- 公共绿地(G1)
- 生产率地(G2)
- 防护绿地(G3)
- 主要居住附属绿地(G4)
- 主要附属绿地(G5)
- 生态景观绿地(G6)
- 农田
- 水域
- 行政区界

图 C-7-8 广州黄埔区绿化规划图

图 C-7-9 广州黄埔区绿地系统结构分析图

北二环高速公路绿化隔离带
(内侧300米，外侧500米)

图例

- 绿地
- 珠江沿岸滨水工程绿化景观带
- 城市主要道路绿化隔离带
- 铁路绿化隔离带
- 扇形城市开敞空间环
- 河涌沿岸休闲绿化带
- 行政区界
- 水域

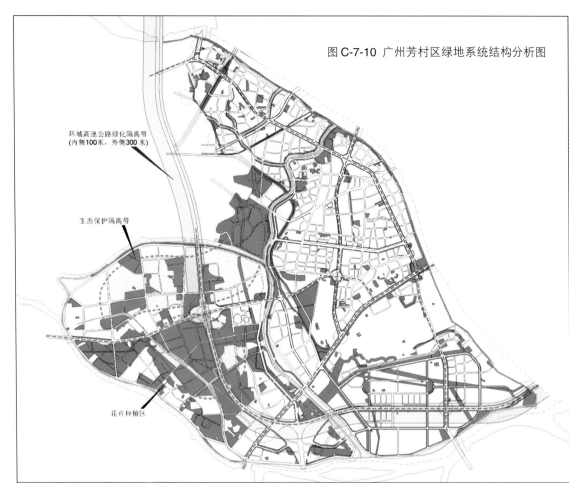

图 C-7-10 广州芳村区绿地系统结构分析图

环城高速公路绿化隔离带
(内侧100米，外侧300米)

生态保护隔离带

花卉种植区

图例

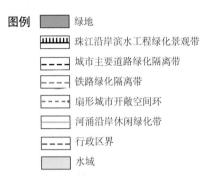

绿地

珠江沿岸滨水工程绿化景观带

城市主要道路绿化隔离带

铁路绿化隔离带

扇形城市开敞空间环

河涌沿岸休闲绿化带

行政区界

水域

图 C-7-11 广州芳村区绿化规划图

图例

公共绿地(G1)

生产率地(G2)

防护绿地(G3)

主要居住附属绿地(G4)

主要附属绿地(G5)

生态景观绿地(G6)

农田

水域

行政区界

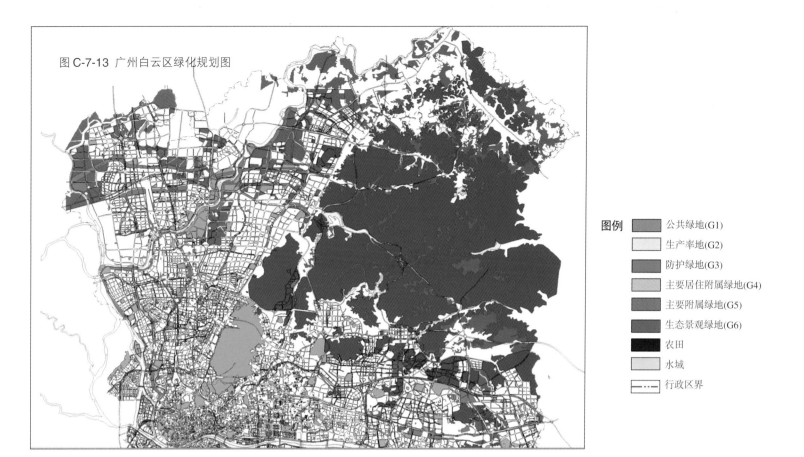

图 C-7-13 广州白云区绿化规划图

图例
▨	公共绿地(G1)
▨	生产率地(G2)
▨	防护绿地(G3)
▨	主要居住附属绿地(G4)
▨	主要附属绿地(G5)
▨	生态景观绿地(G6)
■	农田
▨	水域
---·---	行政区界

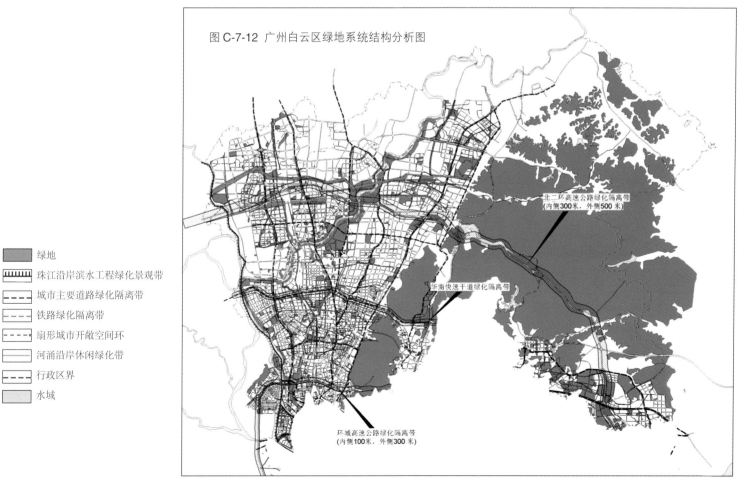

图 C-7-12 广州白云区绿地系统结构分析图

图例
▨	绿地
▥	珠江沿岸滨水工程绿化景观带
---	城市主要道路绿化隔离带
- - -	铁路绿化隔离带
- - -	扇形城市开敞空间环
===	河涌沿岸休闲绿化带
- - -	行政区界
▨	水域

北二环高速公路绿化隔离带
(内侧300米，外侧500米)

华南快速干道绿化隔离带

环城高速公路绿化隔离带
(内侧100米，外侧300米)

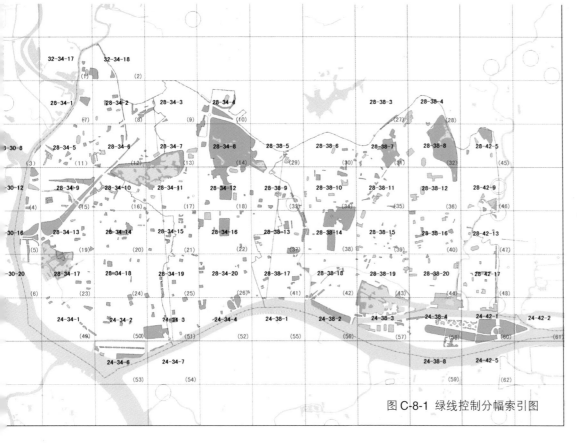

图中网格编号（从上到下，从左到右）：

32-34-17 (1)　　32-34-18 (2)

28-34-1 (7)　　28-34-2 (8)　　28-34-3 (9)　　28-34-4 (10)　　28-38-3 (27)　　28-38-4 (28)

3-30-8 (3)　　28-34-5 (11)　　28-34-6 (12)　　28-34-7 (13)　　28-34-8 (14)　　28-38-5 (29)　　28-38-6 (30)　　28-38-7 (31)　　28-38-8 (32)　　28-42-5 (45)

30-12 (4)　　28-34-9 (15)　　28-34-10 (16)　　28-34-11 (17)　　28-34-12 (18)　　28-38-9 (33)　　28-38-10 (34)　　28-38-11 (35)　　28-38-12 (36)　　28-42-9 (46)

30-16 (5)　　28-34-13 (19)　　28-34-14 (20)　　28-34-15 (21)　　28-34-16 (22)　　28-38-13 (37)　　28-38-14 (38)　　28-38-15 (39)　　28-38-16 (40)　　28-42-13 (47)

30-20 (6)　　28-34-17 (23)　　28-34-18 (24)　　28-34-19 (25)　　28-34-20 (26)　　28-38-17 (41)　　28-38-18 (42)　　28-38-19 (43)　　28-38-20 (44)　　28-42-17 (48)

24-34-1 (49)　　24-34-2 (50)　　24-34-3 (51)　　24-34-4 (52)　　24-38-1 (55)　　24-38-2 (56)　　24-38-3 (57)　　24-38-4 (58)　　24-42-1 (60)　　24-42-2 (61)

24-34-6 (53)　　24-34-7 (54)　　24-38-8 (59)　　24-42-5 (62)

图 C-8-1　绿线控制分幅索引图

图例

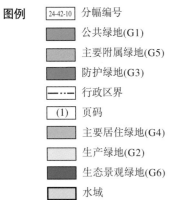

24-42-10	分幅编号
	公共绿地(G1)
	主要附属绿地(G5)
	防护绿地(G3)
——·——·	行政区界
(1)	页码
	主要居住绿地(G4)
	生产绿地(G2)
	生态景观绿地(G6)
	水域

第一节　城市绿线管理的基本要求

（见规划文本总则，略）

第二节　中心城区规划绿线管理地块

为认真贯彻落实2001年5月《国务院关于加强城市绿化工作的通知》和国家建设部有关城市绿线管理的要求，本规划尝试参照城市规划中常用的用地细分和属性管理方法，通过细致、深入、全面的规划研究，在统筹分析、平衡利益、解决矛盾的基础上确定相应的城市绿线管理地块，为城市绿地的规划、建设与管理提供合法依据。

具体的工作方法是：在绿地系统规划编制过程中，根据城市空间发展和生态环境建设等多方面的需求要素，对规划期内市区拟规划建设的城市绿地进行空间布局；并汇总分析以往多年来城市规划管理部门所控制的规划绿地用地(含城市分区规划所确定的规划绿地)，运用GIS技术对各类规划绿地逐一进行编码、核对、计算面积，进而从规划管理角度提出处理与该用地相关的产权、用途转换等有关问题的途径，并赋予其特定的绿地属性(表C-8-1，C-8-2)。通过这种方法，能够较好地解决规划绿地如何落到实处和明确实施绿线管理的合法依据等问题，大大提高了绿地系统规划的可操作性。

第三节　旧城中心区绿线控制图则

广州的旧城中心区，即指荔湾、越秀、东山三个行政区，面积共37.8km²，是广州历史文化名城的核心区域，也是城市的政治、经济与文化中心。

2000多年来，广州城一直在"番禺城"的基础上不断拓展。由于白云山和珠江的限制，城市只能沿珠江向东西延伸。由于城市在原址上发展扩张，旧城区既定的城市结构对城市发展造成了很大的限制，如人口高度集聚和人群活动过密，导致交通堵塞、绿地减少，环境恶化。因此，广州的旧城改造必须适应建设山水生态城市的要求，合理控制和降低人口密度及建筑密度，完善道路系统、绿地系统、商业网络系统等市政设施和公共服务设施。

荔湾区、东山区和越秀区作为旧城中心区，要进一步加强对工业污染的治理，逐步迁出污染严重的工厂，美化、绿化城市环境，提高城市环境质量。保护历史文化古迹和有地方特色的传统建设，形成点、线、面相结合的历史文化名城保护格局，保持城市历史文化和风貌的一致性、延续性。

今后20年，广州市旧城中心区规划建设与绿线管理的目标是：

● 确立社会、经济、环境综合改善的原则，将历史文化名城保护作为保持城市特色的政策基点。

● 有机疏散，保护历史文化名城，疏解过高的人口与建设密度，努力增加公共绿地、开敞空间与公共服务设施。

● 坚决遏制以发展市场为主体的无序化旧城改造模式，制定"有机更新"的旧城改造政策；通过整治、改善与适度的旧城更新，建设广州城市传统的商业贸易中心、环境优美的历史文化名城。

● 除规划绿线控制地块以外，还须根据局部地区的建设指标要求促进绿地建设。

为迅速改善旧城中心区绿地不足的现状面貌，本次规划认真研究了旧城区建设用地和闲置空地的资源情况，提出了可供操作的规划绿线控制图则，并编制了相应的地块属性表(表C-8-3)，供市、区两级城市绿化建设管理部门参照使用。

（原有规划图63幅，本书仅示例5幅）

花之帆

表 C-8-1　广州市中心城区规划绿线管理地块汇总表

区别	荔湾区	越秀区	东山区	天河区	海珠区	芳村区	黄埔区	白云区
规划绿地面积(hm²)	201.2	176.5	96.4	971.1	750.9	1066.6	1521.5	6116.0
合计	10900.2 (hm²)							

注：上表中的规划绿线管理地块，均位于中心城区城市规划控制区内(约618km²)。

表 C-8-3　广州市旧城中心区规划绿线控制图则地块属性表(节选示例)

（一）荔湾区

1. 公共绿地：

地块编码	名称	面积(m²)	绿地分类代码	所处图幅	区域空间定位	内部功能要求	地块来源	建设状况	现状
G1L01-001	广州铸管厂东侧铁路沿线绿化带	6348	G1	32-34-18	城市主干道节点绿地	沿道路为主要景观控制面	分区规划	新建	绿地
G1L01-002	水泥制品厂绿地	2620	G1	32-34-17	社区服务绿地		分区规划	新建	拆平空地
G1L01-007	水泥厂小区绿地	5944	G1	28-34-2	社区服务绿地		分区规划	新建	空地、低层建筑
G1L01-010	增步河沿岸绿地	1374	G1	28-34-1	江河沿线景观绿地	沿江河为主要景观控制面	分区规划	新建	低层建筑
G1L01-011	京广铁路环市西北侧沿线绿化	5155	G1	28-34-2	城市铁路隔离景观绿地	沿铁路为主要景观控制面	分区规划	新建	绿地、低层建筑
G1L01-021	京广铁路环市西南侧沿线绿化	3641	G1	28-34-6	城市铁路隔离景观绿地	沿铁路为主要景观控制面	分区规划	新建	绿地、低层建筑
G1L01-085	青年公园	33500	G1	28-30-16	市、区级公园		分区规划	新建	绿地
G1L01-099	陈家祠广场	10550	G1	28-34-14	历史文化古迹景观绿地	与城市广场结合布局	分区规划	已建	绿地、广场
G1L01-100	陈家祠广场	15700	G1	28-34-14	历史文化古迹景观绿地	与城市广场结合布局	分区规划	新建	低层建筑
G1L01-101	陈家祠广场	2689	G1	28-34-14	历史文化古迹景观绿地	与城市广场结合布局	分区规划	已建	绿地
G1L01-132	华林寺广场	7699	G1	28-34-18	历史文化古迹景观绿地	结合历史文化古迹布局	《华林寺历史街区保护规划》	新建	空地
G1L01-158	西堤广场	8525	G1	24-34-7	江河沿线景观绿地	沿江河为主要景观控制面	《西堤滨江绿化广场规划》	已建	绿地
G1L01-159	同上	317.3	G1	24-34-3	社区服务绿地		《西堤滨江绿化广场规划》	新建	低层建筑

2. 附属绿地

地块编码	名称	面积 (m²)	绿地分类代码	所处图幅	区域空间定位	内部功能要求	地块来源	建设状况	现状
G5L01-002	市三十中运动场	2266	G5	28-34-2	社区服务绿地	与社区运动场结合布局	分区规划	新建	运动场
G5L01-003		1334	G5	28-34-3	社区服务绿地	与社区运动场结合布局	分区规划	新建	空地
G5L01-005	市五十九中运动场	2001	G5	28-34-5	社区服务绿地	与社区运动场结合布局	分区规划	新建	运动场
G5L01-007	广师附小附属绿地	571.7	G5	28-34-6	社区服务绿地		分区规划	新建	绿地、空地
G5L01-028	市一中运动场	2447	G5	24-34-1	社区服务绿地		分区规划	已建	绿地、运动场
G5L01-029	白天鹅宾馆附属绿地	3424	G5	24-34-6	社区服务绿地		分区规划	已建	绿地

（二）越秀区

1、公共绿地:

地块编码	名称	面积 (m²)	绿地分类代码	所处图幅	区域空间定位	内部功能要求	地块来源	建设状况	现状
G1Y01-001	流花湖公园	547700	G1	28-34-10 28-34-11	市区级公园		分区规划	已建	绿地
G1Y01-004		32580	G3	28-34-4	城市铁路隔离景观绿地		分区规划	新建	低层建筑拆平工地
G1Y01-005		1534	G3	28-34-4	城市铁路隔离景观绿地		分区规划	新建	低层建筑
G1Y01-010	越秀公园	734700	G1	28-34-8 28-34-12	市区级公园城市中轴线节点绿地	与社区运动场结合布局	分区规划	已建	绿地
G1Y01-011		1618	G1	28-34-11	社区服务绿地		分区规划	新建	低层建筑
G1Y01-012		616.3	G1	28-34-11	社区服务绿地		分区规划	新建	拆平工地
G1Y01-017	市府东侧广场	3774	G1	28-38-9	社区服务绿地		分区规划	新建	拆平工地
G1Y01-025		1899	G1	28-34-10	社区服务绿地		分区规划	新建	低层建筑
G1Y01-026	光孝寺广场	2776	G1	28-34-15	历史文化古迹景观绿地	结合历史文	分区规划 化古迹布局	新建	低层建筑
G1Y01-027	光孝寺广场	664.2	G1	28-34-15	历史文化古迹景观绿地	结合历史文	分区规划 化古迹布局	新建	低层建筑
G1Y01-028	光孝寺广场	1118	G1	28-34-15	历史文化古迹景观绿地	结合历史文化古迹布局	分区规划	新建	低层建筑

(续上表)

编码	名称	面积 (m²)	绿地分类代码	所处图幅	区域空间定位	内部功能要求	地块来源	建设状况	现状
G1Y01-029	六榕寺广场	12580	G1	28-34-16	历史文化古迹景观绿地	结合历史文化古迹布局	分区规划	新建	低层建筑
G1Y01-039	大佛寺广场	4283	G1	28-34-20	历史文化古迹景观绿地	结合历史文化古迹布局	《北京路城市设计调整》	新建	低层建筑
G1Y01-040		3339	G1	28-34-19			分区规划	新建	低层建筑
G1Y01-041	五仙观广场	1554	G1	28-34-20	历史文化古迹景观绿地	结合历史文化古迹布局	五仙观历史地段保护规划	新建	低层建筑
G1Y01-042	五仙观广场	4440	G1	28-34-20	历史文化古迹景观绿地	结合历史文化古迹布局	五仙观历史地段保护规划	新建	低层建筑
G1Y01-049	观绿广场	4867	G1	28-34-19			分区规划	新建	低层建筑
G1Y01-055	大新广场	6923	G1	24-34-3	社区服务绿地		分区规划	新建	低层建筑
G1Y01-056	石室广场	15960	G1	24-34-4	历史文化古迹景观绿地	结合历史文化古迹布局	分区规划	新建	低层建筑,绿地
G1Y01-061	新儿童公园	11190	G1	24-34-3	市,区级公园	与城市广场结合布局	分区规划	新建	拆平工地
G1Y01-064	解放大桥北桥头绿化	1867	G1	24-34-4	城市主干道路节点绿地		分区规划	新建	拆平工地
G1Y01-065	盘福路立交绿化	802.7	G1	28-34-11	城市主干道路节点绿地		分区规划	新建	低层建筑
G1Y01-066	东风路-解放路交叉口绿化	5650	G1	28-34-12	城市主干道路节点绿地	设地下停车场	分区规划	新建	停车场
G1Y01-069	新大地宾馆绿地	2370	G1	28-38-9	社区服务绿地	设地下停车场	分区规划	新建	停车场

2、附属绿地:

地块编码	名称	面积 (m²)	绿地分类代码	所处图幅	区域空间定位	内部功能要求	地块来源	建设状况	现状
G5Y01-002	东方宾馆前广场	12630	G5	28-34-7	社区服务绿地	与城市广场结合布局	分区规划	新建	低层建筑、绿化
G5Y01-020	海珠广场	738.0	G5	24-34-4	城市主干道节点绿地		分区规划	已建	绿地
G5Y01-021	孙逸仙纪念医院附属绿地	1956	G5	24-34-3	社区服务绿地		分区规划	已建	绿地

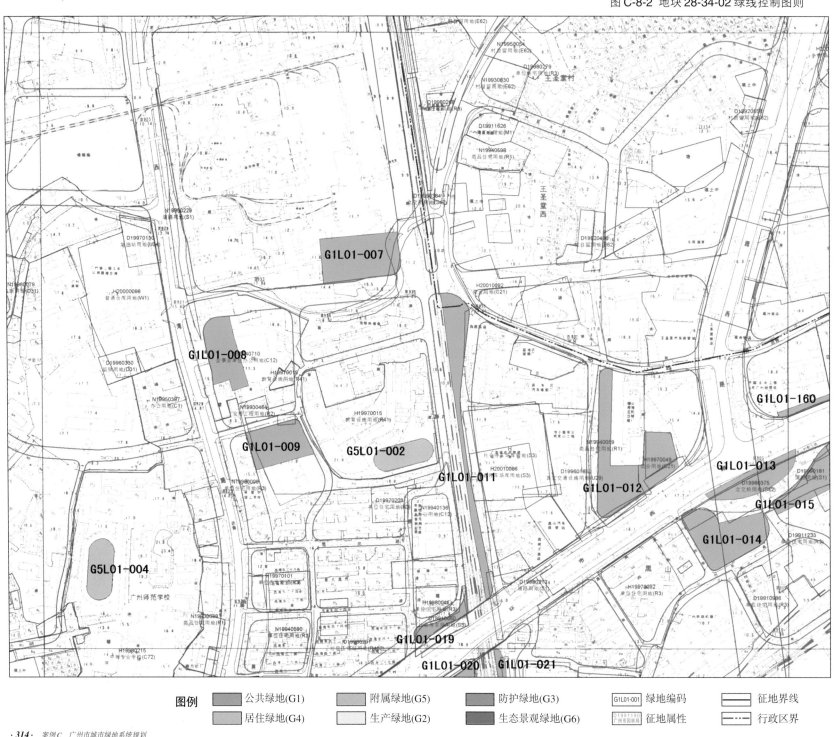

图 C-8-2 地块 28-34-02 绿线控制图则

图例

| | 公共绿地(G1) | | 附属绿地(G5) | | 防护绿地(G3) | G1L01-001 | 绿地编码 | | 征地界线 |
| | 居住绿地(G4) | | 生产绿地(G2) | | 生态景观绿地(G6) | 01991190 | 征地属性 | | 行政区界 |

丽江花园

（三）东山区

1、公共绿地：

地块编码	名称	面积 （m²）	绿地分 类代码	所处图幅	区域空间定位	内部功能要求	地块来源	建设 状况	现状
G1D01-001		842.3	G1	28-38-5	城市主干道 节点绿地	沿道路为主要 景观控制面	分区规划	新建	绿地、 低层建筑
G1D01-016		491.2	G1	28-38-10	社区服务绿地		分区规划	新建	绿地、低层建筑
G1D01-017	白云宾馆	3095	G1	28-38-10	社区服务绿地	与城市广场 结合布局	分区规划	已建	绿地
G1D01-018		2440	G1	28-38-6 28-38-10	社区服务绿地	与城市广场 结合布局	分区规划	新建	低层建筑
G1D01-024	环市路 - 先烈 路立交绿化	6042	G1	28-38-11	城市主干道 节点绿地	沿道路为主要 景观控制面	分区规划	新建	绿地、 低层建筑
G1D01-033	东风路 - 先烈 路交叉口绿化	1390	G1	28-38-10	城市主干道 节点绿地要	沿道路为主 景观控制面	分区规划	新建	绿化、低层建筑
G1D01-040	东风路 - 广州 大道立交绿化	8011	G1	28-42-9	城市主干道 节点绿地	沿道路为主 要景观控制面	分区规划	新建	低层建筑
G1D01-043	东濠涌沿线绿化	1530	G1	28-38-9	河涌沿线 景观绿地	沿江河为主 要景观控制面	分区规划	新建	绿地、低层建筑
G1D01-052	中山路 - 德政 路交叉口绿化	2004	G1	28-38-13	城市主干道节点绿地		分区规划	新建	低层建筑
G1D01-091	新河浦涌 沿线绿化	1416	G1	28-38-18	河涌沿线 景观绿地	沿江河为主 要景观控制面	分区规划	新建	拆平工地
G1D01-120	沿江东路滨 江绿化带	87720	G1	24-38-2	珠江沿线 景观绿地	沿江河为主 要景观控制面	分区规划	新建	低层建筑
G1D01-121	海印桥北 桥头绿化	4312	G1	24-38-2 24-38-3	城市主干道 节点绿地	沿道路为主 要景观控制面	分区规划	新建	低层建筑

2、附属绿地：

地块编码	名称	面积 (m²)	绿地分类代	所处图幅	区域空间定位	内部功能要求	地块来源	建设状况	现状
G5D01-001	广州市第一幼儿园附属绿地	7933	G5	28-38-5	社区服务绿地	分区规划		已建	绿地
G5D01-002	市二十一中附属绿地	5398	G5	28-38-6	社区服务绿地	分区规划		已建	绿地
G5D01-003		237.8	G5	28-38-6	社区服务绿地		分区规划	新建	低层建筑
G5D01-004	市财政学校附属绿地	2142	G5	28-38-7	社区服务绿地		分区规划	已建	绿地
G5D01-005	华侨小学附属绿地	3320	G5	28-38-7	社区服务绿地		分区规划	已建	绿地
G5D01-006		3722	G5	28-38-3	社区服务绿地		分区规划	已建	绿地
G5D01-007		25900	G5	28-38-328-38-4	社区服务绿地		分区规划	已建	绿地
G5D01-008		3211	G5	28-38-8	社区服务绿地	与城市广场结合布局	分区规划	新建	绿地、广场
G5D01-009	中科院广州分院附属绿地	14100	G5	28-38-8	社区服务绿地		分区规划	已建	绿地
G5D01-010	省科学院附属绿地	10800	G5	28-38-8	社区服务绿地	与社区运动场结合布局	分区规划	已建	绿地、运动场
G5D01-011	八七０四八部队附属绿地	4099	G5	28-42-5	社区服务绿地	与城市广场结合布局	分区规划	已建	绿地、广场
G5D01-012	白云师范学校附属绿地	2541	G5	28-42-5	社区服务绿地	与社区运动场结合布局	分区规划	已建	绿地、运动场
G5D01-013	市十七中附属绿地	2238	G5	28-38-9	社区服务绿地	与社区运动场结合布局	分区规划	已建	绿地、运动场
G5D01-014	广州师范学院附中附属绿地	2302	G5	28-38-10	社区服务绿地	与社区运动场结合布局	分区规划	已建	绿地、运动场
G5D01-015	花园酒店附属绿地	9606	G5	28-38-10	社区服务绿地	与城市广场结合布局	分区规划	已建	绿地、广场
G5D01-016	业余大学附属绿地	18410	G5	28-38-12	社区服务绿地		分区规划	新建	绿地、低层建筑
G5D01-017	省委党校附属绿地	3218	G5	28-38-10	社区服务绿地		分区规划	已建	绿地
G5D01-019	东山区教育局附属绿地	4650	G5	28-38-10	社区服务绿地		分区规划	已建	绿地
G5D01-020	传染病医院附属绿地	1266	G5	28-38-10	社区服务绿地		分区规划	新建	空地、低层建筑
G5D01-021	广州市执信中学附属绿地	6976	G5	28-38-11	社区服务绿地		分区规划	新建	绿地、低层建筑
G5D01-022	广州市执信中学附属绿地	2800	G5	28-38-11	社区服务绿地		分区规划	新建	绿地、低层建筑
G5D01-023	广州市执信中学附属绿地	649.2	G5	28-38-11	社区服务绿地		分区规划	新建	绿地、低层建筑
G5D01-024	广州市执信中学附属绿地	2646	G5	28-38-11	社区服务绿地	与社区运动场结合布局	分区规划	已建	绿地、运动场

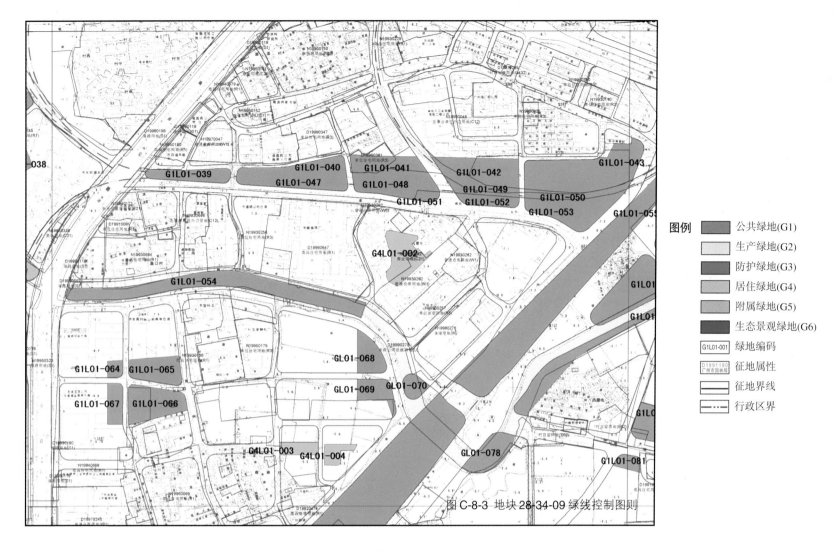

图例
- 公共绿地(G1)
- 生产绿地(G2)
- 防护绿地(G3)
- 居住绿地(G4)
- 附属绿地(G5)
- 生态景观绿地(G6)
- G1L01-001 绿地编码
- D1991190 征地属性 广州市园林局
- 征地界线
- 行政区界

图C-8-3 地块28-34-09绿线控制图则

表C-8-2 广州市中心城区规划绿地分区汇总表(节选示例)

荔湾区 (总面积: 2012006.97m²)

地块分区编码	绿地分类代码	用地分类代码	面积(m²)	建设情况
L010202	G5	C4	18678.38	规划
L010203	G1	G1	25185.42	规划
L010308	G1	G1	5944.33	规划
L011405-06	G5	R2+U3+R22	147431.7	已建
L011803	G2	G2	8557.88	规划
L011902	G2	G2	8543.27	规划
L011905	G1	G1	16153.93	规划
L012002	G2	G2	7545.06	规划
L017207	G1	G1	5709.6	规划
L017215	G1	G1	3205.13	规划
L018004	G1	G1	2134.2	规划
L018205	G1	G1	4927.58	规划
L018509	G1	G1	1029.86	规划

越秀区 (总面积: 1764807 m²)

地块分区编码	绿地分类代码	用地分类代码	面积(m²)	建设情况
Y010204	G5	C6	511	现状
Y010811	G1	G1	1614	规划
Y011107	G2	G2	14526	规划
Y012205	G1	G1	2784	规划(工厂置换绿地)
Y012217	G1	G1	3602	规划
Y012616	G1	G1	1558	规划(工厂置换绿地)
Y013908	G1	G1	23235	南越宫署遗址保护区
Y014405	G5	C4	7425	规划
Y014406	G5	C4	3573	规划
Y014808	G1	G1	10787	规划
Y016018	G1	G1	1834	规划
Y017701	G1	G1	19362	规划(注销用地置换绿地)
Y018307	G1	G1	1863	规划(居住用地置换绿地)
Y018401	G5	C4	10655	规划(居住用地置换绿地)

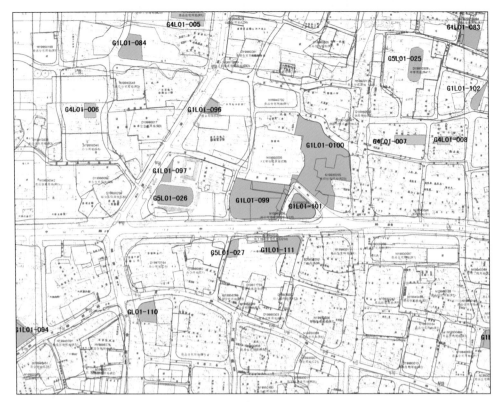

图 C-8-4 地块 28-34-14 绿线控制图则

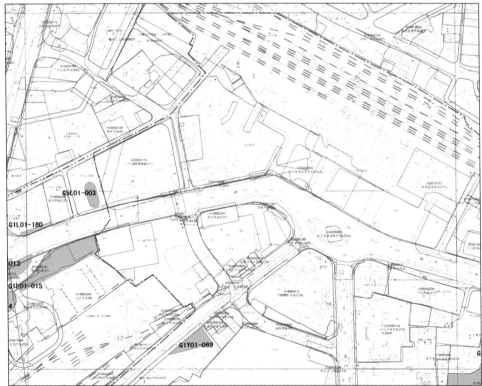

图 C-8-5 地块 24-34-03 绿线控制图则

东山区（总面积：963853.59m²）

地块分区编码	绿地分类代码	用地分类代码	面积(m²)	建设情况
D010233	G1	G1	3095.27	
D010302	G1	G1	237.98	
D010310	G1	C2	4507.44	
D010319	G1	G1	99.89	
D010404	G1	G1	123669.4	黄花岗公园
D010803	G5	R22	65985.9	执信中学
D011031	G1	G1	1567.82	
D011101	G1	G1	1528.98	
D011112	G1	G1	2758.45	
D011113	G1	G1	3588.39	
D011203	G1	G1	169850.3	广州烈士陵园
D011336	G1	G1	354440.4	广州动物园
D012002	G5	C4	44836	广东省体育场
D012119	G1	G1	1127.03	
D012201	G1	G1	1609.76	

天河区（总面积：9710722M²）

地块分区编码	绿地分类代码	用地分类代码	面积(m²)	建设情况
T100304	G3	G2	6400	规划
T102305	G3	G2	100	规划
T102803	G3	G2	7200	现状
T101008	G3	G2	1000	规划
T105002	G1	G1	19400	规划(居住区公园)
T108701	G1	G1	345000	规划(城市公园)
T109302	G1	G1	445400	规划(黄沙围公园)
T111606	G1	G1	7800	规划(滨江公园)
T111607	G1	G1	23500	规划(滨江公园)
T111505	G1	G1	7900	规划(海心沙公园)
T050102	G1	G1	182500	规划(瘦狗岭公园)
T051604	G1	G1	62300	规划(茶山公园)
T080703	G3	G2	32000	现状(苗圃)
T081904	G3	G2	26000	规划(苗圃)
T084705	G3	G2	24000	规划(高压走廊)
T091902	G1	G1	21261	规划(居住区公园)

海珠区 (总面积: 7508612M²)

地块分区编码	绿地分类代码	用地分类代码	面积(m²)	建设情况
Z010101	G1	G1	16900	规划
Z010523	G1	G1	19400	规划
Z010603	G1	G1	39100	规划(小学)
Z011008	G1	G1	23400	规划(公园)
Z011009	G1	G1	5800	规划
Z011101	G1	G1	2300	规划
Z011211	G1	G1	41300	规划(庄头公园)
Z011301	G1	G1	7700	规划
Z022204	G1	G1	32000	晓港公园
Z022206	G1	G1	14000	晓港公园
Z022207	G3	G2	8000	
Z022208	G3	G2	2000	

黄埔区 (总面积: 15214852.91M²)

地块分区编码	绿地分类代码	用地分类代码	面积(m²)	规划绿地类型
P01001	G3	G2	18753.29	道路沿线防护绿带
P01002	G3	G2	27059.5	道路沿线防护绿带
P01008	G3	G2	6978.916	防护绿地
P01009	G3	G2	4082.822	防护绿地
P01010	G3	G3	17181.29	居住区公园
P01013	G3	G3	563187.4	城市公园
P01017	G3	G2	958.5337	防护绿地
P01018	G3	G3	10290.18	居住区公园
P01019	G3	G2	26207.7	道路沿线防护绿带
P01020	G3	G3	1056397	城市公园
P01021	G3	G2	9213.903	防护绿地
P01022	G3	G3	32372.83	居住区公园

芳村区 (总面积: 10666117M²)

地块分区编码	绿地分类代码	用地分类代码	面积(m²)	建设情况
F01001	G3	G2	9856	规划
F01002	G3	G2	21786	规划
F01003	G3	G2	1904	规划
F01004	G3	G2	6022	规划
F01005	G3	G2	3117	规划
F01006	G3	G2	2358	规划
F01007	G3	G2	3034	规划
F01008	G3	G2	9505	规划
F01009	G3	G2	6862	规划
F01010	G3	G2	12	规划
F01011	G3	G2	10854	规划
F01012	G1	G1	19981	规划(桥南公园)
F01013	G3	G2	9037	规划
F01028	G3	G2	10823	规划

白云区 (总面积: 61160171.79 M²)

地块分区编码	绿地分类代码	用地分类代码	面积(m²)	规划绿地类型
B02001	G3	G2	49518.89	河湖水体防护绿带
B02002	G3	G2	2824.954	河湖水体防护绿带
B02010	G3	G2	6637.034	道路沿线防护绿带
B02011	G3	G2	11963.37	道路沿线防护绿带
B02021	G1	G1	90650.68	居住区公园
B02022	G3	G2	40739.53	道路沿线防护绿带
B02023	G1	G1	23606.41	居住区公园
B02043	G3	G2	45819.04	河湖水体防护绿带
B02044	G1	G1	163198.6	城市公园
B02045	G1	G1	140583.4	城市公园
B02051	G3	G2	7016.409	河湖水体防护绿带
B02052	G3	G2	6746.806	道路沿线防护绿带
B02058	G3	G2	23096.13	高压走廊防护绿地
B02081	G3	G2	2814.43	河湖水体防护绿带
B02082	G3	G2	8795.538	道路沿线防护绿带
B02083	G1	G1	23291.61	居住区公园

附件三：

对《广州市城市绿地系统规划》的评审意见

应广州市人民政府和广东省建设厅邀请，由中国工程院孟兆祯院士等有关专家组成的评审专家组，于 2002 年 6 月 27 – 28 日在广州召开了"广州市城市绿地系统规划评审会"。专家组审阅了《广州市城市绿地系统规划》文件(以下简称《规划》)，听取了编制单位汇报，实地考察了广州城市园林绿化建设情况。经过认真评议，形成如下评审意见：

一、广州市委、市政府认真贯彻 2001 年《国务院关于加强城市绿化工作的通知》，在新形势下组织编制了《广州市城市绿地系统规划》，高度重视城市生态环境和园林绿化的规划建设，是非常适时及必要的工作。

二、该《规划》指导思想正确，现状调查深入细致，基础资料翔实，组织机构高效合理，编制方法科学严谨，规划思路清晰，技术手段先进，规划工作成果达到了国内同领域的领先水平。该《规划》对全国的城市绿地系统规划编制工作，具有重要的参考价值。

三、该《规划》提出的市域绿地系统空间结构，符合广州市的实际情况和城市发展需要，规划指标体系先进，内容全面，特别是通过科学研究提出的"开敞空间优先"和"生态与景观并重"的规划思想，符合广州市城市发展总体规划的战略思路，较好地协调了广州市社会经济快速发展与自然环境保护之间的矛盾。

四、评审专家组认为，该《规划》的编制成果符合国家与省、市有关法规、规定和技术规范的要求，具有较强的科学性和前瞻性，可依法纳入城市总体规划的编制和实施，对广州现代化中心城市的环境建设、实现城市可持续发展，具有指导性意义。评审专家组一致同意，该《规划》作为一项重要的城市专项规划成果，可在对规划文本作适当修改后，依法上报广州市人民政府审批。

为使规划成果更加完善，评审专家组提出了如下建议：

一、在广州市新一轮城市总体规划的编制过程中，同步开展《广州市城市绿地系统规划》的编制，是城市规划工作适应新形势发展需要的突破；应进一步加强绿地系统规划与城市总体规划编制与管理工作之间的衔接，确保绿地系统规划能落到实处。

二、加强白云山绿地体系与珠江绿地体系之间的联接，深化对于城市整体绿地系统布局结构的研究，充分凸显广州山水城市的格局。

三、加强城市中心区的绿地规划建设，多渠道增加绿地面积，特别要注重对老城区的绿地扩展建设，提高各区的绿化水平，进一步完善绿地系统规划的实施措施。

四、加强城市历史文化街区与文物古迹环境的绿化建设，努力营造宜人的休闲文化环境，更好地继承与发扬岭南园林的文化脉络。

《广州市城市绿地系统规划》评审专家组

组　长：孟兆祯

副组长：王秉洛

二〇〇二年六月二十八日

评审专家组签名表：

姓名	工作单位 / 职务 / 职称	签名
孟兆祯	中国工程院院士，中国风景园林学会副理事长，北京林业大学园林学院教授、博导	孟兆祯
甘伟林	中国风景园林学会副理事长，中国风景园林规划设计研究中心主任，原国家建设部市容园林局局长，(教授级)高级建筑师	甘伟林
王秉洛	中国风景园林学会副理事长，建设部科技委城市园林绿化专家组长，原国家建设部城建司副司长，(教授级)高级工程师	王秉洛
杨赉丽	中国风景园林学会理事，全国高等院校《城市园林绿地规划》教材主编，北京林业大学园林学院教授	杨赉丽
贾建中	中国风景园林学会理事，中国城市规划设计研究院风景园林研究所所长，高级规划师	贾建中
林源祥	中国风景园林学会理事，国家建设部风景园林专家顾问，上海交通大学教授	林源祥
赵万民	中国城市规划学会理事，《城市规划》杂志编委、重庆大学建筑城规学院副院长，教授，博导	赵万民
王绍增	中国风景园林学会理事，《中国园林》学刊副主编，华南农业大学风景园林系主任，教授	王绍增
赵庆国	国家建设部城建司园林绿化处副处长(正处级)	赵庆国
钟汉谋	广东园林学会理事，广东省建设厅城建处副处长	钟汉谋

美国纽约的城市绿地系统景观 (1997)

滨水绿带

自由岛远眺

市民公园

洛克菲勒
中心前庭花园

滨河公园

美国波士顿的城市绿地系统景观 (2001)

街心绿地

住宅绿化

中心公园

作者简介

　　李敏教授，1957年出生于福州，先后毕业于北京林业大学园林学院和清华大学建筑学院，曾师从著名学者汪菊渊院士、孟兆祯院士和吴良镛院士做研究生，获风景园林规划设计专业农学硕士和城市规划与设计专业工学博士学位。1985年后，历任北京市园林局总工程师助理、颐和园建设部工程师，广州城建学院（今广州大学）建筑系风景园林教研室主任，佛山市建设委员会主任助理兼市城乡规划处副处长，佛山市建筑学会副理事长，'99昆明世界园艺博览会广东园建设指挥部副总指挥，广州市市政园林局城市绿化管理处副处长、公园管理处副处长，广州市城市绿地系统规划办公室副主任，广州市市政园林局副总工程师；现任华南农业大学热带园林研究中心主任、林学院风景园林系主任；兼任中国风景园林学会理事，广东园林学会常务理事，广东省生态学会理事，广东省风景园林协会专家委员会委员，广东省林业产业协会专家委员会委员，清华大学人居环境研究中心客座研究员，《中国园林》学刊和《广东园林》杂志常务编委，《规划师》、《建筑师》、《园林》杂志编委，广州市城市雕塑艺术委员会委员，广州市建设科技委园林绿化专业委员会副主任，先后被邀聘为南宁、福州、江门、三水、厦门、开平、攀枝花、韶关、湛江市政府的城市规划与园林建设顾问。

　　李敏教授的主要著作有：《中国现代公园》，北京科技出版社，1987；《中外古典艺术鉴赏辞典》（建筑卷·园林篇），北京学苑出版社，1989；《城市绿地系统与人居环境规划》，中国建筑工业出版社，1999；《世纪辉煌粤晖园》，海潮摄影艺术出版社，2000；《广州公园建设》、《广州艺术园圃》，中国建筑工业出版社，2001；参与编写《中国大百科全书》（建筑、园林、、城市规划卷），中国大百科全书出版社，1988；《中国城市市花》，华夏出版社，1989；《城市规划导论》，中国建筑工业出版社，2002。近20年来，他的足迹遍及神州大地，并多次出国学习考察，发表专业论文数十篇，参与主持风景园林、建筑与城市规划项目50多个，多次获国际、国内专业奖项。其中：《论岭南造园艺术》1995年获中国风景园林学会"优秀论文奖"；《广州园林绿化信息网的规划与建设》获广州市科学技术协会"2000年广州地区青年科技工作者论坛优秀论文一等奖"，并在中国科协2000年学术年会上报告交流；"粤晖园"荣获'99昆明世界园艺博览会的室外庭园综合竞赛"最佳展出奖"（冠军）、"庭园设计大奖"等40个奖项和国家建设部优秀园林工程设计一等奖。1999年11月，广东省人民政府授予他"先进工作者"荣誉称号；2001年，他代表广州市参加"国际花园城市"竞赛（Nations in Bloom），荣获铜奖。2002年，他参加广州市申报"联合国人居奖"工作小组，在全球544个参赛项目中脱颖而出，广州荣获"联合国改善人居环境最佳范例奖（迪拜奖）"。2000－2002年，他主持编制的《广州市城市绿地系统规划》（2001－2020年），经国家建设部专家组鉴定，达到国内领先水平。2003年，他主持创办了华南农业大学热带园林研究中心，在国内率先开拓"地带园林学"研究领域。

Dr. Limin in USA,1997.　　　　　*(E-mail: gdlimin_gzb@21cn.net)*

泸沽秋色　　　　　　　　　　　　　　　　　　　　（李敏　摄影）

——纯净的自然，是生态绿地系统规划建设的最高境界

本书案例有下列主要人员参与工作，特此鸣谢。(排名不分先后，共165人)

案例A：

林邦彦　杨悦友　何小坚　邓国清　黎新华　杨敏辉　周贱平
邓锡强　李松峰　朱墨　陈穗嘉　邵仁礼　王勤　杨中慧
张宏利　陈佩玲　冯萍　李洪斌　杨治帆　陈李莉　梁伟勤
司徒卫　杜智斌　谢丽平　周叙　曹久久　殷福忠　李卫红
金永卫　张玉竹　杨赉丽　黄庆喜　梁伊任　张天麟　李建宏
赵鹏　王沛永　魏民　姚玉君　杨一力　张路　宋淑范
李红　施秋伟

案例B：

邓伟根　周志坤　黄惠松　潘毅敏　黎志明　梁胜添　林润江
周礼棠　冯沃棠　邓基良　何志江　周桂浩　王锦安　林桐兴
赵万民　王萍　严爱琼　刘正旭　骆庚　黄浩　齐丹丹
蒋万芳　周放　徐宏强　杨剑波　胡茂彦　周梦祺　曾诚
谭光斌　李英　毛珂　张克胜　李骏

案例C：

吴劲章　史小子　段险峰　余英　冯军　彭高峰　丁建伟
王朝晖　黄学传　陈俊权　周霞　冷瑞华　钟丰　康毅全
彭艾玲　李永雄　蔡斌　朱文雄　王绍增　邱巧玲　冯娴慧
贺君妍　徐锡流　赵锦穗　梁瑞昌　张永青　毛邦雄　沈自力
郭光远　符旭　冼薇　潘燕芬　王伟祥　黄永森　崔智亮
陈嘉树　罗贯美　文寅　黄惜河　吕德　罗明业　陈素茹
李荣新　许培银　黄少薇　冯航　曾峰　郑之新　崔理劲
崔理镇　张媛　王新成　李贞祥　雷杰　陈应球　周斌
梁红卫　梁心如　梅卫平　沈虹　潘玉丽　张宏利　施学锋
贾卫宾　胡建洪　周志平　吴仲民　粟娟　孙冰　周光益
黄全　胡彩颜　陈青度　傅精钢　翁启杰　宋湘豫　周涛
吴鸿炭　张乔松　阮琳　杨伟儿　朱纯　卢树洁　冯爱卿
陈莲芳　樊炳坚　王心燕　陈丹雄

备注：书中照片多为作者所摄，也有部分选自与案例相关的工作资料，但因姓名不详难以署名，谨向有关摄影人士特别致谢！

图书在版编目 (CIP) 数据

现代城市绿地系统规划/李敏著．－北京：中国建筑
工业出版社，2002
ISBN 7-112-05093-6

Ⅰ.现…　Ⅱ.李…　Ⅲ.城市规划：绿化规划
Ⅳ.TU985.1

中国版本图书馆 CIP 数据核字(2002)第 026939 号

作　者：李　敏
责任编辑：张振光

现代城市绿地系统规划
Modern Urban Green Space System Planning

李　敏　著
Dr. Limin
＊
中国建筑工业出版社出版、发行（北京西郊百万庄）
新华书店经销
深圳市金彩影画制版印刷有限公司制版印刷
＊
开本 787×1092 毫米　1/12　印张 27½
2002 年 5 月第一版　2004 年 1 月第二次印刷
印数：2001－3500 册　定价：248.00 元
ISBN 7-112-05093-6
TU·4525 (10707)